ENCYCLOPÉDIE AGRICOLE

Publiée sous la direction de G. WERY

C.-V. GAROLA

PLANTES FOURRAGÈRES

ENCYCLOPÉDIE AGRICOLE

Publiée par une réunion d'Ingénieurs agronomes

SOUS LA DIRECTION DE G. WERY

PLANTES FOURRAGÈRES

PAR

G.-V. GAROLA

AGRONOME, PROFESSEUR DÉPARTEMENTAL D'AGRICULTURE
DIRECTEUR DE LA STATION AGRONOMIQUE DE CHARTRES

Introduction par le Dr P. REGNARD

DIRECTEUR DE L'INSTITUT NATIONAL AGRONOMIQUE
MEMBRE DE LA SOCIÉTÉ N^{le} D'AGRICULTURE DE FRANCE

Avec 137 figures intercalées dans le texte

PARIS

LIBRAIRIE J.-B. BAILLIÈRE ET FILS

19, rue Hautefeuille, près du boulevard Saint-Germain

1904

Tous droits réservés.

INTRODUCTION

Si les choses se passaient en toute justice, ce n'est pas moi qui devrais signer cette préface.

L'honneur en reviendrait bien plus naturellement à l'un de mes deux éminents prédécesseurs :

A Eugène TISSERAND, que nous devons considérer comme le véritable créateur en France de l'enseignement supérieur de l'agriculture : n'est-ce pas lui qui, pendant de longues années, a pesé de toute sa valeur scientifique sur nos gouvernements, et obtenu qu'il fût créé à Paris un Institut agronomique comparable à ceux dont nos voisins se montraient fiers depuis déjà longtemps ?

Eugène RISLER, lui aussi, aurait dû plutôt que moi présenter au public agricole ses anciens élèves devenus des maîtres. Près de douze cents Ingénieurs agronomes, répandus sur le territoire français, ont été façonnés par lui : il est aujourd'hui notre vénéré doyen, et je me souviens toujours avec une douce reconnaissance du jour où j'ai débuté sous ses ordres et de celui,

proche encore, où il m'a désigné pour être son suc-
cesseur.

Mais, puisque les éditeurs de cette collection ont
voulu que ce fût le directeur en exercice de l'Institut
agronomique qui présentât aux lecteurs la nouvelle
Encyclopédie, je vais tâcher de dire brièvement dans
quel esprit elle a été conçue.

Des Ingénieurs agronomes, presque tous professeurs
d'agriculture, tous anciens élèves de l'Institut national
agronomique, se sont donné la mission de résumer,
dans une série de volumes, les connaissances pratiques
absolument nécessaires aujourd'hui pour la culture
rationnelle du sol. Ils ont choisi pour distribuer, régler
et diriger la besogne de chacun, Georges WERY, que
j'ai le plaisir et la chance d'avoir pour collaborateur
et pour ami.

L'idée directrice de l'œuvre commune a été celle-ci :
extraire de notre enseignement supérieur la partie
immédiatement utilisable par l'exploitant du domaine
rural et faire connaitre du même coup à celui-ci les
données scientifiques définitivement acquises sur lesquelles la pratique actuelle est basée.

Ce ne sont donc pas de simples Manuels, des Formu-
laires irraisonnés que nous offrons aux cultivateurs;
ce sont de brefs Traités, dans lesquels les résultats
incontestables sont mis en évidence, à côté des bases
scientifiques qui ont permis de les assurer.

Je voudrais qu'on puisse dire qu'ils représentent le
véritable esprit de notre Institut, avec cette restriction
qu'ils ne doivent ni ne peuvent contenir les discus-
sions, les erreurs de route, les rectifications qui ont
fini par établir la vérité telle qu'elle est, toutes choses
que l'on développe longuement dans notre enseigne-

ment, puisque nous ne devons pas seulement faire des praticiens, mais former aussi des intelligences élevées, capables de faire avancer la science au laboratoire et sur le domaine.

Je conseille donc la lecture de ces petits volumes à nos anciens élèves, qui y retrouveront la trace de leur première éducation agricole.

Je la conseille aussi à leurs jeunes camarades actuels, qui trouveront là, condensées en un court espace, bien des notions qui pourront leur servir dans leurs études.

J'imagine que les élèves de nos Écoles nationales d'agriculture pourront y trouver quelque profit, et que ceux des Écoles pratiques devront aussi les consulter utilement.

Enfin, c'est au grand public agricole, aux cultivateurs que je les offre avec confiance. Ils nous diront, après les avoir parcourus, si, comme on l'a quelquefois prétendu, l'enseignement supérieur agronomique est exclusif de tout esprit pratique. Cette critique, usée, disparaîtra définitivement, je l'espère. Elle n'a d'ailleurs jamais été accueillie par nos rivaux d'Allemagne et d'Angleterre, qui ont si magnifiquement développé chez eux l'enseignement supérieur de l'agriculture.

Successivement, nous mettons sous les yeux du lecteur des volumes qui traitent du sol et des façons qu'il doit subir, de sa nature chimique, de la manière de la corriger ou de la compléter, des plantes comestibles ou industrielles qu'on peut lui faire produire, des animaux qu'il peut nourrir, de ceux qui lui nuisent.

Nous étudions les manipulations et les transformations que subissent, par notre industrie, les produits de la terre : la vinification, la distillerie, la panification, la fabrication des sucres, des beurres, des fromages.

Nous terminons en nous occupant des lois sociales qui régissent la possession et l'exploitation de la propriété rurale.

Nous avons le ferme espoir que les agriculteurs feront un bon accueil à l'œuvre que nous leur offrons.

Dʳ Paul Regnard,

Membre de la Société nationale
d'Agriculture de France,
Directeur de l'Institut national
agronomique.

PRÉFACE

Les « Plantes fourragères », dont nous faisons l'étude dans ce volume de l'*Encyclopédie agricole*, sont destinées d'une manière exclusive ou principale à l'alimentation des animaux de la ferme. Les produits fourragers ne sont donc pas utilisés directement par l'homme. Celui-ci ne peut en tirer parti qu'après leur transformation dans la machine animale, soit en travail mécanique, soit en chair, lait, laine, etc. En dehors de ces produits principaux, cette transformation laisse un déchet : le fumier, qu'on a considéré longtemps comme la principale raison de la production qui nous occupe, et dont nous avons ailleurs (1), examiné l'importance au point de vue du maintien de la fertilité des sols.

Depuis un siècle, la situation faite à l'industrie zootechnique s'est profondément modifiée avec les conditions économiques de l'agriculture. Par suite des besoins croissants de la population, la demande des produits animaux destinés à l'alimentation s'est considérablement développée et a amené une élévation générale des prix. Tandis que la culture des céréales, des plantes oléagineuses ou textiles avait à lutter contre la concurrence étrangère, et passait par un état de crise sans précédent, la production animale, à l'abri, par la nature même de ses produits, de l'invasion du marché national par ceux du Nouveau Monde, prenait un essor remarquable, qui avait pour conséquence le développement des cultures fourragères.

D'une autre part, les découvertes modernes concernant la production de la force mécanique, qui n'avaient pas été à l'origine sans effrayer un peu les éleveurs d'animaux de travail, ont eu une action toute différente de ce qu'on attendait. Loin de diminuer la demande des moteurs animés, le développement des voies ferrées et l'introduction de la vapeur et de l'électricité dans l'industrie et même à la ferme ont imprimé à l'élevage du bétail de trait une impulsion nouvelle ; car, par suite de l'intensité remarquable prise par la production industrielle, par l'activité sans cesse croissante des transports à grande distance, qu'il a fallu alimenter, le service des

(1) Garola, *Engrais* (Encyclopédie agricole).

approches des usines et des gares a montré des exigences toujours plus grandes. Les besoins mêmes de l'agriculture ont, de ce côté, beaucoup progressé. La nécessité de vivre l'a obligée à modifier ses anciens errements et à entrer à pleines voiles dans la méthode intensive ; elle a dû augmenter sa puissance d'action sur le sol pour tirer de celui-ci de plus grands rendements ; elle a eu plus de produits à préparer à la vente ; elle a eu plus de produits à transporter. Il lui a donc fallu augmenter le nombre et la puissance de ses attelages, et, de ce côté encore, est venue une nouvelle incitation à l'accroissement des cultures fourragères.

A l'époque actuelle, l'étendue totale de la superficie consacrée à la culture des plantes fourragères peut être estimée, pour la France continentale, à 11 millions d'hectares. Le produit brut que l'on en tire peut s'évaluer à 2 milliards 650 millions de francs. Avec les pailles, les menues céréales et les résidus d'industrie, ces fourrages permettent l'entretien de 6 438 611 tonnes métriques de bétail vivant.

Nous donnons dans le tableau suivant la répartition de ces 11 millions d'hectares entre les différentes catégories de plantes fourragères que nous passons en revue :

NATURE DES FOURRAGES.	SUPERFICIE.	PRODUIT par hectare.	VALEUR totale.
	Hectares.	Francs.	Francs.
Prairies naturelles	4.402.836	224	987.181.679
Herbages, pâtures alpestres..	1.810.608	137	249.798.578
Prairies temporaires	310.462	190	58.903.068
— artificielles	2.973.324	260	764.658.681
Fourrages annuels..........	816.935	279	225.882.393
Plantes sarclées fourragères..	692.673	511	364.331.515
Totaux ou moyennes ..	11.006.838	241	2.650.755.914

La superficie cultivée en fourrages de toutes sortes représente donc près de 22 p. 100 du territoire agricole.

En poussant plus loin l'analyse des documents que nous fournit la statistique, nous reconnaissons que les prairies naturelles irriguées occupent environ 23 940 kilomètres carrés ; que les prairies non irriguées en couvrent 20 080 ; les herbages de plaine ou de coteaux s'étendent sur une surface de 15 170 kilomètres carrés ; les pâturages alpestres, enfin, en occupent 2 930.

Dans la classe des prairies artificielles, nous trouvons

12 840 kilomètres carrés de trèfle ; 8 250 de luzerne ; 7 250 de sainfoin et 1 380 de mélanges divers.

Les fourrages annuels comprennent 1 950 kilomètres carrés de vesces ou plantes analogues ; 2 490 de trèfle incarnat ; 1 200 de maïs ; 1 800 de choux fourragers ; 440 de seigle vert et d'escourgeon et 200 de plantes diverses.

Enfin la superficie cultivée en plantes sarclées fourragères se répartit de la manière suivante : 3 910 kilomètres carrés de betteraves fourragères ; 720 de carottes ; 130 de panais ; 1 710 de navets, raves et turneps ; et enfin 460 de racines diverses comme les rutabagas, les topinambours, etc.

Depuis que nous possédons des documents précis sur les surfaces cultivées en plantes fourragères, et sur les produits qu'elles donnent, pour les causes que nous avons signalées plus haut, on constate une extension de cette culture et un accroissement de son intensité.

C'est ainsi que de 1840 à 1892, en un demi-siècle, l'étendue des prairies naturelles et des herbages, avec les prairies temporaires à base de graminées, s'est accrue de 39 180 kilomètres carrés. Pendant le même laps de temps, la superficie des prairies artificielles s'est augmentée de 16 460 kilomètres carrés, en passant de 15 760 à 32 220. Elle a par conséquent plus que doublé.

Les renseignements relatifs aux racines fourragères remontent seulement à 1862. En trente ans, leur étendue a passé de 3 860 kilomètres carrés à 12 520, augmentant donc de 8 660. C'est un accroissement de plus de 200 p. 100. Il est évident que, dans cette voie, le dernier mot n'est pas dit, et que les progrès constants de l'agriculture amèneront fatalement un développement de plus en plus grand de cette branche de la production fourragère.

L'intensité de la production a suivi une marche ascendante marquée. Les prairies naturelles, comprenant les herbages de plaine et de coteaux, donnaient en 1840 un rendement total de 10 millions et demi de tonnes métriques de foin ; il était en 1882 de 18 millions et demi de tonnes. C'est une augmentation de 80 p. 100 environ, tandis que la surface ne croît que de 41 p. 100.

Pour les prairies artificielles, en y comprenant le trèfle incarnat, les produits passent de 4 725 700 tonnes de foin à 13 480 000, de 1840 à 1882. L'excédent de production qui atteint 8 754 000 tonnes est de près de 200 p. 100, tandis que l'augmentation des surfaces n'est que de 100 p. 100.

Il en est de même pour les racines fourragères. Leur produit brut de 1862 à 1882 a augmenté de 270 p. 100, tandis que la superficie croissait seulement de 200 p. 100.

La valeur des produits s'est aussi généralement accrue

comme le montre le relevé suivant du prix moyen de la tonne
métrique :

ANNÉES.	FOIN de pré.	FOIN de prairies artificiélles.	BETTERAVES.
	fr.	fr.	fr.
1840......................	»	43,10	»
1852......................	43,50	42,50	»
1862......................	62,60	56,90	19,10
1882......................	59,20	60,30	23,50
1892......................	76,80	76,10	22,80

Il résulte de toutes ces considérations que les plantes fourragères jouent en économie rurale un rôle chaque année plus
important et c'est pourquoi, comme nous l'avions fait, il y a
déjà quelques années, pour les céréales, nous avons pensé
qu'il y avait lieu de leur consacrer un ouvrage spécial.

Dans l'étude que nous leur consacrons ici, nous avons envi-
sagé les plantes fourragères non seulement au point de vue
de la production proprement dite, mais aussi à celui de leur
emploi dans la nourriture du bétail. Nous avons donc donné
une part importante de nos soins à la détermination de la
valeur alimentaire des différentes plantes que nous avons
passées en revue, en nous appuyant sur les travaux de nos
devanciers ou de nos contemporains, ainsi que sur les expériences qu'il nous a été donné de faire nous-même. Aussi
espérons-nous que le cultivateur y trouvera non seulement les
notions nécessaires pour arriver à produire beaucoup de fourrages, mais encore les renseignements les plus utiles pour tirer
de leur transformation par le bétail les résultats les plus
avantageux.

Chartres, le 24 janvier 1904.

C.-V. Garola.

N.-B. — Il est généralement peu agréable à un auteur de signaler
lui-même à ses lecteurs les lacunes de son œuvre, mais cependant
je suis si persuadé que les miens m'en seront reconnaissants que
je n'hésite pas à les prier de compléter, à l'aide de l'excellent
traité que M. Guénaux publie dans l'*Encyclopédie agricole*, sous le
titre « *Entomologie et Parasitologie agricoles* », les notions trop som-
maires auxquelles j'ai dû, faute de place, réduire l'étude des
insectes nuisibles aux plantes fourragères.

C.-V. G.

LES PLANTES FOURRAGÈRES

PRAIRIES NATURELLES

« Tout terrain abandonné à lui-même, dit de Gasparin, organisateur de l'Institut agronomique de Versailles, se couvre spontanément d'un gazon dont les tiges sont plus ou moins fournies et s'élèvent à une plus ou moins grande hauteur, selon la nature du sol, son état de fertilité et le climat dans lequel il est situé. Cette production naturelle d'herbe est d'autant plus grande que la saison de chaleur humide est plus longue. Au nord du continent, les prairies ont un long sommeil hivernal, puis repoussent vigoureusement pendant les étés humides ; si, au contraire, nous descendons vers le midi, nous trouvons en Algérie un hiver humide, suffisamment chaud pour que les herbes ne cessent de végéter. Pendant cette saison et celle du printemps la surface entière du pays est une riche prairie dont on finira par comprendre les avantages ; en été tout se dessèche et les plantes entrent dans leur sommeil estival. Ici c'est le froid qui les arrête, là c'est la sécheresse ; les deux conditions, chaleur, humidité, ont cessé de se rencontrer ensemble. Entre les deux extrèmes se trouvent des pays dont l'hiver est doux et l'été humide, où la végétation est à peine interrompue. Les prairies y développent constamment le luxe de leur verdure : c'est ce qui se passe sur les côtes occidentales de notre continent ; le Poitou, la Bretagne, la Normandie, la Hollande, la verte Irlande, sont de véritables pays d'herbages partout où le sol est suffisamment hygroscopique. Au contraire, si l'hiver est assez rigoureux pour interrompre la végétation et que l'été soit sec et chaud, on ne trouve plus de belles prairies que sur les montagnes, que leur altitude soustrait aux influences du climat, ou sur des terrains arrosés naturellement ou artificiellement. La région intérieure de l'Europe qui présente ces circonstances est pauvre en fourrages et en bétail, si on l'abandonne à ses forces naturelles ; mais c'est là aussi que l'industrie de l'homme, corrigeant la nature, a su créer les prairies de la Lombardie qui rivalisent en été avec celles de la zone des pâturages, et les prés à Marcite qui les surpassent en hiver ; c'est dans cette région que la culture des prairies temporaires a introduit les prairies artificielles, bravant par le choix de ces plantes la sécheresse du sol et celle du climat, en Angleterre, en Belgique, en Allemagne, dans la France orientale. Le capital et le travail ont ainsi suppléé par les labours profonds et les irrigations ce que refusait la nature. Au milieu de chacune de ces régions se trouvent des terrains exceptionnels qui ne participent ni aux qualités, ni aux défauts de ceux qui les entourent ; ainsi dans la région occidentale on voit de grandes étendues de terrains sablonneux et arides que les pluies et les temps humides de l'été ne suffisent pas pour entretenir en végétation : les landes de Bordeaux et de la Bretagne, les bruyères de la Belgique, de la Westphalie, du Jutland, etc. Au contraire dans la région orientale, les plateaux élevés, les terrains baignés naturellement par la filtration des eaux et l'irrigation des sources, comme les prés d'embouche du Charolais, semblent défier la sécheresse qui règne autour d'eux...

« Les prairies pérennes sont nécessairement polyphytes, c'est-à-dire composées de plusieurs espèces différentes de végétaux et quelquefois d'un grand nombre d'espèces vivant côte à côte les unes des autres et formant, par l'envahissement de leurs racines et le mélange de leurs tiges, ce que l'on appelle le gazon. Quand même au début on n'aurait semé qu'une seule espèce de graine, on n'en verrait pas moins surgir bientôt d'autres dont le germe préexistait dans le sol, ou dont les semences y sont apportées par les eaux et vents ; et peu à peu chacune d'elles se faisant sa place selon son degré de vitalité, le mélange rentre dans la proportion des gazons qui croissent dans le pays, et dans des sols semblables et semblablement disposés. Par le semis, on ne fait que hâter le moment où le terrain possédant une quantité suffisante de germes commence à donner un produit, mais on ne reste nullement l'arbitre de la nature des herbes qui finissent par y dominer. Il y faut d'autres soins ; il faut changer la nature du sol, soit en desséchant celui qui est trop humide, soit en arrosant celui qui est trop aride, soit en fumant celui qui est trop maigre ; il faut faire une guerre incessante aux plantes nuisibles pour modifier les qualités du gazon.

« La prairie une fois établie, on en récolte l'herbe de deux façons, ou en la faisant pâturer sur place par les bestiaux, ou en la fauchant pour la convertir en foin. Dans le premier cas, elle prend le nom de *pâturage ou d'herbage* ; dans le second, c'est une prairie proprement dite, qu'on a appelée prairie naturelle, par opposition aux prairies temporaires auxquelles Olivier de Serres a imposé le nom de prairies artificielles qui leur est resté. »

Types de bonnes prairies. — Il n'y a pas de culture, comme on vient de le voir, qui subisse d'une manière aussi nette les influences du climat ou du sol que celle des prairies. C'est pourquoi nous estimons que l'observation des faits naturels est le meilleur guide que puisse suivre l'agriculteur pour leur création. Nous allons dans ce but, avec Amédée Boitel, qui professa l'agriculture à l'Institut agronomique de Versailles et à celui de Paris, jeter un coup d'œil rapide sur la constitution botanique des meilleures prairies ou herbages des principales régions de notre pays. Les praticiens trouveront dans cette revue des indications précises sur les espèces et les variétés dont ils ont à favoriser la multiplication.

En Normandie, dans le Cotentin, un bon herbage de Coigny présente la composition botanique suivante :

GRAMINÉES 6/10.

Ray-grass vivace	c.
Houlque laineuse	cc.
Crételle.	
Flouve odorante	c.
Paturin commun	A. c.
Fétuque rouge	A. c.
Brome mou	c.
Dactyle	R.

LÉGUMINEUSES 4/10.

    Trèfle blanc................................. c.
     —   des prés.............................. c.
     —   filiforme............................. c.
    Lotier corniculé.

PLANTES DIVERSES.

    Chardon des champs, renoncule âcre, chrysanthème, hypo
      chéride, oseille crépue (1).

Les plantes diverses sont en très petite quantité et par pieds
isolés, et n'entrent pas dans la composition de l'herbe pour
plus de 2 p. 100.

Les herbages d'Isigny, grâce à un climat doux et brumeux
et à la fertilité du sol, sont classés parmi les plus productifs.
Un pâturage situé près de l'embouchure de la Vire est composé de :

GRAMINÉES 7/10.

    Orge faux seigle......................... ccc.
    Avoine jaunâtre.......................... cc.
    Paturin commun.......................... c.
    Crételle.
    Ray-grass vivace........... ⎫
    Dactyle.................   ⎬ En petite quantité.
    Houlque.................   ⎭

LÉGUMINEUSES 3/10.

    Trèfle blanc............................. ccc.
     —   des prés.

Cet herbage est un épais tapis de graminées et de légumineuses. On n'y trouve comme plantes inférieures que quelques
rares chardons des champs et quelques pieds de renoncule
âcre.

D'après M. Rozeray, qui a été professeur départemental
d'agriculture dans la Manche, les prairies qui sont alternativement fauchées et pâturées contiennent beaucoup plus de
légumineuses que celles qui sont fauchées constamment.

(1) Dans les descriptions botaniques : c. = commun, cc. = très
commun, ccc. = extrêmement commun, A. c. = assez commun,
R. = rare, RR. = très rare.

Dans la Vallée d'Auge, on trouve d'excellents herbages propres à l'engraissement des bêtes bovines et des moutons. En sol d'alluvion argilo-siliceux, et suffisamment calcaire, près du Breuil sur la Touque, un très bon herbage présente la composition ci-après :

GRAMINÉES 5/10 à 6/10.

Ray-grass vivace...................................... c.
Paturin commun........................ .... c.
Crételle................................. .... ccc.
Flouve odorante........................... R.
Paturin des prés............................ R.
Dactyle....................................... R.
Orge faux seigle............................. R.
Vulpin des prés.............................. R.
Fétuque rouge............................... R.
Houlque laineuse............................ R.
Agrostide commune.................... .... R.
Brachypode des prés.. ... . A. c.

LÉGUMINEUSES 4/10 à 5/10.

Trèfle blanc........................ .... ccc.
— des prés.

Le trèfle blanc est la plante qui domine. Elle est excellente pour l'engraissement. La crételle vient ensuite parmi les graminées, puis les ray-grass et paturin communs. On n'y trouve pour ainsi dire pas de plantes diverses.

Dans le Bocage normand, sur les terrains schisteux de la vallée de l'Orne, à Harcourt, une bonne pâture d'élevage pour les bêtes bovines et les poulains, est constituée comme il suit :

GRAMINÉES 7/10.

Crételle......... .... cc.
Fromental .... cc.
Houlque laineuse............................ cc.
Dactyle..................................... cc.
Paturin commun...................... .... . c.
Ray-grass vivace............................ c.
Brome mou, avoine jaunâtre.
Fléole .... R.

LÉGUMINEUSES 1/10.

Trèfle filiforme, trèfle des prés, trèfle blanc, minette.

PLANTES DIVERSES 2/10.

Chrysanthème, millefeuille, jacée, plantain lancéolé, hypochéride, géranium mou.

En Bretagne, les prairies sont établies sur des terres schisteuses ou granitiques. Tant qu'elles n'ont pas été phosphatées et marnées, les bonnes espèces de graminées ou de légumineuses ne sauraient y prendre un grand développement. Dans une prairie acide et mouillée une grande partie de l'année, en sol schisteux, près de Nozay, on a trouvé :

GRAMINÉES 1/10.

Agrostide rouge	ccc.
Brize moyenne	c.
Flouve odorante	c.
Houlque laineuse	R.
Danthonie	c.
Nard raide	c.

LÉGUMINEUSES (proportion insignifiante).

Trèfle des prés, trèfle filiforme.

PLANTES DIVERSES 9/10.

Chardon anglais	c.
Plantain lancéolé	c.
Pédiculaire	c.
Scabieuse	c.
Rhinante	c.
Scorzonère	c.
Carum verticillé	A. c.
Carex pucier	c.
Myosotis	c.
Brunelle vulgaire	A. c.
Chrysanthème	c.
Petite renoncule	c.
Mouron délicat	A. c.

L'herbe est peu abondante (1 000 kilog. de foin par hectare) et le foin est de mauvaise qualité.

Dans un sol granitique des environs de Vannes, chaulé et terreauté régulièrement, on a trouvé :

GRAMINÉES 7/10.

Flouve odorante.............................. cccc.
Brome mou.................................. cc.
Fétuque queue de rat...................... c.
Houlque laineuse........................... A. c.
Paturin commun. .... R.
   — des prés..... .... Tr. R.
Crételle.

LÉGUMINEUSES 2/10.

Luzerne maculée........... .... cccc.
Trèfle souterrain........................ c.
  -- des prés........................... c.

PLANTES DIVERSES 1/10.

Renoncule bulbeuse........................ cc.
Barkause, géranium découpé, plantain lancéolé, pissenlit, chrysanthème, oseille des jardins, hypochéride, berce, jacinthe penchée, conopode à racine bulbeuse.

La flouve odorante est la graminée la plus commune dans ces prairies de Bretagne. Elle forme la moitié de la masse du fourrage. La luzerne maculée est la légumineuse dominante, elle est moins estimée que la minette et le trèfle blanc. La renoncule bulbeuse est très répandue. Ces prairies sont d'un rendement faible qui atteint à peine 20 à 50 quintaux de foin à l'hectare.

Dans la presqu'île de Rhuys, près de Sarzeau, en sol de granite et de micaschiste, on a trouvé dans une prairie bien fumée :

GRAMINÉES 5/10.

Flouve odorante...................... .... cccc.
Houlque laineuse................... .... cc.
Crételle..... .... c.

LÉGUMINEUSES 4/10.

Trèfle souterrain. .. .. ccc.
   — de prés...... .... c.
Minette.

PLANTES DIVERSES 1/10.

Plantain lancéolé, renoncule bulbeuse.

Le trèfle souterrain est commun dans les bons prés de Bretagne où il remplace le trèfle blanc dont il a la vigueur et la valeur nutritive.

C'est dans le Charolais et le Nivernais que se rencontrent les meilleures embouches du centre de la France. Les légumineuses y sont abondantes et le trèfle blanc est la plante qui domine toutes les autres espèces. Dans une embouche de Clairmain, engraissant un bœuf et demi par hectare, on a trouvé :

GRAMINÉES 5/10 (régulièrement réparties).

Paturin commun, fétuque des prés, fromental, avoine jaunâtre, dactyle, houlque laineuse, agrostide commune, crételle, flouve, brize moyenne.

LÉGUMINEUSES 4/10.

Trèfle blanc............................. cccc.
— des prés............................ c.
— fraise, minette, lotier corniculé.

PLANTES DIVERSES 1/10.

Chrysanthème, pissenlit, jacée, hypochéride, millefeuille, carotte sauvage, gaillet jaune, plantain lancéolé.

Dans le canton de Varzy (Nièvre) M. Berthault a trouvé dans une bonne prairie alternativement fauchée et pâturée :

GRAMINÉES 4/10.

Paturin commun......................... 1/10
Ray-grass vivace et avoine jaunâtre 1/10
Brome mou et des prés, flouve 1/10
Paturin des prés, avoine élevée, fétuque durette, crételle, dactyle.................... 1/10

LÉGUMINEUSES 4/10.

Trèfle des prés........................... 2/10
— blanc, lotier corniculé, minette....... 1/10
Vesce des prés et vesce des haies.......... 1/10

PLANTES DIVERSES 2/10.

Renoncule bulbeuse, jacée, chrysanthème...　1/10
Gaillets, renoncule âcre, millefeuille, crépide,
　carotte, sauge, réséda luteola, séneçon.
　jacobée...............................　1/10

Dans les Vosges on distingue les prairies de vallées et celles de montagne; elles sont presque toujours irriguées à grands volumes. A Bussang, dans la vallée de la Moselle on a trouvé :

GRAMINÉES 7/10.

Agrostide commune......................　4/10
Fétuque des prés et fromental..........　2/10
Houlque laineuse, crételle, avoine des prés,
　avoine jaunâtre.......................　1/10

LÉGUMINEUSES 1/10.

Trèfle des prés, trèfle blanc, lotier corniculé.

PLANTES DIVERSES 2/10.

Bistorte, berce, salsifis des prés, bardane, pimprenelle crête de coq, patience, campanule à feuille de lin, colchique d'automne.

Cette prairie donne en deux coupes 7500 kilogrammes de foin et regain, considérés comme de bonne qualité. On peut reprocher à sa flore d'être trop riche en agrostide traçante.

Comme prairie de montagne nous donnons la composition d'un pré du Thillot très incliné et exposé au midi; il est irrigué par des eaux de sources :

GRAMINÉES 5/10.

Houlque laineuse........................　2/10
Dactyle.................................　1/10
Flouve odorante.........................　1/10
Agrostide commune et crételle...........　1/10

LÉGUMINEUSES 1/10.

Trèfle des prés, trèfle filiforme, lotier corniculé.

PLANTES DIVERSES 4/10.

Plantain lancéolé, peucédane à feuilles de
　carvi.................................　2/10
Chrysanthème, jacée et berce............　1/10
Hypochéride, scabieuse, sanguisorbe, arnica.　1/10

1.

Le foin a de la finesse et un bon arome ; le rendement atteint 5 000 kilogrammes en deux coupes.

Dans la vallée de la Saône, les prairies sont souvent recouvertes d'eau en hiver par les débordements de la rivière. On a trouvé dans une prairie de Talmay appartenant au baron Thénard :

GRAMINÉES 6/10.

Paturin des prés, fétuque des prés, fromental, flouve, dactyle, vulpin des prés, agrostide commune, avoine jaunâtre, brize moyenne, brome dressé, brome à grappes.

LÉGUMINEUSES 2/10.

Trèfle blanc, trèfle des prés, lotier corniculé.

PLANTES DIVERSES 2/10.

Chrysanthème, salsifis, lichnide fleur de coucou, campanule, gaillet mollugine, polygala commun, colchique (par places).

Le rendement moyen est de 4 000 kilogrammes de foin par an, avec l'irrigation naturelle de l'hiver pour tout apport fertilisant.

Dans le Jura, à 700 mètres d'altitude, près d'Andelot-en-Montagne, on a trouvé une prairie de la composition suivante :

GRAMINÉES 3/10.

Paturin commun................................ ccc.
Ray-grass, dactyle, houlque.... . ... cc.
Flouve, crételle, fétuque rouge et fétuque durette.

LÉGUMINEUSES 6/10.

Trèfle des prés..... .. .. c.
  — blanc... .... ccc.
Sainfoin................................ c.
Lotier corniculé, minette.

PLANTES DIVERSES 1/10.

Rhinante, pissenlit, plantain, chrysanthème, oseille, cerfeuil sauvage, peucédane à feuilles de carvi, berce, grande gentiane, barkause, renoncule, lychnide fleur de coucou, scabieuse, brunelle, sauge, pimprenelle.

Ce qui caractérise ce foin de montagne et en fait la qualité, c'est la prédominance des légumineuses qui y entrent pour plus de la moitié.

Dans les terres silico-argileuses de la Dombes, sur les alluvions anciennes de la Bresse, malgré le drainage et le marnage, le sol donne une prédominance marquée aux graminées, à l'exclusion des légumineuses, comme le montre l'analyse botanique d'une excellente prairie de Péronnas, près de Bourg (Ain).

GRAMINÉES 8/10.

Houlque .... ccc.
Paturin commun .... c.
Paturin des prés, vulpin vésiculeux, ray-grass, fromental, avoine pubescente, crételle, brome des prés, brome changeant.

LÉGUMINEUSES 1/10.

Trèfle des prés, trèfle filiforme, minette, vesce.

PLANTES DIVERSES 1/10.

Séneçon jacobée, cardamine des prés, plantain lancéolé, renoncule âcre, oseille.

Cette prairie donne un rendement de 4500 kilogrammes de foin en deux coupes. Celui-ci, où les graminées forment les 4/5 de la masse, n'est pas mauvais, mais est moins nourrissant que le foin des montagnes du Jura, que nous venons d'examiner.

Dans les sols granitiques de la Haute-Vienne, près de Limoges, Lecoq a trouvé dans une prairie, donnant 5500 kilogrammes de foin en deux coupes :

GRAMINÉES 8/10.

Houlque laineuse, ray-grass vivace, paturin commun, fétuque des prés, flouve odorante.

LÉGUMINEUSES 1/10.

Trèfle des prés, trèfle blanc, lotier corniculé.

PLANTES DIVERSES 1/10.

Plantain lancéolé, chrysanthème, pissenlit, jacée, millefeuille.

En Auvergne, à l'altitude de 1460 mètres, aux environs du Puy-de-Dôme, le même auteur a trouvé les plantes suivantes :

GRAMINÉES.

Fléole, fétuque des prés, avoine des prés, kœlerie à crête.

LÉGUMINEUSES.

Trèfle blanc, trèfle des prés, gesse des prés, lotier corniculé, vesce cultivée.

PLANTES DIVERSES.

Berce, alchémille des Alpes, chrysanthème, grande pimprenelle, gentiane jaune, rhinanthe, renoncule âcre.

Choix de plantes à introduire dans les prairies.

Comme nous l'avons indiqué, les prairies naturelles sont constituées par un grand nombre d'espèces de plantes plus ou moins recherchées du bétail, plus ou moins propres à être pâturées ou fauchées, et plus ou moins productives. Mais la valeur d'une prairie se juge surtout d'après la prédominance des graminées et des légumineuses dont le concours suffit à la production abondante d'un excellent foin. Toutes les plantes diverses, qui ont été signalées, sans être décidément nuisibles, ont le défaut de tenir la place de plantes meilleures appartenant aux familles précitées. On ne doit donc jamais les comprendre dans les plantes à semer lors de la création des prairies. La nature se chargera trop vite de les faire apparaître.

Fig. 1. — Dactyle pelotonné.

Parmi les graminées et les légumineuses, il y a aussi un choix à faire, en ne s'adressant qu'aux meilleures. C'est pourquoi nous nous bornerons à étudier un nombre restreint des plus nutritives et des plus productives.

Dactyle pelotonné (*Dactylis glomerata*) (fig. 1). — D'après

Schwerz, le Dactyle pelotonné est la plus avantageuse de toutes les plantes de prairies fauchables. Il donne une herbe haute, de croissance rapide et de maturité assez hâtive. Les tiges sont élevées et grosses, les feuilles longues, épaisses et succulentes. Après la fauchaison ou le pâturage, il repousse très rapidement. Il prospère dans les endroits ombragés, tels que les vergers et les abords des bâtiments d'exploitation. Il convient mieux aux prés à faucher qu'aux pâturages, parce qu'il forme de grosses touffes cespiteuses, que, par suite de la résistance des tiges, le bétail arrache facilement en les broutant.

Il réussit dans presque tous les sols, sauf les sables arides et les terres de bruyère. Il se plaît surtout dans les terres franches ou argileuses fraîches et riches ou bien fumées ; il convient aussi très bien aux marnes argileuses ou limoneuses, et prospère même dans les sols sablonneux pourvu qu'ils soient assez frais.

Semé seul, il ne forme pas un gazon parfait, car il produit des touffes basses et épaisses, mais peu étendues. Dans la première année son développement est médiocre ; il donne surtout des feuilles et peu de tiges. La deuxième année, il entre en plein rapport. Il entre en végétation de bonne heure au printemps et fleurit de la fin de mai au commencement de juin. Il demande à être fauché de bonne heure, avant la pleine floraison, car son fourrage durcit et est moins recherché du bétail. Repoussant très bien sous la faulx, il donne un regain très substantiel.

Semé seul, dans un terrain convenable, il peut donner, d'après Sinclair, 66 quintaux de foin à l'hectare et 24 quintaux de regain. 100 d'herbe, à la floraison, donnent 42 de foin sec.

C'est dans le Dauphiné surtout qu'on en produit la semence. Le commerce la livre avec une pureté de 75 p. 100, et une faculté germinative de 70 p. 100, soit en résumé avec une valeur agricole de 52,5 p. 100. On en répand 40 kilogrammes par hectare, quand on la sème seule ; l'hectolitre pèse de 15 à 20 kilogrammes.

Dans les prairies on ne doit pas en introduire plus de 6 à 8 kilogrammes.

La composition des fourrages de Dactyle est donnée dans le tableau suivant :

	Fourrage vert.	Foin sec (floraison).	Regain.
Eau	72,0	14,0	16,0
Albuminoïdes	2,6	5,7	10,2
Amides	0,5	0,8	
Graisse brute	0,9	1,2	3,0
Hydrates de carbone divers	17,0	40,4	38,0
Cellulose brute	9,0	30,0	25,2
Cendres	?	7,9	?

Dans 100 kilogrammes de foin sec normal de Dactyle on trouve les matières minérales suivantes :

Azote	1,8
Acide phosphorique	0,38
Potasse	1,68
Chaux	0,31

Fétuque des prés (*Festuca pratensis*) (fig. 2). — « C'est, d'après Stebler, une de nos plus précieuses plantes à faucher et à pâturer, qui donne de riches produits d'un fourrage de bonne qualité. Étant de longue durée, elle ne devrait jamais manquer dans les prés établis sur les terres qui lui conviennent. »

Elle réussit surtout dans les terrains limoneux, marneux ou argileux, riches en humus et suffisamment humides; et aussi dans les sols sablonneux irrigués. Les terrains secs, maigres, peu profonds ne lui conviennent d'aucune manière.

Elle gazonne en touffes compactes, et atteint sa pleine production la deuxième ou la troisième année après le semis. Elle entre de bonne heure en végétation au printemps et pousse rapidement. Dans une situation favorable, on en pourrait tirer trois coupes par an. Elle fleurit fin mai, commencement de juin, après le dactyle. Il faut la couper avant la floraison, car elle durcit ensuite. La seconde coupe est toujours moins abondante que la première parce que les tiges sont moins nombreuses. D'après Sprengel, on peut dans de bonnes conditions en récolter 100 quintaux de

Fig. 2. — Fétuque des prés.

foin par hectare. Cette plante convient aussi très bien aux pâturages,

Le foin de fétuque des prés récolté à la floraison a la composition suivante :

```
Eau...................................... 14,0
Albuminoïdes.......... ............. .   6,3
Amides.................................. .   2,7
Graisse brute ............. ... .. ......... .   1,7
Hydrates de carbone divers................ .  44,7
Cellulose brute....................... ..  22,2
Cendres................. ........... ..   8,4
```

On trouve, dans 100 kilogrammes de foin à l'état de dessiccation normal, les principes fertilisants suivants :

```
Azote............... .. ............... 1,42
Acide phosphorique..................... 0,74
Potasse....................... .... 2,56
Chaux........ ........... ......... 0,92
```

Quand on la cultive seule pour la production de la graine, on répand 60 kilogrammes de semences par hectare, car la graine est grosse. Comme elle ressemble assez au ray-grass, elle est souvent additionnée frauduleusement de la graine de cette plante, qui est beaucoup moins chère. Le poids de la graine de fétuque des prés est de 16 à 22 kilogrammes à l'hectolitre. En bonne qualité marchande elle a une pureté de 95 p. 100 et une faculté germinative de 75, soit une valeur agricole de 71 p. 100. Mais la fétuque des prés est presque toujours semée en mélange pour les prairies temporaires, ou permanentes et irriguées. Elle entre alors pour 15 ou 20 p. 100 dans le mélange.

La fétuque durette (*Festuca diuriuscula*) se rencontre dans les terrains calcaires pauvres ; la fétuque ovine (*festuca ovina*) se développe dans les terres sablonneuses sèches et pauvres. Elles ne conviennent l'une et l'autre que pour les pâturages à moutons.

Fléole (*Phleum pratense*) (fig. 3). — La Fléole, ou Thymothy, est une graminée rustique et productive, qui peut se cultiver seule ou en mélange de prairie temporaire, et qui aussi entre avantageusement dans la constitution des prés et des pâturages. Elle a l'avantage que sa graine est bon marché, d'une bonne pureté (97 p. 100), et d'une satisfaisante faculté germinative (90 p. 100). On la sème seule à raison de 18 kilogrammes par hectare, le poids de l'hectolitre varie de 45 à 55 kilogrammes. Dans les prairies on en introduit de 5 à 8 kilogrammes par hectare.

Elle est un peu tardive et durcit après la floraison, mais elle repousse bien après le fauchage ou le pâturage. Elle préfère les sols frais et compacts, mais réussit dans des sols très divers, pourvu qu'ils ne soient pas arides.

Elle produit des touffes fasciculées, qui ne donnent pas un gazon bien serré. Elle ne pousse ses épis qu'à la fin de juin, et fleurit seulement en juillet. Cependant, seule ou en mélange, elle donne un abondant produit et un foin nutritif lorsqu'on le coupe avant la floraison. On peut en espérer de 100 à

Fig. 3. — Fléole des prés.

120 quintaux de foin par hectare. On la mélange souvent avec le trèfle, et le foin ainsi produit est très bon pour les chevaux. 100 quintaux d'herbe de fléole donnent de 32 à 34 de foin sec à 14 p. 100 d'eau. Ce foin a la composition suivante :

Eau....	13,0
Protéine brute...........................	7,0
Graisse brute...........................	2,2
Hydrates de carbone divers	46,0
Cellulose brute.........................	27,3

On y trouve en éléments digestibles :

Albuminoïdes............................	2,6
Amides.................................	1,0
Graisse	1,1
Hydrates de carbone divers...............	39,5
Cellulose...............................	15,7

Enfin on trouve dans 100 kilogrammes de foin séché à l'air les principes fertilisants suivants :

Azote	1,5
Acide phosphorique	0,6
Potasse	2,0
Chaux	0,4

Fromental (*Arrenatherum elatius*) (fig. 4). — C'est une des plus hautes parmi les graminées de prairies. Son gazonnement étant peu serré, on ne la sème jamais seule, mais en mélange avec les autres graminées, qui comblent les vides laissés par elle. Elle ne doit pas entrer dans les mélanges pour plus de 10 à 15 p. 100. Elle convient particulièrement dans les sols calcaires et sa résistance à la sécheresse la rend précieuse.

Sa graine est souvent mélangée de brome et d'ivraie enivrante. Quand elle est de bonne qualité marchande, sa pureté est de 70 p. 100, et sa faculté germinative également de 70 p. 100. Elle se peut semer seule à raison de 80 kilogrammes par hectare. Le poids de l'hectolitre est de 12 kilogrammes environ. Dans les mélanges pour prairies on va jusqu'à 8 kilogrammes par hectare. Il faut l'enterrer profondément : 2 à 3 centimètres en terres fraîches, et de 3 à 4 centimètres en sols secs.

Fig. 4.
Fromental.

En culture pure, son rendement en foin sec peut s'élever en bon sol à 150 quintaux par hectare ; elle donne alors trois coupes.

Voici la composition du foin de fromental :

Eau	14,0
Protéine brute	11,2
Graisse brute	2,3
Matières non azotées diverses	32,5
Cellulose brute	30,1

On y trouve comme substances nutritives digestibles :

Albuminoïdes 3,4
Amides 2,2
Hydrates de carbone........................... 17,5
Cellulose 16,0

Enfin, 100 kilogrammes de foin prélèvent les quantités ci-après de principes fertilisants :

Azote.. 1,8
Acide phosphorique 0,5
Potasse .... ?
Chaux 0,38

Ce fourrage a l'inconvénient d'être amer, de sorte que, surtout à l'état vert, le bétail ne le mange pas volontiers s'il est pur. En mélange avec le trèfle ou d'autres graminées, il est bien appété. Il est plus avantageux à l'état de foin, sa dessiccation est facile et sa conservation est bonne.

Avoine jaunâtre (*Avena flavescens*) (fig. 5). — Plante avantageuse dans les prairies temporaires ou permanentes, car elle fournit un fourrage de bonne qualité, bien accepté par le bétail. Non seulement la première coupe est abondante, mais aussi le regain. Elle est de longue durée, réussit dans presque tous les sols, à moins qu'ils ne soient ou trop légers ou trop compacts ; elle ne craint que l'humidité excessive avec la trop grande sécheresse. Les terrains qui lui conviennent le mieux sont frais, profonds et riches en humus, tels que les marnes, les limons, les argiles moyennes, les sables limoneux.

Fig. 5.   Avoine jaunâtre.

Elle talle fortement en touffes peu compactes ; elle produit beaucoup de tiges hautes et feuillues. Sa précocité est moyenne :

elle fleurit vers le 15 juin. Elle repousse bien pour la seconde coupe, qui est abondante et garnie de tiges.

Cent kilogrammes d'herbe verte donnent 33 kilogrammes de foin sec. Le rendement en foin, d'après Vianne, peut s'élever à 57 quintaux.

Le foin de première coupe renferme :

Eau.................................	14,0
Albuminoïdes........................	4,6
Amides..............................	1,2
Hydrates de carbone divers..........	48,0
Cellulose brute.....................	21,7
Cendres.............................	9,3

On y trouve les quantités suivantes de principes fertilisants :

Azote...............................	1,0
Acide phosphorique..................	0,42
Potasse.............................	1,64
Chaux	0,36

Une bonne semence doit offrir une pureté de 40 p. 100 et une faculté germinative de 40 p. 100. Seule, elle se sème à raison de 33 kilogrammes par hectare ; dans les mélanges on en introduit de 3 à 4 kilogrammes.

Paturin des prés (*Poa pratensis*) (fig. 6). — « Le paturin des prés, dit Stebler, est une herbe fine et printanière qui convient parfaitement comme pâturage ou comme herbe basse pour les prés à faucher durables et permanents. » Ce serait la meilleure de ces herbes, si la deuxième pousse était plus forte. Vivace, il forme de beaux gazons assez compacts. Il supporte bien la sécheresse et résiste au froid. Il réussit surtout bien dans les sols meubles riches en terreau, et chauds. Les sols compacts et lourds lui sont moins favorables. On peut aussi le cultiver dans les sols sablonneux, pourvu qu'ils renferment de l'humus et ne soient pas trop secs. On le trouve également dans les sols humides, qui ne sont pas trop compacts ni acides.

Ce n'est que la deuxième et la troisième année qu'il entre en pleine production. Il pousse assez tôt au printemps et fleurit de la fin de mai à la mi-juin. La seconde coupe est peu productive. Vianne, en sol fertile, meuble et léger, a récolté

52 quintaux de foin par hectare en première coupe et 18 quintaux en regain. La récolte doit se faire à la floraison ; plus

Fig. 6. — Paturin des prés (*Poa pratensis*).

tard, la plante durcit beaucoup. On estime que 100 kilogrammes d'herbe donnent 35 kilogrammes de foin.

Le foin de paturin des prés, récolté à la floraison, renferme ·

Eau...	14,0
Albuminoïdes....................................	7,0
Amides..	1,5
Graisse brute...................................	1,6
Hydrates de carbone divers.....................	52,3
Cellulose brute.................................	15,1
Cendres...	8,5

On y trouve par quintal métrique, les quantités ci-après de matières fertilisantes :

Azote.................................... 1,36
Acide phosphorique...................... 0,83
Potasse 1,50
Chaux 0,20

La graine de paturin des prés de bonne qualité doit avoir une pureté de 95 p. 100 et une faculté germinative de 50 p. 100. Dans ces conditions on en sème 20 kilogrammes par hectare. Dans les mélanges pour prairies, on en fait entrer de 5 à 10 kilogrammes pour la même surface. Le chiffre maximum convient aux pâturages.

Paturin commun (*Poa trivialis*). (fig. 7). — Il se distingue du précédent, en ce qu'il gazonne par stolons aériens, tandis que le premier est à stolons souterrains. Il donne aussi une herbe plus haute. Il ne réussit que dans les sols frais, compacts ou irrigués. Sa récolte atteint son maximum la seconde année.

Fig. 7. — Paturin commun (*Poa trivialis*).

Moins hâtif que le paturin des prés, il convient bien aux prairies de fauche. On le fait entrer dans les mélanges de graines pour 4 à 5 kilogrammes. La graine doit avoir 90 p. 100 de pureté et 50 p. 100 de faculté germinative. On en répand par hectare, seul, environ 22 kilogrammes.

Ce paturin réussit surtout dans les climats humides et les sols frais et compacts. Il résiste mal à la sécheresse.

Il faut le faucher avant la floraison, qui se produit vers la mi-juin, car les tiges très serrées sont exposées à jaunir et à pourrir du pied. Vianne a obtenu de cette plante 60 quintaux de foin par hectare. 100 kilogrammes d'herbe verte donnent de 32 à 34 kilogrammes de foin sec. Celui-ci renferme :

Eau	14,5
Albuminoïdes	4,8
Amides	1,3
Graisse	2,2
Hydrates de carbone divers	58,8
Cellulose brute	29,9
Cendres	8,5

Comme matières fertilisantes, on trouve dans 100 kilogrammes de foin :

Azote	0,98
Acide phosphorique	1,30
Potasse	2,63
Chaux	0,72

Vulpin des prés (*Alopecurus pratensis*) (fig. 8). — Le Vulpin des prés prospère dans les terres argilo-siliceuses et argileuses fraîches ; il se développe abondamment dans le voisinage des rigoles d'arrosage. Il pousse bien à l'ombre et s'étend en émettant de courts stolons. Aussi ne saurait-il former en semis pur un gazon uni. C'est une plante haute, qui donne un fourrage excellent. Il est d'une grande précocité. Dès le commencement d'avril, il pousse déjà de longues feuilles ; vers le 15 on voit apparaître ses premiers épis qui fleurissent en mai. A la seconde coupe il fournit encore des tiges avec une quantité de feuilles, qui peuvent atteindre 40 centimètres de long. Le regain en est donc abondant. La première année de semis toutefois le produit est peu important ; il est déjà bon la deuxième année, et atteint son maximum dès la troisième. En semis pur, Vianne a obtenu en deux coupes 100 quintaux de foin.

Le foin de vulpin a la composition suivante :

	Foin.	Regain.
Eau	14,0	14,0
Matière azotée	6,9	10,9
Graisse brute	1,5	3,8
Hydrates de carbone	39,2	35,3
Cellulose brute	27,8	28,1
Cendres	10,6	7,9

D'autre part, dans 100 kilogrammes de foin moyen de cette graminée on trouve les quantités suivantes de principes fertilisants :

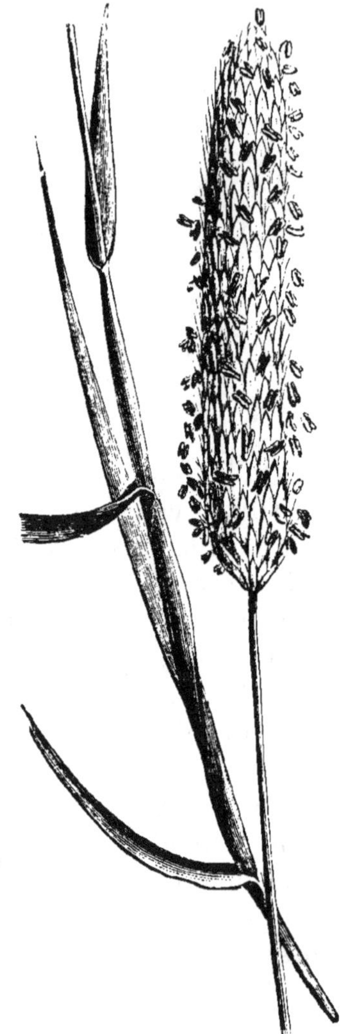

Fig. 8. — Vulpin des prés.

Azote	1,66
Acide phosphorique.	0,42
Potasse ..	2,89
Chaux.	0,26

Ce fourrage a une saveur agréable et le bétail le mange en vert comme en sec.

La semence du commerce doit présenter 90 p. 100 de pureté et 35 p. 100 de faculté germinative, soit 31,5 de valeur culturale.

On ne le sème jamais seul, mais dans les mélanges pour prairies naturelles ou prairies temporaires de longue durée. On en répand alors de 4 à 6 kilogrammes par hectare.

Ray-grass anglais ou Ivraie vivace (*Lolium perenne*) (fig. 9). — L'Ivraie vivace est une des plantes les plus précieuses de prairies, bien qu'elle donne une herbe un peu basse. Rien ne peut la remplacer dans les pâturages sur sols argileux. Elle se plaît surtout dans les climats humides, sur les sols argileux ou limoneux frais ou humides et riches en terreau Elle réussit cependant encore dans les terres silico-argileuses, pourvu qu'elles soient fraîches et fertiles, de même que dans les sols marneux ou calcaires. On la cultive aussi dans les argiles les plus fortes à la condition qu'elles soient drainées. Les irrigations lui conviennent pourvu que l'eau ne reste pas stagnante.

Elle talle très bien et forme un gazon épais et serré qui ne se laisse pas envahir par les plantes adventices. Elle repousse très bien sous la dent du bétail et ne souffre pas d'être foulée par les pieds des animaux. Elle est plus avantageuse pour les pâtu-

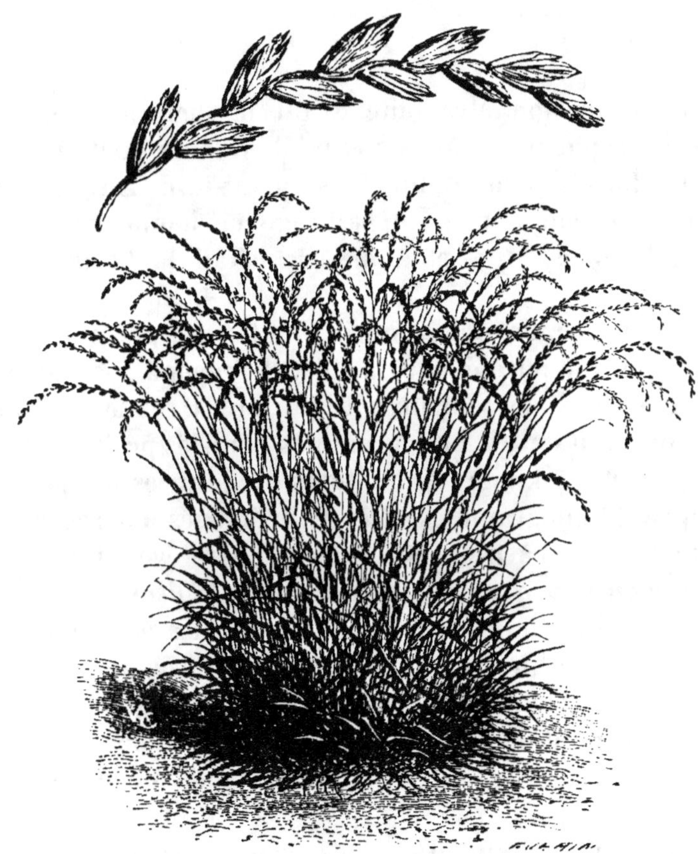

Fig. 9. — Ray-grass anglais.

rages que pour les prés de fauche. La première coupe est la plus productive, et le plus fort rendement est celui de l'année du semis. On peut en obtenir par hectare en moyenne 70 quintaux de foin et regain. Le foin d'Ivraie vivace a la composition suivante :

Eau	14,0
Albuminoïdes	5,3
Amides	1,9
Graisse brute	1,4
Hydrates de carbone	46,9
Cellulose brute	23,8
Cendres	6,7

On trouve en moyenne dans 100 kilogrammes du même
foin les quantités suivantes d'éléments fertilisants :

                Azote...................................... 1,1
                Acide phosphorique......................... 0,36
                Potasse 3,9
                Chaux 1,0

La fenaison doit être faite avant la fleur, car les tiges
durcissent rapidement ensuite et perdent leurs qualités nutritives. La floraison se produit vers la mi-juin. Au printemps
il faut faire commencer le pâturage de bonne heure, car,
aussitôt la pousse des chaumes, le bétail la broute moins
volontiers.

Un bonne semence doit offrir une faculté germinative de
75 p. 100 et une pureté de 95 p. 100. On répand généralement
60 kilogrammes de semences à l'hectare. Dans les mélanges
on en introduit de 3 à 4 kilogrammes pour les prairies permanentes, de 6 à 7 kilogrammes dans les prairies temporaires,
et jusqu'à 12 kilogrammes dans les mélanges fourragers avec
le trèfle, destinés à la fauche. On la cultive également seule.

Ivraie ou ray-grass d'Italie (*Lolium Italicum*) (fig. 10). —
Cette Ivraie est originaire de la Lombardie et a été propagée en
France par Mathieu de Dombasle. Elle occupe parmi les
graminées le premier rang comme plante fauchable, car elle
fournit les produits les plus abondants et repousse le plus
rapidement. Mais sa durée est courte : elle ne dépasse pas
deux ans.

Elle aime un sol chaud et frais, comme les marnes riches
en humus, les bonnes terres franches, les sols calcaires
fertiles et les limons frais. Elle réussit également dans les
argiles amendées par le calcaire et l'humus, pourvu que le
sol soit perméable. Les argiles compactes et trop humides ne
lui conviennent pas plus que les sables maigres et secs.

Elle forme de grosses touffes isolées ; elle se développe
très vite après le semis et végète avec vigueur. Dans les
prairies irriguées, elle peut en trois semaines donner une
repousse haute de 40 à 50 centimètres. Son rendement peut
être estimé à 92 quintaux de foin sec. Elle pousse de bonne

heure au printemps et continue à végéter jusqu'à la fin de l'automne. Elle commence à fleurir dès le mois de mai, et après la première coupe elle donne de nouvelles pousses qui

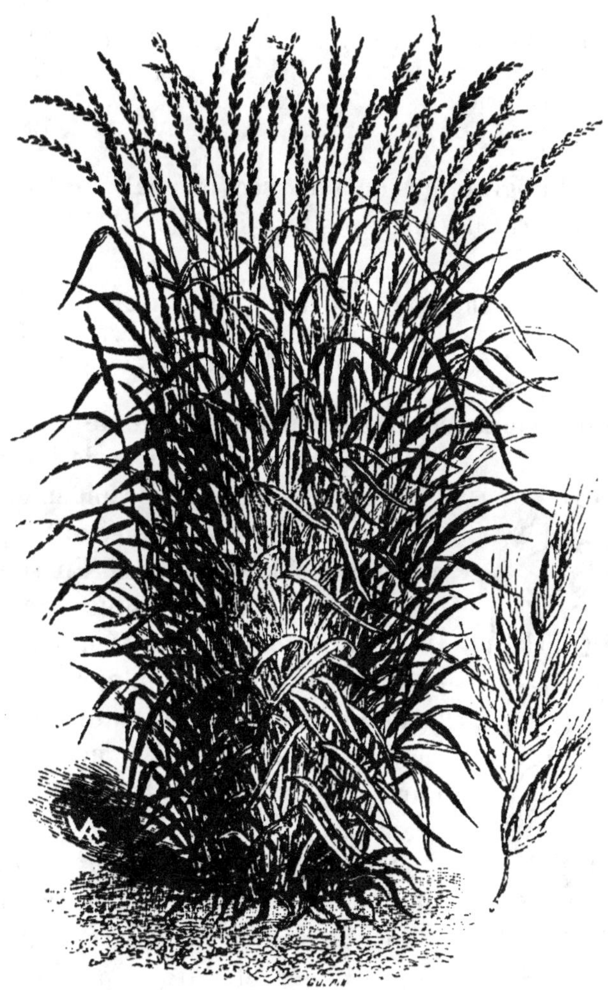

Fig. 10. — Ray-grass d'Italie.

fleurissent jusqu'en automne. La première coupe est en général la plus forte, mais les suivantes ne lui sont que de peu inférieures. Il faut la faucher avant la floraison, car les chaumes durcissent vite et le fourrage en devient moins savoureux et moins nutritif.

Son foin est plus estimé que celui-ci de ray-grass anglais ; on y trouve :

Eau................................	14,3
Albuminoïdes	9,0
Amides.............................	2,2
Graisse brute	3,2
Hydrates de carbone	40,6
Cellulose brute....................	22,9
Cendres............................	7,8

Dans 100 kilogrammes de foin sec normal, on trouve les quantités ci-après de principes fertilisants :

Azote..............................	1,8
Acide phosphorique.................	0,4
Potasse............................	0,75
Chaux	0,6

Une bonne semence doit avoir une pureté de 95 p. 100 et une faculté germinative de 70 p. 100. Cette dernière diminue rapidement avec l'âge de la semence. L'hectolitre pèse en moyenne 20 kilogrammes. En semis pur on en répand 55 kilogrammes par hectare. Pour faire des praires temporaires de deux ans de durée, on la mélange avec le trèfle violet ; dans celles qui doivent durer plus de deux ans, il ne faut pas la faire entrer pour plus de 5 à 10 kilogrammes par hectare.

Brome des prés (*Bromus pratensis*) (fig. 11). — Le brome des prés est une plante de valeur médiocre donnant un foin grossier et dur. Cependant quand il est fauché de bonne heure les animaux le mangent bien.

Il est insensible au froid; résiste bien aux chaleurs les plus vives, mais ne supporte ni l'ombre ni l'humidité.

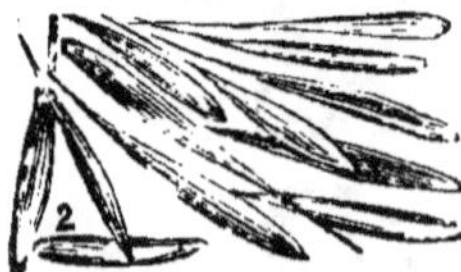

Fig. 11. — Brome des prés.

Il réussit bien dans les terres calcaires, mais n'aime pas les terres trop meubles ou sablonneuses.

Ses touffes ne constituent pas un gazon continu. La première année du semis, il ne donne qu'un petit nombre de tiges, et il n'atteint son complet développement que la deuxième année. Bien exposé, il pousse de bonne heure au printemps et fleurit à la fin de mai ou au commencement de juin. Mais il faut le faucher avant la floraison, car il devient vite dur, et perd ses qualités nutritives. En seconde coupe il ne donne que des feuilles.

Le foin de brome des prés a la composition immédiate suivante :

Eau	14,0
Albuminoïdes	6,5
Amides	2,4
Graisse brute	2,2
Hydrates de carbone	37,1
Cellulose brute	32,1
Cendres	5,6

En matières fertilisantes, 100 kilogrammes de foin renferment :

	kil.
Azote	1,42
Acide phosphorique	0,51
Potasse	1,45
Chaux	0,45

Sa semence a une pureté moyenne de 80 p. 100 et une faculté germinative de 64 p. 100. L'hectolitre pèse de 18 à 19 kilogrammes. Pur, on le sème à 60 kilogrammes par hectare. Il ne faut le faire entrer dans les semis de prairies qu'en petite quantité dans les mauvais sols, où il rend de véritables services.

Agrostide traçante (*Agrostis stolonifera vel alba*) (fig. 12). — Cette graminée, appelée aussi « Fiorin », est excellente pour les pâturages établis en terres légères humides et même mouillées. Elle est vivace et fournit un bon fourrage de la fin de l'été à la fin de l'automne. Elle préfère les climats humides, marins, lacustres ou de montagne, où il y a beaucoup de brouillards ou de rosée ; dans les sols secs et les climats secs, ses tiges deviennent dures et peu feuillues. Elle ne craint pas le froid. En dehors des sols légers et humides, elle végète aussi très bien dans les terres tourbeuses.

Elle pousse de longs stolons superficiels qui s'enracinent aux nœuds et développent des tiges très feuillues, si la plante est dans un bon habitat. Le piétinement du bétail lui est favorable sous ce rapport.

Elle ne commence à végéter que tard au printemps, et fleurit au plus tôt à la fin de juin. A l'époque de la fenaison, elle est encore peu développée et ne donne son plus grand produit qu'à la seconde coupe ; aussi n'est-elle pas à recommander dans les prairies de fauche. Coupée à la fleur, elle peut donner 85 quintaux de foin avec un regain de un tiers environ, dans de bonnes conditions. Voici la composition de ce foin :

Eau	15,0
Albuminoïdes	5,3
Amides	0,8
Graisse brute	1,7
Hydrates de carbone	49,5
Cellulose brute	20,5
Cendres	7,2

Fig. 12. — Agrostis traçante.

Mille kilogrammes de foin prennent au sol 10 kilogrammes d'azote et 3 kilogrammes d'acide phosphorique.

Une bonne graine doit avoir 85 p. 100 de pureté et 85 p. 100

de faculté germinative. Le poids de l'hectolitre de graines bien nettoyées peut atteindre 40 kilogrammes, mais il tombe parfois 10 kilogrammes. Il faut 11 kilogrammes de graine par hectare en semis pur. Dans les mélanges pour prairies permanentes et pâtures, on n'en fait pas entrer plus de 1 à 1,5 kilogramme.

Crételle des prés (*Cynosurus cristatus*). — La crételle est une des bonnes graminées fourragères, moins par son rendement que par sa qualité. Mélangée avec des espèces hautes, elle constitue un fond excellent, qui augmente sensiblement le produit. Mélangée au ray-grass, au paturin et au trèfle, elle forme d'excellents pâturages. Elle se développe le mieux dans les climats humides et dans les contrées montagneuses. Mais en bon sol elle résiste bien à la sécheresse parce qu'elle s'enracine profondément. Elle réussit également à l'ombre.

Les sols qui lui conviennent sont très nombreux. Les terrains limoneux riches en humus lui sont le plus favorables ; mais il n'y a guère que les sols acides ou sablonneux qui lui soient décidément mauvais, de même que les terres trop mouillées.

Elle ne pousse qu'un petit nombre de chaumes hauts de 30 à 60 centimètres ; mais fournit d'abondantes feuilles radicales qui forment un gazon touffu. Le chaume devient rapidement dur. Cette graminée n'atteint son complet développement que la deuxième ou la troisième année après la semaille. Elle fleurit du milieu à la fin de juin ; au printemps ses feuilles se développent aussitôt que celles des autres graminées, mais les tiges s'élèvent plus tard, de sorte qu'on ne les remarque pas dans la première coupe. Il faut faire pâturer les crételles de bonne heure, car les tiges, durcissant vite, sont alors délaissées par le bétail. On estime que 100 kilogrammes d'herbe donnent 34 kilogrammes de foin. Le produit en foin peut atteindre 30 quintaux par hectare. Le foin de crételle a la composition suivante à la floraison :

Eau..	14,0
Albuminoïdes....................................	4,9
Amides...	0,6
Graisse brute....................................	1,4
Hydrates de carbone............................	45,7
Cellulose brute.................................	24,6
Cendres..	8,8

Mille kilogrammes de foin enlèvent au sol les quantités suivantes de principes fertilisants :

	kil.
Azote	10,5
Acide phosphorique..	4,5
Potasse	17,0
Chaux....	5,6

Fig. 13. — Flouve odorante.

La bonne graine a une pureté de 90 p. 100 et une faculté germinative de 60 p. 100. L'hectolitre pèse en moyenne de 32 à 34 kilogrammes. On sème en culture isolée 28 kilogrammes par hectare. Mais on ne la sème ainsi seule que pour récolter la graine. On ne l'utilise que comme herbe basse dans les prairies permanentes à faucher ou à pâturer.

Flouve odorante (*Anthoxanthum odoratum*) (fig. 13). — La Flouve est une graminée peu productive, de saveur amère, mangée assez difficilement par les animaux. Elle communique au foin son arome spécial, dû à la coumarine qu'elle contient.

Elle forme des touffes serrées, qui donnent beaucoup de tiges. Elle se développe rapidement et donne la première année un bon rendement relatif. C'est la plus précoce des graminées. A bonne exposition, elle donne ses tiges en mars, fleurit en avril, et mûrit en mai; ce qui fait qu'à la fenaison elle est déjà desséchée et a perdu de sa valeur nutritive. Son produit ne dépasse guère de 25 à 30 quintaux de foin.

Celui-ci est de valeur médiocre, on y trouve :

Eau	14.0
Albuminoïdes	5.8
Amides	1.0
Graisse brute	1.8
Hydrates de carbone	42.9
Cellulose brute	29,4
Cendres	5.1

En éléments fertilisants, 1 000 kilogrammes de foin contiennent :

	kil.
Azote	10.9
Acide phosphorique	4,8
Potasse	21,2
Chaux	3.8

La graine est très chère et il ne convient pas de faire les frais de son achat pour l'introduire dans les prairies. Il y en a toujours assez.

Houlque laineuse (*Holcus lanatus*) (fig. 14). — Cette graminée est vivace et de longue durée, mais le fourrage qu'elle donne est médiocre. Sainclair lui fait ce reproche que « la quantité de poils fins qui recouvrent toute la surface de cette graminée en font un foin mol et cotonneux, qui n'est mangé volontiers ni des chevaux, ni des bêtes à cornes ». Mais à l'état vert, d'après Hansen, elle est succulente et très bien acceptée des vaches et des moutons.

Elle est souvent éprouvée par les froids de l'hiver, sans toutefois périr sous l'action des fortes gelées. Elle se développe bien sur les défrichements de bois et en général sur tous les sols meubles et riches en humus; elle est à recommander dans les sols tourbeux et dans les sols sablonneux où ne réussissent pas les plantes meilleures.

Cette graminée gazonne en touffes hautes et serrées, qui en rendent le fauchage assez difficile. Les tiges sont nombreuses et élevées. C'est une herbe à pousse précoce qui commence à produire ses feuilles en mars et fleurit en mai. Il faut la faucher avant la floraison, car autrement elle perd beaucoup de sa valeur nutritive.

Quand on la coupe à la floraison, son rendement en culture pure peut s'élever, d'après Sainclair, à 69 quintaux de foin par hectare. Celui-ci renferme pour 100 :

Matières azotées brutes.	9,0
Graisse brute.....	2,4
Hydrates de carbone....	31,6
Cellulose brute........	36,5

Nous ne connaissons pas d'expériences sur sa digestibilité. Le revêtement de poils de cette plante fait que le foin est mal accepté par le bétail ; il convient de le saler, car l'hygroscopicité du sel ramollit ces poils, et favorise ainsi sa consommation par les animaux.

La pureté moyenne de la semence est de 68 p. 100 et la faculté germinative de 34 p. 100. Le poids de l'hectolitre est voisin de 8 à 9 kilogrammes. On en répand 25 à 30 kilogrammes par hectare en culture pure. On ne doit en mettre dans les mélanges pour prairies que dans les sols tourbeux ou sablonneux : la proportion ne doit pas dépasser 30 p. 100.

LÉGUMINEUSES

Fig. 14. — Houlque laineuse.

Les légumineuses qu'il convient de faire entrer dans la composition des prairies permanentes ou des pâturages, sont principalement le trèfle blanc, le trèfle commun, le trèfle hybride, la luzerne, la minette, le sainfoin et l'anthyllide vulnéraire. Nous n'entrerons pas ici dans beaucoup de détails à leur sujet, et ne donnerons pas la composition de leur foin, car nous leur devons consacrer plus loin un article spécial, auquel le lecteur est prié de se reporter pour plus ample informé.

Trèfle blanc (*Trifolium repens*). — C'est la légumineuse qui souvent domine dans les meilleurs herbages. Comme elle échappe facilement à la faulx, on ne la fait entrer que dans les pâturages ou dans les prairies qui sont pâturées à l'automne. Dans le premier cas on en sème de 3 à 4 kilogrammes par hectare, et seulement 1 à 2 kilogrammes dans le second. Elle prospère surtout dans les terres argilo-calcaires. On la trouve dans les pâturages secs de montagne aussi bien que dans les embouches grasses des vallées, et dans les prés irrigués. Elle se développe mal dans dans les sols non calcaires ou trop humides. Son fourrage est plus fin et meilleur que celui du trèfle commun. C'est une plante demi-précoce.

Trèfle commun (*Trifolium pratense*). — On le rencontre fréquemment, mais en petite quantité, dans tous les bons prés et les bons herbages, surtout dans les sols riches, frais et profonds, à la condition qu'ils soient un peu calcaires. Il végète péniblement à l'ombre, on ne doit donc pas le semer dans les vergers et dans les prairies plantées de pommiers. Il a l'inconvénient de perdre facilement ses feuilles, qui en constituent la partie la plus nutritive, au fanage, et de noircir sous l'action des pluies. Quoi qu'il en soit, son fourrage est très apprécié. Dans les prairies, on en sème rarement plus de 1 à 3 kilogrammes, et il convient de rechercher les variétés très vivaces, d'origine septentrionale de préférence.

Trèfle hybride (*Trifolium hybridum*). — Son fourrage est supérieur à celui que donne le trèfle commun. Il est de toutes les légumineuses celle qui convient le mieux dans les prairies plantées d'arbres et les vergers. Il se développe abondamment dans les sols froids, compacts, argilo-siliceux. On en sème de 1 à 2 kilogrammes par hectare en mélange.

Minette (*Medicago lupulina*). — La minette se développe abondamment dans les terres calcaires, mais on la rencontre presque partout, car en réalité elle est très peu exigeante relativement à la constitution minérale du sol. C'est une des raisons de la faveur dont elle jouit pour la création des pâturages et des prairies temporaires. Plante précoce, elle repousse facilement sous la dent du bétail. Le foin qu'elle fournit est fin mais peu abondant. On la fait entrer dans les mélanges pour 1,5 et 2,5 kilogrammes.

Luzerne (*Medicago sativa*). — Cette papilionacée est rare dans les prairies naturelles; elle est d'ailleurs exigeante et supporte mal le voisinage des graminées. Il vaut mieux la réserver pour la culture isolée.

Fig. 15. — Lotier corniculé.

Sainfoin (*Hedysarun onobrychis*). — On le trouve dans les prés très calcaires. Il lui faut un sous-sol très perméable pour enfoncer ses racines. Il est peu exigeant pour la fertilité. Mais il convient mieux à la culture isolée ou aux prairies temporaires qu'aux prés ou herbages permanents.

Anthyllide vulnéraire (*Anthyllis vulneraria*). — Cette plante convient dans les montagnes ou dans les sols siliceux ou calcaires. Elle est très rustique et productive, mais serait mal à sa place dans les sols riches.

Lotier corniculé (*Lotus corniculatus*) (fig. 15). — Sa semence est trop chère pour qu'on le fasse entrer dans les mélanges à semer pour la création des prairies. Il ne se maintient du reste que dans les sols frais.

Pimprenelle (*Poterium sanguisorba*) (fig. 16). — Cette plante peut entrer en petite quantité dans les mélanges destinés aux terrains légers, surtout siliceux et secs.

Composition et valeur alimentaire.

Les herbes de prairies forment l'*aliment naturel* des animaux herbivores à l'état de liberté. Nos animaux domestiques les consomment à divers états de croissance et de dessiccation, en vert au pâturage et à l'étable, et en sec sous forme de foin et de regain.

Sous ces trois états, les herbes de prairies ont une valeur alimentaire un peu différente. Plus elles sont jeunes, tendres et succulentes, au moment de leur consommation,

Fig. 16. — Pimprenelle.

plus, à égalité de matière sèche, elles sont riches en albuminoïdes ; plus aussi la digestibilité des principes immédiats, qui les constituent, est élevée, plus, par conséquent, elles sont nourrissantes. Le tableau suivant fait ressortir l'importance des variations de composition de l'herbe de prairie avec l'âge auquel elle a été récoltée :

	Herbes de prairies.		
	Jeunes.	Avant floraison.	Après floraison.
Eau......................	78,35	75,0	69,0
Matières azotées........	5,24	3,0	2,5
— grasses	0,96	0,8	0,7
Hydrates de carbone...	9,66	12,0	14,3
Cellulose brute....	3,72	7,0	11,5
Cendres..............	2,07	2,1	2,0

On en déduit que la nourriture prise par les animaux dans les prés pâturés est beaucoup plus riche que celle qu'ils consomment quand on leur fait manger le foin produit par la même prairie. La nourriture au pâturage renferme beaucoup plus de matière azotée ou formatrice des tissus que la nourriture au foin. Aussi l'estimation des pâtures d'après la quantité de foin sec qu'elles peuvent donner par le fauchage est-elle inférieure à la réalité, d'autant plus que, comme on l'a démontré à Hohenheim, non seulement le fourrage produit est plus riche, mais encore parce qu'il est plus abondant. En effet, un gazon coupé une seule fois, le 12 juin, a donné 2,662 kilogrammes de matière sèche, tandis que la parcelle voisine, qui avait été coupée deux fois à la même époque, en a fourni 3,274 kilogrammes. La matière sèche du premier lot dosait 16,3 p. 100 de matière azotée, et celle de la deuxième parcelle, 20,4.

Le foin proprement dit, qui a été pris pendant longtemps comme étalon de la valeur alimentaire des fourrages, a aussi, on le comprend facilement, une composition immédiate très variable, selon la flore de la prairie dont il provient, selon l'époque de la récolte, et les soins qui y ont présidé. Nous empruntons à MM. Müntz et Girard le tableau suivant qui donne une idée de la composition des foins des diverses régions de la France et de la Suisse.

Composition centésimale (matière brute).

	EAU.	CENDRES.	PROTÉINE.	GRAISSE.	GLUCOSE.	CELLULOSE BRUTE.	AMIDON ET CELLULOSE saccharitiables.	INDÉTERMINÉES.	CHLORE exprimé en chlorure de sodium.
Foin de la Bourgogne............	15,45	8,85	7,27	1,85	2,39	16,65	19,09	28,45	0,97
— de la Haute-Vienne	15,40	6,59	7,11	2,44	1,48	15,77	16,50	34,74	1,005
— de l'Yonne.................	13,85	6,19	6,81	2,22	1,71	18,02	18,31	32,89	0,265
— de la Nièvre	16,00	7,16	8,28	2,24	1,32	16,84	15,05	33,11	0,395
— de l'Aube.................	16,64	6,26	6,77	1,86	1,88	18,25	19,08	29,26	0,229
— de Seine-et-Marne (avarié)....	15,60	7,27	8,80	1,07	traces.	20,01	15,81	31,44	0,269
— de la Meuse	14,19	6,69	6,62	1,85	1,87	20,49	18,53	29,76	0,079
— du Doubs.................	14,76	7,16	7,36	2,06	2,96	17,33	16,72	31,65	0,453
— de Seine-et-Marne (moyen)..	16,12	5,99	6,57	1,41	2,00	20,23	19,58	28,10	0,372
— de la Suisse	12,26	6,27	7,22	2,28	1,79	19,62	12,99	37,57	0,079
— du Doubs.................	14,65	7,01	8,24	2,22	0,89	18,82	11,85	36,32	0,219
— de la Suisse	15,45	5,43	6,70	1,92	2,46	19,61	13,61	35,42	0,176
Moyennes........	15,00	6,74	7,31	4,95	1,70	18,47	16,43	32,39	0,376

La teneur des foins de pré en matières protéiques ou azotées varie de 6,57 à 8,80 ; celle des hydrates de carbone varie de 49,0 à 52,9 ; le taux de la cellulose brute oscille entre 15,8 et 20,5.

Les écarts seraient, d'après Wolff, beaucoup plus considérables suivant la qualité du produit. Le tableau suivant en fait foi.

FOIN.	MATIÈRES azotées.	CELLULOSE brute.	GRAISSE brute.	HYDRATES de carbone.
Médiocre	10,8	34,1	2,3	46,5
Moyen............	11.4	30,7	2,7	48,5
Très bon	13,8	25,7	2,6	49,8
Excellent	16,1	23,0	3,1	48,6

Si dans ces analyses le taux de cellulose brute est beaucoup plus élevé que dans les précédentes, c'est que les méthodes d'analyse sont différentes : ici la cellulose brute renferme la plus grande partie des pentosanes, ou cellulose saccharifiable de Müntz.

On remarque, d'après ces données, qu'en général un haut dosage en matière azotée a pour contre-partie une faible teneur en cellulose brute, et est en conséquence une indication très importante de la valeur nutritive du foin.

La digestibilité du foin de pré a été étudiée avec soin par MM. Müntz et Girard, sur les chevaux. Nous résumons ci-dessous les résultats qu'ils ont obtenus :

COEFFICIENTS de DIGESTIBILITÉ.	PROTÉINE.	GRAISSE.	GLUCOSE.	PENTOSANES.	HYDRATES de carbone.	CELLULOSE.
1° Foin de Seine-et-Marne.						
Cheval n° 1....	72,45	48,72	100,0	80,62	71.32	77,80
— n° 2 ...	66,07	35,81	100,0	77,64	65.09	72,72
— n° 3...	68,41	39,26	100,0	78,25	70.64	71,69
Moyennes...	68,97	41,26	100,0	78,83	69,01	74,07
2° Foin de Bourgogne.						
Cheval n° 1 ..	66,12	45,91	100,0	78,27	70.09	70,58
— n° 2..	65,19	35,59	100,0	74.58	65.19	66,14
— n° 3...	65,76	39,12	100,0	78,45	72,39	70,83
Moyennes...	65,69	40,20	100,0	77,10	69,22	69,18
3° Foin de la Haute-Vienne.						
Cheval n° 1....	73,19	89,57	100,0	80,24	64,14	70,72
— n° 2...	71,80	72,88	100,0	77,71	64.53	69,93
— n° 3....	74,14	70,72	100,0	79,54	71,34	73,42
Moyennes...	73,04	71,05	100,0	79,16	66.66	71,36

Comme la composition, la digestibilité du foin varie selon son origine ; elle varie aussi d'après l'aptitude individuelle des animaux soumis à l'expérience.

Il ne faut donc considérer que comme des indications générales les coefficients de digestibilité moyens consignés ci-après.

Matière azotée......................... 69.2
Graisse brute............................ 50.8
Glucose.................................. 100.0
Pentosanes (cellulose saccharifiable)....... 78,3
Hydrates de carbone divers............... 68,3
Cellulose brute........................... 71,5

D'après ce qui précède, nous pouvons considérer que 100 kilogrammes de foin de pré ordinaire contiennent les quantités suivantes de principes nutritifs digestibles :

Matières azotées	5,0
Graisse	1,0
Glucose	1,7
Pentosanes (cellulose saccharifiable)	12,9
Matières non azotées diverses	22,5
Cellulose	13,2
Total des éléments nutritifs	56,3

Comme dans la digestion de la cellulose, sous l'action des bactéries, il y en a environ moitié qui est transformée en gaz des marais et autres inutilisables par l'organisme, *il ne faut compter par kilogramme de foin que sur 500 grammes d'éléments nutritifs totaux.*

Le foin de deuxième coupe est surtout constitué par les feuilles des plantes qui forment le gazon de la prairie. On n'y rencontre que peu de tiges. Le regain est donc plus fin et plus nutritif que le foin proprement dit. S'il n'est pas toujours aussi estimé que ce dernier, c'est qu'il est assez fréquemment rentré dans des conditions peu favorables. Bien récolté, il dose en général 15 p. 100 d'eau.

M. Joulie a analysé comparativement le foin de première coupe et le regain de deux prairies ; en ramenant les résultats à des fourrages renfermant 15 p. 100 d'eau, on arrive au tableau suivant :

| | LIMOGES 1883 | | SAINT-AMAND 1885 | |
	FOIN.	REGAIN.	FOIN.	REGAIN.
Albuminoïdes	6,27	8,66	5,07	10,37
Amides	4,41	3,99	1,89	2,65
Substances azotées tot.	10,68	12,65	6,96	13,02
Graisse brute	2,62	3,36	1,94	3,78
Hydrates de carbone	40,87	41,23	44,51	44,40
Cellulose brute	25,44	19,70	25,07	15,55
Cendres	8,39	8,06	6,52	8,25

La digestibilité du regain est au moins égale à celle du meilleur foin. Mais à cause de l'époque tardive de sa récolte, il est plus exposé que ce dernier à être déprécié par les intem-tempéries. Lorsqu'il a été lessivé après la coupe par des pluies abonnantes, il a pu perdre facilement 20 p. 100 de ses principes nutritifs solubles. Il est de plus moins facile à sécher, il se recouvre souvent de moisissures, ce qui fait que les animaux le refusent ou que leur santé en souffre. Mais lorsque le fanage s'est opéré dans de bonnes conditions de température, le regain est en réalité un fourrage excellent.

Nous verrons plus loin que la composition chimique du foin peut être très influencée par la fumure donnée aux prairies.

Exigences et fumure des prairies et des pâturages.

« Avec une bonne organisation des prairies, disons-nous dans notre ouvrage consacré aux engrais, en ne négligeant ni les irrigations partout où l'eau est disponible, ni dans tous les cas les engrais, on ne doit pas exiger moins de 50 à 70 quintaux de rendement. Pour l'estimation des apports d'engrais à faire, c'est sur le rendement le plus élevé qu'on puisse raisonnablement atteindre qu'il faut se baser. Nous nous arrêterons donc à une production de foin sec de 70 quintaux à l'hectare.

« Dans le quintal de foin moyen récolté, renfermant encore 15 p. 100 d'eau, on trouve :

	kil.
Azote	1,86
Acide phosphorique	0,50
Potasse	2,21
Chaux	1,24

La récolte de foin enlève donc annuellement à la prairie :

Azote	130	kilogrammes.
Acide phosphorique	35	—
Potasse	155	—
Chaux	87	—

« Ce sont là des estimations inférieures à la réalité, car il faut y ajouter les éléments qui font partie des déchets tombés sur le sol pendant la fenaison, des chaumes et des racines. Ces quantités-ci restent évidemment dans le sol, et par leur décomposition peuvent servir dans l'avenir à l'alimentation de la prairie. L'inconvénient qu'il y a à les négliger est beaucoup moindre que lorsqu'il s'agit d'une culture annuelle ou de peu de durée.

« La production d'une abondante récolte de foin de pré exige donc à peu près autant d'azote, de potasse et de chaux qu'une belle récolte de blé; il lui faut, par contre, moitié moins d'acide phosphorique.

« L'action des engrais sur les prairies est le plus souvent remarquable, comme cela ressort des belles études de Lawes et Gilbert. Ces éminents agronomes ont étudié à Rothamsted, d'une manière suivie l'action des divers engrais sur les prairies permanentes. Ils ont non seulement recherché l'influence de la fumure sur le rendement, mais aussi celle qu'exerce la nature des principes fertilisants sur le développement des diverses espèces de plantes qui composent le gazon des prairies. Nous allons chercher à résumer ici leurs principales conclusions :

Nature des engrais.	Rendement moyen de 18 ans. qx.
a. Sans engrais	47,46
b. 439 kil. de superphosphate	29,19
c. 439 kil. de superphosphate et 448 kil. de sels ammoniacaux	44,09
d. 448 kil. de sels ammoniacaux	34,52
e. { 336 kil. de sulfate de potasse / 112 kil. de sulfate de soude / 112 kil. de sulfate de magnésie / 349 kil. de superphosphate	44,57
f. Comme e, plus 448 kil. de sels ammoniacaux	65,54
g. Comme e, plus 616 kil. de nitrate	72,03
h. 616 kil. de nitrate seul	45,56
k. Comme e, plus 308 kil. de nitrate	59,79
l. 308 kil. de nitrate seul	43,62
m. 35 000 kil. de fumier pendant sept ans	53,52
n. 35 000 kil. de fumier et 224 kil. de sels ammoniac.	61,28

« Du tableau précédent, nous tirons les enseignements suivants :

« 1º Les superphosphates employés seuls ne donnent qu'un faible excédent de récolte : $b-a = 1,73$;

« 2º Les sels ammoniacaux seuls donnent un accroissement notable : $7^{qx},06$ (a et d) ainsi que le nitrate de soude : $17^{qx},1$ (a et h) ;

« 3º Le mélange de superphosphate et de sels ammoniacaux donne une forte augmentation de produit sur le sol sans engrais, et même sur le sol avec sels ammoniacaux seuls. L'excédent de récolte sur le sol sans engrais est de $16^{qx},63$ (a et c), soit de $9^{qx},58$ de plus que n'a donné l'ammoniaque seule (c et d) ;

« 4º Le mélange d'engrais minéraux seuls (e), renfermant de l'acide phosphorique, de la potasse, de la magnésie, sans azote, a donné un fort excédent : $17^{qx},11$;

« 5º Les excédents les plus considérables ont été obtenus avec l'engrais minéral (e) additionné d'azote soluble :

	Excédent. qx.
Engrais minéral et azote ammoniacal	37,98
— — — nitrique	44,57

« 6º L'influence heureuse de la potasse sur le rendement ressort clairement de la comparaison des lots (c) et f). L'excédent de la récolte de la parcelle qui a reçu de la potasse sur l'autre est de $20^{qx},35$;

« 7º Le fumier de ferme, appliqué d'une manière continue, porte le rendement à un niveau élevé ; mais moins cependant que l'engrais de commerce complet. Mais il y a des modifications profondes apportées dans la nature de l'herbe de la prairie par la nature de l'engrais.

« 8º L'herbe de la parcelle sans engrais renferme :

Graminées........	74 p. 100.
Légumineuses	7 —
Diverses......................	19 —

« Les fétuques et les avoines prédominent. La récolte est

homogène, mais courte, peu fournie en tiges, verte et tardive pour l'époque du fauchage ;

« 9° L'engrais minéral mixte (e) n'augmente pas sensiblement le nombre des graminées ; il diminue leur rendement et celui des espèces accessoires ; *mais il accroît le produit total à l'hectare et la proportion des légumineuses.* Aucune graminée ne prédomine. La tendance au développement de la tige et de la graine, ainsi que la précocité, sont beaucoup plus marquées que sur les parcelles sans engrais ;

« 10° *Les sels ammoniacaux seuls forcent la proportion et le nombre des graminées, à l'exclusion presque complète des légumineuses,* et au détriment des autres plantes, dont quelques-unes cependant, comme le rumex, le cumin, l'achillée, prennent un grand développement. Les graminées conservent entre elles les mêmes rapports que dans les parcelles sans engrais, sauf que la fétuque dure et que l'agrostis dominent. Les feuilles du pied se développent et la maturité est retardée ;

« 11° Le nitrate de soude seul exerce la même action que les sels ammoniacaux ; mais il favorise le vulpin des prés. L'herbe est plus pourvue en feuilles qu'en tiges ; elle est d'un vert foncé et peu mûre. Les légumineuses y sont peut-être un peu plus abondantes ; et certaines espèces nuisibles, le plantain, la centaurée, l'achillée, la renoncule, le pissenlit, sont luxuriantes.

« 12° La fumure avec les engrais minéraux additionnés d'engrais azotés assure le plus fort rendement, de même que la plus forte proportion de graminées pour un nombre restreint d'espèces. Les légumineuses et les autres plantes ont pour ainsi dire disparu. La récolte est luxuriante, riche en tiges et en feuilles, plus proche de la maturité qu'avec les engrais azotés seuls. Les plantes dominantes sont les plus volumineuses ; en première ligne, le dactyle pelotonné et le paturin commun ; en deuxième ligne, les avoines, l'agrostide, l'ivraie, et la houlque laineuse. Parmi les graminées proscrites il faut citer les fétuques, le fromental, le vulpin et le brome.

« 13° Le fumier développe activement quelques plantes nuisibles, l'oseille, la renoncule, le cumin, etc., et sacrifie les légumineuses. Il favorise le paturin et le brome aux dépens des fétuques, des avoines, de l'agrostide, de l'ivraie et du fromental. La récolte volumineuse a une composition simple très fournie en feuilles et en tiges; elle laisse beaucoup à désirer comme finesse et homogénéité;

« 14º Les engrais azotés seuls, ou en mélange, quoique l'on tienne compte de l'action moins marquée du nitrate, excluent les légumineuses, tandis que l'engrais minéral, contenant de la potasse et de l'acide phosphorique, favorise beaucoup les plantes de cette famille;

« 15º Quels que soient les engrais employés, le nombre des espèces végétales est réduit, et le développement des plantes nuisibles, sauf quelques exceptions avec le fumier et les engrais azotés, est empêché;

« 16º La valeur nutritive des fourrages obtenus sur les diverses parcelles, sous l'influence des différents engrais, ressort du tableau suivant, qui indique le taux, pour cent de foin sec, de la protéine brute :

Sans engrais......................	8,82 p. 100.
Sels ammoniacaux seuls...........	10,39 —
Engrais minéral...................	8,82 —
— — et sels ammoniacaux.	10,77 —
Fumier et sels ammoniacaux	8,00 —
— seul......................	7,43 —

« 17º Si nous composons la valeur nutritive avec le rendement à l'hectare, nous avons les chiffres suivants, qui donnent le produit à l'hectare en matière azotée nutritive :

Sans engrais......................	242 kilogrammes.
Sels ammoniacaux seuls...........	359 —
Engrais minéral...................	365 —
— — et sels ammoniacaux..	705 —
Fumier et sels ammoniacaux.........	490 —
— seul......................	398 —

« C'est donc l'engrais complet (*f*) qui a donné à l'hectare la plus grande quantité de matière nutritive.

« Tout récemment, M. Touchard, directeur de l'École pratique d'agriculture de Pétré (Vendée), a publié (1) une

(1) *Bulletin mensuel de l'Office de renseignements agricoles,* février 1903.

intéressante étude relative à l'action des engrais phosphatés sur la valeur des foins de prairie, qui vient corroborer les déductions précédentes et éclairer un autre point important pour la bonne santé des animaux. L'ostéomalacie, dit-il, est une maladie fréquente dans le marais vendéen, où le sol est généralement pauvre en acide phosphorique. Les animaux de l'espèce bovine sont le plus souvent atteints. Deux échantillons de foins récoltés en 1901 dans les prés de l'École pratique d'agriculture de Sainte-Gemme-la-Plaine (Vendée) ne renfermaient, pour 1 000 de matière sèche, que 2,30 d'acide phosphorique pour le meilleur et 2,04 pour le plus pauvre. L'ostéomalacie étant à redouter dès que la proportion d'acide phosphorique dans la matière sèche ne dépasse pas 2,7 p. 1 000, nous avons jugé prudent pendant l'hiver de 1901-1902, d'ajouter des phosphates à la ration des animaux. En même temps, nous avons fait des essais pour voir dans quelles proportions les engrais phosphatés appliqués au sol modifieraient cette composition chimique du foin.

« Les essais ont été faits sur deux prairies dont le sol avait la composition suivante (en grammes par kilogramme) :

	Prairie A.	Prairie B.
Chaux	31,10	6,80
Azote	3,04	2,75
Acide phosphorique	0,84	0,80
Potasse	7,80	11,29

« La prairie A était généralement fauchée ; la prairie B, ordinairement pâturée, n'a été fauchée en 1902 que par exception.

« Étant donnée la pauvreté du sol en acide phosphorique, nous avons fait appliquer au mois de décembre 1901, mille kilogrammes de scories de déphosphoration, dosant 14,6 p. 100 d'acide phosphorique, par hectare.

« Avant la fauchaison, des échantillons furent prélevés, et leur analyse botanique donna les résultats suivants :

Prairie A.

Sans engrais :
Papilionacées 2/10, renfermant pour 10 :
    Trèfle rouge, trèfle fraise, trèfle blanc......... 7
    Gesses, lotier, lupuline..................... 3

Graminées 2/10, renfermant pour 10 :
   Crételle.................................. 2
   Avoine.... 1
   Gaudinie........ 1
   Brome... 1
   Agrostis... 1
   Brize 3
   Paturin................................ 1
Familles diverses 6/10, renfermant pour 10 :
   Joncs, carex, luzule................. . 3
   Grande marguerite, cirse, centaurée, épervière,
      pissenlit........................... 4
   Œnanthe, renoncule âcre, renoncule bulbeuse,
      plantain lancéolé, brunelle, lin, ophioglosse.. 3

Avec engrais :

Papilionacées 5/10, renfermant pour 10 :
   Trèfle rouge des prés..................... 4
   — blanc des prés 1
   Lotier et luzernes....................... 4
   Gesse des prés....................... 1
Graminées 2/10, renfermant pour 10 :
   Crételle................................ 2
   Avoines jaunâtre et élevée................ 2
   Brome mou.............................. 2
   Brize...... 2
   Paturin, gaudinie, agrostis............... 2
Familles diverses 3/10, renfermant pour 10 :
   Grande marguerite, centaurée, épervière, pis-
      senlit, cirse........................ 3
   Carex, joncs, ophioglosse................ 3
   Œnanthe................................ 2
   Plantain, brunelle, lin, renoncules............ 2

Prairie B.

Sans engrais :

Papilionacées 0,5/10 :
   Un peu de trèfle blanc.
Graminées 7,5/10, renfermant pour 10 :
   Ray-grass............................... 1
   Gaudinie...... 4
   Crételle................................ 3
   Vulpin, orge faux seigle.................. 1
   Flouve, agrostis, brome mou.............. 1
Familles diverses 2/10, renfermant pour 10 :
   Joncs, carex............................ 4
   Cirse, brunelle, œnanthe, plantain, lancéolé, etc. 6

Avec engrais :

Papilionacées 5/10, renfermant pour 10 :
    Trèfle blanc......... 7
    — des prés.... 2
  Gesses des prés...... 1

Graminées 4/10, renfermant pour 10 :
    Crételle..... 4
    Brome mou....... 2
    Ray-grass. .... •.· 2
    Paturin, gaudinie, vulpin. 2

Familles diverses 1/10, renfermant pour 10 :
    Cirse, grande marguerite...................... 6
    Carex, joncs............................. 4

« Les légumineuses se sont donc abondamment développées, tandis que la proportion des plantes de médiocre valeur a été très réduite.

« On ne rencontre guère que du trèfle blanc et un peu de trèfle des prés dans le pré B ; cela est dû au régime antérieur.

« L'analyse chimique des quatre échantillons fut ensuite faite au laboratoire de la station ; voici les chiffres obtenus pour la matière sèche :

	Prairie A.		Prairie B.	
	Sans engrais. p. 100.	Avec engrais phosphaté. p. 100.	Sans engrais. p. 100.	Avec engrais phosphaté. p. 100.
Matières grasses..... ...	1,87	1,77	1,15	1,65
— azotées........	8,72	13,94	6,46	13,17
Cellulose brute.........	25,58	24,41	29,92	26,68
Cendres...............	8,12	9,32	8,20	9,86
Matières amylacées (1).	55,71	50,56	54,27	48,64
Acide phosphorique	0,30	0,527	0,297	0,494

« Les résultats obtenus sont bien identiques, dans les deux cas : le taux de l'acide phosphorique a presque doublé. Le foin obtenu dans les parcelles phosphatées est très riche en cet élément, et non seulement l'ostéomalacie n'est plus à craindre pour les animaux, mais ceux-ci trouvent à leur dispo-

(1) Il doit être question ici non de matières amylacées, mais d'hydrates de carbone divers. C.-V. G.

sition un excès d'acide phosphorique qui doit hâter leur croissance.

« Indépendamment de l'acide phosphorique que nous visions surtout dans cette étude, nous voyons que la quantité de matières azotées a augmenté dans de très fortes proportions, ce qui est normal, étant donné que les légumineuses sont plus riches en azote que les graminées et autres plantes.

« Il est assez difficile de chiffrer le bénéfice qui est résulté de l'emploi des scories, car, dans les parcelles sans engrais le foin était à peine marchand. Les scories ont non seulement donné plus de qualité au fourrage, elles en ont heureusement modifié le rendement. C'est ainsi que nous avons eu à l'hectare :

	Prairie A.	Prairie B.
Sans scories	4.020 kil.	3.075 kil.
Avec scories	7.300 —	5.070 —

Maintenant qu'il est bien établi que le cultivateur a dans les engrais un moyen très efficace d'augmenter les rendements des prés et la qualité nutritive de l'herbe, passons aux conclusions pratiques principales qui découlent de ce qui précède en faisant observer d'abord qu'aucun moyen d'accroître temporairement la production des prairies ne doit faire omettre les ressources permanentes qu'offrent les amendements calcaires, le drainage et les irrigations. C'est le fumier de ferme qui assure la restitution la plus complète des éléments enlevés au sol par la récolte de foin, disons-nous dans les *Engrais*. Il est vrai que son action est plus lente que celle des autres engrais, mais elle est de plus longue durée, et finalement l'utilisation de l'azote est aussi considérable. De plus, l'herbage est plus fourni en espèces, et le foin est supérieur en général dans les conditions de l'emploi économique des engrais. On fumera par exemple tous les quatre ou cinq ans avec du fumier de ferme, et dans les intervalles on emploiera un mélange d'engrais de commerce appropriés : nitrate de soude et sulfate d'ammoniaque avec superphosphates. La production sera ainsi très sensiblement augmentée, en même temps que la qualité botanique de l'herbe sera sauvegardée. L'emploi des engrais phosphatés accroîtra la précocité.

En ce qui concerne les quantités de chaque matière fertilisante à employer, nous conseillons, dans les sols de bonne fertilité moyenne, 250 à 300 kilogrammes de nitrate de soude, 200 à 300 kilogrammes de scories de déphosphoration, et 100 kilogrammes de chlorure de potassium par hectare. Si le sol est acide, il conviendra d'abord de le chauler à dose moyenne. Dans les prés riches en azote, comme c'est la règle générale, grâce au chaulage et aux scories de déphosphoration judicieusement appliqués, on pourra diminuer et même supprimer complètement le nitrate de soude : c'est principalement le cas des prairies tourbeuses. Dans celles-ci la potasse fait presque toujours défaut en même temps que l'acide phosphorique. On y répandra donc de 150 à 250 kilogrammes de chlorure de potassium et 400 à 500 kilogrammes de scories.

Pour ce qui est des herbages et des pâturages, les quantités de matières fertilisantes enlevées au sol et qui ne sont pas restituées par les déjections des animaux sont assez difficiles à évaluer.

Dans les herbages pâturés par les animaux adultes, à l'engrais, il y aurait environ, d'après M. Joulie, 60 à 100 kilogrammes d'azote enlevés par hectare; les autres matières minérales seraient intégralement restituées par les déjections. L'entretien de la fertilité du sol n'exigerait donc aucun apport d'engrais phosphaté ni potassique, dans les sols de fertilité moyenne. Quant à l'azote, il serait largement rendu par suite de son absorption dans l'atmosphère par les légumineuses. Toutefois, pour assurer l'utilisation convenable du stock de cet élément, entretenu par ce mécanisme, il serait nécessaire de favoriser la nitrification par des chaulages et des hersages. Mais si l'herbage pâturé est pauvre en acide phosphorique et en potasse, il conviendra d'y apporter ces principes fertilisants, en raison de leur déficit dans le sol. On répandra des scories et du chlorure de potassium pour améliorer à la fois la quantité et la qualité de l'herbe.

Dans les herbages pâturés par les vaches à lait, les prélèvements en azote ne sont pas inférieurs, mais les autres principes minéraux ne sont pas restitués intégralement. L'herbage perd de l'acide phosphorique et de la potasse, mais en petite quantité, et il suffira d'y veiller dans les sols pauvres, par un apport modéré, comme dans le cas précédent, de scories et de sels de potasse.

Enfin, dans les herbages garnis d'animaux d'élevage, les pertes du sol en éléments fertilisants sont beaucoup plus élevées. Elles dépassent 100 kilogrammes pour l'azote, autant pour la potasse, et atteignent 25 à 30 kilogrammes pour l'acide phosphorique. On devra donc les traiter à peu près comme les prairies fauchées, et, dans ce cas, on sera sûr d'amener leur amélioration en même temps que celle du jeune bétail.

Création des prairies naturelles.

Préparation du sol. — Le sol doit être parfaitement ameubli et purgé de toute plante nuisible. Suivant l'état et la nature du terrain, que l'on veut transformer en prairie, on opère d'une manière variable pour arriver au but poursuivi.

S'il s'agit de mettre en herbe une lande, un bois, ou un marais, on commence par défricher et assainir le terrain. Puis, quand le sol a été déjà soumis pendant quelques années à la culture ordinaire, et que, par les diverses façons culturales qu'il a reçues pendant ce temps, il a été bien ameubli et nettoyé, on y fera une récolte de racines fourragères sur une culture profonde, destinée à assurer l'ameublissement du sol sur une grande épaisseur, et à le débarrasser entièrement de toute végétation nuisible. Après cette culture sarclée, le sol sera préparé comme pour semer un blé d'hiver ou de printemps et on sémera la prairie, suivant la nature du climat, à l'une ou l'autre saison.

Si l'on veut coucher en herbe un terrain déjà soumis depuis longtemps à la culture, on y cultivera, comme dans le cas précédent, une plante sarclée, avec labour de défoncement, puis on sémera les graines de prairie dans une céréale.

Dans tous les cas, il faut donner à la surface du terrain une disposition convenable. Il est important de le niveler, et d'en régulariser les pentes. On se sert dans ce but de la pelle

à cheval ou ravale, pour enlever la terre des points culmi-
nants et la transporter dans les bas-fonds. Lorsque la prairie
doit être irriguée, on doit faire à l'avance tous les travaux de
terrassement nécessités par la méthode que la disposition du
terrain commande. Le lecteur voudra bien se reporter, pour
l'exécution de ces travaux, à l'ouvrage de MM. Risler et Wery,
sur le drainage et les irrigations.

Quand la prairie doit être destinée à la pâture, il faut y
créer des abreuvoirs, et la diviser en enclos.

La prairie, étant semée dans une céréale, après racine,
bénéficiera de tout le reliquat de l'abondante fumure de
fumier de ferme complétée par des engrais de commerce qu'on
aura appliquée à la culture de la récolte sarclée. Il sera bon,
suivant la nature du sol, de lui appliquer une fumure en se
basant pour le choix et la quantité des matières fertilisantes
sur les indications que nous avons données précédemment. Il
faut bien se souvenir que si l'on veut obtenir une belle prairie, il est indispensable que le sol soit aussi riche que
possible. Par une fumure abondante et de qualité appropriée,
on favorisera hautement le développement des plantes utiles
au détriment des plantes nuisibles.

On ne devra jamais négliger l'emploi des amendements calcaires et surtout de la chaux, dans les terres qui manquent de
carbonate de chaux ou qui sont très riches en matières organiques ; la bonne qualité des produits en dépend. Mieux le sol
aura été fertilisé et amendé, plus tôt on obtiendra de la prairie
le produit maximum.

Ensemencement. — Pour ensemencer un sol en prairie,
on se contente souvent d'y répandre des balayures de greniers.
C'est là une pratique vicieuse, et qu'on doit énergiquement
proscrire, car, les foins étant fauchés en général à l'époque de
la floraison des espèces les meilleures, les balayures de greniers ne contiennent que fort peu de graines mûres de celles-
ci, mais par contre elles sont abondamment fournies de
graines des plantes les plus précoces et des plantes nuisibles.
De plus, rarement le mélange de graines qu'on emploie ainsi
est formé dans les proportions les plus convenables des
espèces qui conviennent le mieux au sol considéré.

Aussi est-il toujours préférable de semer des graines mélangées avec soin et dans la proportion reconnue la meilleure pour le but poursuivi. On a recours au commerce pour se procurer séparément les graines des espèces choisies. Nous ne saurions conseiller d'acheter des mélanges préparés d'avance, car l'expérience démontre qu'ils sont rarement avantageux.

Dans les mélanges de graines, il faut toujours faire entrer une quantité assez forte de légumineuses, car elles sont la base des meilleurs fourrages, elles ont une végétation plus prompte que les graminées, et on a ainsi plus tôt un fort rendement. En outre, les légumineuses améliorent la couche superficielle du sol par leurs débris et amènent en peu de temps la prairie à un bon état de fertilité.

Nous avons réuni dans le tableau suivant les principales données nécessaires pour la formation des mélanges de graines à semer dans les prairies.

	PURETÉ.	FACULTÉ germinative.	VALEUR agricole.	QUANTITÉ DE SEMENCE.	
				Culture isolée.	En mélange
	p. 100.	p. 100.	p. 100.	kil.	kil.
Dactyle	75	70	52,5	40	6 à 8
Fétuque des prés	95	75	71	60	9 à 12
Fléole	97	90	87	18	5 à 8
Fromental	70	70	49	80	8 à 12
Avoine jaunâtre	40	40	16	33	3 à 4
Paturin des prés	95	50	47,5	20	5 à 10
— commun	90	50	45	22	4 à 5
Vulpin des prés	90	35	31,5	25	4 à 6
Ivraie vivace	95	75	71	60	6 à 12
— d'Italie	95	70	71	55	5 à 10
Brome des prés	80	64	54,2	60	6 à 12
Agrostide traçante	85	85	72,2	11	1 à 1,5
Crételle des prés	90	60	54	28	1 à 2
Houlque laineuse	68	34	23	30	5 à 9
Trèfle blanc	96	75	72	12	0.6 à 1,2
— commun	98	90	88	20	2 à 4
— hybride	97	75	73	14	1,4 à 2,1
Minette	97	85	82,5	21	1 à 2
Luzerne	98	90	88.2	29	1 à 3
Sainfoin	98	80	78	180	9 à 18
Anthyllide	95	90	85,5	20	1 à 2
Lotier	85	50	42.5	12,5	Mémoire.

Lorsqu'on a affaire à des graines présentant une valeur agricole quelconque, mais déterminée, on trouve la quantité de semence à répandre par hectare, en culture pure, par la formule suivante :

$$Q' = Q\frac{Vm}{V}$$

où Q' est la quantité cherchée, Q la quantité de semence inscrite dans le tableau et correspondant à la qualité moyenne, V*m* la valeur agricole de la semence moyenne, et V la valeur agricole de la semence considérée.

Pour compléter ces indications, nous donnons ci-après quelques types de mélanges de graines à employer dans différents terrains d'après les meilleurs auteurs :

Boitel indique, d'après M. Chamard, le mélange suivant pour les herbages du Nivernais, en sols d'alluvions riches, plus ou moins calcaires, et estime qu'il devrait convenir également pour les embouches de la Normandie et de la Flandre :

Paturin des prés	10	kilogrammes.
Fléole	10	—
Ivraie vivace	10	—
Fétuque des prés	10	—
Trèfle blanc	10	—

Pour les prairies à faucher, à établir sur les alluvions fraîches et fertiles des vallées, il recommande :

Paturin commun	10	kilogrammes.
Fléole	5	—
Ivraie vivace	10	—
Fromental	5	—
Dactyle	5	—
Fétuque des prés	5	—
Trèfle blanc	2	—
— commun	4	—
— hybride	3	—
Minette	2	—

Dans les prairies à faucher, établies en coteau ou en plateau, en sol riche mais moins frais que les précédents, il conseille :

Paturin commun	10 kilogrammes.
Ivraie vivace	10 —
Fromental	10 —
Dactyle	10 —
Trèfle blanc	2 —
— commun	4 —
— hybride	2 —
Luzerne	2 —
Minette	2 —
Sainfoin	10 —

Pour prairies à faucher, en coteau ou en plateau, sur sol calcaire profond et perméable, on peut semer :

Paturin commun	10 kilogrammes.
Ivraie vivace	10 —
Fromental	5 —
Avoine jaunâtre	10 —
Dactyle	5 —
Trèfle blanc	2 —
— commun	4 —
Luzerne	2 —
Minette	4 —
Sainfoin	20 —

Dans les sols calcaires pierreux, très perméables, d'une fertilité moyenne, on pourra employer :

Ivraie vivace	10 kilogrammes.
Fromental	10 —
Avoine jaunâtre	10 —
Dactyle	5 —
Trèfle blanc	2 —
— commun	4 —
Minette	4 —
Sainfoin	30 —
Anthyllide	4 —

Les trois mélanges suivants sont de M. Berthault, et relatifs à des prairies à faucher :

Sol argilo-calcaire frais :

	kil.
Paturin des prés	6,0
Vulpin des prés	5,5

	kil.
Ivraie vivace..	13,5
— d'Italie........................	10,2
Trèfle commun......................	4,0
— blanc..	1,25

Sol calcaire irrigué :

	kil.
Paturin des prés	3,0
Fromental...........................	8,0
Ivraie vivace....................... .	9.0
Dactyle..............................	6,0
Brome des prés.....	9,0
Trèfle blanc..................... ..	1,2
— commun	2,0
Sainfoin.............................	18,0

Sol argilo-siliceux très compact :

	kil.
Ivraie vivace. ....,....	12,0
Paturin des prés.......................	4,0
Fétuque des prés..................	9,0
Fléole	2,7
Trèfle commun.......	3,0
— hybride.........................	2,1

Le même auteur donne les mélanges suivants pour herbages :

Terres argilo-calcaires :

	kil.
Paturin des prés.....	5,0
Fétuque des prés......................	6,0
Ivraie vivace.........	5,5
Fromental	4,0
Dactyle.........	2,0
Trèfle blanc.......................	3,6
Minette	1,0

Alluvions argilo-siliceuses riches en humus :

	kil.
Paturin des prés.................•....	4,0
— commun	3,3
Fétuque des prés........	9,0
Vulpin des prés.......................	1,0
Fléole...............................	0,9
Trèfle blanc..................... ..	3,0
Minette	2,1
Trèfle commun......................	1,0

Sols argilo-siliceux humides :

	kil.
. Paturin des prés	3,0
— commun	2,2
Fléole	3,6
Vulpin des prés	1,4
Fétuque des prés	4,8
Trèfle blanc	3,0
— hybride	1,1
— commun	1,2

Les mélanges ci-après sont recommandés pour les semis des pâturages par M. Berthault :

Sol siliceux, léger superficiel :

	kil.
Houlque laineuse	2,00
Fétuque ovine	4,50
Ivraie vivace	16,25
Dactyle	6,00
Trèfle blanc	2,10
— hybride	1,40
Plantain lancéolé	1,00
Centaurée jacée	0,50

Sol calcaire sec :

	kil.
Avoine élevée au fromental	15,00
Brome des prés	9,00
Fétuque ovine	4,50
Trèfle blanc	2,10
Sainfoin	18,00
Anthyllide	4,50
Minette	2,00
Pimprenelle	3,00

Sol argileux superficiel :

	kil.
Fléole	1,5
Dactyle	2,0
Agrostide traçante	1,5
Ivraie vivace	9,0
Trèfle hybride	2,8
— commun	4,0
Chicorée sauvage	1,5

Exécution du semis. — Lorsqu'on a décidé quel mélange de graines il convient de semer pour créer la prairie, il faut assortir ces semences en trois lots, à cause des différences de densité qu'elles présentent. Autrement la répartition sur le sol serait très irrégulière.

Dans le premier de ces lots, on fait entrer les graminées qu'il convient d'enfouir assez profondément, et qui sont d'assez gros volume. Telles sont les ivraies, le fromental, le brome et la fétuque.

On réunira dans le second, les petites semences, qui ne doivent être qu'à peine recouvertes de terre, comme l'avoine jaunâtre, le dactyle, le vulpin et les paturins.

Le troisième et dernier lot comprendra les légumineuses et la fléole. Ajoutons que le sainfoin, quand il entre dans la composition de la formule, doit toujours être semé isolément.

Chaque lot doit être rendu parfaitement homogène par un mélange soigné avant de le semer à la volée sur le terrain bien préparé et suffisamment rassis. Le premier lot est enfoui par un hersage ordinaire, le second par un simple roulage. Sur ce dernier, on répandra le troisième lot ; si la pluie survient, elle suffira pour enrober ces petites graines, et assurer leur levée. Sinon, il conviendra de donner un nouveau roulage.

Le semeur doit apporter le plus grand soin dans l'épandage des graines, et éviter de travailler par le vent. L'emploi des semoirs à la volée est à recommander.

L'époque à choisir pour exécuter le semis est variable avec le climat. Dans les pays méridionaux les semis réussissent beaucoup mieux et plus sûrement, lorsqu'on les fait à l'automne, un peu avant la semaille du blé, que si on les exécute au printemps. C'est que les plantes ont le temps de se fortifier avant l'hiver, qui n'est généralement pas rude, tandis qu'au printemps la sécheresse peut être très funeste à la levée et au premier développement.

Mais dans les pays situés au delà de la limite nord de la région du maïs, on doit préférer les semis de printemps, au moment des semailles de mars. Les gelées d'hiver pourraient ici faire périr les jeunes plantes insuffisamment enracinées et d'une texture trop aqueuse.

On sème la prairie sur le sol nu, ou dans une céréale. Le

premier mode est généralement à préférer car les jeunes graminées et légumineuses, se développant librement, acquièrent
plus de vigueur que lorsqu'elles poussent sous une autre
culture. Il est vrai que le second procédé a la réputation de
ne pas laisser la terre improductive pendant l'année du semis ;
mais il faut considérer que la parfaite réussite de l'ensemencement d'une prairie permanente mérite bien un léger sacri-
fice, et qu'elle a en réalité beaucoup plus d'importance que
le faible produit que l'on peut obtenir d'une céréale semée
très claire comme il convient. Enfin quand il s'agit de prairies à irriguer, où l'on a fait d'importants travaux de terrassement, on risquerait d'endommager ceux-ci par les charrois
que la récolte exige.

La jeune prairie se développe rapidement quand elle a été
établie, sans autre récolte, dans un sol bien fumé et préparé.
Dès le printemps pour les semis d'automne, et dans le courant
de l'été pour les semis de printemps, elle couvre complètement le sol.

Quand le semis a été fait dans une céréale, aussitôt la moisson de celle-ci, on roule deux fois avec un rouleau très lourd.
Si la prairie a été semée à l'automne, on la fera pâturer par
les moutons avant l'hiver qui suit la récolte de la céréale,
puis on roulera de nouveau. Au printemps suivant, on fumera
en couverture avec engrais de commerce, puis on fera pâturer jusqu'en automne. Si le semis a été fait au printemps, on
roulera de nouveau au printemps suivant, on fumera en couverture avec engrais de commerce, et on pâturera toute
l'année, comme plus haut. Ce pâturage par les moutons est
la meilleure manière de hâter la formation du gazon, même
dans les prairies à faucher. Si l'on fauchait la première année,
le tallage ne se ferait qu'imparfaitement, et le gazon s'éclair-
cirait au lieu d'épaissir. On ne doit faucher dès la première
année que les prés établis en sols humides, où le pâturage est
nuisible.

Organisation, entretien et exploitation des herbages. —
Il est indispensable que les herbages soient clos. Suivant les régions, on a recours aux haies vives ou sèches,
aux palissades en bois, aux murs en pierres sèches, aux clô-

tures en ronces artificielles, etc. Les simples fossés ne peuvent être recommandés que dans les climats doux où le ciel est souvent couvert. Les haies hautes et touffues sont nécessaires dans les contrées à vents violents et froids, car elles protègent efficacement les animaux. Elles se recommandent aussi dans les pays à étés relativement chauds où elles servent à abriter le bétail contre les ardeurs du soleil de juillet et d'août. Les murs, dans une certains mesure, peuvent suppléer les haies, mais il n'en est pas de même des clôtures en fil de fer.

Dans les pays de l'ouest où abondent les pommiers dans les herbages, ces arbres servent d'abris sans que la production de l'herbe en souffre. Ailleurs on refuse aux arbres à fruits l'entrée des herbages et on n'y tolère que quelques arbres forestiers comme abris et frottoirs. On sait en effet que les bêtes bovines ont un impérieux besoin de se gratter sur toutes les parties du corps. A défaut d'arbres, il convient d'établir quelques poteaux en bois brut destinés à cet usage.

Il faut dans tous les herbages établir des abreuvoirs pour que le bétail puisse boire à sa soif. Quand il existe des canaux ou des ruisseaux, on en facilite l'accès par un plan incliné perpendiculaire à leur cours. Dans les sols qui ne sont pas assez fermes, ces accès sont avantageusement empierrés. Ailleurs on établit des mares ouvertes sur un côté.

La surface des enclos varie beaucoup avec les conditions locales. Il convient d'éviter les extrèmes. En les faisant trop petits, on augmente les frais de clôture et la perte de terrain occasionnée par les haies; s'ils sont trop grands, ils exigent qu'on les peuple de bandes d'animaux trop nombreuses; un seul animal turbulent peut alors compromettre la réussite de l'engraissement d'un grand nombre d'autres; de plus, l'utilisation de l'herbe sera moins bonne. Les dimensions les meilleures varient entre 5 et 10 hectares.

Pour que les pâturages arrivent promptement à la plus haute productivité, et que, depuis ce moment, ils conservent toute leur valeur, il convient de leur prodiguer chaque année des soins attentifs et judicieux. Il est nécessaire de faire une guerre efficace aux plantes nuisibles, à celles qui sont peu utiles à l'alimentation du bétail, et à celles enfin qui occupent un trop grand espace pour le produit qu'elles donnent. Malgré tous les soins qu'on a apportés à la création du pâturage, ou de l'herbage, malgré le nettoiement complet du sol, et le choix judicieux des semences, il arrive toujours qu'au bout d'une certaine période d'années, ces mauvaises plantes, dont les germes ont été apportés par les vents, les eaux ou les animaux, se développent avec vigueur. Si l'on n'arrêtait pas cette marche envahissante, on serait bientôt obligé de défricher l'herbage pour procéder à une création nouvelle, sous peine de n'avoir plus qu'une prairie improductive.

Souvent l'assainissement du terrain suffit pour faire disparaître, dans les terrains humides, les mousses, les laiches, les joncs, etc. La destruction des plantes de cette sorte est encore mieux assurée et plus rapide, lorsque, à l'assainissement, on ajoute l'emploi des amendements calcaires et des engrais chimiques. Le terrain cesse d'être acide et humide, et les plantes des sols acides disparaissent en même temps que les causes qui ont favorisé leur croissance. D'autre part, les légumineuses et les graminées, ainsi favorisées, prennent un notable accroissement. Nous avons vu plus haut, que l'emploi des engrais minéraux phosphatés et potassiques, additionnés d'azote nitrique ou ammoniacal, faisait disparaître la plupart des plantes nuisibles. C'est par la combinaison de l'assainissement avec les engrais et amendements qu'on arrive le plus sûrement au but poursuivi.

Pour les plantes qui résisteraient aux actions précédentes il y aurait lieu de recourir à l'arrachage, pour celles dont les racines sont vivaces et non traçantes, ou à la coupe entre deux terres, au-dessous du collet, avant la floraison. Pour les plantes à racines traçantes, on s'en débarrasse en les coupant à la surface du sol plusieurs fois par an, avant que leurs parties aériennes n'aient atteint 25 centimètres de hauteur. Par ces coupes réitirées, les plantes sont épuisées, et le développement des racines est arrêté ; bientôt elles périssent.

Pour la destruction des plantes annuelles ou bisannuelles, il suffit de prendre soin de les couper avant la floraison pour les empêcher de se reproduire par graine. En répétant l'opération trois ou quatre années de suite, on en purge la prairie.

Quand il y a des parties de la prairie par trop infestées de plantes nuisibles vivaces, il convient de les défricher pour les en débarrasser, puis d'y recréer l'herbage par les moyens préindiqués. Nous étudierons plus loin les plantes les plus nuisibles aux prairies et les moyens spéciaux de les détruire.

Il convient aussi, après que les animaux ont quitté un enclos, de faucher toutes les touffes qui ont été refusées, afin que la repousse soit partout uniforme. Si le pâturage est planté d'arbres, il faut ramasser les feuilles mortes à la fin de chaque année, car elles sont nuisibles au développement de l'herbe.

Il faut songer aussi à réparer les dégâts causés par les animaux nuisibles et à détruire ces ennemis, dont les principaux sont les taupes, les fourmis, les larves de hannetons. Les fourmis et les taupes produisent de petits monticules de terre qui, par leur multiplication, finissent par dégrader sérieusement le pâturage. Il est donc nécessaire de supprimer les taupinières et les fourmilières en répandant la terre qui s'y trouve amoncelée. Quand elles sont fraîches, c'est une opération facile, on passe le rabot des prés de Mathieu de Dombasle. Dans le cas contraire, il faut les détruire à la bêche et répandre la terre à la pelle.

Les excréments laissés par les animaux sur le pâturage doivent être ramassés et répandus uniformément sur toute la surface. Une bête bovine peut couvrir par jour un mètre carré de sa fiente, et, comme l'espace que recouvre celle-ci est momentanément privé d'herbe, si l'on n'a pas soin d'enlever ces excréments, il peut y avoir une perte notable dans le produit. On les recueille dans un coin de l'enclos et on en forme des composts que l'on y répand quand il est pâturé. On choisit pour répandre les engrais minéraux dont il a été question plus haut, la fin de l'hiver.

Les pâturages ne doivent être soumis qu'aux irrigations d'hiver à grands volumes, par lesquelles, ils sont colmatés et grandement fertilisés. Les irrigations d'été en ramollissant le sol empêchent que l'on puisse y faire pénétrer le bétail sans dommage pour le gazon.

Il est important de visiter au moins une fois par an les

rigoles d'assainissement, de les curer, de les réparer si cela est nécessaire, afin d'assurer leur bon fonctionnement dans tous les terrains humides. Il faut également surveiller et réparer les clôtures.

Dans les pâturages calcaires, sableux ou tourbeux, les gelées soulèvent la couche superficielle. Il est nécessaire pour rafermir les racines du gazon de plomber fortement le sol au retour du printemps. Cette opération est toujours utile d'une manière générale, surtout dans les jeunes herbages, car elle favorise le tallage, le tassement du sol, et la bonne formation du gazon.

C'est par des mises successives d'animaux que l'on fait consommer les herbages. L'état de l'atmosphère, du sol et de la végétation peut seul servir de guide au praticien. Le bétail dont on charge l'herbage doit être dans de bonnes conditions hygiéniques pour qu'il en puisse profiter. Si les froids sont trop vifs, les animaux sont obligés de prendre beaucoup de mouvement et leur poil se pique ; ils n'augmentent pas de poids dans ces conditions. Dans les climats doux, on peut, comme en Normandie, faire passer aux bœufs une bonne partie de l'hiver dehors. Dans le centre au contraire ou la montagne, les herbages sont déserts depuis la fin d'octobre jusqu'en mars ou avril. Au printemps, pour amener le bétail, il faut attendre que le sol soit bien assaini et que l'herbe soit assez longue pour que les animaux puissent la saisir. Toutefois, il ne faut pas tarder trop, car les bêtes gloutonnes, dans une prairie trop fournie, seraient exposées à des accidents.

Pour ce qui est du nombre des bêtes à mettre dans l'herbage, il dépend de la marche de la végétation et de sa richesse. Il faut que le bétail puisse manger l'herbe au fur et à mesure qu'elle pousse ; c'est alors qu'elle est le plus nutritive. Si donc l'herbe gagne le bétail, il faut augmenter le nombre des animaux. Dans le cas inverse, si l'on ne peut décharger l'herbage, il faudra donner au bétail une nourriture complémentaire. L'emploi des tourteaux est à recommander dans ce cas, e chaque fois qu'on fait l'engraissement du bétail dans des pâturages dont la richesse laisse à désirer.

Entretien des prairies fauchées. — L'entretien dets

4.

prairies fauchées nécessite la destruction des plantes nuisibles, comme nous l'avons indiqué pour les pâturages, et par des moyens analogues. Toutefois la destruction des mauvaises plantes par l'arrachage et le fauchage réitéré est plus difficile que dans les herbages, car on ne peut pénétrer à tout moment dans la prairie sans nuire au produit. Pour l'arrachage des espèces à racines non traçantes, on l'opérera à la fin d'avril, ou aussitôtt après une coupe ; pour la destruction des plantes vivaces à racines traçantes, il faudra transformer pendant quelques années la prairie en pâturage et opérer comme il a été dit plus haut. S'il s'agit de plantes annuelles ou bisannuelles, on opérera le fauchage plusieurs années de suite avant la floraison de l'espèce à détruire. (Voir plus loin : *Plantes à détruire dans les prairies.*)

Dans les vieilles prairies, il est bon au printemps d'aérer le sol par un vigoureux hersage, ou même par un scarifiage, que l'on a fait précéder d'un petit chaulage, à raison de 1 000 kilogrammes de chaux par hectare, pour faciliter la transformation des réserves d'azote organique du sol en azote assimilable. La chaux peut être remplacée avantageusement dans les sols pauvres en acide phosphorique par des scories de déphosphoration. Le meilleur moyen d'employer la chaux est d'en faire des tombes comme nous l'avons indiqué dans notre ouvrage sur les « Engrais ».

C'est au printemps également qu'il convient de répandre les engrais chimiques nécessaires en les enterrant par le hersage préindiqué, s'il y a lieu de le faire.

Le roulage est quelquefois indispensable pour rafermir les jeunes plantes que les gelées de l'hiver ont soulevées, dans les sols calcaires sablonneux ou tourbeux. Mais il ne faut pas en abuser dans les vieilles prairies, dont le sol a plutôt besoin d'être aéré que tassé.

Il convient aussi, plus encore que dans les herbages, de répandre les taupinières, et les fourmilières. Ces monticules deviennent très gênants pour le fauchage, et, d'autre part, leur épandage a l'avantage de rehausser les graminées et de favoriser leur tallage.

On ne doit pas négliger d'enlever les mousses dans les cas

où elles se développent, par des hersages assez énergiques, après avoir répandu sur les endroits envahis 300 kilogrammes de sulfate de fer par hectare, et avoir attendu que ce sel ait fait son effet en tuant la cryptogame. Il faut se rappeler que les mousses se développent surtout dans les terrains humides, trop tassés et appauvris ; il conviendra donc après leur destruction de fertiliser convenablement la prairie d'après les besoins révélés par l'analyse du sol.

Dans les prairies plantées d'arbres, on aura soin de ramasser les feuilles à la fin de la saison, car en recouvrant le gazon, et en augmentant l'acidité du sol, elles nuisent à la production.

Les prairies de fauche sont celles qui profitent le mieux de l'irrigation. Les effets en sont souvent merveilleux. Le lecteur trouvera dans le traité de MM. Risler et Wery tous les renseignements nécessaires à ce sujet (1). Nous ne pouvons pas toutefois nous dispenser de quelques considérations générales à leur sujet.

Les irrigations dans le nord se font à très grand volume d'eau, et, c'est dans le midi, où il fait beaucoup plus sec, que la quantité d'eau utilisée pour l'arrosage est la moindre. Au premier abord cela paraît paradoxal. Il n'en est rien, car, ainsi que l'a démontré Hervé-Mangon, ancien professeur de génie rural à l'Institut agronomique de Paris, ce qu'on demande aux irrigations dans le nord, c'est non seulement l'eau nécessaire à une bonne végétation, mais surtout la fertilisation du sol par l'apport des éléments minéraux et azotés que renferment les eaux. Dans la région méridionale au contraire, l'irrigation a surtout pour but de fournir l'eau nécessaire aux plantes et c'est par les engrais qu'on assure leur alimentation minérale et azotée.

Les eaux qui servent à irriguer les prairies doivent être bien aérées ; elles provoquent alors en passant sur les prairies des phénomènes d'oxydation et une grande partie de leur oxygène est remplacée par de l'acide carbonique. Cette action favorise l'assimilation de leur azote par les plantes, car l'observation

(1) Risler et Wery, *Irrigations et drainage*. (Encyclopédie agricole, 1904.)

démontre que les eaux les plus pauvres en oxygène abandonnent beaucoup moins de leur azote en passant sur les prés.

La température des eaux est très importante à considérer. Quand elle est inférieure à 6 ou 8 degrés centigrades, il n'y a presque pas d'assimilation par les plantes des éléments fertilisants qu'elles renferment. Aussi est-il avantageux de réchauffer les eaux trop froides en les faisant séjourner dans de grands bassins peu profonds et bien ensoleillés, avant de les répandre sur les prairies.

Quand on a affaire à des eaux acides, il est indispensable de les saturer en les faisant passer dans des réservoirs où l'on met de la chaux vive, ou par leur mélange avec du purin, qui est toujours très alcalin.

Malgré tous les avantages que présente l'emploi de l'eau, il ne faut pas en abuser. La règle de son emploi, que toujours il faut avoir présente à l'esprit, est qu'elle doit pouvoir circuler partout, sans jamais séjourner nulle part. Il faut donc apporter grand soin à l'organisation et à l'entretien des rigoles de colature, qui assurent le départ des eaux excédentes, et dans les irrigations par submersion, il ne faut pas négliger de faire évacuer les eaux aussitôt l'apparition de bulles ou d'écumes à la surface, qui caractérisent les eaux croupissantes.

On pratique les irrigations à toutes les époques de l'année. Les irrigations de printemps ont besoin d'être conduites de manière à ne pas refroidir le sol, car on retarderait ainsi la pousse des herbes. Dans ce but on fait les arrosages pendant les périodes de froid ou pendant la nuit, et on prend les précautions nécessaires pour que la prairie soit bien ressuyée pour profiter des premiers beaux jours. Il convient d'éviter avec soin que les jeunes herbes ne soient surprises par les gelées tardives, alors que la terre est saturée d'eau. Il faut se hâter d'assurer l'égouttement de la prairie dès que l'on prévoit un notable abaissement de la température, à moins que, comme dans les Marcites du Milanais, on ne puisse couvrir le sol d'eau ruisselante à douce température.

Pendant l'été, il faut éviter d'irriguer les prairies en végétation avec les eaux limoneuses, car on obtiendrait des foins envasés et sans valeur.

C'est à l'automne que, dans la région septentrionale, on opère les grandes irrigations. Les eaux limoneuses alors sont sans inconvénient ; au contraire elles colmatent les prairies et favorisent le tallage des graminées. On doit retirer l'eau avant les fortes gelées, à moins qu'on ne puisse couvrir l'herbe d'une couche d'eau courante assez épaisse pour empêcher la production de la gelée.

Nous nous occuperons dans un chapitre spécial de la récolte des foins. Le rendement des prairies naturelles est nécessairement variable suivant le climat, le sol, son humidité, la nature du gazon et les fumures employées. Le produit en foin peut atteindre 150 quintaux métriques dans certains prés du Calvados et dans les prairies irriguées de Vaucluse. Les prés à Marcite de la Lombardie, arrosés tout l'hiver avec des eaux à 12 degrés, produisent depuis février jusqu'au 15 septembre 680 quintaux d'herbe verte, correspondant à 190 quintaux de foin sec à l'hectare. Nous avons vu qu'à Rothamsted, les expériences d'engrais ont donné en moyenne jusqu'à 70 quintaux et plus de foin sec en une coupe, la seconde étant toujours pâturée sur place.

En général on compte que 70 quintaux de foin constituent un bon rendement ; 20 quintaux de foin forment un rendement très faible. Au-dessous de ce chiffre, il vaut mieux faire pâturer que de faucher.

Les prairies naturelles bien établies et entretenues avec tous les soins que nous avons indiqués, ont une durée presque sans limite. Il ne saurait y avoir de raison pour défricher un pré dont le produit se maintient élevé et de bonne qualité. Toutefois il peut arriver que la prairie soit altérée à un point tel qu'il soit impossible de la régénérer économiquement. C'est alors seulement que l'on doit opérer le défrichement.

En mettant pendant quelques années en culture ordinaire une prairie presque improductive, on utilisera les réserves d'azote organique accumulées dans le sol. Mais cette utilisation n'est possible qu'à la condition expresse d'apporter de fortes fumures minérales : des doses élevées d'engrais phosphatés et de sels de potasse, de la chaux, suivant la nature chimique du sol sur laquelle l'analyse seule pourra nous renseigner.

L'acide phosphorique, en général, sauf dans les sols très calcaires, sera avantageusement fourni sous forme de scories de déphosphoration, à la dose de 800 à 1 000 kilogrammes par hectare. Pour la potasse, on la donnera sous forme de chlorure ou de sulfate. Quant aux chaulages, ils devront être modérés, pour ne pas trop hâter la transformation de l'azote organique en azote assimilable, et ne pas amener le gaspillage des ressources accumulées.

Pour exécuter le défrichement, on donnera à l'automne un premier labeur pour retourner le gazon. Les bandes engazonnées resteront exposées aux intempéries pendant tout l'hiver, ce qui assurera leur désagrégation. Au printemps suivant, la herse et l'extirpateur parferont cet ameublissement. Ensuite on donnera un second labour suivi de plusieurs hersages et on procèdera à l'enlèvement des racines que les herses auront réunies. Alors on pourra procéder au semis d'une avoine ou d'une plante sarclée.

Toutefois dans les prés qui présentent un gazon très compact formé de rhizomes robustes, une jachère complèle est nécessaire, pour faire un bon défrichement. Les travaux précédents sont alors suivis de deux ou trois labours d'été, alternés avec des hersages et des scarifiages. On peut alors faire un ensemencement d'automne, ou attendre au printemps suivant.

Sur un défrichement de prairie, on peut prendre plusieurs récoltes de céréales et de plantes sarclées, sans apport d'engrais azotés ; mais les résultats ne sont pas toujours aussi favorables, et il faut quelquefois trois ou quatre ans pour amener une terre humifère à donner de bons produits. Le mauvais état physique du sol, le pullulement des insectes sont presque toujours la cause de ces insuccès.

Plantes à détruire dans les prairies.

Rhinanthe crête de coq (*Rhinanthus crista-galli*) (fig. 17). — C'est une plante très envahissante, qui vit en parasite sur les graminées. Les endroits où elle abonde ne donnent presque pas d'herbe. Bien qu'elle ne soit pas dangereuse pour le bétail, celui-ci ne la recherche pas. Il convient de la détruire avec soin. Elle est annuelle et se multiplie par ses graines qu'elle produit avec abondance, et qui se conservent longtemps. Elle fleurit de mai à juillet et mûrit ses graines de très bonne heure. Pour s'en débarrasser, il convient de faucher toutes les places envahies dès la floraison de cette mauvaise plante.

Pédiculaire des marais (*Pedicularis palustris*) (fig. 18). — La pédiculaire des marais se reproduit également par ses semences. Elle donne aux animaux qui la consomment le pissement de sang. Il faut donc la détruire avec grand soin, surtout dans les pâturages. Pour cela, il faut l'arracher pied à pied, de bonne heure au printemps, avant la maturation des graines. Autrement la prairie serait vite envahie. Comme elle se développe surtout dans les parties humides avec les joncs et les laiches, on favorise sa destruction par l'assainissement, comme nous l'avons recommandé d'une manière générale pour ces mauvaises plantes.

Ciguës. — La ciguë tachée (*Conium maculatum*) (fig. 19) est une grande ombellifère bisannuelle d'une odeur vireuse surtout quand on la froisse entre les doigts. Elle est très vénéneuse, et quoique sa mauvaise odeur déplaise aux bestiaux, il est prudent de la détruire dans les prés humides où elle se développe souvent avec abondance. On y arrive facilement en l'arrachant avant la floraison ou tout au moins avant la maturation des graines. On arrive au même résultat en la coupant au-dessous du collet de la racine, car elle ne repousse plus.

La petite ciguë et la ciguë vireuse sont également vénéneuses, et doivent être détruites.

Œnanthe (*Phellandrium aquaticum*) (fig. 20). — Cette ombellifère vivace est très vénéneuse comme la grande ciguë. Heureusement son odeur vireuse la fait repousser des animaux. Lorsqu'elle est mêlée au foin, elle rend celui-ci dangereux pour le bétail et surtout pour les chevaux, auxquels elle cause souvent de graves paralysies. Elle est très commune dans les prés humides et dans les marais. Il faut l'arracher avec soin.

Euphorbe des marais (*Euphorbia palustris*). — Elle est assez commune dans les herbages des vallées où elle forme de larges taches. C'est une plante vénéneuse dont les bêtes

bovines et ovines s'éloignent, et, bien que les chèvres la consomment à l'état sec, quand elles n'ont rien d'autre, il faut la

Fig. 17. — Rhinanthe.   Fig. 19. — Conium maculatum.

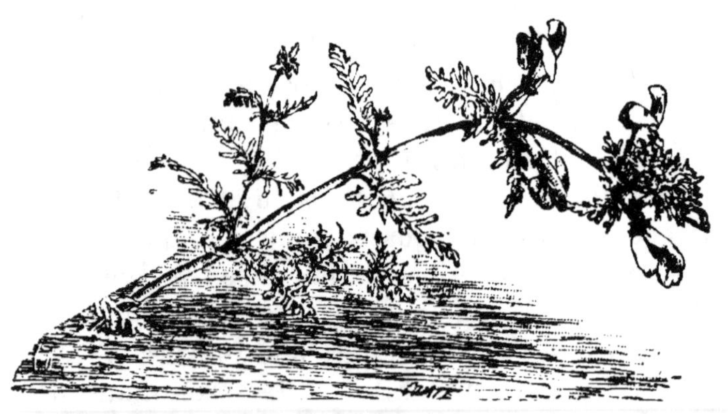

Fig. 18. — Pédiculaire.

détruire avec soin par l'arrachage. Les autres euphorbes
(**E.** *cyparissias*, **E.** *peplus*) (fig. 21) sont également vénéneuses ;

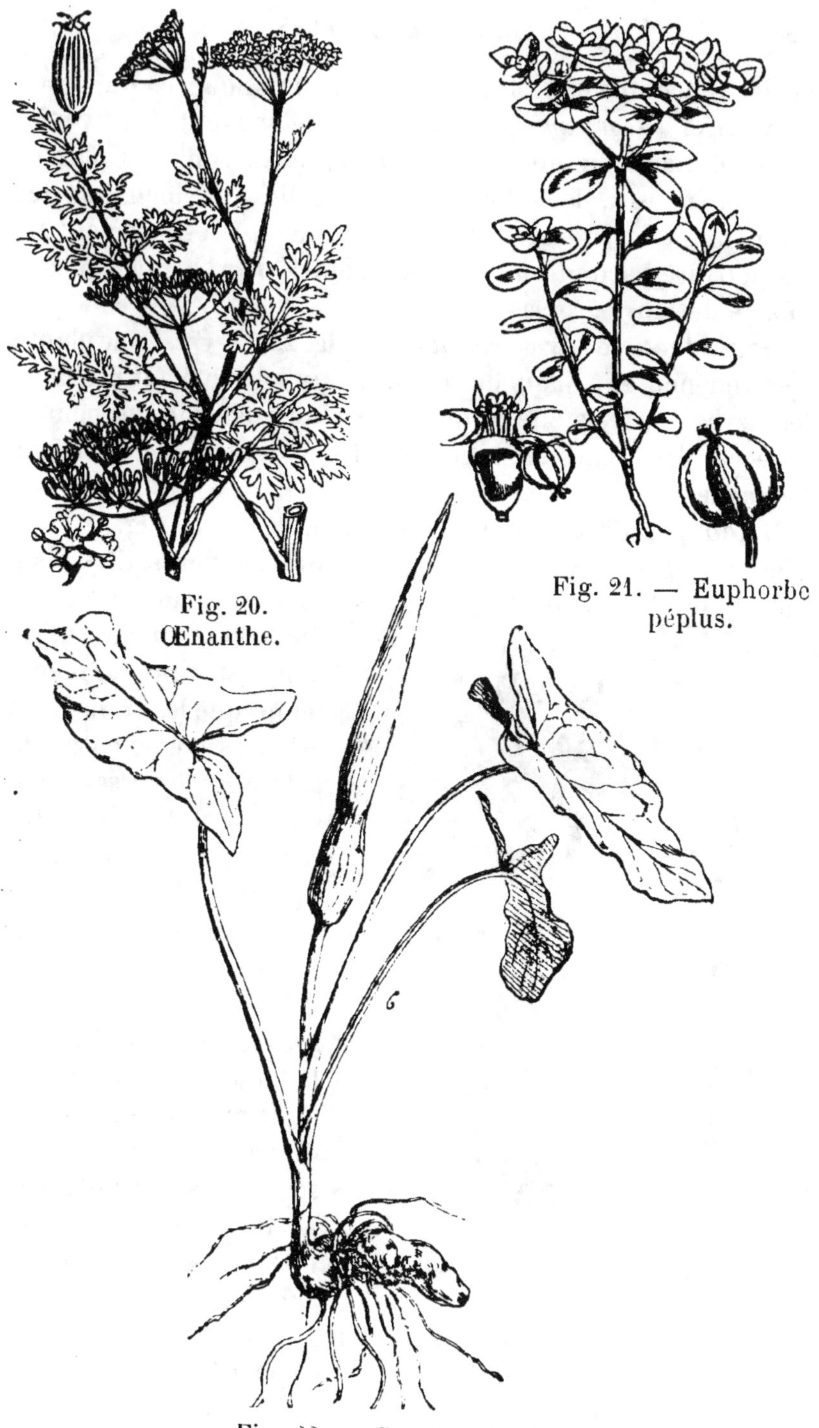

Fig. 20.
Œnanthe.

Fig. 21. — Euphorbe
péplus.

Fig. 22. — Gouët tacheté.

on les rencontre dans les pâtures du Jurassique et du Berri.

Aconits (*Aconitum*). — On rencontre souvent des aconits dans les haies de clôture des pâturages. Ce sont des plantes très vénéneuses, dans toutes leurs parties, et, bien que les animaux ne les mangent pas au pâturage, il est prudent de les détruire partout où on les rencontre, par l'arrachage à la pioche de leurs grosses souches.

Gouët tacheté (*Arum maculatum*) (fig. 22). — C'est une plante très vénéneuse, à laquelle les animaux ne touchent pas dans les herbages. Mais elle forme parfois, à l'exclusion des bonnes espèces, des taches étendues, qu'il convient de détruire par l'arrachage.

Colchique d'automne (*Colchicum autumnale*) (fig. 23). — C'est une plante vivace, bulbeuse, dont les fleurs lilas clair apparaissent à l'automne, tandis que les feuilles ne se montrent qu'au printemps suivant, en même temps que les fruits. Elle est très vénéneuse, le bétail la délaisse ordinairement dans les pâturages, mais, mélangée au foin, elle peut occasionner des empoisonnements. Lorsqu'elle envahit les prés, il est souvent très difficile de la détruire, car elle se multiplie par ses bulbes et par ses graines qui sont très abondantes. A. Boitel a indiqué un moyen peu coûteux et simple pour en débar-

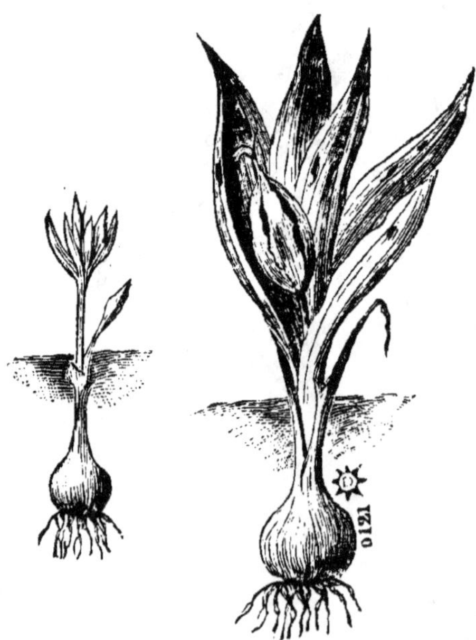

Fig. 23. — Colchique.

rasser les prés : il consiste à faire enlever les fleurs en automne, au fur et à mesure de leur apparition, sans jamais leur laisser le temps d'être fécondées. Ce travail, exécuté par des femmes et des enfants, ne demande qu'un peu d'attention.

On peut aussi, au printemps, arracher les capsules avec les feuilles qui les entourent. Quand le sol est mou, on parvient à extraire le bulbe avec les feuilles, et alors la destruction est assurée. Mais dans les terres tenaces, on ne peut extraire les bulbes qu'à la pioche et c'est très coûteux. Alors il vaut mieux défricher la prairie et la mettre en culture pendant deux ou trois ans.

Renoncules. — Toutes les renoncules sont à détruire dans les prairies, bien qu'elles soient vénéneuses à des degrés différents. La renoncule âcre (*Ranunculus acris*) est une des plus dangereuses et cause le plus d'accidents. C'est une plante vivace, qui affectionne les lieux humides. On la détruit par l'arrachage ; l'assainissement, l'emploi des engrais phosphatés et potassiques en fortifiant les bonnes herbes, aident à la faire disparaître. Mais quand elle domine, il faut défricher, pour, après quelques années de culture, reconstituer la prairie.

La renoncule scélérate (*Ranunculus sceleratus*) (fig. 24) est annuelle. Elle abonde dans les endroits humides, sur le bord des fossés, des étangs et des marais. Elle est très vénéneuse à l'état vert, mais la dessiccation la rend inoffensive. Toutefois elle forme un fourrage détestable. On la détruit facilement en fauchant les places envahies avant la maturation des graines.

La renoncule bulbeuse (*R. bulbosus*) (fig. 25) se comporte dans les prés comme la renoncule âcre, mais elle est un peu moins vénéneuse.

La renoncule flammette (*R. flammula*) et la renoncule langue (*R. lingua*) qu'on appelle vulgairement petite et grande douves, sont aussi très malfaisantes. Elles sont vivaces. On doit éloigner les moutons des pâturages humides où elles poussent, car ils y contractent la cachexie aqueuse. On les détruit par l'arrachage avant la floraison et par l'assainissement.

La renoncule rampante (*R. repens*) n'est pas dangereuse pour les animaux, qui l'acceptent très bien, mais c'est un fourrage très médiocre. Elle se développe souvent avec grande abondance dans les herbages humides de la région de l'ouest et elle est très difficile à détruire. Quand les pâtures

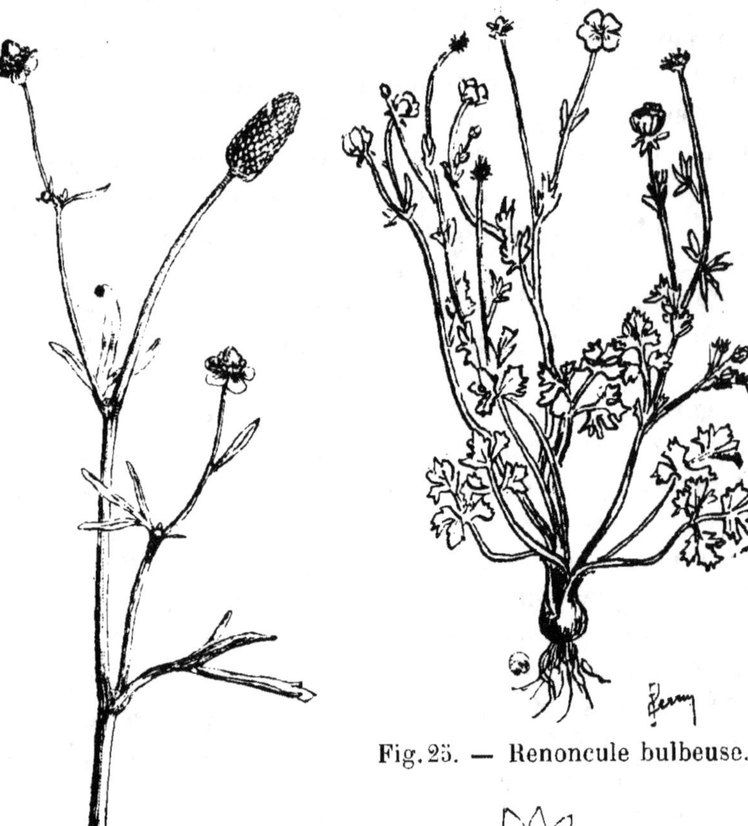

Fig. 25. — Renoncule bulbeuse.

Fig. 24. — Renoncule scélérate.

Fig. 26. — Renoncule
rampante.

Fig. 27. — Renoncule
ficaire.

en sont par trop envahies, il n'y a d'autre moyen de s'en
débarrasser que de faire passer le sol en culture arable pendant quelques années (fig. 26).

La renoncule ficaire (*Ficaria ranunculoïdes*) (fig. 27) n'est pas

Fig. 28. — Hellébore noir.   Fig. 29. — Digitale pourprée.

vénéneuse quand elle est très jeune, mais elle le devient plus
tard, aussi faut-il également la détruire dans les prés.

Le populage des marais (*Caltha palustris*) est aussi vénéneux. Il indique un grand excès d'humidité et disparaît par
l'assainissement.

Fig. 30. — Berce branc ursine.

Fig. 31. — Berle à feuilles larges.

Fig. 32. — Jonc glauque.

Fig. 33. — Linaigrette engainée.

Hellébores (*Helleborus*) (fig. 28). — Les animaux ne touchent jamais à ces plantes dans les pâturages, mais si elles se trouvent mélangées au foin, elles peuvent occasionner des accidents graves. Il faut donc les arracher avant la floraison dans tous les prés où elles se rencontrent.

Digitale pourprée (*Digitalis purpurea*) (fig. 29). — Elle est très fréquente dans les pâturages granitiques ou schisteux.

Fig. 34. — Carex.   rig. 35. — Prêle.

C'est une plante bisannuelle et très vénéneuse. Il faut donc l'arracher dès qu'elle apparaît et dans tous les cas l'empêcher de disséminer ses graines. Il en est de même de la digitale jaune (**D.** *lutea*) qui vient dans les terrains jurassiques.

Chardons. — Certains chardons tels que le chardon anglais (*Cirsium anglicum*) ne se rencontrent que dans les parties où l'humidité est stagnante; ou, comme le chardon des marais (*C. palustre*), que dans les endroits humides et tourbeux. Le bétail les repousse. Pour arrêter la propagation de ces plantes vivaces, il faut assainir le terrain et les couper au-dessous du collet avant la floraison.

Le chardon des champs (*C. arvense*) se développe un peu partout et se multiplie rapidement. Il faut l'arracher ou le couper à plusieurs centimètres au-dessous du collet, avant la formation des graines.

Berce (*Heracleum spondylium*) (fig. 30). — C'est une ombellifère vivace, très vigoureuse, à racines puissantes. Elle prend un grand développement dans les fonds humides et fertiles, et les prairies irriguées avec des eaux de féculeries. Il faut la considérer comme nuisible, car, si à l'état jeune elle est mangée par les bestiaux, elle durcit très vite et forme un très mauvais foin. Très envahissante, il faut l'arracher à la pioche dès qu'on la voit apparaître, et faire l'opération avec grand soin, car les fragments de racines oubliés donnent de nouvelles plantes. Pour empêcher son extension, il faut toujours, quand on n'a pu l'arracher à temps, la faucher avant la floraison. Lorsque la prairie est infestée, il faut la défricher et lui demander au moins deux plantes sarclées. Les mêmes observations s'appliquent au cerfeuil sauvage (*Choerophyllum sylvestre*, à la carotte (*Daucus carota*), et au panais (*Pastinaca sativa*).

Berle (*Sium latifolium*) (fig. 31). — Cette plante vivace, à odeur forte et à saveur âcre, est commune dans les prairies marécageuses, les rigoles et les canaux d'irrigation. Les vaches la mangent quelquefois, mais elle donne un mauvais goût au lait et sa racine est vénéneuse. Il faut la détruire par l'arrachage et l'assainissement ou le drainage.

Joncs (*Juncus*) (fig. 32), **Laïches** (*Carex*) (fig. 34), **Linaigrettes** (*Eriophorum*) (fig. 33. — Ces plantes végètent dans les mêmes conditions et nuisent également à la valeur nutritive de l'herbe ou du foin. « Ce sont des plantes dures et indigestes, dit A. Boitel, refusées de tous les animaux. Leur abondance annonce un sol négligé et mal assaini où les eaux stagnantes séjournent pendant une partie de l'année. Ces plantes sont certainement celles qui font le plus de mal aux prairies naturelles. Il n'en est pas de plus répandues, de plus envahissantes, et de plus nuisibles aux bonnes espèces. » C'est par l'assainissement, combiné avec l'arrachage des rhizomes et la fumure du sol, qu'on peut les détruire et en débarrasser les prairies.

Prêles (*Equisetum*) (fig. 35). — Les prèles végètent surtout dans les sols humides et ferrugineux. Elles sont indigestes et même malfaisantes pour le bétail quand elles existent en trop grande quantité dans le fourrage.

Patience (*Rumex patienta*) (fig. 36). — Cette plante vivace, à racine puissante, prend souvent dans les prairies un grand développement. Il faut la détruire car elle nuit beaucoup à la production de l'herbe. On y arrive facilement en l'arrachant à la pioche avant la floraison, pour empêcher la dissémination des graines.

Oseilles (*Rumex acetosa*; *R. acetosella*) (fig. 37). — Ces plantes ne deviennent abondantes que dans les sols acides. Le chaulage les fait rapidement disparaître.

Bistorte (*Polygonum bistorta*) (fig. 38). — Elle se rencontre surtout dans les prés humides et tourbeux, ou dans les pâturages de montagne. On la combat par l'assainissement et l'emploi des engrais chimiques. Il en est de même de la *persicaire* (*P. persicaria*).

Plantain (*Plantago*) (fig. 39). — Les plantains se développent surtout dans les terrains secs et sablonneux. Ils tiennent beaucoup de place et ne donnent qu'un fourrage médiocre. Comme ils produisent beaucoup de graines, leur multiplication est rapide. On limite leur propagation en les coupant au-dessous du collet.

Millefeuille (*Achillea millefolium*) (fig. 40). — Très médiocre comme fourrage à l'état vert, elle donne un foin dur et sans valeur. Elle est très traçante, et sa destruction est difficile. Il faut la faucher avant la floraison pour l'empêcher de répandre ses semences.

Pétasite des prés (*Petasites pratensis*). — Cette plante, sans être nuisible, forme quelquefois dans les prairies des touffes épaisses, qui occupent la place des graminées et des légumineuses. Il faut la détruire par le fauchage répété et au besoin par l'arrachage.

Narcisses (*Narcissus pseudonarcissus* et *Narcissus poeticus*) (fig. 41). — Dans les fonds humides, on voit parfois ces plantes

Fig. 36. — Patience à feuilles robustes.

Fig. 37. — Rumex oseille.

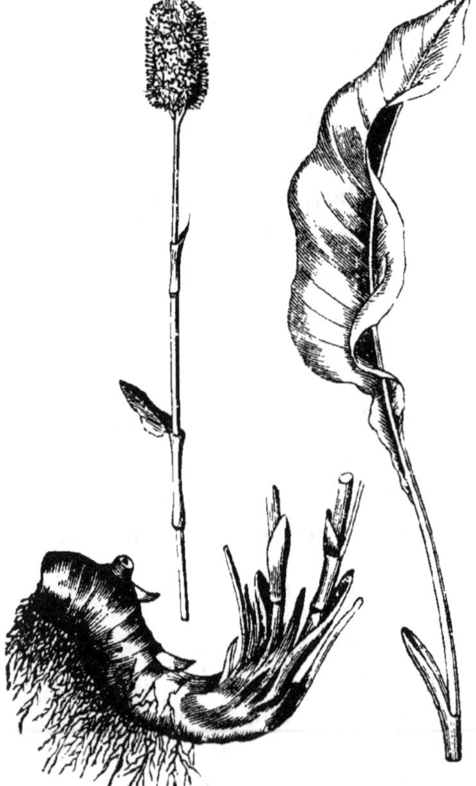

Fig. 38. — Polygone bistorte.

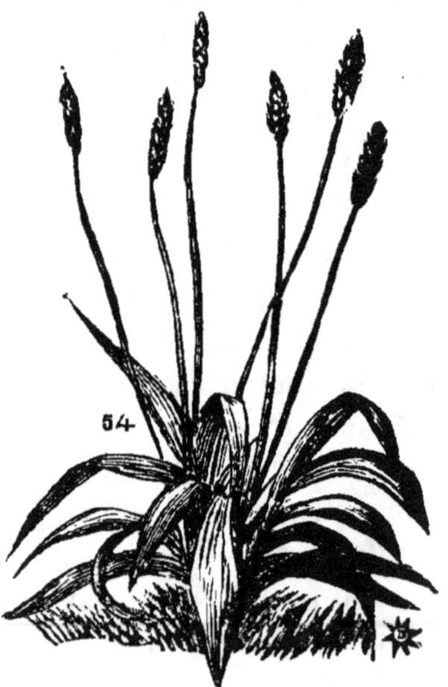

Fig. 39. — Plantain lancéolé.

Fig. 40. — Achillée
millefeuille.

Fig. 41. — Narcisse.

Fig. 42. — Sauge des prés.

Fig. 43. — Centaurée jacée.

former de larges taches envahissantes. Il est nécessaire de procéder à l'assainissement et à l'arrachage. Si les plantes persistent, il faut défricher.

Sauge des prés (*Salvia pratensis*) (fig. 42). — Elle a des tiges dures, sans valeur. Il faut donc en prévenir la multiplication exagérée. On l'arrache à la pioche.

Centaurée jacée (*Centaurea jacea*) (fig. 43). — En petite quantité, elle n'est pas nuisible dans les prairies, mais elle est très dure et délaissée par le bétail. Aussi faut-il l'arracher parce qu'elle occupe beaucoup de place inutilement. Il en est de même de la centaurée des prés (*C. pratensis*).

PRAIRIES TEMPORAIRES.

Dans beaucoup de contrées, le trèfle, la luzerne, le sainfoin forment les principales plantes fourragères cultivées dans les terres labourables. Mais la difficulté de faire revenir trop souvent ces plantes sur le même sol, la nécessité d'augmenter les ressources fourragères et de diminuer les frais de main-d'œuvre, ont depuis un certain nombre d'années conduit à l'introduction des graminées fourragères dans les assolements, soit en mélange, soit séparément.

Cette culture des graminées fourragères a surtout pris une grande extension sous le climat humide de l'Angleterre, puis en Allemagne. Dès 1865, dans le Nord-Est, cette pratique fut introduite dans certains départements, pour suppléer à l'absence des prairies naturelles et faciliter l'élevage et l'engraissement du mouton. Aujourd'hui, un peu partout, on crée des prairies temporaires fauchables ou des pâturages.

Les prairies ou les pâturages temporaires font ou non partie des assolements. Leur durée est limitée suivant les terrains et les climats, à deux, trois, ou même six années ou plus, quand on fait succéder la pâture au fauchage. Il faut avoir sur le territoire de la ferme autant de soles fourragères, sans compter celles qui sont destinées aux prairies artificielles de légumineuses, et aux racines, que les prairies pâturages peuvent durer avantageusement.

Dans les systèmes de cultures où celles-ci sont destinées à occuper quatre années le même terrain, on les fauche d'ordinaire pendant les deux premières années, et on en tire en outre un pâturage d'automne. On les soumet ensuite exclusivement à la dépaissance jusqu'au terme de leur durée. Ailleurs on les consacre uniquement à la pâture. Mais toujours on commence à les faire consommer sur place par les bêtes chevalines ou bovines, et ce n'est qu'après leur passage qu'on les livre aux moutons.

Avant de défricher une prairie temporaire qui a atteint le terme de son existence utile, on a toujours eu le soin d'en établir une nouvelle de même étendue, afin que les ressources fourragères de l'exploitation restent constantes. Ainsi, chaque année, on crée une prairie temporaire, si l'on défriche un pâturage.

Le sol consacré aux prairies temporaires et soustrait aux labours annuels s'enrichit en azote d'une manière qui n'est pas sans importance, comme du reste on le constate dans les prairies naturelles. Par le défrichement et la culture subséquente, on tire parti de cet azote, qui provient principalement de l'atmosphère, de sorte que l'on doit considérer les prairies temporaires comme des cultures collectrices d'azote et par suite améliorantes.

Préparation du terrain. — Une condition essentielle pour réussir, c'est de préparer le terrain destiné à être couché en herbe de telle sorte qu'il soit aussi propre que possible. Il faut en effet assurer aux graminées que l'on va semer, non seulement une table bien garnie, mais aussi défendre absolument aux parasites de s'y montrer. Ces plantes avides auraient bien vite pris le dessus et ce n'est plus une prairie temporaire, mais une friche que nous obtiendrions. D'où la nécessité de veiller à ce que les cultures qui précèdent l'ensemencement soient des cultures nettoyantes et non des cultures salissantes.

Nous estimons qu'on a les plus grandes chances de réussite lorsque, après une récolte d'avoine, on fait une récolte de betteraves, de pommes de terre ou de maïs, soignée comme nous allons dire, pour la faire suivre par une céréale de printemps dans laquelle on sémera la prairie pâturage. La succession des cultures à donner serait la suivante : aussitôt la moisson de l'avoine, un labeur de déchaumage, pour mettre sens dessus de dessous toutes les mauvaises plantes poussées. Le hersage et le roulage qui suivent immédiatement ameublissent la surface et mettent toutes les graines de plantes adventices dans les meilleures conditions pour germer et lever à la première pluie favorable. Dès que, sous l'influence de la chaleur et de l'humidité, le sol aura verdi, vite on donnera un profond labour qu'on laissera exposé tout l'hiver à l'action ameublissante des intempéries. Au printemps, on donnera toutes les façons nécessaires pour mettre le sol en parfait état. On ne lui ménagera ni le fumier, ni les engrais de commerce, pour obtenir de bonnes betteraves, afin que cette récolte puisse bien payer les binages qu'on aura soin de ne pas épargner. Après la récolte, on donnera avant l'hiver un fort labour, moins profond que celui destiné auparavant aux betteraves. Si la température douce de la saison fait verdir le terrain, un scarifiage aura raison des plantes adventices. Enfin dès les premiers jours du printemps, aussitôt qu'il sera possible d'entrer dans les terres, on préparera le sol pour la céréale de mars avec les soins tout particuliers qu'exige le but que l'on poursuit

Des plantes auxquelles il faut recourir. — Il y a une différence essentielle entre l'ensemencement des prairies temporaires et celui des prairies permanentes. Dans les premières, en effet, on ne cherche pas à former un gazon proprement dit, mais seulement à cultiver pour un temps une ou plusieurs graminées, choisies suivant leur destination et leur produit, le sol et le climat. Ces plantes doivent remplir plusieurs conditions : 1° Avoir un développement prompt et sûr. 2° Donner une récolte abondante, d'une grande valeur nutritive. 3° Être d'une destruction et d'une extirpation facile par les labours; en conséquence, elles ne doivent pas se multiplier facilement par leurs racines comme le chiendent, ni par la dissémination de leurs graines, comme les mauvaises herbes en général. Dans ces sortes de cultures fourragères, il est toujours nécessaire, si l'on veut que leur durée soit de plusieurs années, d'associer ensemble un certain nombre de plantes. Cela est indispensable pour tirer le meilleur parti des forces productives du sol considéré, pour assurer la durée de la prairie, et pour la mettre en rapport avec sa destination. On peut établir une prairie pâturage : soit pour la faucher pendant la première et même la seconde année, et la soumettre ensuite à la dépaissance, soit pour la pâturer dès son origine. On peut d'autre part la destiner ou aux jeunes bêtes bovines, ou aux vaches laitières, ou à l'engraissement, ou à l'élevage des moutons, ou enfin à leur préparation à la boucherie. Il est évident que dans ces diverses circonstances il ne faut pas agir absolument de même.

S'il s'agit des bovidés, il est utile, si le sol le permet, de faire naître des plantes un peu élevées, et productives, qui garnissent bien la couche arable. Si l'on a affaire au mouton, il faut préférer les espèces qui résistent à sa dent et fournissent un pâturage continuel. La nature du sol et sa fertilité ont une grande influence sur la réussite. Il est bon de dire qu'il y a des graminées et légumineuses qui végètent dans toutes les terres arables quand elles ont été bien semées en temps opportun. Mais il en est aussi qui ne se développent pendant plusieurs années que sur des sols déterminés.

Les terres les plus difficiles à convertir en bons pâturages temporaires sont les terres très sablonneuses, et les glaises peu profondes à sous-sol imperméable, puis les craies.

On crée les prairies temporaires, soit dans les assolements et alors elles ne durent que de trois à cinq ans, soit en dehors de l'assolement, comme la luzerne. Dans ce dernier cas, il faut associer un bien plus grand nombre de plantes que dans le premier, et se rapprocher des mélanges propres aux prairies naturelles. Les plantes que l'on peut employer avec avantage pour la création des prairies pâturages temporaires ne sont pas aussi nombreuses que d'aucuns se l'imaginent ; voici les principales :

Ivraie vivace; Ivraie d'Italie; Dactyle pelotonné; Fléole; Avoine élevée; Brome des prés; Vulpin; Fétuques des prés, ovine et durette; Houlque laineuse; Paturin commun; Trèfle blanc; Minette; Sainfoin; Anthyllide vulnéraire.

Quand on a choisi les espèces qui peuvent réussir dans le sol qu'on veut ensemencer (voir page 12), il faut déter-

miner dans quels rapports on les associera. On tient compte :
1° de la durée; 2° du sol; 3° de la destination. C'est le point
le plus délicat de l'opération. Cependant on peut arriver à la
solution de ce problème. D'abord il convient d'observer, dans
les lieux en culture et sur le bord des chemins, les plantes qui
viennent naturellement, et de déterminer leurs proportions
relatives. Ce sont celles qui réussissent le mieux. Puis il faut
songer que les espèces dominantes doivent être d'une réussite certaine et assurer la productivité de la pâture. Les
plantes accessoires comme les légumineuses sont destinées
surtout à garnir le pied de la prairie et à rendre l'herbage
plus nourrissant.

Lorsqu'on crée une prairie permanente, on évite d'associer
des espèces très précoces à des espèces très tardives. Ici on a
intérêt à le faire pour que le pâturage soit toujours productif.

Rappelons enfin que les légumineuses occupent plus de
place que les graminées, et que, par conséquent, celles-ci
doivent être semées dans une plus forte proportion. Dans les
sols crayeux, les pâturages à moutons sont difficiles à créer ;
on y réussit en associant à des plantes bien vivaces de la chi
corée sauvage. Dans les terres très sablonneuses, la millefeuille, associée à la fétuque durette et à l'avoine élevée,
réussit très bien pour les bêtes à laine.

Nous allons maintenant examiner les mélanges à faire suivant les différents cas, et d'abord suivant la durée :

1° *Mélange pour un an de durée :*

Dactyle pelotonné. Ivraie d'Italie. Avoine élevée. Trèfle commun. Minette. Trèfle blanc.

2° *Mélange pour une durée de deux ans :*

Dactyle. Fléole. Avoine élevée. Ivraie d'Italie. Minette.
Trèfle blanc. Sainfoin à deux coupes.

3° *Mélange pour une durée de trois à cinq ans :*

Dactyle. Fétuques. Fléole. Avoine élevée. Ivraie vivace et
d'Italie. Vulpin des prés. Minette. Trèfle blanc. Trèfle hybride.
Sainfoin.

Quant à la quantité de chaque plante, elle varie avec la
nature du sol.

Suivant la nature du sol, on emploie en Angleterre, pour

les prairies de plusieurs années de durée, les mélanges suivants, qui sont aussi très usités en Allemagne :

	Terres		
	légères.	moyennes.	fortes.
	kil.	kil.	kil.
Vulpin des prés............	1,4	1.8	2,8
Fétuques des prés.........	2,3	2.3	2.3
Ray-grass anglais.........	11.0	11.0	11.0
Minette..................	1,4	1,4	1,4
Paturin des prés..........	2,8	1.4	»
— commun............	»	1.4	1.4
Trèfle intermédiaire.......	1,4	1.4	1,4
— des prés............	1,4	1,4	1,4
— blanc..............	4,1	4.6	4,6
Fléole................	»	1.4	3,2

Ces quantités s'entendent pour les semis dans une céréale ; quand on sème la prairie seule on augmente les quantités de 50 p. 100.

Sols calcaires.

Ray-grass.......................	15 kilogrammes.	
Brome des prés...............	9	—
Sainfoin double..	24	—
Minette......................	4	—
Trèfle jaune des sables.........	2	—

(Heuzé.)

Sols argilo-sableux.

Ray-grass.......................	15 kilogrammes.	
Dactyle...	4	—
Houlque......................	1	—
Fétuque des prés...........	5	—
Fléole.......................	1	—
Trèfle.......................	5	—
— blanc....................	2	—

(Heuzé.)

Sols crayeux.

Brome.....	15 kilogrammes.	
Fétuque dure...............	6	—
Ray-grass	5	—
Sainfoin.....................	24	—
Minette.....................	4	—
Pimprenelle	3	—
Trèfle jaune des sables..... ...	1	—
Chicorée sauvage........... . .	1	—

Sols sablonneux.

Avoine élevée	30	kilogrammes.
Ray-grass	10	—
Fétuque durette	6	—
Minette	4	—
Trèfle blanc	2	—
Millefeuille	1	—

Nous employions, dans la Haute-Marne, dans des terres silico-argileuses, très peu calcaires, le mélange suivant qui nous donnait des prairies pâturages de six ans de durée :

Ray-grass anglais et d'Italie	35	kilogrammes.
Trèfle blanc	6	—
Minette	6	—
Sainfoin double	60	—

Pendant les deux premières années on obtenait deux coupes rendant de trois à cinq mille kilogrammes chacune et un pâturage à l'automne. Durant les quatre années suivantes, la prairie était pâturée par les moutons d'une manière permanente. On la défrichait ensuite pour y cultiver des betteraves ou du lin.

Nous terminerons cette étude par la note suivante qui nous a été envoyée en 1884 par un de nos amis, M. Alfred Raulin, propriétaire agriculteur à Bar-le-Duc, en faisant observer que, aujourd'hui encore, le même système de culture est continué parce qu'il est resté avantageux :

« Tu me demandes des renseignements sur nos pâtures ? Je te dirai que nous en sommes toujours aussi enthousiasmés. C'est à un tel point que dans une ferme de 72 hectares, il ne nous reste plus à labourer que cinq hectares, réservés à dessein, pour avoir environ 1 hect. 1/2 de betteraves, un peu de luzerne, et le reste en avoine, orge ou blé, juste, en un mot, de quoi nourrir les deux chevaux dont j'ai besoin. »

Main-d'œuvre. — « Je n'ai plus besoin, comme personnel, que d'*un* homme et de sa femme, pour cultiver le peu de terres qui restent, veiller s'il ne manque rien aux clôtures et conduire de l'eau quand il en manque dans les mares que j'ai établies dans les pâtures.

« J'ai en outre deux bergers pour faire paître les moutons dans les champs épars où je ne pouvais faire de clos. »

Résultats. — « Nous avons engraissé cette année :

Moutons	600
Bœufs	40

Nous avons nourri en outre :

Vaches laitières	6
Chevaux	2

« Avec les nouvelles pâtures que nous avons créées cette année, nous pourrons engraisser vingt bœufs de plus. »

Produit-argent des bêtes à l'engrais. — « Depuis huit ans que nous avons commencé à changer notre système de culture, les bœufs nous ont produit en moyenne *cent francs* par tête et les moutons *8 à 10 fr.* l'un. »

Céréales. — « Pour produire des céréales avec les prix de vente actuels, le prix de la main-d'œuvre et les exigences des serviteurs, il n'y a qu'à perdre ; — la viande seule peut nous laisser un moyen d'existence, car sa consommation va toujours en augmentant. L'agriculteur doit devenir commerçant et industrieux, sous peine de ruine. »

Consommation du pâturage. — « Il est essentiel de mettre les animaux de bonne heure dans les pâtures, c'est-à-dire fin mars ou commencement d'avril. — Alors on ne voit presque pas d'herbe, mais le peu qu'il y a à cette époque est de très bonne qualité, et suffit pour nourrir le bétail. »

Choix des animaux. — « Il faut être difficile pour le choix des bestiaux : préférer les animaux de 4, 5 ou 6 ans, ayant de larges hanches, de petits membres, et de courte encolure, appartenant autant que possible aux races améliorées. »

Durée de l'engraissement. — « Parmi ces animaux, il s'en trouve environ *moitié* qui sont bons à livrer à la boucherie fin de juin, ou courant de juillet ; de sorte que la pâture se trouve déchargée d'une partie des animaux pour le mois d'août, époque où l'herbe est courte, et à partir de laquelle elle ne pousse que faiblement pendant trois semaines ou un mois. Durant ce laps de temps, on donne aux animaux le foin qu'on aura récolté en juin, en fauchant les places que les bêtes ne mangent pas volontiers et dont l'herbe eût été perdue si l'on ne l'eût pas coupée. »

Composition des pâturages. — « Quant à la composition des mélanges de graines à semer pour former les pâtures, on arrive le plus sûrement à la déterminer, en recherchant, sur le bord des chemins, les plantes qui poussent naturellement. Ce sont les meilleures à semer.

« Chez nous le terrain est sec, pierreux et calcaire, et nous semons par hectare le mélange suivant :

Ray-grass anglais	10	kilogrammes.
Dactyle pelotonné	10	—
Fléole	10	—
Paturin des prés	5	—
Minette	1	—
Trèfle blanc	5	—
Sainfoin double	20	litres.

« Nos terres sont enrichies par de vieilles fumures ; cette quantité de graine y suffit. Sur de moins bons sols, il faudrait augmenter la quantité.

« Nous semons nos pâtures dans le mois d'avril ou en mai, dans les orges, les avoines, ou les blés, ou seules. — Il faut surtout, comme pour toutes les petites graines, que la terre soit très propre, et bien ameublie. » (Alfred Raulin).

Nous ne pouvions mieux faire que de donner entièrement cette note si intéressante. Les faits précis et tangibles qu'elle relate feront plus pour persuader les agriculteurs que les plus éloquentes dissertations.

PRAIRIES ARTIFICIELLES.

Sous la dénomination générale de *prairies artificielles*, on a l'habitude de grouper les cultures fourragères de plantes vivaces de la famille des légumineuses. Les principales de ces plantes sont la luzerne, les trèfles et le sainfoin.

Leur introduction et leur généralisation dans la culture de nos fermes, qui sont relativement récentes, ont eu pour résultats de sérieux avantages. D'abord, elles ont accru dans une très large proportion l'importance des ressources alimentaires disponibles pour le bétail. On n'avait autrefois pour nourrir celui-ci que les produits des prairies naturelles et des pâtures sèches. Grâce aux prairies artificielles, les animaux sont assurés pendant la bonne saison d'une riche et abondante alimentation verte, et, pendant l'hiver, de foins substantiels.

La variété que leur culture a introduite dans la production fourragère a eu pour effet de diminuer les risques courus par suite des variations des saisons. Leurs racines profondes leur permettent de mieux résister à la sécheresse que ne le peuvent les graminées. Leur aptitude à donner plusieurs coupes concourt aussi à assurer leur rendement régulier, car, si la première coupe est influencée défavorablement par la saison, les suivantes peuvent réparer le mal et *vice versa*. Enfin elles poussent de très bonne heure au printemps et apportent au moment opportun d'excellents fourrages verts aux animaux, alors que les réserves sont près d'être épuisées. D'un autre côté, la diversité de leurs aptitudes permet de toujours pouvoir cultiver une ou plusieurs de ces plantes dans les conditions les plus diverses de sol et de climat, de sorte que, dans leur ensemble, on y a recours partout.

Tandis que les céréales et les graminées fourragères ont des racines fasciculées qui s'étendent superficiellement dans le sol, sans jamais pénétrer dans les couches profondes, les légumineuses, qui nous occupent, ont des racines pivotantes qui s'enfoncent très profondément dans le terrain. C'est ainsi que la luzerne fait pénétrer en terre un pivot d'une très grande longueur, presque complètement dépourvu de radicelles latérales. C'est vers son extrémité seulement que s'épanouissent les radicelles à l'aide desquelles la plante soutire les sucs nourriciers. Cette racine pivotante s'enfonce toujours pendant tout le cours de la végétation de la plante, pour aller chercher de nouveaux éléments de nutrition à des profondeurs sans cesse plus grandes. C'est ainsi que l'on conserve au musée de Berne une racine de luzerne longue de 16 mètres; que le comte de Gasparin en a vu souvent de vivantes ayant 4 mètres de longueur; et qu'Arthur Young creusa à 2 mètres de profondeur, sans parvenir à trouver le bout d'une de ces racines. Il n'est donc pas douteux que la plante de Médie ne puise sa nourriture à un niveau bien inférieur à la couche du terrain où vivent les racines de nos principales graminées.

Les racines de sainfoin, sans pénétrer aussi profondément que celles de luzerne, ne laissent pas que d'atteindre un niveau très bas et inférieur d'au moins un mètre à celui du sol, quand la nature du terrain le permet. Elles dépassent quelquefois 2 mètres. De même le trèfle violet envoie facilement son pivot à plus de 60 centimètres de profondeur. Nous en avons vu des racines fort longues.

Il résulte de là, que les principales prairies artificielles sont caractérisées par cette particularité qu'elles puisent principalement leur nourriture au-dessous de 50 centimètres de profondeur et qu'elles peuvent, suivant l'espèce considérée, la nature du terrain et la durée de leur vie, faire concourir à la production fourragère des couches du terrain qui seraient absolument inutilisables par les autres plantes que nous cultivons. Ces légumineuses, après les premiers mois de leur existence, empruntent peu aux ressources alimentaires du sol superficiel; mais bientôt, comme d'habiles mineurs, elles vont chercher les matériaux de leur nutrition toujours plus avant. Ce mode de végétation permet de les alterner très avantageusement avec les céréales qui n'explorent pas les mêmes couches. On conçoit déjà qu'après la culture d'une luzerne, d'un trèfle ou d'un sainfoin, le blé ou l'avoine, qui viendront, trouveront un sol moins épuisé que s'il avait porté d'autres céréales. Le sol superficiel est non seulement moins épuisé, mais encore il est en réalité amélioré. De temps immémorial les praticiens ont donné aux légumineuses fourragères le nom de plantes améliorantes, pour l'excellente raison qu'après leur récolte et leur défrichement, ils obtiennent, sans engrais, des rendements de céréales bien supérieurs à ce qu'ils auraient été s'ils avaient semé ces végétaux granifères sur le même sol avant la culture de ces légumineuses. Mais ils ont reconnu également, d'une façon tout aussi certaine, que si le sol est devenu plus productif en graminées, il a perdu, pour un temps toujours long, la faculté de donner d'abondantes récoltes de ces précieux fourrages. Ils disent, dans leur langage imagé, que la terre est fatiguée de luzerne ou de trèfle, etc. Examinons donc cette double constatation.

Quand on observe le sol après le défrichement de la luzerne, on est frappé par la longueur, la grosseur et le nombre des racines de cette plante que l'on trouve dans la couche de terre retournée. De Gasparin a, par exemple, recueilli, sur un hectare de luzerne défrichée, 37,021 kilogrammes de racines desséchées à l'état normal, renfermant 80 p. 100 d'azote. Mais les racines qu'abandonne la luzerne dans les couches superficielles du terrain ne sont pas les seuls débris organiques dont elle l'enrichit. Pendant tout le cours de sa végétation, elle laisse tomber des feuilles. C'est là une cause d'amélioration de la terre que nous ne pouvons chiffrer, mais qui n'en est pas moins réelle. D'autre part, lors de la récolte de chaque coupe, l'opération du fanage et de la dessiccation, quelques précautions que l'on prenne, produit toujours un certain déchet. Ce sont principalement les feuilles de la plante qui se détachent, et les parties les moins lignifiées des tiges, c'est-à-dire les plus riches en éléments de fertilité. De ces pertes nous connaissons l'importance. En effet nous savons par les expériences de Perrault de Jotemps que les légumineuses perdent environ un quart de leur poids en foin, de débris.

Il résulte également des observations de M. Heuzé, qu'un hectare de luzerne, ayant donné, en 5 ans, 30,000 kilogrammes de foin sec, laisse, après son défrichement, dans le sol, 20,000 kilogrammes de débris de racines.

Dans le bilan où il fait ressortir les résultats améliorateurs de la luzerne, de Gasparin expose que le rendement en foin de 5 années avait atteint le chiffre de 64,000 kilogrammes. Si nous cherchons, d'après ce chiffre, le rapport qu'il y a entre le poids des racines restées dans le sol et le foin récolté, nous trouvons qu'à 100 kilogrammes de celui-ci correspondent environ 53 kilogrammes de racines.

D'après les nombres fournis par M. Heuzé, un quintal de foin produit correspond à un reliquat de 66 kilogrammes de racines. En admettant la moyenne des deux observations, nous ne devons pas nous éloigner beaucoup de la réalité : soit 62 kilogrammes de racines pour 100 de foin.

M. Heuzé estime à 10 p. 100 du poids du foin les débris foliacés laissés par le fanage. Cette différence tient évidemment à des différences réelles dans les modes de fanage ; et nous pensons qu'en thèse générale, les pertes provenant de ce chef peuvent être, sans grande erreur, estimées à 18 p. 100 du poids du foin.

En somme, pour chaque quintal de foin récolté, la couche arable a gagné 15 kilogrammes de débris foliacés et 62 kilogrammes de racines.

Pour préciser l'importance, au point de vue de la fertilisation du sol, de ces débris, nous avons analysé des racines de luzerne recueillies près de Chartres, sur un défrichement et y avons trouvé p. 100 de matière sèche :

Azote	1,663
Potasse	0,134
Chaux	1,329
Acide phosphorique	0,306

Bien que nous ne sachions pas exactement l'état de dessiccation dans lequel ont été pesées les racines de luzerne recueillies par les deux auteurs précités, puisqu'ils ne donnent aucun chiffre à cet égard, nous pouvons cependant arriver à nous en rendre compte par la comparaison des taux d'azote qu'ils indiquent, avec celui que nous avons trouvé dans la matière sèche. Nous y avons dosé 1,66 de cet élément, tandis que de Gasparin en a trouvé dans les racines qu'il dit desséchées à l'état normal, 0,8. En supposant que la matière sèche a une composition analogue dans les deux cas, nous en déduisons que le taux d'humidité était voisin de 51,9 p. 100. Au moment où nous avons analysé les racines de luzerne, il y avait environ huit jours qu'elles étaient ramassées et exposées à l'air par le beau temps ; nous y avons trouvé 58,15 p. 100 d'eau. Le nombre calculé plus haut s'accorde sensiblement avec celui que nous avons trouvé directement ; aussi pouvons-nous l'admettre.

M. Heuzé donne pour la richesse des racines en azote,

1 p. 100. Le même mode d'estimation nous conduit au taux de 40 p. 100 d'eau. Ces chiffres sont suffisamment rapprochés pour que nous puissions les prendre pour base de nos évaluations.

Quant aux débris des parties aériennes laissés par les récoltes successives au sol, ils sont estimés à l'état de dessiccation ordinaire du foin, soit à 16 p. 100 d'eau.

Il suit de ce qui précède que chaque quintal de luzerne récolté correspond à l'enrichissement suivant du sol, exprimé en matière sèche :

	kil.
Déchets des parties aériennes	12,6
Racines	33,5

On peut, sans grande erreur, prendre pour la composition des débris laissés par le fanage, celle du foin de luzerne de bonne qualité, en ce qui concerne les matières minérales. De Gasparin leur assigne le taux de 1,97 d'azote, et I. Pierre, celui de 2,02. Nous admettons le plus faible.

D'après ces données, nous pouvons dresser le tableau suivant, qui nous indique approximativement les gains que la couche arable a pu faire après la culture de la luzerne pour 100 kilogrammes de foin produit :

	Débris.	Racines.	Total.
	kil.	kil.	kil.
Azote	0,295	0,557	0,852
Acide phosphorique	0,063	0,103	0,186
Potasse	0,230	0,045	0,275
Chaux	0,396	0,445	0,841

Si maintenant nous rapportons ces données à une luzerne qui, en six ans de durée, a rendu 480 quintaux de foin par hectare, nous constatons que le sol superficiel s'est enrichi de :

Azote	409	kilogrammes.
Acide phosphorique	89	—
Potasse	132	—
Chaux	401	—

Cet apport de principes fertilisants correspond à une dose de 80 tonnes de fumier de ferme pour l'azote, de 18 tonnes pour l'acide phosphorique, et de 22 tonnes pour la potasse. Ces équivalents nous montrent pertinemment que le gain porte surtout sur l'azote. L'acide phosphorique et la potasse, au contraire, ne correspondent qu'à une fumure tout à fait ordinaire. C'est pourquoi l'on observe que, dans les sols relativement pauvres en acide phosphorique, comme beaucoup de ceux d'Eure-et-Loir, on ne peut obtenir tous les bons effets d'un défrichement de luzerne qu'en donnant un complément de superphosphate.

Au point de vue des matières minérales dont la première couche du terrain est enrichie, nous pouvons tenir pour certain qu'elles proviennent toutes des couches profondes. Il n'y a donc en vérité là qu'un déplacement de fertilité; l'amélioration n'est que relative, mais elle a pour l'agriculture la valeur d'une amélioration absolue, car elle permet d'utiliser des forces productives que nous ne pourrions pas atteindre sans recourir à cette plante précieuse ou à ses congénères.

Examinons maintenant quels sont les effets du trèfle sur l'enrichissement de la terre arable en principes alimentaires pour les plantes. D'après Boussingault, chaque quintal de foin de trèfle produit réduit à l'état de siccité complète laisserait dans le sol 33 kilogrammes de racines sèches. Les débris foliacés à raison de 15 p. 100 donneraient 15 kilogrammes.

L'analyse des racines de trèfle violet (*trifolium pratense*), de même provenance que celle de luzerne dont nous avons donné plus haut la composition, nous a fourni les résultats suivants pour 100 de matières sèche :

Azote	2,126
Acide phosphorique	0,240
Chaux	0,924
Potasse	0,085

Aux débris foliacés et caulinaires que la fenaison laisse sur le sol, nous attribuerons la composition du foin et nous pourrons former le tableau suivant, qui donne pour 100 kilogrammes de fourrage entièrement desséché, le gain de substances alimentaires que fait le sol superficiel :

	Débris. kil.	Racines. kil.	Total. kil.
Azote	0,300	1,764	3,064
Acide phosphorique	0,100	0,199	0,299
Potasse	0,328	0,072	0,400

Pour une récolte de 70 quintaux de foin, renfermant 58,8 de matière sèche, nous aurons pour le gain d'un hectare :

Azote............................	121	kilogrammes.
Acide phosphorique............	18	—
Potasse.........................	23	—
Chaux...........................	66	—

Cet enrichissement équivaut pour l'azote à 24 tonnes de fumier de bonne qualité ; pour l'acide phosphorique à 150 kilogrammes de superphosphate ordinaire ; et pour la potasse, à 50 kilogrammes de chlorure de potassium. D'où nous tirerons la même conclusion pratique que pour le défrichement de luzerne, à savoir : que si l'on veut utiliser au maximum l'effet améliorateur de la culture du trèfle, il faut répandre sur le blé qui suit un supplément de superphosphate, au moins dans les terres pauvres en cet élément.

Pour ce qui concerne le sainfoin ou esparcette, nous ne possédons pas de renseignements spéciaux sur la quantité de racines laissées dans la terre arable après le défrichement, ni sur leur composition. Nous croyons que l'on peut admettre pour l'estimation des effets améliorants du sainfoin les mêmes bases que pour la luzerne. De là il résulterait qu'un sainfoin qui durerait trois ans et donnerait 50 quintaux de foin par an enrichirait le sol superficiel d'environ :

Azote...........................	127	kilogrammes.
Acide phosphorique............	28	—
Potasse.........................	42	—

En résumé, ce qui précède semble démontrer que les légumineuses fourragères que nous avons examinées sont réellement des plantes qui, par leur culture, améliorent le sol arable ; que l'amélioration est beaucoup plus importante en ce qui concerne l'azote, que pour l'acide phosphorique et la potasse.

Il n'est pas douteux non plus que les éléments minéraux dont bénéficie la terre à la surface, de même que ceux qui sont enlevés par les récoltes, ne proviennent du sous-sol, lequel par suite est peu à peu épuisé. C'est une des raisons qui expliquent pourquoi ces plantes, ne peuvent revenir sur le même sol qu'au bout d'un temps plus ou moins long, après que le sous-sol a pu retrouver par sa lente désagrégation, et par les infiltrations du sol les éléments assimilables dont il avait été dépouillé.

Le pouvoir absorbant du sol pour les principes solubles des engrais est, comme nous l'avons démontré en étudiant les engrais, fort énergique ; on retrouve après vingt-deux ans de culture, dans la première couche de 22 centimètres, 90 p. 100 de l'acide phosphorique donné comme engrais et non absorbé par les végétaux ; on retrouve dans les mêmes conditions 80 p. 100 de la potasse. Il en résulte que le sous-sol appauvri en matières minérales ne peut être que fort difficilement remis en bon état de fertilité. Il serait nécessaire, pour arriver d'emblée à ce résultat, de défoncer profondément le terrain et d'incorporer au moyen de grandes sommes de travail, des engrais appropriés au sous-sol. Il est plus sage de laisser le temps agir, en aidant à la descente de la potasse par le plâtrage pendant la végétation des légumineuses.

Quant à l'azote, qui est accumulé en si forte proportion dans la couche arable, et qui est exporté sous forme de fourrage en proportion plus forte encore, il paraît provenir à la fois du sol et de l'atmosphère.

Nous savons, d'après les recherches de I. Pierre, que le sous-sol jusqu'à un mètre de profondeur et au delà, renferme des quantités de ce principe fertilisant relativement importantes. D'autre part, les nitrates qui proviennent de la transformation de l'azote des matières organiques du sol descendent facilement au travers de la terre et le sous-sol doit en être constamment réapprovisionné. Mais nous n'ignorons pas que les sels ammoniacaux et les nitrates paraissent être peu favorables aux légumineuses, et les expériences de Lawes et Gilbert sur leur emploi montrent qu'ils n'ont produit aucun excédent de récolte sur les engrais minéraux employés seuls. Dehérain pense, d'après des expériences assez probantes, que les légumineuses peuvent dans une certaine mesure absorber les matières azotées organiques qui proviennent de la décomposition du terreau, substances solubles, dont la descente dans

le sous-sol est favorisée par le plâtrage, comme la descente de
la potasse. Quoi qu'il en soit de ces obscurités restantes, il n'en
est pas moins aujourd'hui démontré d'une manière complète
que les légumineuses peuvent vivre sans demander leur azote
au sol qui les porte, comme doivent le faire les graminées,
et qu'elles peuvent le tirer entièrement de l'azote atmosphérique. C'est Hellriegell, qui en 1888 a fait cette importante
découverte et a montré le rôle si curieux que joue dans le
phénomène l'intervention de bactéries microscopiques qui
vivent dans les nodosités que l'on observe sur les racines de
toutes nos prairies artificielles.

Les légumineuses fourragères nous apparaissent donc
comme des *accumulateurs d'azote* et leur rôle en économie
rurale a par là une importance dominante. Grâce à elles, sans
jamais espérer réduire à néant l'emploi des engrais azotés, on
peut du moins arriver à limiter les dépenses qu'ils nécessitent.
L'agriculteur a le loisir, suivant les conditions économiques
au sein desquelles il évolue, de baser son système de culture
soit sur la captation de l'azote de l'air, soit sur l'emploi des
engrais azotés tirés du dehors, soit enfin, dans la grande
majorité des cas, sur la combinaison des deux méthodes.

LUZERNE (*Medicago sativa*) (fig. 44).

La luzerne, apportée de Médie en Grèce dès le temps de
Darius (Pline), était réputée, chez les Romains, la plus excellente des plantes fourragères. Sa culture, transportée dans la
Gaule méridionale, s'y conserva à travers toutes les vicissi-
tudes des siècles, et Olivier de Serres la nommait la merveille
du mesnage des champs. C'est en France et surtout dans le
midi, que s'est conservé le culte que les anciens avaient voué
à la luzerne ; de là elle s'est étendue chaque jour davantage
à mesure que l'on a apprécié ses qualités, dans les pays situés
plus au nord, jusqu'au point où le climat donne d'abord
l'égalité, puis la supériorité au trèfle, qui devient alors la
première des plantes fourragères, comme la luzerne l'est au
midi. En Allemagne, dit Langethal, si le trèfle est comme le

roi des légumineuses fourragères, la luzerne est la reine qui l'accompagne.

De même la luzerne le cède au sainfoin dans les terres du midi, dans les terres calcaires du midi et de la France moyenne qui ont des printemps et des étés habituellement secs ; puis les chances de l'humidité moyenne du terrain devenant plus grandes, soit par l'effet de la position topographique des champs, soit par la facilité de les irriguer, la luzerne l'emporte. Enfin l'humidité du printemps et de l'été s'accroît en marchant vers le nord ; mais en même temps la somme de température nécessaire pour faire croître la luzerne diminue, les époques des différentes coupes s'éloignent, et les trois coupes de luzerne qu'on obtient n'équivalent plus aux deux coupes de trèfle ; celui-ci devient alors la plante prédominante.

C'est que la luzerne est une plante d'origine méridionale, comme nous l'avons vu, et qu'en conséquence, toutes les conditions de sol étant les mêmes, elle donnera toujours des résultats d'autant meilleurs que les circonstances climatériques se rapprocheront davantage de ce qu'elles sont dans son aire naturelle.

Fig. 44. — Luzerne.

Composition et valeur nutritive de la luzerne.

La luzerne fournit un fourrage vert et un foin d'une très grande valeur alimentaire, que tous les animaux domestiques consomment avec avidité. A l'état vert, il faut la distribuer avec précaution, car, bien qu'à un moindre degré que le trèfle, elle peut occasionner, chez les ruminants, la météorisation. D'après les recherches de MM. Müntz et Girard, la luzerne verte de première coupe, récoltée au fur et à mesure des besoins, a la composition moyenne et la digestibilité suivantes :

	Éléments bruts.	Coefficient de digestibilité.	Éléments digestibles.
Eau	75,30	»	»
Matières minérales.......	2,38	»	»
— grasses brutes...	0,45	»	»
— solubles dans l'alcool	2,02	89,6	1,8
— solub. dans l'eau.	5,00	92,4	4,6
Sucre....................	0,44	100,0	0,44
Corps saccharifiables (1):.	2,28	64,0	1,5
Cellulose brute..........	6,28	46,8	3,0
Substances non azotées diverses	8,69	75,6	6,6
Matières albuminoïdes....	3,11	75,8	2,4
— azotées totales...	4,18	78,2	3,3

Cent kilogrammes de ce fourrage vert moyen fournissent donc à l'organisme environ $2^{kil},4$ d'albuminoïdes et $18^{kil},8$ d'hydrates de carbone et amides.

Mais la composition de la luzerne verte est loin d'être constante, elle varie au contraire très sensiblement depuis le moment où elle est fauchable, jusqu'à l'époque de la pleine floraison, les analyses suivantes de Wolff en sont la démonstration :

	Luzerne très jeune.	Début de la floraison.
Eau............................	81,0	76,0
Matière organique............	17,3	24,0
Cendres.......................	1,7	2,0
Protéine brute...............	5,5	4,3
Graisse brute................	0,7	0,8
Cellulose brute	4,4	8,2
Extractifs non azotés..........	6,5	8,7

(1) Pentosanes.

LUZERNE.

Éléments digestibles.

	Luzerne très jeune.	Début de la floraison.
Matières azotées...............	4,3	3,1
Graisse.......................	0,3	0,3
Hydrates de carbone..........	6,7	9,0

Foin de luzerne. — Nous avons trouvé à du bon foin de luzerne, provenant d'un sol de limon des plateaux, en Eure-et-Loir, la composition suivante :

	CLOCHES.		
	1re COUPE.	2e COUPE.	MOYENNE.
Eau.......................	10,60	10,90	10,75
Cendres (1)...............	7,91	6,55	7,23
(2) { Matières albuminoïdes.......	10,45	13,12	11,78
— azotées diverses....	3,74	2,67	3,20
Matière grasse (3).............	0,89	0,64	0,76
Chlorophylle et résines (4)......	0,85	0,93	0,89
Résines, tanins, etc. (5)	1,53	1,63	1,58
Pentosanes ou matières saccharifiables.....................	17,70	14,50	16,10
Matières non azotées diverses...	21,13	25,55	23,36
Cellulose.....................	25,20	23,50	24,35
(1) Acide phosphorique..	0,70	0,72	0,71
(2) Azote total......................	2,52	2,79	2,65

(3) Substances solubles dans l'éther de pétrole.
(4) Substances insolubles dans l'éther de pétrole mais solubles dans l'éther anhydre.
(5) Substances insolubles dans l'éther de pétrole et l'éther anhydre, mais solubles dans l'alcool absolu.

Le foin de seconde coupe est plus fin et plus riche en albuminoïdes que le foin de première coupe. Celui-ci renferme un peu plus de cellusose et de pentosanes.

Sur une luzerne de même provenance, nous avons déterminé les coefficients de digestibilité en opérant sur le mouton, et nous avons trouvé :

Albuminoïdes.......................	69,9	p. 100.
Pentosanes........................	60,7	—
Cellulose..........................	44,7	—
Indéterminées......................	66,7	—
Acide phosphorique	44,3	—

Les causes d'erreur sont telles, en ce qui concerne la graisse brute, que nous avons dû renoncer à déterminer son coefficient de digestibilité.

En combinant les données qui précèdent nous avons calculé la teneur en substances digestibles, c'est-à-dire réellement nutritives de notre foin de luzerne moyen ; on y trouve pour cent :

Albuminoïdes	8,2
Amides	3,2
Pentosanes	9,8
Cellulose	10,9
Matières hydrocarbonées diverses	17,5
Total des matières nutritives	49,6
Acide phosphorique assimilable	0,31

MM. Müntz et Girard ont étudié avec soin la valeur nutritive de la luzerne. Dans le tableau suivant nous donnons le résumé des résultats qu'ils ont obtenus de l'analyse de huit foins de luzerne pure, ainsi que les coefficients de digestibilité qu'ils ont déterminés en opérant sur le cheval percheron :

	PRINCIPES IMMÉDIATS.			COEFFICIENT de digestibilité.	ÉLÉMENTS digestibles.
	MAXIMUM.	MINIMUM.	MOYENNE.		
Eau	15,00	9,30	13,36	»	»
Cendres	9,00	6,65	7,80	»	»
Matières solubles { dans l'éther	2,30	1,26	1,67	?	?
Matières solubles { dans l'alcool	7,48	4,06	7,03	74,6	4,5
Matières solubles { dans l'eau	19,23	11,25	15,38	78,5	12,0
Sucre	1,43	traces.	0,65	100,0	0,6
Corps saccharifiables	9,58	7,18	8,37	65,0	5,4
Cellulose brute	15,56	17,00	22,35	29,5	6,6
Matière azotée totale	17,15	12,70	15,07	74,7	11,2
Albuminoïdes	15,34	9,51	12,42	72,9	9,0
Indéterminées	33,38	23,18	29,32	62,2	18,3

On peut donc assigner au foin de luzerne pur moyen une teneur de 9 p. 100 d'albuminoïdes digestibles et de 49,6 p. 100 'hydrates de carbone et amides.

Comme le montrent les nombres précédents, la composition du foin de luzerne peut varier dans d'assez larges limites. Cela tient à la nature du sol, où la plante a été récoltée, et à l'époque de la fenaison, comme aux soins apportés à celle-ci. Après la floraison, la luzerne a perdu une grande partie de sa richesse par la chute des feuilles. Celles-ci en effet sont beaucoup plus riches et plus nutritives que les tiges, toujours plus ou moins grossières. On comprendra facilement l'influence de la perte des feuilles sur la valeur nutritive du fourrage, quand on saura que celles-ci, avec les pétioles et les ramifications secondaires, forment de 49 à 52 p. 100 du foin de luzerne bien récolté.

L'analyse des tiges d'une part et des parties fines de l'autre, a donné aux mêmes savants les résultats suivants, que nous rapprochons de leur digestibilité propre déterminée sur le cheval :

	TIGES.		PARTIES FINES.	
	Principes immédiats.	Coefficient de digestibilité.	Principes immédiats.	Coefficient de digestibilité.
Eau......................	11,25	»	11,26	»
Cendres	4,74	»	1,44	»
Matières { dans l'éther..	0,88	?	1,44	?
solubles { dans l'alcool.	4,93	82,4	5,62	79,9
{ dans l'eau ...	9,51	78,2	19,8	84,5
Sucre....................	0,52	100,0	traces.	»
Corps saccharifiables...	8,68	45,2	6,96	75,8
Cellulose brute	34,48	40,3	15,98	52,1
Matière azotée totale...	9,56	72,6	20,96	75,5
Albuminoïdes..........	7,50	66,8	16,94	75,6
Indéterminées	29,89	58,8	34,73	71,2

On voit d'après cela que les parties fines de la luzerne que l'on perd en si grande abondance lorsqu'on opère la fenaison avec peu de soin, sont à la fois plus riches en matières nutritives et plus digestibles que les tiges. On ne saurait donc attacher une importance trop grande au choix d'une méthode de fenaison qui évite la perte des feuilles. L'appréciation de la valeur du foin de luzerne doit prendre pour base la proportion des parties fines dans la masse, proportion qu'il est facile d'estimer à l'œil ou de déterminer par l'essai direct, en froissant rapidement à la main un poids donné de fourrage, en secouant les parties fines, et en pesant ensuite les tiges restantes. Dans les bonnes luzernes, le poids des tiges ne doit pas dépasser 50 p. 100 de la masse totale.

Dans les foins de luzerne courants, tels qu'on les livre au commerce, il y a une raison de plus pour faire varier la composition ; nous voulons parler d'une proportion plus ou moins forte de graminées, souvent de mauvaise qualité. Dans certains foins de luzerne, on a vu tomber le taux des matières azotées totales à 7 p. 100. Voici un exemple de cette influence de l'invasion des luzernes par les graminées : dans un foin de luzerne du commerce de qualité moyenne, MM. Müntz et Girard ont séparé, sur 100 kilogrammes, $66^{kg},2$ de luzerne pure, et $37^{kg},8$ de graminées diverses. Ils ont trouvé dans ce foin les quantités ci-après de matières nutritives dont ils ont déterminé la digestibilité :

	Foin brut.	Coefficient de digestibilité.	Éléments digestibles.
Eau........................	14,40	»	»
Cendres...................	6,56	»	»
Matières solubles { dans l'éther..	1,58	?	?
dans l'alcool.	6,51	85,9	5,6
dans l'eau ...	11,97	74,2	8,9
Sucre.....................	0,80	100,0	0,8
Corps saccharifiables...	10,82	61,1	6,6
Cellulose brute..........	22,95	39,1	9,0
Matière azotée totale...	10,88	67,3	7,3
Albuminoïdes..........	9,17	62,0	5,7
Indéterminées	32,01	66,0	24,1

Ce foin ne renferme donc pour cent que 5,7 seulement d'albuminoïde, au lieu de 9 qui existent dans la luzerne moyenne pure, et par contre on y trouve un peu plus d'hydrates de carbone : 53,6 au lieu de 46,9 p. 100. La luzerne envahie par les graminées donne donc un fourrage moins riche en matériaux formateurs des tissus et est ainsi moins favorable pour l'alimentation des jeunes animaux et des vaches laitières.

Lorsqu'on laisse mouiller la luzerne pendant la fenaison, il en résulte un amoindrissement sensible dans le rendement en foin, et dans la valeur nutritive de ce dernier.

O. Kelner a étudié le cas sur deux parcelles de luzerne du même champ, dont l'une a été récoltée et séchée sans recevoir de pluie, tandis que l'autre avait été mouillée deux fois pendant la fenaison, en quatre jours.

La seconde a donné un poids de foin de 7 1/2 p. 100 inférieur à la première. L'analyse de la matière sèche de deux foins a fourni les résultats suivants, exprimés en substances digestibles :

	Sans pluie.	Mouillé.
Matières azotées	12,2	9,9
Cellulose brute................	15,3	15,4
Hydrates de carbone..........	29,1	27,4
Cendres	2,2	1,6
Totaux............	58,8	54,3

Dans l'ensemble, le mouillage de la luzerne a fait perdre, pour 100 de foin sec, 4,5 d'éléments nutritifs digestibles, ce qui correspond à 7,6 p. 100 de la quantité totale préexistante. La perte a porté principalement sur la matière azotée : il en a disparu 2,3 p. 100 du foin sec, ou 18 p. 100 de la quantité primitive. Les hydrates de carbone ont subi une perte de 1,7 p. 100 du foin desséché, ou de 6 p. 100 environ de la quantité renfermée primitivement dans le fourrage. Celui-ci est donc devenu beaucoup moins nutritif et moins convenable pour les vaches laitières et les animaux d'élevage, qui exigent un régime riche en albuminoïdes.

Climat et sol.

Cherchons à préciser les conditions climatériques et les conditions agrologiques que la luzerne exige pour bien se développer.

La luzerne toujours sous la faux renaissante,

entre en végétation, quand la température moyenne de l'air s'élève à 8° au-dessus de zéro. Elle pousse plus ou moins épaisse, plus ou moins élevée, selon que la plante trouve en terre la fertilité et l'humidité convenables, mais dans tous les cas on la coupe lorsqu'elle est en fleur et elle fleurit après avoir reçu 852° de chaleur totale au-dessus de 8° de température moyenne. Ainsi à Paris, la température moyenne atteint 8° au commencement d'avril, pour y redescendre au 15 octobre, et la chaleur totale, prise au soleil, de l'une à l'autre de ces dates, est d'environ 3 400 à 3 800° ; qui divisés par 852 donnent à peu près 4. On y peut faire quatre coupes dans les années positivement chaudes, on en fait ordinairement trois et on pâture la quatrième.

En Bavière, la température atteint 8° au commencement de mai, elle y redescend au 1er octobre. La chaleur totale entre ces deux dates est de 2 500°, et l'on pourrait faire dans l'année trois coupes, mais il est probable que la troisième, trop tardive pour être fanée, est pâturée sur place.

Voilà des faits qui montrent l'action de la chaleur. Pour l'humidité nous nous contenterons de dire que la luzerne irriguée abondamment une fois après chaque coupe, peut être fauchée presque tous les mois, à partir du printemps, en Andalousie. Celle qui n'est pas irriguée n'y donne rien ou à peu près.

La luzerne craint les gelées d'hiver tant qu'elle n'est pas parfaitement enracinée, mais son pivot pénètre bien au-dessous des couches où la gelée peut parvenir, et dès lors la plante est à l'abri des atteintes du froid. Cependant il ne faut pas oublier que ses jeunes pousses redoutent les gelées tardives.

En somme, la luzerne aime la chaleur, une humidité modérée, qui soutient sa végétation pendant le cours de l'été. Sa culture peut s'avancer jusqu'au nord du climat de Paris, plus loin elle cède le pas au trèfle.

La luzerne réclame par-dessus tout un sol perméable et profond, calcaire, riche en acide phosphorique et en potasse assimilables. Ses racines, qui peuvent acquérir une très grande longueur, ont en effet besoin, pour s'allonger, d'un sous-sol qui se laisse traverser jusqu'à une grande profondeur. Ces longues racines presque dépourvues de ramifications latérales, sont terminées par une houppe de radicelles absorbantes qui ont bientôt épuisé les sucs nutritifs environnants ; mais comme elles s'allongent toujours, elles pénètrent successivement dans de nouvelles couches non épuisées. Si cet allongement est arrêté, la plante devient languissante; sa durée est compromise. C'est donc en réalité la nature du sous-sol qui est surtout importante pour la luzerne.

Rendement et durée des luzernières.

La luzerne est une plante vivace, et dans la culture elle peut durer plus ou moins longtemps suivant les circonstances de sol, d'humidité, de climat, etc. Une condition essentielle pour qu'une luzerne ait une grande durée, c'est une grande profondeur et une suffisante richesse des couches meubles du sol. Toutefois il arrive souvent que même dans les sols les plus fertiles, la présence des mauvaises herbes, et surtout du chiendent qui, quoi qu'on fasse, s'emparent progressivement du terrain, étouffe bientôt la luzerne. La durée utile d'une luzernière ne dépasse pas dix ans, dans les circonstances les plus favorables. Dans la plupart des cas il y a avantage à la rompre quand elle a duré de quatre à six ans, suivant son état.

Le rendement total d'une luzernière est évidemment lié à sa durée. C'est en général lorsque la luzerne est à sa troisième année de coupe que le rendement moyen annuel est maximum, et, à partir de là, il va en diminuant. Sous le climat de Paris, dans de bonnes conditions, le rendement annuel de la luzerne ne dépasse pas 80 quintaux de foin sec par hectare. Dans les bonnes fermes de la Brie, d'après M. Joulie, il serait de 70 quintaux environ. La nature du sol, sa richesse en engrais et surtout sa plus ou moins grande dose d'humidité pendant l'été, peuvent produire de grandes différences dans le nombre des coupes et le rendement. Dans le climat de Paris, où l'on fait trois coupes, la première est ordinairement la plus abondante, parce qu'elle profite de tous les sucs nutritifs accumulés dans le sol depuis l'automne précédent ; les autres vont en diminuant soit par suite de l'épuisement du sol, ou de la sécheresse.

La durée des luzernières est limitée par un certain nombre de causes qu'il nous faut examiner, et qui sont : l'épuisement du fond de la terre, la sécheresse ou la dureté des couches inférieures, l'humidité stagnante de ces mêmes couches, l'envahissement par les herbes.

L'épuisement du fond de la terre se manifeste par la diminution progressive de la production, par la disparition successive des plantes ; il n'en reste qu'un nombre toujours plus petit, de celles qui ont été placées dans de meilleures conditions que les autres ; cet épuisement est bien plus rapide quand on sème la luzerne dans un champ qui en a déjà porté. Il ne se répare qu'à la longue et les luzernes durent d'autant moins qu'elles se succèdent plus souvent les unes aux autres. Cela s'explique facilement, car les principes nutritifs disparaissent bien plus vite par l'aspiration des racines qu'ils ne sont remplacés ; il faut en effet pour cela qu'ils aient pu traverser lentement toutes les couches supérieures après avoir été rendus assimilables par les actions chimiques qui se produisent dans les terres sous l'action du temps, de la chaleur, de l'eau, de l'air et des microbes.

La sécheresse et la dureté des couches inférieures produisent le même effet, parce que les racines, une fois qu'elles y sont parvenues, ou manquent d'humidité, ou ne peuvent plus s'enfoncer. La luzerne, d'un autre côté, périt entièrement lorsque ses racines atteignent une couche imprégnée d'une humidité stagnante.

Mais dans les sols les plus fertiles, c'est par l'envahissement des plantes adventices que la luzerne périt. Le champ se convertit en gazon, et la luzerne, qui est de toutes les plantes celle qui se plaît le mieux dans l'isolement, ne tarde pas à céder la place à ces plantes plus robustes qu'elle.

Plantes parasites et animaux nuisibles.

Outre ces causes générales de destruction des luzernières, il y en a d'autres accidentelles : nous voulons parler des plantes parasites et des animaux nuisibles.

La Cuscute (*Cuscuta Europæa*), — connue aussi des cultivateurs sous les noms divers de rasque, teigne, tignasse, barbe de moine, cheveux de Vénus, etc., — est un fléau redoutable pour la luzerne qui nous occupe actuellement et pour le trèfle (fig. 45).

Fig. 45. — Cuscute.

La graine de cuscute est très petite, d'une forme arrondie ovoïde, et d'une couleur brun jaunâtre. Elle peut séjourner longtemps dans la terre, jusqu'au moment où elle rencontre les circonstances favorables pour son développement. Elle peut même traverser les organes digestifs des animaux sans perdre ses facultés germinatives. La graine met environ quatre semaines pour germer, puis on voit l'embryon venir s'implanter dans le sol : alors la tigelle s'allonge en restant contournée sur elle-même, et portant à son sommet le reste de la graine. Au bout d'un certain temps, celle-ci tombe; on voit alors la partie contournée de l'embryon s'animer d'un mouvement tournant, et se diriger en cercle vers tous les points de l'horizon. Il épuise les matériaux contenus dans la tige et le pivot, se flétrit à la partie inférieure et tombe sur le sol. Lorsque dans son mouvement de rotation, le bout contourné de l'embryon rencontre une tige vivante sur son passage, il l'entoure en formant une spirale; il s'y applique intimement ; alors il produit des suçoirs qui pénètrent dans les tissus de la plante attaquée et avec lesquels il aspire les sucs de sa victime. Si au lieu de rencontrer une tige de luzerne ou de trèfle, par exemple, l'embryon de cuscute trouve une tige de fer ou de bois sec, etc., il la tâte, mais ne s'y arrête pas et continue à rechercher une plante vivante. Lorsqu'une fois la cuscute a vécu en parasite, elle entoure très bien des tiges mortes.

Aussitôt que la cuscute s'est fixée, elle développe une tige grêle, déliée comme un fil, très rameuse, et d'une couleur roussâtre. Elle enveloppe toutes les plantes voisines, les fait disparaître sous le réseau de ses filaments, et enfin les épuise et les tue.

Chaque filament en contact avec une tige de luzerne développe des suçoirs ; les fragments de filament jouissent eux-mêmes de cette propriété.

Bientôt la plante donne naissance à des fleurs en petits capitules blanchâtres, puis à des fruits. Ce sont des capsules sphériques à deux loges contenant chacune deux graines.

Elle produit aussi de petits tubercules qui jouissent de la propriété de la reproduire. Elle a ainsi trois modes de reproduction : 1° par la graine ; 2° par les fragments de tiges ; et 3° par les tubercules.

Cette plante parasite paraît résister à nos hivers ; à la vérité tous ses filaments disparaissent, mais ses graines et ses tubercules demeurent et résistent.

La végétation de la cuscute est si rapide, pendant la belle saison, qu'en trois mois un seul pied peut faire périr tous les plants de luzerne ou de trèfle qui l'environnent, sur un rayon de trois mètres, correspondant à une surface de plus de 28 mètres carrés.

On voit par là combien il est difficile de détruire cette plante parasite, et cependant les ravages qu'elle exerce sont si grands qu'on ne doit reculer devant aucun soin, quelque minutieux qu'il soit, pour s'en préserver. Il ne faudra jamais employer pour fumer les prairies artificielles les fumiers provenant des bestiaux nourris de fourrages infestés de cuscute. Il ne faudra pas non plus récolter de grains dans les champs qui sont attaqués par cette peste, ou bien chaque tête de graines devra être recueillie à la main. Jamais non plus il ne faudra semer de graine achetée sans avoir examiné si elle est infestée de graines de ce parasite, et dans ce cas sans l'en avoir préalablement débarrassée.

Cette séparation peut être faite facilement, d'abord en froissant avec force la graine de luzerne ou de trèfle entre deux toiles grossières, afin de rompre les capsules de la cuscute, puis en pratiquant un criblage à travers une toile métallique de laiton du n° 9, afin que celle-ci retienne la graine de luzerne ou de trèfle, et qu'elle laisse passer complètement celle de cuscute, qui n'a guère qu'un demi-millimètre de diamètre. Quand on achète ses graines dans le commerce, il faut, non seulement se faire garantir sur facture l'absence de cuscute, mais encore il ne faut jamais négliger, aussitôt leur réception, de faire vérifier à la Station d'essais de semences de l'Institut national agronomique la pureté de la marchandise reçue.

Ce sont là des moyens préventifs. Mais y a-t-il des moyens curatifs pour détruire la cuscute dans une luzernière attaquée? Voilà ce que nous devons encore examiner.

Le procédé de l'incendie a donné jusqu'ici de bons résultats : dès qu'on s'aperçoit qu'un champ est attaqué sur quelques-uns de ses points, on coupe les plantes le plus près possible de terre, et à un mètre au delà de la surface attaquée. On place dans un sac le produit de cette coupe, et on va le brûler au loin. Puis on répand de la paille et des brindilles sur la surface dégarnie, qu'on arrose de pétrole, et on y met le feu. La cuscute périt, mais aussi souvent la luzerne. Dans ce cas on bêche la surface incendiée et on y sème une autre plante fourragère. Si l'on suit le mal à la piste sans interruption, on parvient à se débarrasser de cette plante parasite, pourvu que le remède soit appliqué avant la maturité des graines.

Au lieu de recourir au feu, qui est un remède héroïque, on peut, après avoir dégarni la tache comme il vient d'être dit, la pulvériser avec soin avec une dissolution à dix ou vingt pour cent de sulfate de fer, ce qui détruit ce qui peut rester de cuscute, sans empêcher la légumineuse de repousser.

Un procédé également recommandable consiste à répandre sur les taches du sulfate de potasse brut à la dose de 200 à 300 grammes par mètre carré : la cuscute est tuée, et la luzerne ou le trèfle repoussent.

La destruction de la cuscute est d'autant plus nécessaire que le fourrage vert et sec, infesté de cette plante, répugne aux animaux. Il détermine chez la vache la perte de l'appétit, et il est dangereux en ce sens qu'il détermine dans le tube digestif un feutrage indigeste.

Un autre parasite de la luzerne est la Rhizoctone violette (*Rhizoctonia violacea*), cryptogame qui, sous la forme de filaments violacés, enveloppe la racine, se nourrit de sa sève, et la fait mourir. On voit souvent dans les champs de luzerne des places circulaires qui se dégarnissent de plantes et dont le rayon s'étend progressivement. On a cru remarquer que la présence de la potentille rampante sur le terrain annonçait presque à coup sûr que la luzerne y serait attaquée par ce champignon. On cherche à arrêter le mal en le cernant par un fossé profond de 60 à 70 centimètres dont on rejette la terre à l'intérieur. On laboure ensuite la partie entourée en enlevant avec soin tous les débris de plantes pour les brûler. On recouvre ensuite les parois et le fond du fossé d'une couche assez épaisse de soufre et on le comble avec de la terre. Enfin on répand à la surface de la partie défrichée une forte couche de chaux. Comme les organes de reproduction de la Rhizoctone peuvent rester vivants dans le sol pendant au moins trois ans, il faut éviter de resemer de la luzerne dans les anciens foyers pendant une période au moins égale. On ne parvient pas toujours à arrêter ainsi le mal, soit qu'on ait laissé en dehors de l'enceinte des racines attaquées, soit que la coupure n'ait pas été assez profonde. Quand il continue à s'étendre, il faut défricher la luzerne. C'est l'envahissement de ce parasite qui a empêché Mathieu de Dombasle de continuer la culture de la luzerne à Roville.

La luzerne est aussi quelquefois attaquée par l'Orobanche (*Orobanche minor*), plante parasite qui croît sur ses racines. Elle se montre surtout dans les secondes coupes et produit une très grande quantité de graines, d'une extrême finesse, qui se conservent pendant longtemps dans le sol. Quand cette plante abonde, le fourrage est peu abondant et de plus déprécié, sinon nuisible, à cause des propriétés aphrodisiaques de ce parasite. Pour prévenir l'invasion, ne semer que des graines de luzerne exemptes de l'orobanche, et faire le semis très dru pour que le fourrage serré empêche l'accès de la lumière indispensable au développement du parasite. Pour combattre l'envahissement, couper la prairie avant la maturité des graines de l'orobanche, et si celle-ci gagne du terrain, défricher.

Il se développe aussi quelquefois sur la luzerne le Miellat causé par l'*Eresyphe communis*; la rouille, produite par l'*Uromyces apiculatus*. On rencontre aussi le *Peronospora trifoliorum*, et enfin le *Phacidium medicaginis*, qui détermine la dessiccation prématurée des feuilles. Il ne faut faire consommer qu'avec précaution les fourrages envahis par ces champignons.

Dans le règne animal, la luzerne a un ennemi très sérieux dans la larve de l'Eumolphe obscur (*Colapsis atra*), connu aussi sous les noms de Babotte, Nigril, Canille (1). L'insecte parfait est noir, luisant, ovale; le mâle est long de 4 millimètres et demi, et la femelle de 8 millimètres. Il est propre au Midi. Ses larves se montrent au mois de mai. La transformation a bientôt lieu, et, les générations se succédant, les larves deviennent si nombreuses, qu'elles détruisent la récolte. Aussitôt que l'on reconnaît le mal, il faut faucher le champ d'une manière réitérée pour détruire l'insecte par la famine.

On a signalé contre le nigril l'efficacité d'un mélange de naphtaline et d'ammoniaque que l'on répand sur la luzerne envahie. Il est bon également de répandre de la poudre de chaux éteinte sur les plantes quand les femelles ont le ventre gonflé pour la ponte; la chaux adhère sur le corps visqueux de l'eumolphe et l'animal tombe, alors on fait passer le rouleau pour l'écraser. On peut enfin faire parcourir les luzernières par des troupeaux de dindons ou de poules qui sont très friands de la larve.

On a parfois à redouter pour les luzernes l'envahissement

(1) Voy. GUÉNAUX, *Entomologie et parasitologie agricoles*, 1901, p. 194.

par les mulots surtout en hiver; on détruit ces animaux en introduisant dans leurs galeries du blé arseniqué. Les limaces au printemps rongent souvent les jeunes feuilles, etc.

Culture de la luzerne.

Préparation du sol. — Les racines de la luzerne ayant, comme nous l'avons dit, une tendance à s'enfoncer profondément dans le sol, on conçoit la nécessité d'ameublir celui-ci à la plus grande profondeur qu'on le pourra. Dans le Midi le défoncement s'opère à 45 centimètres. On le faisait autrefois à la bêche, mais l'emploi des charrues fouilleuses est bien plus économique ; le travail en est excellent et bien plus rapide. Le meilleur mode de défoncement consiste à ouvrir avec la charrue ordinaire un sillon de 20 à 25 centimètres de profondeur, puis à la faire suivre par une charrue fouilleuse qui remue le fond de la raie sans ramener la terre à la surface, sur une profondeur de 15 à 20 centimètres. Ce défoncement doit s'exécuter au plus tard avant l'hiver qui précède l'ensemencement.

Cette nécessité du défoncement conduit naturellement à faire précéder la mise en luzerne d'un champ par la culture d'une plante sarclée. Parmi toutes ces plantes, celles qui convient le mieux est la pomme de terre, à laquelle on fait succéder dans le présent cas une céréale de printemps, où l'on fait le semis de la légumineuse. Nous indiquons ailleurs la fumure à appliquer à cette solanée. Ses résidus seront très propres à favoriser le bon développement de la jeune luzerne, de même que la propreté du sol assurera une plus grande durée à la prairie artificielle en prévenant son envahissement par les plantes adventices. On doit s'appliquer en effet à assurer à la plante fourragère qui nous occupe la plus longue durée possible et, pour y parvenir, en dehors de cette préparation soignée du terrain, favorisée s'il est nécessaire par le marnage qui apporte le calcaire indispensable, il ne faut rien négliger pour l'enrichissement du sol en éléments nutritifs.

En admettant, comme nous l'avons vu plus haut, que la luzerne produise environ 70 quintaux de foin sec par hectare et par an, nous avons démontré ailleurs (voir *Engrais*) que la plante absorbe pour son développement annuel outre 214 kilogrammes d'azote, puisés pour la plus grande partie dans l'atmosphère, 61 kilogrammes d'acide phosphorique, 130 kilogrammes de potasse, et 229 kilogrammes de chaux, en nombres ronds. Il conviendra donc de fournir à la plante, suivant la richesse du sol, un complément important d'acide phosphorique et de potasse assimilables, selon les cas, la chaux étant assurée d'avance par le marnage, dans les sols non calcaires.

Dans un sol de fertilité moyenne, on fournira une fumure de 200 kilogrammes de superphosphate à 14 p. 100 d'acide phosphorique soluble dans l'eau et le citrate, ou 200 kilogrammes de scories de déphosphoration à 16 p. 100 d'acide phosphorique, avec 100 kilogrammes de chlorure de potassium à 50 p. 100 de potasse, par hectare et par année de durée probable de la prairie artificielle. La fumure phosphatée totale sera distribuée en entier avant le semis de la luzerne, et intimement mélangée au sol par le scarificateur. On lui adjoindra une dose de potasse correspondant à une année, réservant les autres doses pour les répandre en couverture aux printemps suivants.

Dans les terrains pauvres en acide phosphorique, il sera bon de porter la dose de superphosphate ou de scories à 300 kilogrammes par hectare et par an. Si la potasse manque au sol, on ira jusqu'à 150 et 200 kilogrammes de chlorure de potassium. Si la luzerne doit durer trois ou quatre ans, les doses annuelles indiquées seront triplées ou quadruplées.

Semaille. — La bonne graine de luzerne doit être jaune, luisante et pesante. Lorsque les grains sont blancs, c'est qu'ils ne sont pas mûrs; s'ils sont bruns, c'est qu'ils ont été soumis, pour les séparer de leurs cosses, à une chaleur artificielle trop forte. Il faut que la semence soit exempte de cuscute et de graines étrangères. La pureté moyenne de la bonne semence de luzerne est de 97 p. 100 et la faculté germinative est de 89 p. 100. L'hectolitre pèse de 76 à 79 kilogrammes. La semence de Provence présente les grains les plus gros et est la plus estimée. La durée de la faculté germinative de la luzerne est de trois ou quatre ans. Une semence d'un an, de deux ans ou de trois ans germe souvent mieux qu'une graine toute récente.

On peut semer la luzerne au printemps ou à l'automne. Dans le Midi surtout et dans les pays à printemps sec, il faut préférer cette dernière époque, à moins toutefois que le temps ne manque pour bien préparer le terrain. On doit, dans le cas des semailles d'automne, les faire assez tôt pour que la plante ait le temps d'acquérir assez de force pour résister à l'hiver. Dans le Midi, il faut semer au milieu de septembre; dans le climat parisien, c'est dans la seconde quinzaine d'août.

Pour les semailles de printemps, que l'on exécute dans les contrées où l'air est humide à cette époque, il faut attendre que les gelées tardives ne soient plus à craindre, car elles détruisent les jeunes plantes à leur premier développement. Le moment de la semaille est parfaitement indiqué par la floraison de l'aubépine. Alors les mauvaises graines ont poussé et on aura pu les détruire.

Dans les pays où les semailles d'automne sont préférables, il convient de semer la luzerne seule, ainsi que l'expérience l'a prouvé. Elle est moins gênée dans son premier développement, elle prend plus de force avant les froids, couvre mieux le sol, et l'année suivante elle donne une pleine récolte. Après avoir parfaitement ameubli le sol, à l'aide de hersages et de roulages, on répand la semence à la volée ou en lignes espacées de 12 à 15 centimètres, à raison de 30 à 40 kilogrammes par hectare. On doit préférer les semis épais, car la luzerne est moins sujette à verser quand les pieds sont rapprochés; d'autre part, les tiges deviennent moins ligneuses, et le fourrage est de meilleure qualité; enfin, plus la luzerne est fournie, moins les mauvaises herbes peuvent se développer. On recouvre la graine par un hersage exécuté avec une herse garnie d'épines.

Quand on sème au printemps, il vaut mieux associer à la luzerne une céréale, l'orge ou l'avoine, par exemple. On sème d'abord la céréale à la volée ou de préférence en lignes distantes de 18 à 20 centimètres, puis, le moment venu, on répand la graine de luzerne à la volée. On l'enterre par un coup de rouleau. Naturellement la céréale doit être semée moins drue que dans les conditions ordinaires. Cette dernière protège les jeunes pousses de luzerne contre les froids tardifs, et plus tard contre la sécheresse et la trop grande chaleur. En outre, elle paye la rente du sol et les frais de mise en culture au moins en grande partie. Si l'on semait la luzerne seule, on n'aurait qu'une coupe à la fin de l'été en général; toutefois, nous avons obtenu dans ces conditions deux coupes moyennes sur un sol très bien préparé.

Entretien des luzernières. — Sur les luzernes semées à l'automne, on applique souvent avec avantage dans certains sols, un demi-plâtrage (200 à 250 kilogrammes de plâtre par hectare) aussitôt que les feuilles commencent à couvrir le terrain; cela stimule la végétation et fait acquérir à la luzerne plus de force pour résister à l'hiver. Quand on a fait le semis au printemps on donne ce demi-plâtrage aussitôt l'enlèvement de la récolte associée à la luzerne. On donne ensuite tous les ans un demi-plâtrage à chaque coupe (Voy. ***Engrais***, p. 64).

Il faut environ trois ans à la luzerne pour former ses fortes racines et ses souches ramifiées qui assurent un plein produit. Pour favoriser cette ramification, il faut herser vigoureusement et chaque année la luzernière. Le travail de **la herse** doit être tel que la surface se présente comme si elle avait été labourée. Cette opération a pour résultat de détruire le chiendent et les autres graminées envahissantes qui auraient bientôt pris le dessus sur la luzerne en la privant d'air et de lumière et en l'empêchant d'émettre de nouveaux bourgeons. Ce travail s'exécute avec de fortes herses de fer **articulées ou** même avec le scarificateur, soit à l'automne pourvu qu'on le fasse assez tôt, soit de préférence au printemps, parce que la destruction des plantes adventices est alors mieux assurée. Nos cultivateurs emploient trop peu la herse dans les jeunes luzernes, et jamais assez dans les vieilles. Quelque temps après le passage de la herse, on donne un coup de rouleau. Il serait à recommander de herser après chaque coupe.

Nous avons recommandé l'emploi d'une forte dose d'engrais phosphatés lors de la création de la prairie artificielle; en général cela suffit pour assurer une bonne végétation. Toutefois on ne doit pas hésiter, quand on voit fléchir la production, d'ajouter au chlorure de potassium qu'il faut répandre chaque année une dose de superphosphate.

Les luzernes semées au printemps ne doivent pas en général être fauchées à l'automne. Quand elles sont très fortes, on peut les faire pâturer modérément par les bêtes bovines, par un temps sec. Il faut faire cesser le pâturage assez tôt pour que la plante puisse repousser avant l'hiver, afin d'être mieux protégée contre le froid. Les années suivantes, on fait deux ou trois coupes. Le fauchage réussit mieux à la luzerne que le pâturage. On la récolte beaucoup en vert et sa précocité est alors précieuse. On peut la faucher huit à dix jours avant le trèfle rouge. On commence à la faire consommer bien avant la floraison ; elle repousse plus activement alors, que si on la fauche après la fleur.

Récolte de la graine. — Lorsqu'on veut récolter la graine, on choisit de préférence une vieille luzernière, que l'on rompra bientôt. C'est à la seconde coupe que l'on laisse mûrir les semences parce qu'en général elle est plus propre que la première. On attend pour faire la récolte que les gousses soient noires, et on fait sécher avec précaution. On emmagasine dans un endroit sec si l'on ne bat pas de suite. On passe la luzerne dans une machine à battre ordinaire pour détacher les gousses. On sépare la graine de celles-ci en les passant à l'égreneuse et on nettoie à l'aide du tarare et du petit van. Lorsqu'on veut battre de la luzerne en hiver, il faut choisir les jours de forte gelée ; par les temps humides les graines se séparent difficilement. Le rendement en graines peut atteindre de 300 à 500 kilogrammes par hectare.

Défrichement des vieilles luzernières. — Dès que les rendements faiblissent sensiblement, il faut défricher les luzernières, sans attendre qu'elles soient complètement envahies par le chiendent et les graminées vivaces, car on perdrait ainsi tout l'effet améliorant de la légumineuse. On opère le défrichement à la fin de l'été, par un seul labour profond, en ameublissant ensuite la surface par de nombreux coups de herse de fer et de rouleau Crosskill. En général on sème au printemps suivant de l'avoine qui atteint un rendement très élevé et l'on fait suivre celle-ci d'un blé. Pour que l'azote accumulé dans le sol par la prairie artificielle produise tout son effet, il ne faut pas négliger d'employer une forte dose de superphosphate qui assure la grenaison et prévient la verse ou la rouille. Enfin dans le cas où l'on veut semer directement sur le défrichement un blé d'automne, il convient de rompre la luzernière après la première coupe, pour qu'on ait le temps de bien travailler le sol, et que celui-ci puisse se rasseoir suffisamment avant l'époque du semis, car le froment ne réussit que dans les sols d'une bonne consistance et non soulevés.

TRÈFLE VIOLET OU ORDINAIRE (*Trifolium pratense*).

Le trèfle violet est une légumineuse vivace, à racine pivo-

Fig. 46. — Trèfle violet.

tante très précieuse par la qualité et l'abondance de ses produits. Elle jouit en outre de l'avantage remarquable d'améliorer très sensiblement le sol qui l'a produite en l'enrichissant en azote et en humus. Il est le résultat de l'amélioration par la culture du trèfle des prés, que l'on rencontre dans toutes les bonnes prairies de notre pays.

Il était déjà très cultivé en Flandre au xve siècle. Yvart rapporte que dès le vi^e siècle on le faisait entrer dans les assolements de la Bresse. Il est passé de Flandre sur les bords du Rhin et en Allemagne vers 1550, et en Angleterre vers 1633. Mais ce fut le pasteur Meyer qui, en 1765, contribua le plus à l'extension de sa culture à la suite des remarquables résultats qu'il obtint du plâtre sur la végétation de cette plante.

La généralisation de la culture du trèfle en France est due aux efforts de M. de Dombasle et Bella au commencement du siècle dernier.

Son introduction dans la culture peut être considérée comme un des plus grands progrès de l'époque moderne. Elle a été une des causes principales de l'adoption de la culture alterne et a porté à l'ancien système de la jachère nue un coup dont elle ne s'est pas relevée.

Composition et valeur alimentaire du trèfle.

Le trèfle fournit un fourrage vert excellent et très abondant, et son foin, quand il est bien récolté, est très nutritif et bien accepté par tous les animaux de la ferme.

Quand on le fait consommer à l'état vert, il est indispensable de le distribuer avec précaution, car, plus encore que la luzerne, il expose les animaux ruminants, qui l'absorbent avec une très grande avidité, à la météorisation. Cet accident est d'autant plus à redouter que le trèfle a été plâtré et que l'on a été assez négligent pour laisser le fourrage s'échauffer en tas alors qu'on l'a rentré couvert de rosée. On évite tout danger, en le donnant en quantité ménagée et en le mélangeant avec des aliments secs.

On peut assigner au trèfle récolté en vert la composition suivante :

	Avant la floraison.		Pleine floraison.	
	Brut.	Digestible.	Brut.	Digestible.
Eau.......................	82,0	»	80,0	»
Matière sèche	18,0	»	20,0	»
Albuminoïdes	2,5	1,5	2,5	1,1
Amides	0,9	0,9	0,6	0,6
Graisse...............	0,7	0,4	0,6	0,4
Hydrates de carbone ...	7,9	7,8	9,1	9,0
Cellulose...............	4,5		5,8	
Cendres...............	1,5	»	1,4	»

D'après les expériences de Gustave Kühne, l'époque à
laquelle on récolte le trèfle vert pour le faire consommer par
les animaux, a une influence marquée sur la digestibilité de
ses principes nutritifs, comme sur sa composition. Le tableau
suivant reproduit les coefficients de digestibilité des principaux éléments nutritifs aux divers stades du développement
du trèfle :

	Avant la floraison. P. 100.	Commencement de la floraison. P. 100.	Fin de la floraison. P. 100.
Matières azotées totales.	70,9	65,0	58,8
Cellulose...............	50,6	46,6	39,8
Hydrates de carbone...	70,2	68,4	66,8

Après la floraison, à cause de la diminution relative de la
matière azotée, et surtout par suite de l'exagération de la
proportion de cellulose, le trèfle coupé en vert constitue un
fourrage très grossier dont la digestibilité est très faible. Aussi
a-t-on soin de le récolter toujours avant la pleine floraison.
Si le bétail n'est pas assez nombreux pour le consommer on
le convertit en foin.

Le foin de trèfle violet nous a donné à l'analyse les résultats suivants :

Eau..................................	15,90
Cendres.............................	6,40
Albuminoïdes........................	12,70
Amides..............................	0,32
Graisse brute.......................	0,48
Pentosanes..........................	12,29
Hydrates de carbone divers..........	32,46
Cellulose...........................	19,45

Mais la composition du foin de trèfle est très variable, suivant les procédés de fenaison, et suivant aussi l'époque de la récolte. Comme pour la luzerne, ce sont les feuilles qui renferment le plus de substances azotées et non azotées digestibles. Il y a donc aussi un très grand intérêt à les conserver dans le foin en ayant recours à un système de séchage approprié. D'après les recherches de Diétrich, la plante de trèfle est constituée, aux diverses époques de sa croissance, comme il suit :

	Commencement de la floraison. P. 100.	Pleine floraison. P. 100.	Fin de la floraison. P. 100.
Feuilles	24	19	18
Pétioles	12	11	10
Capitules	6	11	12
Tiges	58	59	60

Les parties grossières forment donc environ 59 p. 100 du produit total et les pertes de la fenaison ne portent guère que sur les parties fines ; on ne saurait donc prendre trop de précautions pour les éviter.

Voici, d'après Wolff, les variations de la teneur du foin de trèfle en éléments nutritifs bruts, suivant l'époque de la récolte du fourrage :

	Avant la floraison.	Pendant la floraison.	Fin de la floraison.
Matière azotée	15,5	12,5	9,0
Graisse	3,0	2,5	2,0
Hydrates de carbone	36,0	38,0	38,0
Cellulose	22,0	25,0	30,5

En même temps que la matière azotée diminue, la cellulose augmente beaucoup et par suite le fourrage devient moins digestible, comme on l'a vu plus haut pour le trèfle vert. En combinant ces coefficients de digestibilité avec les données du tableau précédent, on obtient en effet les résultats qui suivent :

	Protéine.	Hydrates de carbone.	Cellulose.	Total.
Avant la floraison	11,0	27,4	11,4	49,5
Pendant la floraison	8,1	27,7	11,7	47,5
Fin de la floraison	5,3	26,7	12,1	44,1

Il en découle que la valeur nutritive totale diminue de 5,5 p. 100 du début à la fin de la floraison et que de plus la matière albuminoïde diminue de près de 50 p. 100. Il faut tenir grand compte de ces faits pour l'alimentation des jeunes et de vaches laitières qui réclament un régime riche en albuminoïdes.

Climat et sol.

Le trèfle est devenu la base de la production fourragère des pays à climat humide. Dans les régions méridionales ou continentales à atmosphère sèche, il ne réussit qu'à l'aide de l'irrigation. Dans sa première évolution, la sécheresse du printemps lui porte un extrème préjudice ; et, plus tard, les mêmes circonstances atmosphériques empêchent son développement vigoureux. Il craint moins le froid que la luzerne ; cependant par les hivers sans neige, les fortes gelées éclaircissent les plants, principalement dans les endroits humides. Les gelées tardives au printemps tuent les jeunes pousses et nuisent énormément aux jeunes trèfles, surtout quand ils ont été pâturés un peu tard à l'automne.

Cette plante ne donne de bonnes récoltes que dans les sols frais, qui ne redoutent pas les sécheresses de l'été. Elle prospère surtout dans les sols argilo-calcaires et argileux. Elle donne aussi de bonnes récoltes dans les terres limoneuses et sablo-argileuses qui demeurent fraîches en été par suite de leur position, ou d'un sous-sol argileux. Le trèfle réussit bien aussi dans les terres légères où l'on voit pousser la prèle des champs (*Equisetum arvense*), qui indique un sous-sol argileux et frais. Il ne faut pas d'autre part que le sous-sol soit complètement imperméable, car cela ferait pourrir les racines et périr le trèfle. Comme la racine est pivotante, il faut que le sol soit profond. Mais le trèfle est une plante très avide de chaux et de potasse. Il en puise une quantité considérable dans le sol qui doit en être abondamment pourvu. Tous les terrains qui manquent de calcaire sont rebelles à sa culture. Ils doivent préalablement être chaulés ou marnés. Les terrains absolument calcaires ne lui conviennent pas non plus ; partout où le sainfoin se plait, le trèfle vient mal. M. de Dombasle a remarqué qu'il réussit souvent mal pendant huit à dix ans après les défrichements de bois.

En résumé, le trèfle violet demande des sols argileux un peu compacts, bien ameublis, profonds, renfermant suffisamment de calcaire, et dont le sous-sol soit assez perméable pour que les eaux ne soient jamais croupissantes. Les bonnes terres à blé lui sont donc très favorables.

Culture, place dans l'assolement et fumure.

On a trouvé quelquefois des racines de trèfle des prés qui avaient pénétré jusqu'à un mètre cinquante dans le sol ; mais, en général, la profondeur qu'elles atteignent en moyenne ne dépasse pas de quarante à cinquante centimètres. Quoi qu'il en soit, il convient de semer cette plante dans un sol naturellement meuble à une profondeur suffisante, ou, dans le cas contraire, profondément ameubli par les façons données aux cultures précédentes. Cependant il faut observer que le trèfle ne s'accommode pas d'une terre trop creuse. En partant de là et de ses besoins alimentaires que nous étudierons plus loin, les meilleures conditions de réussite sont réunies quand on fait le semis de trèfle dans une céréale qui succède à une racine sarclée, pour laquelle on a eu soin de faire un labour de sous-solage. Comme pour la luzerne, c'est la pomme de terre qui est le meilleur précédent pour le trèfle semé dans une céréale d'automne ou de printemps, puis viennent les betteraves et les carottes.

Comme les autres prairies artificielles vivaces, le trèfle ne peut pas revenir trop fréquemment sur le même terrain. Les praticiens disent que la terre se fatigue de trèfle. Ce n'est qu'au bout de six à neuf ans que l'on peut obtenir d'un sol une nouvelle récolte bien réussie. Toutefois quand l'assolement comprend une grande quantité de plantes sarclées et qu'on ne demande au trèfle que la première coupe, en ayant soin d'enfouir ou de faire pâturer la seconde, sa culture peut revenir plus souvent sans inconvénient. Quand, au contraire, on maintient le trèfle plusieurs années, le sol ne redevient que plus lentement apte à en produire de nouveau. On voit alors les semis bien levés à l'automne, disparaître en hiver et au printemps suivant.

A l'exception des légumineuses, presque toutes les plantes agricoles réussissent bien après trèfle. Mais c'est surtout le cas des céréales d'automne et du blé en particulier; on peut aussi le faire suivre par du colza repiqué. Dans certains pays à terres légères, la pomme de terre faite sur défrichement de trèfle réussit très bien. Parmi les céréales de printemps le blé de mars et l'avoine sont celles qui donnent les meilleurs résultats.

L'amélioration du sol par une année de trèfle est très notable; on peut l'estimer à 120 kilogrammes d'azote par hectare. La plante qui vient après trèfle n'a donc pas besoin de fumure azotée, mais dans les sols pauvres en acide phosphorique et en potasse assimilable, il est bon d'employer les engrais potassiques et phosphatés à cause de l'excès relatif d'azote que renferme le sol, excès qui pourrait occasionner la rouille et la verse des céréales.

Nous verrons qu'une bonne récolte de trèfle peut atteindre 70 quintaux de foin sec par hectare. Nous avons indiqué ailleurs (Voy. *Engrais*) qu'une pareille récolte puise dans le sol et dans l'air :

Azote......................	286	kilogrammes.
Acide phosphorique.....	46	—
Potasse.................... ..	159	—
Chaux.....................	209	—

pour la constitution des parties aériennes et souterraines de la plante, en y comprenant les déchets de fenaison. On reconnaît par là, en laissant de côté l'azote qui est fourni en grande partie par l'atmosphère, que le trèfle est surtout exigeant en chaux et en potasse; il absorbe beaucoup plus de chaux qu'un excellent blé, autant de potasse, mais presque moitié moins d'acide phosphorique. Quand le sol où l'on cultive cette plante ne présente pas une bonne richesse moyenne en potasse assimilable, il peut être très utile d'y répandre du chlorure de potassium. Dans les sols pauvres en acide phosphorique assimilable, et peu calcaires, les superphosphates font un excellent effet. C'est ainsi qu'en Eure-et-Loir nous avons obtenu de l'emploi de 400 kilogrammes de cet engrais par hectare, un excédent de récolte de 16 quintaux 24 de foin sec. Bien que l'acide phosphorique ne soit pas absorbé en très grande quantité par le trèfle, il joue un rôle très important dans la production, car il est absorbé avec une grande avidité pendant la première jeunesse de cette légumineuse. Nous conseillons d'employer comme fumure directe avant le semis, dans une terre de fertilité moyenne, et suffisamment calcaire : 200 kilogrammes de superphosphate par hectare. Dans les terrains pauvres en acide phosphorique, on ira jusqu'à 400 kilogrammes. Les scories de déphosphoration peuvent remplacer les superphosphates, en les combinant avec le plâtrage. Si les terres sont pauvres en potasse assimilable, on ajoutera, suivant le déficit, de 100 à 200 kilogrammes de sels de potasse.

Le plâtrage à raison de 400 à 500 kilogrammes par hectare est souvent très efficace, et il ne doit pas être négligé, quand on s'est assuré de son heureux effet, car la dépense est minime en comparaison des excédents que l'on obtient.

Semailles; choix de la graine; variétés.

Comme la première croissance du trèfle est très lente, il faut protéger le semis contre l'envahissement des mauvaises herbes et l'abriter contre les ardeurs du soleil, aussi bien que le préserver des gelées tardives. C'est pourquoi la coutume générale est de faire le semis de cette légumineuse dans une céréale d'automne ou de printemps. En opérant ainsi, outre les avantages précités, on obtient celui, très appréciable, de diminuer le prix de revient du fourrage, car la première année de fermage du sol se trouve payée par la plante-abri. Le choix de celle-ci a moins d'importance pour la réussite du trèfle que la place qu'occupe ce dernier dans la rotation, place qui détermine la richesse et l'état physique du sol. Quand on fait le semis dans une céréale d'automne, on préfère l'exécuter dans un seigle plutôt que dans un blé. Le premier, en effet, talle moins que le second, il ombrage plus rapidement la jeune plante au printemps, et, comme sa récolte se fait plus tôt, il laisse plus de temps à la prairie artificielle pour se développer et se fortifier à l'air libre avant l'hiver. Lorsqu'on fait le semis dans une céréale de printemps, on peut choisir l'orge ou l'avoine ; mais c'est surtout à cette dernière qu'il faut donner la préférence. L'orge étant plus précoce, présente cependant au point de vue du trèfle lui-même les mêmes avantages que nous avons reconnus au seigle, mais la récolte étant garnie de trèfle est beaucoup plus difficile à sécher, ce qui diminue sensiblement la qualité du grain et par suite son prix de vente. Le même inconvénient ne se présente pas pour l'avoine, souvent même on a l'habitude de faire consommer en gerbes l'avoine garnie de trèfle, soit par les chevaux, soit par les moutons. Le mélange constitue un excellent fourrage.

Si le semis dans les céréales de printemps est la règle la plus générale, il est cependant préférable de le faire dans les céréales d'automne dans les terres un peu sèches, ou dans les climats à printemps secs. Alors on répand la graine dès le mois de février. On sème aussi quelquefois le trèfle dans un sarrasin ou dans une navette d'été.

Dans tous les cas, il est très important que la céréale associée au trèfle soit semée assez claire pour ne pas couvrir et ombrager trop la terre, afin d'assurer au jeune trèfle assez d'air et de lumière pour qu'il prenne un peu de développement. Une céréale trop touffue le ferait périr, comme on le constate dans les cas de verse, ou si on laisse séjourner en place trop longtemps les dizeaux lors de la récolte. C'est pour la même raison, que nous conseillons ailleurs de ne pas donner d'engrais azotés aux céréales associées à une légumineuse.

On pourrait semer le trèfle à l'automne dans les céréales d'hiver, mais si la terre se soulève par les gels et dégels successifs, il ne résisterait pas. Souvent aussi il serait mangé par les limaces. Aussi est-ce toujours au printemps dans notre climat que l'on sème le trèfle, depuis le commencement de février jusqu'en avril. C'est dans les céréales d'hiver qu'on fait les premiers semis sur la neige en février. On peut alors obtenir une coupe à l'automne suivant. On répand la graine après un hersage de la céréale et on recouvre par un roulage. Pour le cas du semis dans une céréale de printemps, on répand la graine après avoir semé la céréale qu'on recouvre par un hersage suivi d'un roulage ; on enterre la graine de trèfle à l'aide de la herse d'épines, puis quand la céréale a quelques centimètres de hauteur, on termine par un léger roulage. On peut attendre huit à quinze jours après le semis de l'orge ou de l'avoine pour faire le semis du trèfle.

Un procédé excellent consiste à semer la céréale en lignes avec un semoir qui permette en même temps de répandre la graine de trèfle à la volée ; on recouvre ensuite par un coup de rouleau.

Dans tous les cas, le trèfle doit être très peu recouvert : ainsi sur cent graines semées à 8 centimètres de profondeur, il n'en est levé aucune ; à la profondeur de 6 centimètres, il en est levé 27 en treize jours ; à la profondeur de 3 centimètres, il en est levé 93 en neuf jours ; à celle de un centimètres et demi, 97 graines ont levé en six jours. Enfin pour la graine sans aucune couverture, on a constaté la levée de 7 graines entre le cinquième et le huitième jour. La profondeur la plus favorable pour l'enfouissement de la graine est donc comprise entre 15 et 30 millimètres. On sèmera à 30 millimètres dans les sols légers et à 15 dans les terres fortes.

Il est indispensable de ne recourir pour l'exécution des semis qu'à des graines de première qualité. La bonne semence de trèfle est d'un jaune clair et vif, mêlé de bleu ; elle est d'aspect luisant. Quand elle est brune, il faut s'en défier. Elle doit être de la dernière récolte, ou au maximum de l'année précédente. Il faut qu'elle présente une faculté germinative d'au moins 80 p. 100, et une pureté de 96 à 97 p. 100. Elle doit être absolument exempte de cuscute, ce dont il faut toujours s'assurer par un examen approfondi ou par l'envoi d'un échantillon à la station d'essai de semences la plus proche. Pour peu que la graine puisse être suspectée, il faut la tamiser par petites quantités à la fois sur un crible à mailles de un millimètre.

On trouve encore assez souvent dans la semence de trèfle des graines de plantain lancéolé, de brunelle, de pavot,

de camomille, de chardon des champs, et de petite oseille (1)
(fig. 47).

La graine de trèfle du commerce a quelquefois été altérée
par un mauvais procédé de dessiccation ou par la fermentation
et a perdu par suite sa faculté germinative. Quelquefois elle est
trop vieille. Aucun achat ne doit donc être fait sans exiger du

Fig. 47. — Trieur à cuscute et plantain de Marot.

vendeur la garantie sur facture de la pureté, de la faculté germinative et de l'absence absolue de cuscute ; et il ne faut
jamais hésiter à la réception de faire exécuter la vérification
nécessaire.

(1) Pour la purification des graines de trèfle et de luzerne, on
construit des trieurs spéciaux qui séparent la cuscute et le plantain
(Marot, à Niort).

La quantité de semence à employer varie suivant les circonstances de 15 à 25 kilogrammes. En général, on sème un peu plus épais dans les céréales d'automne que dans celles de printemps. Dans les terres fraîches et bien fumées, on se rapproche du minimum tandis que l'on sème les plus fortes quantités dans les terres de nature sablonneuse et pauvres.

Dans les sols où la réussite du trèfle n'est pas très assurée, on a coutume de lui associer une graminée, comme le ray-grass d'Italie, ou la fléole. On le mélange aussi avec le trèfle hybride ou le trèfle blanc.

Bien que les caractères qu'on leur attribue soient peu tranchés, il y a néanmoins plusieurs variétés de trèfle des prés soumises à la culture. Nous citerons comme exemple le trèfle violet de Bretagne, qui acquiert un très grand développement, est très fourrageux et doit être préféré pour la fauche ; le trèfle violet des Ardennes, qui est remarquable par sa résistance au froid et à la sécheresse ; enfin, le trèfle du Brabant, qui est très hâtif et dont le fourrage est fin et très feuillé.

Mais il faut éviter avec soin d'acheter de la graine de trèfle d'Amérique, dont le rendement est très inférieur. Cette plante se distingue des trèfles indigènes par une pubescence plus abondante, et des poils dressés et beaucoup plus longs. La semence renferme souvent de la graine de plantain majeur, et, ce qui est caractéristique, de la graine d'ambroisie (*Ambroisia artemisæfoliæ*).

Entretien ; plantes et animaux nuisibles.

Les soins d'entretien que réclame le trèfle sont peu nombreux. Dans les sols dont la surface est durcie au printemps, on donne un hersage. Si, au contraire, le sol est soulevé, et que certaines racines soient à nu, on donne un roulage. Dans le cas où l'on conserverait le trèfle pour une deuxième année (non comprise l'année du semis) on herserait avantageusement au printemps. Il est utile aussi dans ces circonstances de donner au trèfle une fumure en couverture composée de superphosphates et de sels de potasse, que le hersage mélangera au sol superficiel. Dans les sols où le plâtre a de l'action, on répand au printemps, quand déjà le sol est couvert par les jeunes feuilles du trèfle, de 200 à 400 kilogrammes de cet amendement par hectare. On choisit pour faire l'épandage un temps chaud et humide.

Lorsqu'après la moisson de la céréale associée au trèfle on constate qu'il y a des lacunes, il convient de les combler en les ressemant, après avoir ameubli la surface. Si le semis est tout à fait manqué, on déchaume immédiatement ; après que la terre a verdi, on donne un labour léger, et sur un hersage on sème de nouveau du trèfle. Dans les trèfles qui sont par trop clairs au printemps, après un hersage croisé et soigné, on peut semer en lignes à 15 centimètres d'écartement, un mélange de vesce et d'avoine.

Comme la luzerne, le trèfle est attaqué par la cuscute. Il convient de prendre les mêmes précautions pour prévenir son apparition, et de recourir aux mêmes procédés pour détruire les taches constatées aussitôt qu'on les aperçoit. Il en est de même de l'orobanche mineure.

Le trèfle est aussi attaqué par l'*Eresyphe communis*, qui produit le Miellat ; et par le *Sphacria trifolii*, qui produit des taches noires sur les feuilles. Enfin la pourriture du cœur, ou chancre du trèfle, est causée par un autre champignon, désigné sous le nom de *Peziza ciboroïdes*.

Parmi les animaux, la limace grise fait souvent d'importants dégâts dans les années humides et dans les sols bas et entourés de haies épaisses. Il en est de même d'une petite araignée. On les détruit par des roulages exécutés avant le lever et après le coucher du soleil (1). Enfin le trèfle est quelquefois attaqué au printemps par une anguillule, le *Tylenchus devastatrix*, les bourgeons sont renflés, les ramifications courtes et épaisses, les rejets semblent noués. Il convient d'enfouir le trèfle ainsi atteint par un labour profond, après avoir répandu une forte dose de *Crud ammoniac*.

Le trèfle violet est surtout excellent comme fourrage vert, et c'est ainsi qu'on l'utilise surtout dans les régions où la trop

---

(1) On combat aussi les limaces en répandant la nuit de la poudre de chaux sur le sol.

grande chaleur n'entrave pas la repousse. On commence à le faucher dès qu'il peut être saisi par la faux, pour que la consommation ne soit pas arrêtée par le durcissement des tiges. On peut avoir ainsi du jeune trèfle sans interruption dans les terrains et les climats humides. Mais dans les sols et les pays secs, il n'en est pas ainsi : car le trèfle coupé à moitié de sa croissance est arrêté par la sécheresse et ne repousse pas avant l'automne.

Quand on veut transformer le trèfle en foin, on le fauche un peu avant la floraison ; la repousse de la seconde coupe est ainsi favorisée et de plus on perd beaucoup moins de folioles par la dessiccation. D'un autre côté, le fourrage sec qu'on obtient est plus riche en matières nutritives assimilables. C'est une grande faute de commencer à le faucher trop tard. Le fanage demande encore plus de soin que celui de la luzerne, parce que d'une part la plante est plus aqueuse et que d'une autre les folioles se détachent plus facilement. Nous reviendrons dans un chapitre spécial sur les procédés à suivre.

On obtient en général du trèfle violet deux coupes et une repousse d'automne qu'on peut faire pâturer. La première coupe est toujours plus importante que la seconde dans le rapport approximatif de trois à deux.

Le rendement en foin par hectare est de 65 à 75 quintaux métriques pour les deux coupes dans la moyenne des bonnes cultures.

Pour la production de la graine, on réserve en général la deuxième coupe d'un trèfle bien propre, ni trop clair, ni trop touffu, car la seconde coupe fructifie mieux que la première à cause de la température. Le sol aussi est plus propre. On fait la fauchaison lorsque les capitules ont pris une teinte brune. Les graines sont alors dures, jaunâtres et brillantes. On emploie la même méthode de séchage qu'on indiquera à la fenaison. Le battage se fait comme pour la luzerne. Le rendement en graine pure varie de 250 à 500 kilogrammes par hectare.

Le défrichement du trèfle se fait après que l'on a rentré la seconde coupe, par un labour de 15 à 20 centimètres. On ameublit ensuite le terrain convenablement pour y mettre du blé. Si l'on fait succéder au trèfle une céréale de printemps, on laisse pousser la plante jusqu'à la fin de l'automne et l'on enterre cette repousse par le labour de défrichement. Enfin dans certains cas pour faire du blé d'automne, on préfère enfouir la seconde coupe ; c'est une méthode très recommandable, quand on est assez riche en fourrage.

TRÈFLE BLANC *(Trifolium repens)*.

Le trèfle blanc est vivace ; on le trouve à l'état spontané dans presque toutes les prairies. On le reconnaît à ses fleurs

Fig. 48. — Trèfle blanc.

blanches portées sur de longs pédoncules, à ses tiges rampantes, produisant des racines adventives de distance en distance. Son introduction dans la culture est beaucoup plus récente que celle du trèfle violet ; il est surtout répandu dans le nord.

Le trèfle ordinaire, le trèfle incarnat sont généralement destinés à fournir des fourrages à faucher. Le trèfle rampant, par sa nature même, est destiné à former des pâturages. Sous ce rapport il possède la précieuse faculté de repousser rapidement sous la dent des animaux, et de supporter avec profit le piétinement. Il sert à créer des pâturages temporaires pour les moutons et pour les vaches. Il entre dans les prairies et les pâturages permanents pour une part importante, dans un grand nombre de cas.

Si on l'associe au ray-grass, il peut donner une coupe, parce qu'alors ses tiges sont forcées de s'élever.

Le trèfle blanc en fleurs a la composition suivante :

	Brut.	Digestible.
Eau	80,2	»
Matière sèche	19,8	»
Matières albuminoïdes	3,2	1,8
Amides	0,8	0,8
Graisse	0,9	0,5
Hydrates de carbone	8,0	5,3
Cellulose	5,6	2,5

On trouve dans 100 parties de matière sèche :

Potasse	1,207
Chaux	2,313
Acide phosphorique	1,007

Le trèfle blanc est donc plus riche en matières azotées que le trèfle incarnat ; il l'est également un peu plus que le trèfle violet.

Le trèfle rampant est plus rustique que le trèfle violet ; il supporte mieux que lui d'être cultivé dans des sols secs et légers ainsi que dans les sols humides. Il donne ses plus beaux produits dans les sols frais légers et très calcaires.

C'est le trèfle qui profite le mieux du plâtrage, à cause de sa grande avidité pour la potasse et pour la chaux. Les super-phosphates et les sels de potasse constituent pour le trèfle blanc comme pour le trèfle violet des engrais fondamentaux que l'on devra employer dans les mêmes conditions et dans les mêmes proportions.

La culture du trèfle blanc se fait comme celle du trèfle violet, mais il est moins exigeant que ce dernier. La semaille s'exécute dans les mêmes conditions, dans une céréale d'hiver ou de printemps ; seulement, comme sa graine est beaucoup plus fine, on n'emploie que de 8 à 15 kilogrammes de graine par hectare, et l'on enterre très peu profondément.

On commence à le faire légèrement pâturer à l'automne de la première année, pour favoriser le tallage. Puis au printemps suivant, on recommence le pâturage dès que ses pousses peuvent être saisies par les dents des animaux, et l'on continue jusqu'en automne.

Il n'exige pas de soins particuliers pendant sa végétation. On peut le faire durer trois années, sans compter l'année du semis, après lesquelles on le défriche pour le faire suivre par une céréale. Sans fumure complémentaire la céréale ne donne pas d'aussi bons résultats que sur le trèfle ordinaire.

Le plus souvent le trèfle blanc est pâturé. Comme il peut occasionner la météorisation, on doit en surveiller attentivement la consommation.

Dans les terres où il prend un grand développement, on peut quelquefois le faucher pour en faire du foin. Il donne alors une première coupe d'un fourrage abondant et supérieur comme qualité au trèfle violet.

Dans les pays où l'on produit sa graine, on le fait pâturer jusqu'en juin au plus tard, et l'on récolte les graines produites par la pousse ultérieure. Quand la maturité est assez avancée, on procède à la récolte et à l'égrenage, comme pour le trèfle ordinaire. Un hectare peut donner de 5 à 6 hectolitres de graine mondée, pesant de 75 à 80 kilogrammes l'un. La bonne graine du commerce a une pureté de 93 p. 100 et une faculté germinative de 74 p. 100.

TRÈFLE HYBRIDE (*Trifolium hybridum*).

Le trèfle hybride croît abondamment dans le midi de la Suède, et se rencontre à l'état spontané dans l'Europe moyenne. C'est une plante vivace, dont la racine se ramifie beaucoup dans la couche arable. Ses tiges rougeâtres se tiennent droites dans les semis serrés, mais autrement elles s'étalent sur la moitié de leur longueur, pour se relever ensuite, ce qui rend le fauchage plus difficile. Ses feuilles sont larges et glabres. Ses fleurs, disposées comme celles du trèfle

blanc, forment des capitules plus gros, de couleur rose-chair,
à odeur de fleur d'oranger.

Il supporte parfaitement les froids rigoureux même tardifs.
Une atmosphère humide lui est favorable, tandis que la
sécheresse persistante lui est sensiblement nuisible.

Il vient surtout bien dans les sols frais, argileux et argilo-
sableux, à sous-sol marneux, compacts, même froids et

Fig. 49. — Trèfle hybride.

humides. Il réussit également dans les sols tourbeux ou ferrugineux. Il n'y a que les sables secs et pauvres qui ne lui
réussissent pas.

La culture est la même que celle du trèfle violet. Mais son
enracinement étant plus superficiel, il peut revenir plus souvent sur le même sol. La quantité de semence à répandre est
de 10 à 15 kilogrammes par hectare. La bonne graine du
commerce a une pureté de 95 p. 100 et une faculté germinative de 75 p. 100. L'hectolitre pèse ordinairement de 75 à
80 kilogrammes. Le trèfle hybride produit beaucoup de graine,

mais elle se détache facilement; il faut prendre de grandes précautions lors de la récolte.

Le fourrage qu'il produit est très nutritif. Moins fibreux que le trèfle violet, il est mieux mangé par les vaches, même lorsqu'il est vieux et dur. Nous lui avons trouvé dans différentes localités d'Eure-et-Loir la composition suivante :

	ARCHE-VILLIERS.	BOIS-ROUVRAY.	ROSAY.	MORESVILLE.	MOYENNE.
Eau.	9,72	10,90	7,82	11,44	9,97
Cendres (1).	6,30	7,57	7,23	6,60	6,92
(2) $\{$ Matières albuminoïdes. .	10,26	8,76	9,45	9,86	9,58
$\}$ Mat. azotées diverses. . .	2,19	3,10	2,62	0,59	2,12
Graisse.	0,79	1,00	1,10	1,20	1,02
Pentosanes	15,00	14,20	14,70	13,35	14,31
Mat. non azotées diverses. . .	31,14	34,07	38,08	36,46	34,94
Cellulose	24,60	20,40	19,00	20,50	21,12
(1) Acide phosphorique.	0,50	0,53	0,44	0,35	0,45
(2) Azote total.	2,16	2,11	2,14	1,83	2,07

ANTHYLLIDE VULNÉRAIRE (*Anthyllis vulneraria*).

L'anthyllide vulnéraire, nommée vulgairement trèfle jaune des sables, n'est cultivée sur une certaine étendue que depuis 1860 en Allemagne. En France, c'est surtout après la guerre de 1870 qu'elle s'est répandue, par suite de dons de graines faits par l'Angleterre, pour aider à réparer les désastres causés par l'invasion.

C'est une plante fourragère bisannuelle qui résiste mieux à la sécheresse qu'au froid. Elle convient particulièrement aux terres légères et sablonneuses, ou de ténacité moyenne, suffisamment calcaires, et à sous-sol perméable. Grâce à ses puissantes racines elle prospère encore dans des terrains impropres à la luzerne et au trèfle. Les mauvaises herbes et surtout le chiendent nuisent beaucoup à son premier développement qui est très lent.

On fait les semis de trèfle jaune des sables soit de bonne heure au printemps, dans une céréale, car la germination est lente, soit à l'automne et même dès la fin d'août, afin qu'il se fortifie avant les froids de l'hiver. Quand on le sème trop tard à cette saison, il ne paraît qu'au printemps. On répand environ 20 kilogrammes de graine nue par hectare, et on enterre légèrement par la herse et le rouleau.

Si l'on destine la prairie artificielle au fauchage, on ne la

Fig. 50. — *Anthyllis.* — Trèfle jaune.

fait pas pâturer au premier automne, après l'enlèvement de la céréale. Il ne convient pas non plus de herser au printemps. En général, la floraison arrive vers le mois de juin. On obtient une bonne coupe de 50 à 60 quintaux de foin sec par hectare, suivie d'une repousse à pâturer. On laboure ensuite la terre pour une céréale d'automne ou de printemps, pour laquelle cette plante forme un bon précédent.

Le fourrage de cette plante n'est pas météorisant. Il a une bonne valeur nutritive, mais il renferme un principe amer qui répugne aux animaux et surtout aux chevaux. Toutefois, les vaches s'y habituent bien, mais il ne faut pas en abuser, car le lait acquerrait une saveur désagréable. Quand le fourrage est transformé en foin, il est accepté par tous les animaux. A la fenaison il garde mieux ses feuilles que les autres légumineuses.

Nous avons trouvé au foin de trèfle jaune des sables la composition suivante :

	ARCHE-VILLIERS.	BOIS-ROUVRAY.	ROSAY.	MORESVILLE.	MOYENNE.
Eau....................	9,56	10,00	9,08	10,76	9,85
Cendres (1)........	6,74	7,51	6,31	6,11	6,67
(2) { Matières albuminoïdes..	10,49	8,83	9,28	8,07	9,17
{ Mat. azotées diverses...	2,30	3,58	2,68	1,98	2,63
Graisse....................	0,98	1,00	1,08	1,21	1,07
Pentosanes..........	16,45	14,00	14,40	15,90	15,19
Mat. non azotées diverses...	30,78	33,88	35,77	34,37	33,70
Cellulose	22,70	21,20	21,40	21,60	21,72
(1) Acide phosphorique..........	0,15	0,51	0,39	0,15	0,45
(2) Azote total....................	2,23	2,24	2,12	1,78	2,09

On obtient un excellent fourrage en associant l'anthyllide avec les ivraies, la fléole, le trèfle blanc, la minette, etc.

La production de la graine peut être très avantageuse, mais comme elle se sépare facilement des gousses, il faut faire la fauchaison alors que celles-ci sont à moitié vertes. Le battage et l'égrenage se font comme pour le trèfle. Le rendement en graine est ordinairement de 4 à 6 quintaux par hectare.

SAINFOIN (*Hedysarum onobrychis*).

Le sainfoin ou esparcette croît spontanément dans le centre et le midi de la France, sur les rocs secs et arides, et jusque dans les fentes de rochers, à la condition qu'ils soient calcaires.

C'est une plante valeureuse, selon l'expression d'Olivier de Serres, qui vient suppléer à la pénurie des prairies permanentes, dans les sols secs de bonne heure au printemps, où la luzerne et le trèfle ne pourraient pas couvrir les frais que leur culture exige.

Le sainfoin est une plante vivace, à racine pivotante. Celle-ci s'enfonce parfois jusqu'à deux mètres de profondeur. Ses tiges sont flexueuses et portent axillairement des épis de fleurs roses. Les fruits sont des gousses monospermes, hérissées de pointes. La hauteur des tiges varie de 33 à 66 centimètres.

Il fournit un fourrage excellent, très sain, n'exposant pas les animaux à la météorisation, comme le trèfle ou la luzerne, lorsqu'il est consommé en vert. Jamais ses tiges ne deviennent aussi dures que celles de la luzerne, et le foin qu'il fournit est de qualité supérieure. Son rendement est inférieur il est vrai à celui de la luzerne dans les sols qui conviennent à celle-ci,

Fig. 51. — Sainfoin.

mais il en donne encore un convenable là où les autres légumineuses ne pourraient pas être cultivées. C'est là son véritable rôle agricole. Il permet aux contrées déshéritées d'entretenir un bétail plus nombreux et d'élever le niveau de leur culture par le fumier qu'il procure, et aussi par l'amélioration notable où se trouve le sol après son défrichement. Il est en effet, comme la luzerne, une plante améliorante de premier ordre.

Climat et sol.

Le sainfoin dans sa première jeunesse craint les hivers rigoureux; mais lorsqu'il a déjà six mois, il les supporte sans souffrir. Il préfère le climat du Midi à celui du Nord, mais il donne toutefois dans ce dernier des produits satisfaisants.

Il préfère avant tout les sols profonds et fortement calcaires. Il donne même des produits avantageux dans ceux qui sont uniquement formés de calcaire, à la condition qu'ils soient perméables pour permettre à ses racines de s'y enfoncer librement. Sa culture peut aussi s'étendre aux sols légers, sablonneux, graveleux, pourvu qu'ils aient reçu des amendements calcaires, et qu'on les plâtre, ou bien qu'ils soient naturellement calcaires. Il réussit dans les sols les plus secs; ses racines y vont chercher profondément dans le sol la fraîcheur que lui refuse la surface. Mais toutefois, quand le sol est desséché à plus de 33 centimètres de profondeur, il cesse de pousser jusqu'au retour de l'humidité. Dans les terres fraîches, il donne deux bonnes coupes; dans les terres sèches, il n'en donne qu'une et un regain qui ne dépasse pas le quart de la coupe.

Il ne redoute que les terrains argileux, compacts, humides, et en général tous les sols qui retiennent l'humidité stagnante dans les couches inférieures.

Composition.

Nous avons trouvé à du sainfoin de première coupe la composition suivante :

	CLOCHES. — 1re COUPE.
Eau..	11,00
Cendres (1)..	4,50
(2) { Matières albuminoïdes...........................	8,19
— azotées diverses......................	2,30
Graisse (3)..	1,03
Chlorophylle, résines (4)..............................	0,85
Résines, tannins, etc. (5).............................	3,49
Pentosanes...	16,50
Matières non azotées diverses.........................	28,44
Cellulose..	23,70
(1) Acide phosphorique................................	0,67
Chaux..	1,76
Potasse..	1,37
(2) Azote total.......................................	1,88

(3) Substances solubles dans l'éther de pétrole.

(4) Substances insolubles dans l'éther de pétrole mais solubles dans l'éther absolu.

(5) Substances insolubles dans l'éther de pétrole, l'éther absolu, mais solubles dans l'alcool absolu.

D'après les expériences des Allemands, on trouverait dans ce foin les quantités suivantes de principes immédiats digestibles :

Albuminoïdes................................	7,3
Amides......................................	2,0
Graisse.....................................	1,6
Hydrates de carbone.........................	25,4
Cellulose...................................	10,3

C'est une plante très avide de potasse, de chaux, et d'acide phosphorique, comme la luzerne. Elle tire sa nourriture des mêmes couches du sol et puise la plus grande partie de son azote dans l'atmosphère.

Variétés.

La culture prolongée du sainfoin ordinaire dans un sol calcaire, léger, riche et profond, a produit une variété dite sainfoin à deux coupes, qui se distingue par une plus grande vigueur et peut donner deux coupes de fourrage, tandis que le sainfoin ordinaire ne donne qu'une coupe et un petit regain. Mais le sainfoin à deux coupes demande des terres plus riches que l'autre, et dans les sols pauvres, il dégénère, de sorte qu'il est nécessaire de faire venir la graine des pays privilégiés.

Fumure.

Comme pour toutes les légumineuses à racines profondes et particulièrement la luzerne, il importe que le sous-sol soit riche en chaux, en potasse et en acide phosphorique assimilables. Il est donc nécessaire de fournir ces substances aux sols qui n'en sont pas suffisamment pourvus, et de favoriser leur descente dans les couches profondes. Nous savons que le plâtrage (Voy. *Engrais*) a pour effet de mobiliser la potasse des couches supérieures et de lui permettre de gagner le sous-sol, cet amendement sera donc fort utile. Du reste, ce que nous avons dit en traitant de la luzerne s'applique au sainfoin. Plus le sol où l'on cultive l'esparcette est riche, plus les récoltes sont abondantes, et, d'autre part aussi, plus l'amélioration du terrain à l'époque de son défrichement est grande.

Culture.

Le sainfoin demande la même préparation du sol que la luzerne. Pour être bonnes et bien germer, les graines de sainfoin ne doivent pas être âgées de plus d'une année, et il faut qu'elles aient été récoltées en pleine maturité. Les bonnes graines sont grises, luisantes, avec un reflet bleuâtre, ou bien encore d'un brun luisant avec l'intérieur d'un beau vert. Si les graines de sainfoin sont ternes, c'est qu'elles ont été échauffées ; si au contraire elles sont d'un blanc pâle, c'est qu'elles ont été récoltées avant d'être mûres. Dans les deux cas elles germent très mal. Il faut donc les rejeter. En achetant la graine de sainfoin, il faut toujours, la soumettre à l'essai, en décossant un certain nombre de semences, et en les faisant germer sur du coton humide. Une bonne semence doit avoir une pureté de 98 p. 100 et une faculté germinative de 80 p. 100. Elle doit être exempte de pimprenelle.

Le sainfoin peut être semé pendant toute la durée de la belle saison, et, pourvu qu'une sécheresse persistante ne succède pas au semis, il réussit. On peut donc le semer à l'automne, dans une céréale, si le climat n'est pas trop rigoureux, et si le sol s'égoutte parfaitement d'une part, et d'autre part ne se déchausse pas par l'action successive des gels et des dégels. On obtient ainsi dès la fin de l'année suivante une bonne coupe.

Dans les conditions contraires on sème le sainfoin au printemps dans une céréale d'automne ou de printemps ou une navette d'été. Dans uns céréale d'automne, on ameublit la surface par un bon hersage avant de semer. Dans une céréale de printemps, on aura fait la préparation complète comme pour la luzerne. On sème parfois le sainfoin seul, en préparant le sol avec les mêmes soins.

Bien que la graine de sainfoin demande à être peu enterrée, il faut toutefois qu'elle le soit. On l'enterre par un hersage. A cause de la légèreté de cette graine, un hersage ordinaire ne suffit pas toujours. On emploie alors les herses articulées et le rouleau Crosskill.

Pour avoir un fourrage fin, une prairie artificielle bien garnie, et qui laisse difficilement accès aux mauvaises plantes, il faut semer le sainfoin très dru. Dans ce but, on emploie 5 hectolitres de graine, à la condition que l'on soit bien sûr de sa valeur; sinon il faut augmenter la quantité de semence et aller jusqu'à 6. Comme l'hectolitre pèse en moyenne 32 kilogrammes, c'est de 160 à 192 kilogrammes de semence que l'on emploie par hectare.

On doit chercher à faire durer le sainfoin le plus longtemps possible en plein rapport, car l'amélioration que cette plante procure au sol est en raison de sa durée. Pour arriver à ce résultat, il ne faut pas le négliger une fois qu'il est bien pris et en rapport. Les soins qu'il réclame sont des plus simples. Ils consistent, par quelques travaux intelligemment faits, à empêcher l'envahissement des mauvaises herbes. Pour cela, à partir de la deuxième année de l'ensemencement, on devra, tous les ans, au printemps, et tant que durera la prairie, pratiquer un hersage très énergique qui détruira les plantes adventices dans leur premier développement. Tous les ans aussi, à partir de cette époque, on plâtrera à la dose que nous avons indiquée pour la luzerne, dans les terrains où le plâtre est efficace. Tous les ans aussi on appliquera des engrais potassiques et des superphosphates, si le sol est mal pourvu de ces éléments de fertilité.

La récolte du sainfoin se fait à la floraison, quand les premières graines commencent à se former. La première année, à l'automne, pour les semis de printemps, on ne doit ni pâturer ni faucher les jeunes pousses. Le collet dépasse alors souvent la surface du sol de 2 à 3 centimètres et s'il était tranché par la dent du bétail ou par la faux, le plant mourrait.

Au commencement de l'automne, le sainfoin donne un regain qui est peu abondant. Il est souvent avantageux de le faire pâturer par les chevaux et par les bêtes bovines ; mais il faut bien se garder d'y faire paître les moutons, qui, rongeant le collet, empêcheraient la repousse de la plante.

Le produit annuel du sainfoin se compose d'une bonne coupe et d'un regain équivalent au quart de celle-ci. La coupe de l'automne de la première année d'un sainfoin semé en même temps qu'une céréale d'hiver, donne la même quantité que le regain. Comme pour la luzerne, le produit va d'abord croissant dans les premières années, puis il décroît ensuite. Le rendement total annuel en foin sec est de 40 à 50 quintaux métriques.

Le rendement en graines est de 600 a 1 000 kilogrammes à l'hectare.

La durée du sainfoin varie entre trois et sept ans. Elle est subordonnée à la richesse des couches profondes en principes alimentaires. En général toutefois il vit moins longtemps

que la luzerne. On a intérêt à en prolonger la durée autant
que possible. Toutefois, aussitôt que les signes de décrépitude
se font remarquer, il faut sans hésiter défricher la prairie sous
peine de perdre tout le bénéfice de l'amélioration que cette
plante procure à la terre. Le défrichement se fait comme
pour la luzerne.

LUPULINE *(Medicago lupulina)*.

La lupuline ou minette est une luzerne bisannuelle, dont
les fleurs jaunes et très petites sont réunies en un épi ovale.
Elle a les tiges couchées, et dépasse rarement 33 centimètres
de hauteur. Elle croît spontanément dans les terrains légers
calcaires ou sablo-calcaires.

Elle est loin de donner des produits comparables à ceux du
trèfle ou de la luzerne, mais elle a l'avantage de croître parfaitement sur les terrains secs où ceux-là ne réussissent pas.
Elle rend peu de foin, mais elle forme d'excellents pâturages,
parce qu'elle repousse sans cesse sous la dent des animaux.
Elle forme surtout des pâturages de premier ordre pour les
moutons et n'expose pas les animaux à la météorisation.

Elle présente la composition suivante :

Eau	79,0
Matière sèche	21,0
Albuminoïdes	2,7
Amides	0,8
Graisse	0,85
Hydrates de carbone	8,2
Cellulose brute	6,9
Cendres	1,5

La minette convient plutôt aux régions froides ou tempérées
de la France qu'à celles du Midi. La sécheresse de ces dernières
et l'excès de chaleur l'empêchent d'y prendre tout son
développement.

Elle réussit dans presque tous les sols. Elle présente l'avantage de donner des produits passables dans les sables arides
où il n'y a rien à attendre de la luzerne, et dans les calcaires
trop pauvres pour nourrir convenablement le sainfoin.

On la sème dans les céréales d'automne ou de printemps,
comme le trèfle, à raison de 20 à 25 kilogrammes par hectare.
En général on la fait pâturer. Si elle devient assez forte

Fig. 52. — Minette.

pour qu'on la fauche, elle fournit jusqu'à 30 quintaux de foin
par hectare. Cultivée pour la graine, elle rend de 3 à 4 quintaux.

AJONC ÉPINEUX (*Ulex europaeus*).

L'ajonc épineux appartient à la famille des légumineuses.
Il a les racines pivotantes et profondes, et développe d'abondants rameaux garnis de pointes. C'est une plante améliorante
qui agit à la manière de la luzerne et du trèfle, pour enrichir
le sol en azote.

L'ajonc s'accommode de tous les climats de la France ; mais
c'est particulièrement dans les départements de l'Ouest qu'il
se développe vigoureusement. Il réussit dans les sols de
qualité médiocre qui ne seraient susceptibles de porter ni
trèfle, ni luzerne, il les améliore et les céréales qui lui
succèdent donnent ordinairement plusieurs récoltes productives. Il se plaît surtout dans les terres argileuses profondes,

les sols sablo-argileux, et sableux humides. Sur les sols
humides et argilo-sableux, il se maintient indéfiniment. Il ne
dure que six ou huit ans dans les terres granitiques acides. Il
refuse absolument de végéter dans les sols calcaires.

On le sème sur un léger labour, sans fumier, de février en
avril, lorsqu'on le sème seul. Le plus souvent il vaut mieux
le semer dans une céréale
d'été ou d'hiver à la même
époque ; le terrain n'est pas
alors préparé pour l'ajonc
qui ne supporte plus les
frais d'un labour. On re-
couvre la graine par un
hersage. La semence, s'al-
térant facilement, doit être
choisie nouvelle. On en
emploie 20 kilogrammes
pour les semis à la volée, et
12 kilogrammes suffisent
pour les semis en lignes. Il
faut dans tous les cas éloigner le bétail du champ
afin de préserver les jeunes
pousses de la dent avide
des animaux.

Le chiendent est l'enne-
mi principal de l'ajonc. Il
faut en débarrasser le ter-

Fig. 53. — Ajonc marin.

rain avant les semailles par un labour avec écobuage ou par
tout autre moyen efficace.

Dans certaines contrées du pays de Galles, la culture de
l'ajonc est entrée dans la rotation. Elle ne dure que quatre
ans, pendant lesquels on le fauche deux fois. On le défriche
alors à la charrue et on sème du blé pour le remplacer. Mais
il paraît préférable en général, bien que l'on puisse agir ainsi,
de cultiver l'ajonc comme la luzerne en dehors de l'assolement.

Si la culture réussit, on obtient une coupe abondante de
fourrage au commencement de l'hiver de la seconde année.

L'ajonc, une fois bien établi, pourra être coupé tous les ans, mais on augmentera considérablement son produit en ne le coupant que tous les deux ans. M. de Lorgeril a vérifié un produit de 34 375 kilogrammes à l'hectare, dans un ajonc coupé après deux ans de végétation, et il a vu des résultats encore plus satisfaisants. On peut donc parfaitement admettre un rendement de 300 quintaux tous les deux ans, soit une production moyenne annuelle de 150 quintaux.

L'ajonc épineux est un fourrage d'hiver. On le coupe du mois de novembre au mois d'avril. Pendant l'été les pousses sont ligneuses, dures et dédaignées des animaux. Sa composition moyenne est la suivante, d'après M. A.-C. Girard :

Eau..	52,67
Cendres......................................	1,57
Graisse	0,90
Albuminoïdes	4,49
Amides	0,27
Cellulose brute............................	14,32
Hydrates de carbone divers..............	25,78

La digestibilité de ce fourrage est beaucoup plus élevée qu'on ne serait tenté de le croire d'après son aspect. Le même savant, qui l'a déterminée sur le cheval, a en effet obtenu les coefficients de digestibilité suivants :

Graisse....................................	57,7	p. 100.
Matières azotées brutes..............	54,8	—
Cellulose.................................	33,1	—
Hydrates de carbone.................	53,8	—

On donne l'ajonc épineux à tous les bestiaux. C'est une nourriture exellente et recherchée. De temps immémorial, on nourrit, dans le pays de Galles, tout le bétail avec ses pousses écrasées, pendant toute la saison hivernale. Toutes les bêtes s'en montrent avides et le préfèrent même au foin. Il vient remplacer pendant la mauvaise saison le trèfle et la luzerne, et n'occasionne ni météorisation, ni aucun autre accident. Les vaches qui s'en nourrissent donnent un lait abondant, de très bonne qualité, et un beurre excellent. Les chevaux s'en trouvent également bien ; il leur donne de l'embonpoint et suffit à l'alimentation des bêtes de labour. Cependant il ne serait pas suffisant pour les chevaux soumis à un fort travail. Il est avantageux pour les jeunes animaux.

En Bretagne, il est utilisé pour la nourriture des espèces bovine et chevaline.

L'emploi de l'ajonc épineux dans l'alimentation des chevaux de ferme est une pratique générale sur les frontières de France et d'Espagne, et la cavalerie anglaise, étant dans les Pyrénées, sous les ordres de Wellington, n'y avait pas d'autre fourrage.

M. Tytler a fait des expériences sur l'emploi de l'ajonc dans l'alimentation des chevaux de ferme. Une femme munie de gants longs et solides, et d'un tablier de peau de mouton, pouvait, en six ou sept heures, couper la nourriture nécessaire à la consommation journalière d'une douzaine de chevaux doués d'un bon appétit; le fourrage ramené à la ferme y était brisé sous une meule montée comme les meules d'huileries. Il suffisait de trois heures pour écraser toute la ration. Les chevaux recevaient de l'ajonc et de la paille (50 kilos de novembre à février) ; et depuis lors jusqu'en mars, un supplément d'avoine (12 kilos). Avec cette nourriture économique, ils étaient capables d'effectuer le travail ordinaire des attelages de Berwick, et leur condition s'améliorait. D'un autre côté, M. de Lorgeril a nourri convenablement dans son écurie six chevaux travaillant tous les jours, avec 180 kilos d'ajonc, 21 kilos de foin, et 12 kilos d'avoine (Ille-et-Vilaine). Dans l'Indre, M. Delaye-Bonnat donnait 34 kilos d'ajonc par tête bovine et 20 kilos par cheval, ce qui maintenait le bétail dans un état d'embonpoint supérieur à celui qu'on doit à l'emploi du foin et de la paille.

Tous ces faits de la pratique agricole montrent bien tous les avantages que présente l'emploi de l'ajonc. Seulement ces avantages sont balancés par la difficulté de sa manutention. Il est nécessaire, avant de le donner au bétail, de l'écraser pour émousser les épines qui garnissent ses rameaux. On le coupe donc en tronçons de 10 à 12 centimètres, puis on broie ces fragments sans néanmoins écraser complètement la matière végétale, car si elle est trop broyée les animaux ne la recherchent plus. Elle a atteint le degré de trituration nécessaire, lorsqu'une main durcie par le travail peut la manier sans être blessée par les épines.

Pour arriver à ce résultat, il faudra, dans les grandes exploitations, recourir à des broyeurs spéciaux qu'on trouve aujourd'hui chez les constructeurs de la région de l'Ouest (fig. 54). Dans les petites exploitations, l'opération pourra se faire à la

Fig. 54. — Broyeur d'ajoncs (Savary, à Quimperlé).

main par les hommes de la ferme. Sur une plate-forme en bois on étend une couche d'ajonc, on la découpe à l'aide d'une hache, puis avec un pilon ou une dame on le brise convenablement. Un ouvrier peut broyer par jour 250 kilogrammes d'ajonc.

Toutes ces manipulations, du reste, ont lieu en hiver, alors que les hommes ont peu de chose à faire ; les longues soirées de cette saison peuvent être par là convenablement et lucrativement remplies.

Il est donc évident que l'ajonc épineux constitue une importante ressource fourragère pour les pays de landes, et c'est avec raison qu'on l'a appelé la « luzerne des pays pauvres ».

Le genêt à balais (*Genista scoparia*) peut être cultivé comme l'ajonc pour l'alimentation d'hiver des animaux. Il a à peu près les mêmes propriétés.

FOURRAGES ANNUELS

Nous avons groupé, sous cette dénomination, les fourrages qui n'occupent le sol que moins d'un an, et qui ne sauraient lutter d'importance avec les prairies naturelles ou artificielles. Ils constituent, pour l'exploitation, des récoltes fourragères accessoires ou dérobées, qui viennent suppléer aux prairies artificielles dans les intervalles de leurs coupes, ou les remplacer quand elles n'ont pas réussi. On peut faire varier l'époque de leurs semis de manière que la récolte se fasse au moment le plus opportun. D'un autre côté ces récoltes permettent de ne faire revenir le trèfle que moins souvent dans la rotation, et ainsi de mieux assurer sa réussite.

Les plantes ainsi cultivées appartiennent soit à la famille des légumineuses, soit à la famille des graminées ou à des familles diverses. Parmi les premières nous examinerons rapidement le trèfle incarnat, les vesces et gesses, les pois et la serradelle. Dans les autres nous étudierons la spergule, qui est une caryophyllée ; le maïs, le moha et le seigle qui sont des graminées ; et enfin la moutarde blanche, la navette et le colza, qui sont des crucifères.

TRÈFLE INCARNAT (*Trifolium incarnatum*).

Le trèfle incarnat, désigné aussi vulgairement sous les noms de trèfle annuel, farouch, farault, etc., est une papillionacée annuelle, originaire du midi de l'Europe, qui périt aussitôt qu'elle a porté ses graines. Il se distingue du trèfle ordinaire par ses feuilles velues et par ses fleurs disposées en longs épis généralement d'un beau rouge. Sa culture est longtemps restée confinée dans quelques départements du Midi et il n'y a guère que quatre-vingts ans qu'elle s'est répandue un peu dans les pays du Nord.

Le trèfle incarnat ne donne qu'une seule coupe de fourrage vert, et ne fournit par la dessiccation qu'un foin de qualité médiocre. Il n'a pas, comme le trèfle ordinaire, une action améliorante sur le sol, car il occupe le terrain trop peu de temps, n'y laisse que peu de débris, et n'a que de courtes racines. Mais il présente l'avantage de donner un fourrage vert de très bonne qualité, très apprécié des animaux, et surtout plus précoce que tous les autres. Ajoutez à cela qu'il n'occasionne jamais la météorisation du bétail, comme cela arrive fréquemment pour le trèfle ordinaire ; qu'il n'exige que des frais de culture tout à fait rudimentaires et remplit toujours le rôle dans l'assolement, d'une culture intercalaire ; et vous comprendrez l'importance qu'il a prise dans certaines régions comme la Beauce, où il réussit fort bien.

A l'état vert, le trèfle incarnat a la composition suivante, d'après nos analyses :

	LIMON.	ARGILE à silex.	MOYENNE.
Eau..........................	86,60	87,00	86,80
Cendres (1).....................	1,42	1,39	1,41
(2) Matières albuminoïdes........	1,43	1,89	1,66
— azotées diverses....	0,85	0,64	0,75
Graisse........................	0,21	0,17	0,19
Pentosanes.....................	1,67	1,46	1,56
Matières non azotées diverses....	5,40	5,14	5,27
Cellulose.......................	2,42	2,31	2,37
(1) Acide phosphorique...............	0,12	0,11	0,125
(2) Azote total.....................	0,41	0,45	0,43

On voit que s'il est un peu inférieur à la luzerne, il est au moins doué d'une valeur nutritive égale à celle du trèfle ordinaire.

Végétation et exigences du trèfle incarnat.

Dans 12 grands pots, contenant chacun 28 kilogrammes

Fig. 55. — Trèfle incarnat (1re période).

environ de terre de limon des plateaux, enrichie de 2 grammes d'acide phosphorique soluble et de 1 gramme de potasse, on a semé, le 5 avril 1898, du trèfle incarnat ordinaire. Après la levée les plants ont été éclaircis de manière à en réserver seulement 6 à 7 par pot, afin d'assurer aux plantes un développement normal.

Le 14 juin, à l'apparition des premières fleurs, on a procédé à la récolte des plants de 4 pots, en recueillant avec soin les racines. On a photographié comme de coutume deux plants entiers (fig. 55).

La récolte a donné les résultats suivants :

Nombre de plants..............	24
Poids sec des parties aériennes...	13 grammes.
— des racines	3 —
Total............	16 grammes.

Nous donnons ci-après les résultats de l'analyse de la matière sèche pour les tiges et les racines :

	TIGES ET FEUILLES.	RACINES.
	p. 100.	p. 100.
Azote...............................	4,56	3,22
Acide phosphorique	1,06	1,00
Potasse	3,98	1,44
Chaux..............................	3,79	1,49

Nous pouvons avec ces données calculer la composition d'une plante moyenne :

	PARTIES AÉRIENNES.	RACINES.	TOTAL.
	gr.	gr.	gr.
Matière sèche..............	0,541	0,125	0,666
Azote	0,0247	0,004	0,0287
Acide phosphorique..........	0,0057	0,0012	0,0069
Potasse....................	0,0217	0,0018	0,0235
Chaux	0,0205	0,0018	0,0223

Le 5 juillet, la floraison étant complète, on a fait la récolte

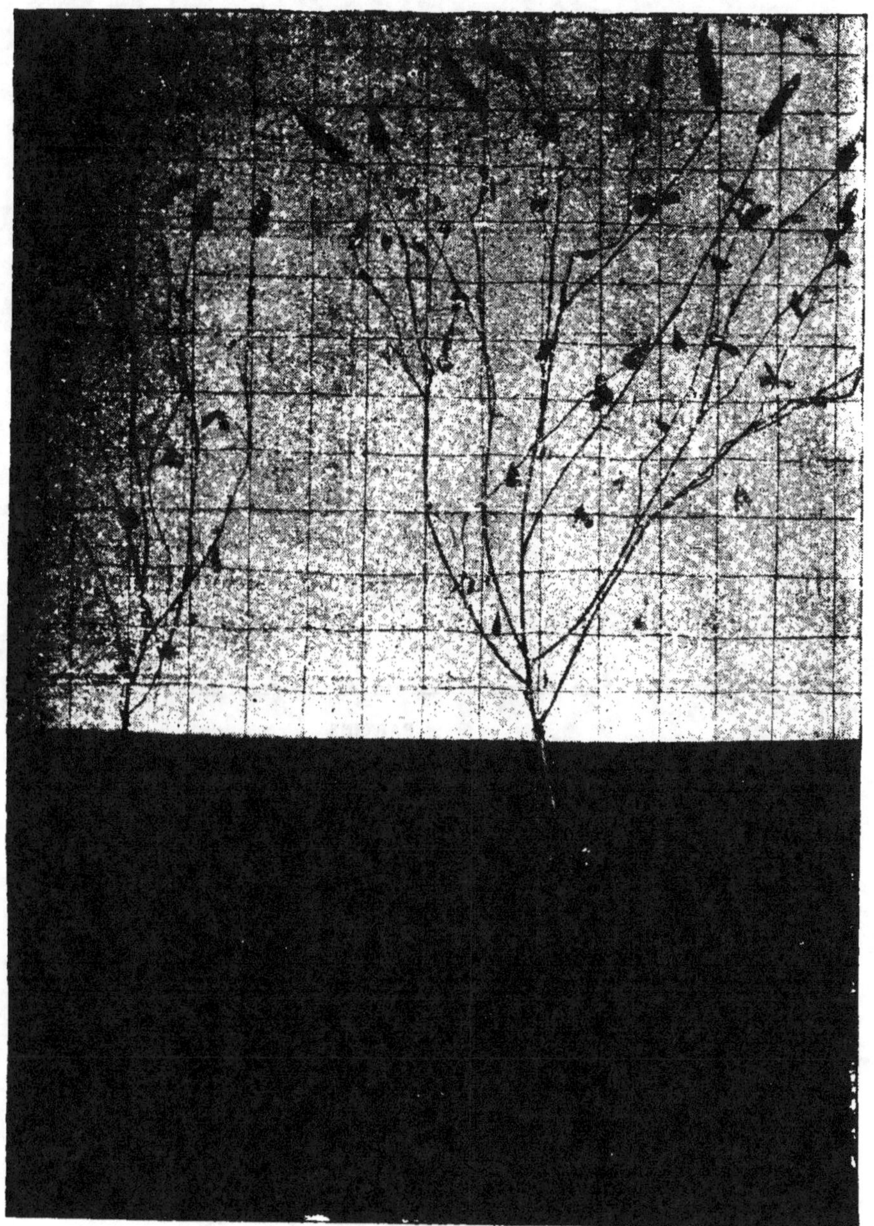

Fig. 56. — Trèfle incarnat (2e période).

de 4 autres pots (fig. 56), et obtenu les résultats ci-dessous :

Nombre de plants................ 26
Poids sec des parties aériennes ... 90 grammes.
— des racines .... 9 —
Total........... 99 grammes.

L'analyse de la matière sèche provenant des parties aériennes et des racines est consignée dans le tableau suivant :

	PARTIES AÉRIENNES.	RACINES.
	p. 100.	p. 100.
Azote	2,90	2,84
Acide phosphorique	0,73	0,78
Potasse	3,55	1,34
Chaux	2,59	1,04

De ces données nous déduisons la composition d'une plante moyenne à la fin de la floraison :

	PARTIES AÉRIENNES.	RACINES.	TOTAL.
	gr.	gr.	gr.
Matière sèche.................	3,461	0,346	3,807
Azote	0,1003	0,0098	0,1101
Acide phosphorique,.	0,0252	0,0026	0,0278
Potasse	0,1228	0,0046	0,1274
Chaux........................	0,0896	0,0036	0,0933

Enfin le 5 août, les plants des derniers pots étant mûrs, il a été procédé à leur récolte et à la photographie de deux plantes moyennes avec les précautions ordinaires (fig. 57). On a obtenu :

Nombre de plants..................... 25
Poids sec des parties aériennes......... 125gr,0
— des racines....... .... 6gr,5
Total.................. 134gr,5

L'analyse de la matière sèche des racines et des

Fig. 57. — Trèfle incarnat (3ᵉ période).

parties aériennes a fourni les résultats suivants :

	PARTIES AÉRIENNES.	RACINES.
	p. 100.	p. 100.
Azote...............................	2,05	2,15
Acide phosphorique	0,66	0,79
Potasse............................	2,06	1,77
Chaux.............................	2,04	1,29

Une plante moyenne entière présentait donc à la maturité la composition donnée ci-après :

	PARTIES AÉRIENNES.	RACINES.	TOTAL.
	gr.	gr.	gr.
Matière sèche.................	5,120	0,260	5,380
Azote	0,1049	0,0056	0,1105
Acide phosphorique...........	0,0337	0,0021	0,0358
Potasse.....................	0 1050	0,0046	0,1096
Chaux......................	0,1048	0,0033	0,1081

Nous résumons dans un tableau la composition globale d'une plante entière aux divers stades de sa végétation :

	AVANT FLORAISON.	APRÈS FLORAISON.	MATURITÉ.
	gr.	gr.	gr.
Matière sèche.................	0.6660	3,8070	5,3800
Azote	0.0287	0,1101	0,1105
Acide phosphorique..........	0,0069	0,0278	0,0358
Potasse.....................	0,0235	0,1274	0,1096
Chaux...	0,0223	0,0933	0,1081

Pour rendre plus facile à saisir la marche de l'absorption des éléments nutritifs par rapport à celle de la formation de la matière sèche, nous avons égalé à 100 le maximum de chaque substance dosée dans la plante moyenne, puis nous avons calculé la proportion qui a été formée ou absorbée par le végétal aux autres phases de sa végétation. Le tableau et le graphique 58 montrent le résultat.

Marche de l'absorption des éléments nutritifs en centièmes des maxima.

	AVANT FLORAISON.	APRÈS FLORAISON.	MATURITÉ.
Matière sèche.................	12,38	70,76	100
Azote........................	25,97	99,64	100
Acide phosphorique...........	19,27	77,65	100
Potasse......................	18,44	100,00	86,03
Chaux.......................	20,63	86,21	100

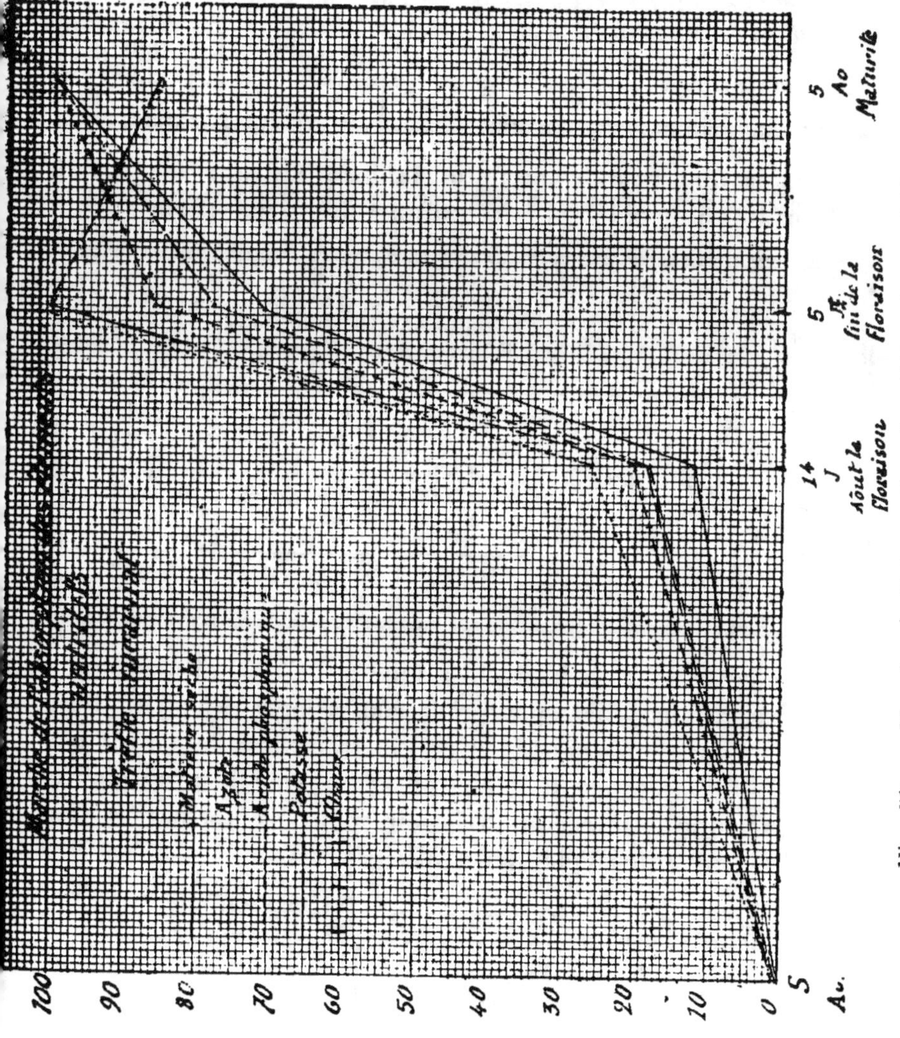

Fig. 58. — Marche de l'absorption des éléments nutritifs.

Développement des racines et travail radiculaire.

Le développement des racines aux différentes périodes de l'évolution du plant de trèfle incarnat est résumé ci-après :

	RACINES SÈCHES	
	par plante.	p. 100 de parties aériennes.
	gr.	p. 100.
Avant la floraison.....................	0,125	23,1
Après —	0,346	10,0
A la maturité........................	0,260	5,08

Nous avons calculé dans le tableau suivant le travail d'absorption journalier de un gramme de racines sèches :

	AVANT LA FLORAISON (70 jours).	PENDANT LA FLORAISON (21 jours).	MATURATION (31 jours).
	milligr.	milligr.	milligr.
Azote	6,56	16,48	0,04
Acide phosphorique.....	1,57	4,23	0,85
Potasse............. ...	5,37	21,04	0,00
Chaux................	5,10	14,36	1,58
Totaux..........	18,60	56,11	2,47

Une récolte de trèfle incarnat atteignant 25,000 kilogrammes de fourrage vert correspond à 6,200 kilogrammes de foin séché à l'air, contenant 5,270 kilogrammes de substance sèche. En admettant que le champ soit peuplé de notre plante moyenne, une telle récolte a besoin pour sa formation des quantités suivantes d'éléments nutritifs :

Azote........................	114	kilogrammes.
Acide phosphorique...........	37	—
Potasse......................	113	—
Chaux.......................	111	—

Après l'azote qui est absorbé en plus grande abondance viennent la potasse et la chaux, presque sur le même rang. L'acide phosphorique est consommé en beaucoup moins grande quantité. Cependant nous savons que dans le limon de Beauce, pauvre en acide phosphorique assimilable, cet élément de fertilité est celui qui joue le plus grand rôle dans l'augmentation des rendements.

L'examen de la marche de l'absorption des éléments nutritifs, comparativement à celle de la formation de la substance sèche, nous montre que, pendant la première période du développement qui précède la floraison, l'activité de la végétation est lente. En 70 jours en effet, la plante n'a fourni que 12,38 pour 100 de sa matière sèche, et l'absorption des éléments nutritifs, exprimée en centièmes de quantités maxima, a été seulement de :

Azote	25,97
Acide phosphorique	19,27
Potasse	18,44
Chaux	20,63

Si ces proportions ne sont pas considérables relativement à la longueur de la période, il n'en est pas moins vrai qu'elles sont toutes très supérieures à celle de la matière végétale formée, et cela implique la nécessité pour la plante de trouver dans le sol une proportion suffisante d'éléments nutritifs très assimilables.

La considération du travail d'absorption des racines ne contredit pas cette conclusion. Bien que l'activité radiculaire, rapportée au gramme de racines sèches, ne soit que le tiers de ce que nous observerons dans la période suivante, elle est, en valeur absolue, très supérieure à celle du blé d'automne. Il est bon d'observer toutefois que dans la culture normale du trèfle incarnat, la plante jouit d'un long espace de temps pour sa première croissance et pour se préparer à la floraison, puisqu'on la sème à la fin août et qu'elle ne fleurit qu'avec le mois de mai. Dans ces conditions et dans des sols de richesse moyenne, elle trouve facilement à s'alimenter, mais il n'en est pas de même dans les sols pauvres, où l'apport sous forme d'engrais facilement assimilable des éléments défaillants s'impose.

C'est la courbe de l'azote qui diverge le plus de celle de la matière sèche; puis nous trouvons celles de la chaux et de l'acide phosphorique. La potasse tient le dernier rang. En ce qui concerne l'azote, il faut observer que, si les tubercules à bactéries (fig. 59) ne sont pas encore très abondants sur les racines, le sol ameubli superficiellement pour faire le semis est dans de bonnes conditions pour nitrifier, et par conséquent très apte à fournir l'appoint nécessaire de cet élément nutritif.

Pendant la période de floraison qui dure trois semaines seulement, l'activité végétative du trèfle incarnat est considérable; plus grande encore est l'activité de l'absorption des éléments nutritifs. Aussi voit-on les courbes se redresser vers la verticale. Dans ce court espace de temps la plante élabore 67,38 p. 100 de sa matière sèche. L'activité relative de la formation de la matière végétale est plus de 16 fois plus grande que dans la première période.

L'absorption des éléments nutritifs est aussi très grande. Exprimée en centièmes de quantités maxima, elle atteint la proportion suivante :

Azote............................	73,67 p. 100.
Acide phosphorique.................	58,38 —
Potasse...........................	81,56 —
Chaux............................	65,58 —

A la fin de la floraison, la plante a absorbé tout l'azote dont elle a besoin (99,64 p. 100). Comme on constate que pendant cette courte période les tubercules radicaux (fig. 60) ont pris leur plus grand développement, on est en droit d'admettre, bien que le travail radiculaire d'absorption de l'azote soit très élevé, qu'il n'y a pas à s'inquiéter de l'alimentation azotée du trèfle incarnat dans la question de sa fumure. Il n'en est pas de même des autres aliments minéraux : de la potasse, dont l'absorption se termine avec la fin de la floraison ; de la chaux et de l'acide phosphorique. Il est certain que les engrais phosphatés ou potassiques seraient d'un excellent effet dans les terres pauvres, même si l'on les sème seulement en couverture au printemps ; il est indubitable aussi que le trèfle incarnat ne saurait réussir dans les sols privés de calcaire.

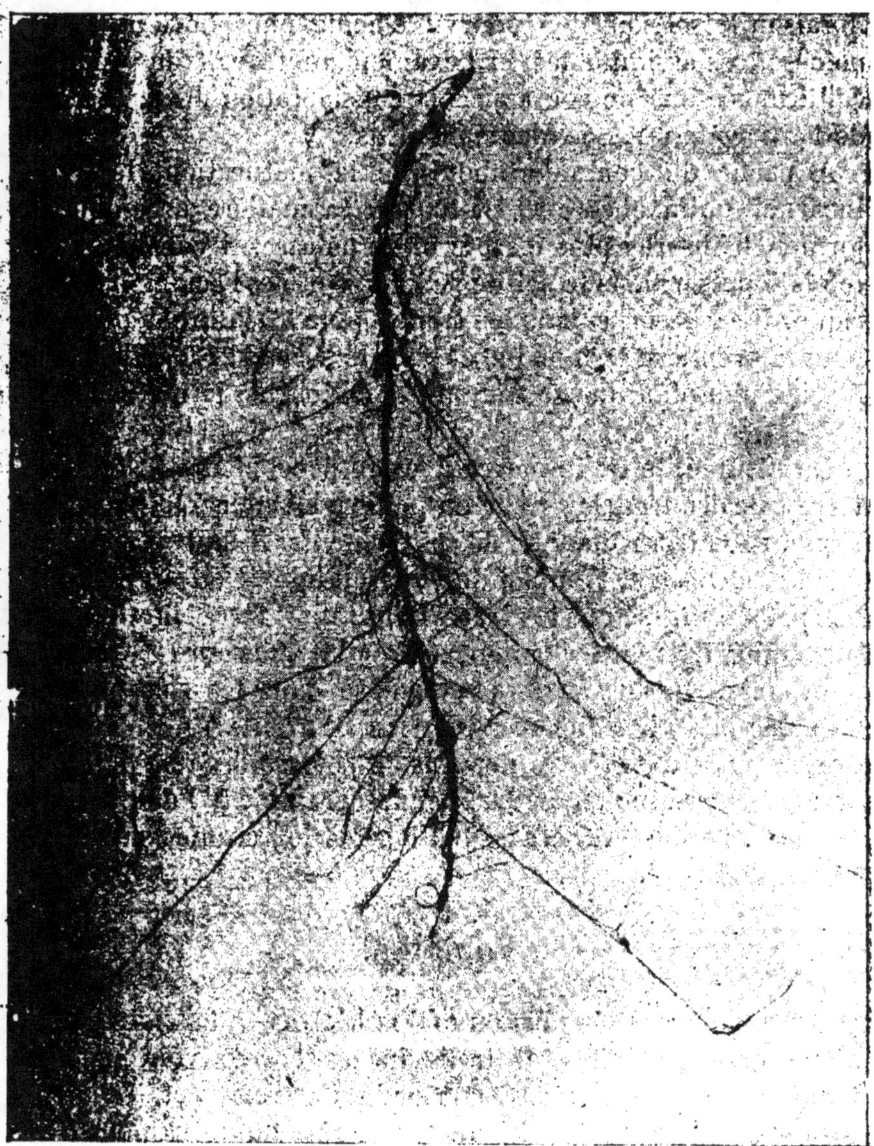

Fig. 59. — Tubercules à bactéries (1re période).

C'est dans cette période que le travail radiculaire moyen atteint son maximum. Il est deux fois et demi plus fort pour l'azote, deux fois et deux tiers pour l'acide phosphorique, quatre fois pour la potasse, et près de trois fois pour la chaux. Il est donc très important de veiller à ce qu'au début de la floraison le sol soit bien pourvu d'acide phosphorique et de potasse très assimilables, et l'examen du travail des racines confirme ce que nous a appris la considération de la marche de l'absorption des éléments nutritifs.

A partir du commencement de la maturation, le trèfle incarnat, qui a encore 29 p. 100 de sa matière organique à former, n'absorbe plus d'azote ni de potasse. Il continue toutefois à puiser dans le sol de la chaux et de l'acide phosphorique. Il en absorbe dans les trente jours que dure la période, pour la première 13,8 p. 100 et pour le second 22,35. Le besoin d'acide phosphorique se poursuit donc jusqu'à la maturité.

En résumé, le trèfle incarnat exige pour bien végéter une terre calcaire franche, riche en potasse et en acide phosphorique. Si la terre manque de ces éléments, il faut y suppléer par le marnage et l'emploi du superphosphate ou du chlorure de potassium selon les cas. Dans une terre de richesse moyenne, il suffira d'employer 300 kilogrammes de superphosphate. On augmentera cette dose dans les sols pauvres en acide phosphorique avec beaucoup d'avantages. Il conviendra en outre d'employer des sels de potasse dès que la terre en renfermera moins de 0,25 par kilogramme à l'état assimilable (1). La dose variera de 100 à 200 kilogrammes suivant la pauvreté du sol.

Variétés.

Grâce aux variétés plus ou moins hâtives ou tardives que la sélection a produites, le trèfle incarnat peut voir pendant longtemps se prolonger sa consommation en vert. Le trèfle incarnat ordinaire, semé à la fin d'août, donne sa fleur à la fin de mai. Il existe une variété hâtive qui fleurit bien huit

____

(1) C'est-à-dire soluble dans l'acide azotique faible (acidité exprimée en H = 0,013 p. 100).

jours plus tôt et permet de commencer la consommation dès les premiers jours de mai.

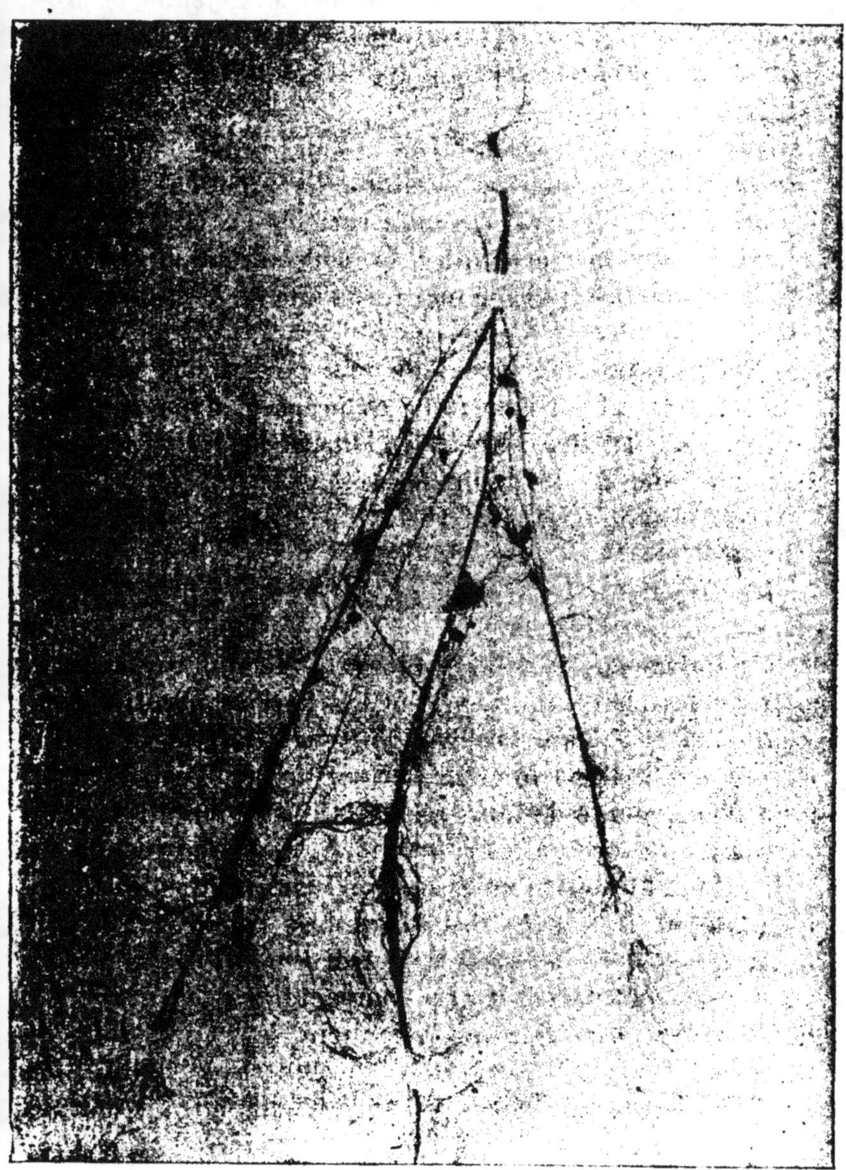

Fig. 60. — Tubercules à bactéries (2e période).

Le trèfle incarnat tardif, cultivé depuis très longtemps dans les environs de Toulouse, est appelé aussi trèfle de la Saint-

Jean. Il retarde de quinze jours au moins sur le farault ordinaire. ·

Le farouch à fleurs blanches, obtenu par M. Lejeune, et propagé par Vilmorin, est plus tardif encore de dix à quinze jours que le précédent. Très recherché des animaux, son rendement est au moins aussi élevé.

Ajoutons-y le farault extra-tardif à fleurs rouges, qui mûrit encore après le précédent et semble plus productif, et nous constaterons qu'en semant ces cinq variétés en égale proportion, nous pourrons continuer la consommation du vert depuis le commencement de mai jusqu'à la fin de la première quinzaine de juillet au moins.

Or, si dès les premiers jours de mai nous avons semé du maïs hâtif dans un sol bien fumé et préparé, nous pourrons commencer à le faucher dès cette époque, et dès lors, jusqu'aux gelées, continuer de soutenir nos étables par cette grande graminée consommée à l'état vert.

Climat et sol.

Le trèfle incarnat réussit très bien dans le midi car, parcourant toutes les phases de sa végétation de l'automne à la fin du printemps, il échappe par là à l'action néfaste des chaleurs torrides de l'été. Dans le centre et surtout en Beauce, il est fort cultivé et donne de bons résultats. La région du nord lui est également favorable, et il s'étend en Belgique jusque sur le plateau d'Arlon. Chez nous et dans le nord, il est quelquefois atteint par les gelées des hivers très rigoureux, surtout lorsque, après avoir été semé trop tardivement, il végète dans une terre trop argileuse ou trop compacte.

Partout, les sols qui lui conviennent le mieux sont les terrains peu tenaces, sains, qui s'égouttent avec facilité. Les terres argileuses ou calcaires qui se gonflent sous l'action des gelées et le déchaussent, le font périr durant l'hiver. Les terres franches et les limons, les sols sablo-argileux et sableux lui sont très favorables. En somme, il est très peu difficile sous le rapport du terrain et de sa fertilité.

Culture.

Aucune plante n'est moins exigeante que le trèfle incarnat pour la préparation du sol. Il redoute un ameublissement profond. C'est pourquoi l'on se contente, après l'enlèvement de la céréale, d'un déchaussage très léger à la herse et au scarificateur.

On fait le semis depuis le mois d'août jusqu'à la mi-septembre, en choisissant le moment où la terre est rafraîchie par une pluie. On répand de 20 à 25 kilogrammes de graines nues à l'hectare, ou 100 kilogrammes de graines en gousses. On enterre à la herse.

L'incarnat est exposé à être envahi par les limaces dans son premier développement. Quand on a eu soin de brûler les chaumes de la céréale précédente, les limaces apparaissent moins souvent et sont toujours moins nombreuses. On les détruit par le roulage, qu'on effectue au point du jour.

Ensilage du trèfle incarnat.

Dans les sols et les climats qui lui conviennent, nous aurons soin de cultiver le trèfle incarnat, sur une étendue beaucoup plus considérable, en variété ordinaire, que ne le comporterait la consommation en vert, afin de l'ensiler et nous procurer ainsi de précieuses provisions pour l'hiver.

Cette pratique de l'ensilage du trèfle incarnat est déjà ancienne ; elle est et a été pratiquée en Beauce par un certain nombre d'agriculteurs qui s'en montrent très satisfaits. C'est ainsi que M. Rabourdin de Beaucreville écrivait, en 1892, qu'il pratiquait depuis quatorze ans l'ensilage du trèfle incarnat, coupé à mi-grain, qui constitue ainsi une nourriture bonne et saine pour les moutons d'élevage et les vaches à lait. Le témoignage d'un praticien qui a ensilé pendant un aussi grand nombre d'années nous semble d'une valeur considérable.

Nous y ajouterons, afin de mieux préciser ce mode d'affouragement, le témoignage de Nivière de Romanèches La Saulsaie, en Dombes. L'expérience d'engraissement dont il a autrefois publié le compte rendu dans le *Journal d'agriculture pratique* (mars 1883), et que nous résumons ci-dessous, est pleine d'intérêt.

Elle a porté sur deux bœufs charolais de six ans, mis au repos le 1er décembre 1883, et pesant alors 1403 kilogrammes. Jusqu'au 15 décembre, ils ont reçu, comme le reste de l'étable, depuis la fin du mois de septembre, 60 kilogrammes par jour et par tête d'ensilage d'incarnat. Depuis lors, on ajouta à la conserve une ration individuelle journalière de 3 kilogrammes de tourteau de coton. Pendant cette seconde période, les bœufs qui avaient l'ensilage à volonté n'en ont plus consommé chacun que 50 kilogrammes. Du 15 janvier au 6 février pour l'un, et au 6 mai pour l'autre, on porta le tourteau à 4, 5 kilogrammes, par tête et par jour. La consommation quotidienne de conserve tombe alors à 40 kilogrammes pour chacun. Le tourteau délayé dans l'eau était donné sous forme de pâte très molle.

La durée de l'engraissement a été en moyenne de quatre-vingt-huit jours; les animaux pesaient à la fin 1 585 kilogrammes et rendaient 828 kilogrammes de viande nette, soit 52,25 p. 100.

L'accroissement de poids vif total a été de 182 kilogrammes, soit de 1 kil. 034 par tête et par jour.

La ration moyenne de 50 kilogrammes d'ensilage et de 2 kg. 470 de tourteau de coton a donc produit un poids vif moyen de plus d'un kilogramme, sans préjudice de l'accroissement de valeur des tissus préexistants, par l'incorporation de la graisse en remplacement d'une partie de l'eau de ces tissus.

Vendus à raison de 115 francs les 100 kilogrammes de viande nette, les deux bœufs ont produit 1 383 fr. 40 dont il faut déduire leur valeur initiale. Nivière n'aurait pas pu les vendre à cette époque plus de 70 francs les 100 kilogrammes vifs incontestablement, et dès lors la somme à défalquer du prix de vente final pour déterminer la valeur produite durant l'opération de l'engraissement, s'élève à 982 francs. La consommation de 8800 kilogrammes d'ensilage de trèfle incarnat, complétée par 435 kilogrammes de tourteau de coton, a donc été payée 300 francs, et comme le tourteau de coton ne revenait à la Saulsaie qu'à 13 fr. 53 les 100 kilogrammes, soit pour le tout à 58 fr. 85, l'ensilage total était payé 241 fr. 15, soit 27 fr. 40 les 1 000 kilogrammes.

L'expérience ayant démontré que par l'ensilage, l'incarnat perd 25 p. 100 de son poids, le prix payé par le bétail, grâce à la conservation en silo, pour 1 000 kilogrammes de fourrage vert, est encore de 20 fr. 55.

A combien peut-on estimer le prix de revient du trèfle incarnat? Au plus à 209 francs, ainsi répartis :

Loyer du sol, impôts..................	90 francs.
300 kilogrammes de superphosphate..	24 —
Semences...........................	25 —
Scarifiage, hersage et roulage.........	20 —
Frais de récolte et d'ensilage.........	50 —
Total.......	209 francs.

Encore ferons-nous remarquer que nous avons porté à la charge de notre fourrage la totalité de la rente et que, par suite, le blé qui suivra sur une demi-jachère sera dégrevé de ces mêmes frais.

Si, comme c'est la bonne moyenne, nous récoltons 25 000 kilogrammes de vert, qui par ensilage nous rendront 18 750 kilogrammes de conserve, celle-ci ne nous reviendra pas à plus de 11 fr. 60 la tonne métrique. On voit donc qu'entre le prix de revient et le prix payé par le bétail, il y a une marge suffisante pour assurer dans tous les cas un bénéfice élevé. Dans le cas présent, le profit réalisé par l'ensilage combiné avec l'engraissement, rapporté à un hectare de trèfle incarnat, est de 264 francs, et du fumier produit en sus que chacun peut évaluer. Il n'est donc pas douteux que cette méthode de conservation et d'utilisation du trèfle incarnat ne soit appelée à rendre de grands services aux agriculteurs pour assurer la nourriture économique de leur bétail.

VESCE (*Vicia*).

On cultive comme fourrage la vesce commune (*Vicia sativa*) dans ses variétés d'hiver et de printemps ; la vesce blanche, ou lentille du Canada (**V. alba**); la vesce à gros fruit (**V. ma-crocarpa**; et la vesce velue (**V. villosa**).

De toutes ces espèces, c'est la première qui est de beaucoup la plus importante. La dernière se recommande par sa rusti-

Fig. 61. — Vesce commune.

cité mais se soutient assez mal. Nous nous occuperons ici surtout de la vesce commune (fig. 61).

Cette légumineuse s'accommode à presque tous les climats. Cependant il y aurait imprudence à semer sa variété d'automne dans le nord du continent, en dehors des climats maritimes. On doit se contenter dans ces situations de la variété de printemps. Les contrées un peu humides lui conviennent mieux que les régions sèches.

Comme sols elle préfère les terrains limoneux, ou argileux, pourvu qu'ils ne soient pas trop humides; les sols sablonneux, granitiques ou schisteux frais lui conviennent également.

La vesce peut sans inconvénient revenir souvent sur le même sol. On la sème ordinairement après des céréales. Elle rend de grands services pour remplacer au printemps les récoltes fourragères détruites par l'hiver.

Elle est peu difficile au point de vue de la préparation du sol. Il suffit d'un labour suivi d'un hersage, immédiatement avant le semis. Elle n'est pas très exigeante comme engrais. Une fumure de 200 kilogrammes de superphosphate par hectare répond dans la majorité des cas à ses besoins. Dans les sols pauvres en calcaire et en acide phosphorique, on pourra doubler la dose de superphosphate. La potasse n'est utile que dans les terres mal pourvues de cet élément ; on y répand de 100 à 200 kilogrammes de chlorure de potassium.

On sème la vesce d'hiver dans le courant de septembre et d'octobre, à raison de 160 litres à l'hectare, qu'on additionne de 40 à 50 litres de seigle ou d'escourgeon, pour soutenir ses tiges. La vesce de

Fig. 62. — Gesse cultivée.

printemps se sème depuis le commencement de mars jusqu'à la fin d'avril ; on additionne celle-ci d'avoine ou de seigle d'été, ou encore de féveroles. Le semis se fait à la volée. On enterre la graine par un hersage. Comme c'est le type des plantes étouffantes, elle ne demande aucun soin d'entretien.

On récolte le fourrage au moment de la floraison, pour le faire manger en vert. C'est du 15 mai au 15 juin pour la variété d'hiver, et, pour celle de printemps, en juillet. Quand on veut faner la vesce, on attend que les graines soient formées dans les gousses. Voici la composition de ce fourrage en vert et en sec :

	Fourrage vert.	Fourrage sec.
Eau	85,0	16,7
Albuminoïdes	3,0	13,0
Amides	0,7	4,0
Graisse	0,6	2,4
Hydrates de carbone	6,6	29,5
Cellulose brute	5,5	26,1

Le rendement à l'hectare est de 120 à 200 quintaux de fourrage vert ou de 30 à 50 quintaux de foin.

La gesse (*Lathyrus sativus*) (fig. 62) et la jarosse (*L. cicera*) se cultivent comme la vesce. On sème la première au printemps et la seconde à l'automne.

POIS DES CHAMPS (*Pisum arvense*).

Le pois des champs, pois gris, ou bisaille, est une légumineuse qui se distingue des autres espèces du même genre par ses fleurs violettes ou rosées, et par ses graines de couleur grisâtre et même roussâtre, douées d'une saveur âpre. Il est cultivé exclusivement pour l'alimentation des animaux. Il a fourni une variété d'hiver et une variété de printemps. Le fourrage qu'il produit est consommé en vert ou en sec. Il est très apprécié des chevaux et des moutons surtout. Sous ces deux états il présente la composition suivante :

	Fourrage vert.	Fourrage sec.
Eau	81,5	16,7
Albuminoïdes	2,8	10,8
Amides	0,7	3,5
Graisse	0,6	2,6
Hydrates de carbone	7,4	34,2
Cellulose brute	5,5	25,2

On peut le cultiver sous tous les climats, mais il réussit surtout dans les pays moyennement chauds et humides.

Les terres compactes ne lui conviennent pas. Il préfère les limons, les terres franches et les sols silico-calcaires. Dans les terres non calcaires il réclame le chaulage ou le marnage.

Il n'exige pas l'emploi de fumures très élevées. On se borne à donner dans un sol moyen 200 kilogrammes de superphosphate par hectare. On doublera la dose dans les terres pauvres en acide phosphorique. En ce qui concerne la potasse on répandra, dans les sols pauvres seulement, 100 et 200 kilogrammes de chlorure de potassium.

On place généralement le pois entre deux céréales. Sa cul-

Fig. 63. — Pois des champs.

ture, bien réussie, est étouffante. Comme il épuise fortement le sous-sol, il ne doit revenir sur le même terrain que tous les six ou sept ans.

On donne, aussitôt la moisson, un déchaumage et plus tard un bon labour. Au printemps on se contente de scarifier pour rafraîchir le labour avant le semis, car le pois aime une terre reposée.

Dans les climats doux on peut faire en septembre la semaille de la bisaille d'hiver, mais dans la région du nord il est plus prudent d'attendre le printemps. On sème alors le pois de printemps depuis le mois de mars jusqu'en mai. On peut faire des semis successifs. On répand de 250 à 300 litres de semence par hectare, à la volée, et on enterre à la herse ou au scarificateur. On additionne les pois de seigle ou de féveroles pour les soutenir comme la vesce.

On commence la récolte en vert dès la pleine floraison. Pour faire du foin, on attend la formation des gousses. On obtient de 35 à 40 quintaux de fourrage sec par hectare.

SERRADELLE (*Ornithopus sativus*) (fig. 64).

La serradelle, appelée aussi pied-d'oiseau, est une légumineuse annuelle originaire du Portugal. Sa racine est pivotante et sa tige atteint de 30 à 40 centimètres de hauteur. Dans les sols frais, sous l'action du pâturage, elle émet des rejets latéraux chargés de feuilles, qui forment un épais feutrage, et donnent un fourrage riche et tendre, qui n'a pas l'inconvénient d'exposer les animaux à la météorisation. La serradelle est mangée en vert avec avidité par tous les animaux de la ferme. Elle est très favorable à la sécrétion du lait et à la production du beurre. Par le fanage elle donne un foin de première qualité. Voici sa composition en vert et en sec :

	Fourrage vert.	Fourrage sec.
Eau	81,0	16,0
Albuminoïdes	3,0	13,0
Amides	0,7	2,2
Graisse	0,8	3,1
Hydrates de carbone	7,0	33,1
Cellulose brute	5,7	25,6

La serradelle réussit bien surtout dans les sols sablonneux, profonds et un peu frais, et dans les terres sablo-argileuses, pourvu qu'elles ne soient pas humides. Dans les terrains sablonneux impropres à la culture de trèfle violet, elle est d'une grande ressource et a l'avantage de pouvoir revenir à bref délai sur le même sol. Elle ne réussit pas sur défrichement.

Comme son premier développement est lent, on ne la sème pas en général seule, mais plutôt dans une céréale, qui la protège contre l'envahissement des mauvaises herbes qui lui nuisent beaucoup. On fait le semis, par exemple, dans un seigle d'automne un peu clair, en mars ou en avril. On peut aussi faire le semis dans une avoine ou une orge. On répand 30 kilogrammes de graine par hectare. Celle-ci doit provenir de la dernière récolte, car elle ne conserve sa faculté germinative que pendant un an. On recouvre la semence simplement par un roulage.

Il arrive qu'à l'enlèvement de la céréale, la serradelle paraisse avoir été étouffée ; mais à la première pluie, on la voit pousser vigoureusement et taller, grâce à son bon enracinement.

Fig. 64. — Serradelle.

Elle constitue d'excellents pâturages d'automne et en même temps elle empêche l'appauvrissement du sol en nitrates par les pluies d'arrière-saison. Son rendement en vert est de 8 à 20 tonnes métriques, et en sec de 2 à 5 par hectare.

Elle produit beaucoup de graine dont la maturité se fait successivement. Il ne faut faucher ni trop tôt, car la graine serait sans valeur, ni trop tard, car on ferait une grande perte de semence. La dessiccation se fait en moyettes. Le rendement est de 4 à 10 quintaux par hectare.

MOUTARDE BLANCHE (*Sinapis alba*) (fig. 65).

La moutarde blanche ou herbe au beurre est une crucifère annuelle que l'on peut semer depuis le printemps jusqu'à la fin de l'été. Comme elle végète jusqu'aux gelées, on peut en semer sur les déchaumages de céréales. Avec des semis espacés de quinzaine en quinzaine, on peut s'assurer une production de fourrage vert longue et régulière. Un labour suffit pour la préparation du sol. Le rendement dépendra de la richesse du sol ou de sa fumure ; le nitrate de soude additionné de superphosphate est l'engrais indiqué. On sème environ 25 litres de graine à l'hectare.

On doit faucher la moutarde blanche dès le commencement de la floraison, car elle devient vite ligneuse. Quand on la fait consommer par les vaches laitières après la floraison, elle communique au beurre une saveur amère. On ne fait jamais sécher la moutarde, mais on peut l'ensiler. Dans tous les cas elle doit être récoltée avant les gelées. Nous terminerons en donnant la composition de cet excellent fourrage vert :

Fig. 65.—Moutarde blanche.

Eau....................................	83,0
Albuminoïdes............................	2,0
Amides.................................	0,5
Graisse	0,5
Hydrates de carbone	7,2
Cellulose brute.........................	5,4

NAVETTE ET COLZA

La navette (*Brassica napus sylvestris*) (fig. 66) est une crucifère assez épuisante, qui présente deux variétés : la navette d'hiver et la navette de printemps ou quarantaine.

La première a un développement aérien moins grand que le colza (*Brassica napus oleifera*), mais a l'avantage d'être moins sensible aux gelées, à la sécheresse et à l'altise ou puce de terre. Elle est aussi moins difficile au point de vue de la nature du sol et moins exigeante en engrais. On la cultive dans la sole de jachère, après un labour suivi d'un hersage. On donne comme engrais du superphosphate à la dose de 300 kilogrammes dans les terres moyennes et de 4 à 500 kilogrammes dans les terres pauvres. Une addition d'engrais azoté est favorable ; on peut employer 150 kilogrammes de sulfate d'ammoniaque ou 200 kilogrammes de nitrate de soude. On fait le semis dans le courant d'août, à la volée, à raison de 8 à 10 litres de semence par hectare, et on enterre à la herse. On obtient au printemps une coupe de fourrage qui précède celle du trèfle incarnat, et est ainsi d'un grand secours à cette époque de l'année. On fait consommer la navette en mélange avec des fourrages secs. Elle est favorable à la sécrétion du lait ; mais donnée en excès elle communique à ce liquide et au beurre qui en provient une saveur désagréable.

La navette d'été peut se semer depuis le mois d'avril jusqu'à la fin de mai, et même en récolte dérobée après un seigle ou un escourgeon, à cause de la rapidité de sa végétation. Elle rend de grands services en année de rareté de fourrages. La composition de la navette est la suivante :

Fig. 66. — Navette.

Eau	84,1
Albuminoïdes	2,2
Amides	0,6
Graisse	0,8
Hydrates de carbone	5,7
Cellulose brute	3,5

On peut remplacer la navette par le colza d'hiver au mois d'août en faisant le semis le plus tôt possible, dans les climats qui ne sont pas trop durs.

SPERGULE (*Spergula arvensis maxima*) (fig. 67).

La spergule géante, que l'on cultive comme fourrage, est une caryophyllée originaire des terrains sablonneux de la

Courlande. Dans des conditions favorables, elle peut atteindre 1 mètre de hauteur, tandis que la spergule des champs dépasse rarement 30 centimètres. Le fourrage qu'elle donne est surtout consommé en vert à l'étable ou au pâturage. Il convient de signaler qu'il a, comme le trèfle, l'inconvénient de météoriser les animaux. Il est surtout très estimé pour les vaches laitières, qui, à son régime, produisent un beurre renommé. Le cheval ne mange la spergule qu'avec répugnance. On peut aussi faner ce fourrage, mais par les temps un peu humides, l'opération est lente et difficile.

Cette plante n'atteint tout son développement que sous un climat humide et pluvieux. Dans les pays secs, elle fleurit au ras du sol et donne des produits insignifiants.

Les sols qui lui conviennent le mieux sont les terres sablonneuses ou sablo-argileuses très perméables, toujours fraîches en été.

La rapidité de la croissance de la spergule permet de la cultiver en récolte dérobée, comme en récolte principale. Comme elle revient très bien sur elle-même, on peut faire plusieurs

Fig. 67. — Spergule.

récoltes successives sur le même champ. On la sème après fourrages annuels d'hiver et après seigles à graine ou escourgeons. Elle a la réputation d'épuiser très peu le sol sinon de l'améliorer.

La préparation du sol est très simple. On donne un labour léger, puis on herse avec soin, pour bien ameublir la surface du sol. Comme engrais, le purin et le nitrate de soude (200 à 300 kilogs) sont très efficaces. On fait les semis depuis le commencement du mois de mars jusqu'à la fin d'août. Huit à dix semaines suffisent pour que la spergule soit fauchable : on doit donc faire des semis successifs pour assurer une consommation longue et régulière.

On répand à la volée de 15 à 20 kilogrammes de semence par

hectare, et on l'enterre légèrement à la herse, puis on roule.

On peut faire pâturer la spergule au piquet, ou mieux la faucher au commencement de la floraison pour la distribuer à l'étable. Pour faire du foin on réserve de préférence les semis de mars ou d'avril que l'on coupe en pleine floraison. On fait sécher en moyettes comme le trèfle. Le rendement en foin est de 35 quintaux environ par hectare. Voici la composition de la spergule en vert et en sec :

	Fourrage vert.	Fourrage sec.
Eau........................ .	80,0	16,7
Albuminoïdes.....	1,9	10,4
Amides	0,4	1,6
Graisse................ ...	0,7	3,0
Hydrates de carbone.........	9,7	36,8
Cellulose brute	5,3	22,0

Pour la récolte de la graine, on choisit les premiers semis, car ils fleurissent et fructifient mieux. On fauche aussitôt que les capsules sont mûres, pour éviter l'égrenage. Après avoir laissé en andains quelques jours, on forme de petites moyettes pour terminer la dessiccation. On rentre par la rosée dans des voitures bâchées. Un hectare peut donner de 350 à 700 kilogrammes de graine, et 30 quintaux de paille, aussi nutritive que du foin.

CÉRÉALES-FOURRAGES.

Parmi les céréales on cultive comme fourrages annuels le seigle d'hiver, l'avoine d'hiver dans les climats doux, le sarrasin, le maïs et le moha, sorte de millet (1).

Seigle.

« Le seigle, dit E. Lecouteux, est de date très ancienne cultivé pour fourrage précoce qui se coupe sous le climat de Paris, dès la dernière semaine d'avril. Il gagne beaucoup à passer par le hache-paille, car après son épiage il ne tarde pas

(1) Voy. C.-V. GAROLA, *Les Céréales*. Paris, Firmin-Didot.

à devenir fibreux. L'emploi d'engrais actifs et abondants, engrais à base d'azote et de phosphates, le fait taller et pousser en feuilles très larges. Ici la verse n'est pas à craindre, puisqu'il s'agit d'obtenir du fourrage vert et non du grain. Il y a donc tout intérêt à provoquer une épaisse végétation, et d'autant mieux que, pour le bétail, cette luxuriance de récolte à coup d'engrais se traduira par un fourrage moins dur et plus mangeable.

« Il est d'ailleurs à noter que le seigle à cause de sa précocité est une excellente récolte supplémentaire qui prépare le terrain à recevoir une emblavure de maïs. Vienne une disette fourragère en juillet et août, le seigle ensilé sera le remède à côté du mal, et certes ce remède n'aura pas coûté cher. »

La culture du seigle comme plante fourragère précoce ne diffère pas de la culture pour le grain. Toutefois on se hâte de faire les semis que l'on exécute en répandant plus de semence à l'hectare. Il faut aussi choisir les variétés les plus productives en tiges et feuilles, et les plus précoces à la fois.

M. Lechartier a cultivé comparativement différentes variétés comme fourrages en 1892-93, et a obtenu les rendements suivants :

Seigle grand de Russie.............	405	quintaux.
— de Schlanstedt..............	346	—
— des Alpes	359	—
— de Champagne.............	247	—
— de Brie....................	271	—

Le seigle-fourrage présente la composition suivante au point de vue alimentaire :

Eau..	72,9
Matière azotée..............................	3.3
Graisse brute...............................	0,9
Hydrates de carbone	14,0
Cellulose brute............................	7,3
Cendres.....................................	1,6

Une vache de 500 kilogrammes de poids vif est suffisamment nourrie avec 50 à 60 kilogrammes de seigle vert par jour. Ce fourrage est favorable à la production du lait.

Avoine.

Dans les contrées à hivers doux, où l'on peut cultiver l'avoine d'hiver, on sème cette céréale comme fourrage hâtif de même que le seigle. On considère justement l'avoine fauchée en vert comme un excellent fourrage pour la production du lait. On cultive aussi parfois les orges d'hiver dans le même but. Le seigle toutefois est la plante qui rend le plus. Le tableau suivant reproduit la composition de l'avoine fauchée en vert :

Eau	81,0
Matière azotée	2,3
Graisse brute	0,5
Hydrates de carbone	8,3
Cellulose brute	6,5
Cendres	1,4

Sarrasin.

Le sarrasin de Tartarie est souvent cultivé comme fourrage vert d'été, ou encore comme fourrage à enterrer comme engrais vert. M. de Werder, à ce que rapporte Schwerz, en faisait deux récoltes successives dans le même champ. Le sarrasin vert donné à l'étable est très goûté des bêtes à cornes. Les vaches qui s'en nourrissent demeurent en bonne santé et donnent beaucoup de lait. Il convient également aux chevaux; mais donné aux moutons, il peut occasionner une forte enflure de la tête qui n'est pas sans danger.

Nous donnons ci-après la composition du sarrasin-fourrage :

Eau	85,0
Matière azotée	2,4
Graisse	0,6
Hydrates de carbone	6,4
Cellulose brute	4,2
Cendres	1,4

Maïs.

Mais c'est principalement le maïs dans ses variétés développées et tardives qui, parmi les céréales, joue, dans le centre et le nord de la France, le rôle fourrager le plus important. Semée à des époques successives, cette plante assure pendant tout l'été et jusqu'aux gelées la nourriture du bétail en fourrage vert. Elle peut, d'autre part, quand on applique à sa conservation la méthode aujourd'hui classique de l'ensilage, servir de base au régime des bêtes bovines pendant tout l'hiver.

On cultive de préférence comme fourrage le maïs dent de cheval ou géant caragua. Mais il ne faut pas négliger non plus les maïs d'Auxonne ou des Landes, qui, s'ils ne permettent pas d'atteindre d'aussi hauts rendements, donnent par contre un fourrage de meilleure qualité.

Le maïs dent de cheval (fig. 68) donne des rendements considérables ; ses tiges peuvent s'élever à $3^m,50$, et en bonne culture on récolte facilement 60 000 kilogrammes de fourrage. On a publié des rendements de 150 000 kilogrammes ; pour notre part nous avons obtenu dans la Haute-Marne un produit de 87 000 kilogrammes passé à la bascule.

Toutes choses étant égales d'ailleurs, le rendement du maïs en fourrage est en raison directe de la richesse du sol et des engrais qu'on lui fournit. On comprend sans peine qu'il n'est pas possible d'obtenir 80 tonnes métriques de fourrage vert à l'hectare, sans une très forte fumure. De plus, comme la croissance de la plante qui nous occupe est très rapide, il faut mettre à sa disposition des engrais très facilement assimilables, comme des fumiers décomposés et surtout du nitrate de soude, des superphosphates et des sels de potasse quand cela est nécessaire. Une récolte de 50 tonnes seulement de maïs dent de cheval enlève au sol au moins 117 kilogrammes d'azote ; 48 kilogrammes d'acide phosphorique, 120 kilogrammes de potasse. Il sera dès lors nécessaire, dans un sol de composition normale, de fournir au moins 45 kilogrammes d'azote nitrique ou 300 kilogrammes de nitrate de soude et 35 kilogrammes d'acide phosphorique assimilable, ou 250 kilogrammes de superphosphate à 14 p. 100. Dans les sols pauvres en acide phosphorique, comme c'est si général, on emploie 400 kilogrammes de superphosphate.

Dans les expériences que nous avons faites en 1887 à Lucé près de Chartres, nous avons remarqué que l'acide phospho-

Fig. 68. — Vue d'un champ de maïs dent de cheval (d'après une photographie).

rique a une action très nette sur l'accroissement de poids du fourrage, ainsi que l'azote. La potasse n'a eu aucun effet utile dans ce sol dosant 1 gramme de ce corps par kilogramme.

Dans les terres de Sologne, Lecouteux, notre regretté maître, fumait ses maïs à l'aide de 30 à 40 tonnes de fumier de ferme qu'il complétait par 300 à 400 kilogrammes de superphosphate et 100 kilogrammes de sulfate d'ammoniaque. Dans l'exploitation paternelle nous enterrions pour cette culture 50 mètres cubes de fumier fait par hectare.

Nous préparons le sol pour le maïs-fourrage comme pour les betteraves, c'est-à-dire que nous déchaumons en été la céréale à laquelle on le fait succéder, et que nous donnons un labour d'automne. Celui-ci demeure intact jusqu'à la conduite du fumier au printemps. La fumure est enterrée par un labour. Quand l'époque du semis est venue, on répand à la volée les engrais complémentaires que l'on mélange au sol à l'aide du scarificateur, afin de rafraîchir le labour avant le passage du semoir.

Si l'on veut faire du maïs sur un seigle, un trèfle incarnat, ou une vesce d'hiver, on donne un labour qui enterre le fumier aussitôt l'enlèvement de la récolte, on répand l'engrais complémentaire sur le labour avant de semer. On le mélange au sol avec la herse ou le cultivateur. En général les premiers maïs se font après céréales d'automne.

Les semailles se font, dès que les gelées tardives d'avril ne sont plus à craindre, à la volée ou, ce qui est préférable, en lignes. Le grain ne doit pas être enterré à plus de 5 centimètres. Les lignes sont espacées de 30 à 40 centimètres, et les grains sur la ligne à 10 centimètres. A 30/10 il faut environ 100 kilogrammes de maïs dent de cheval par hectare. A la volée on sème 150 à 200 kilogrammes. Il convient de ne pas épargner la semence, non pas que cela augmente le rendement, mais parce que les tiges deviennent moins fortes et moins dures. Le fourrage est, dans ces conditions, meilleur.

Quand il est destiné à être mangé en vert à l'étable, le maïs doit être semé successivement tous les mois au moins, depuis la fin d'avril jusqu'en août. On sème dans le courant de mai les maïs destinés à l'ensilage.

Dans le centre et le nord, les soins d'entretien se bornent à un binage. Dans le midi on y joint des arrosages par la méthode d'infiltration quand cela est possible.

Nous avons analysé les récoltes de cinq variétés de maïs cultivées parallèlement dans le même champ à Gas et avons obtenu :

	JAUNE DES LANDES.	QUARANTAIN.	AUXONNE.	JAUNE GROS.	GÉANT CARAGUA.
Eau..................	87,55	88,80	88,50	87,60	84,40
Matière sèche..........	12,45	11,20	11,50	12,40	15,60
— azotée........	1,68	1,51	1,77	1,49	1,10
Hydrates de carbone...	6,98	6,53	6,08	7,31	10,54
Cellulose	2,87	2,29	2,44	2,46	3,09
Cendres	0,92	0,87	1,21	1,14	0,87

D'après les expériences faites aux États-Unis, les principes immédiats du maïs vert ont les coefficients de digestibilité suivants :

Matière sèche......................... 68 p. 100.
 — azotée...................... 61 —
Hydrates de carbone................. 74 —
Cellulose .... 61 —
Cendres............................. 35 —

Le maïs vert est un fourrage un peu trop pauvre en matière azotée. Il convient pour en tirer tout le parti possible de combiner sa consommation avec un quart ou un cinquième de luzerne ou de trèfle, ou, à défaut, de distribuer 2 à 3 kilogrammes de tourteau par tête de gros bétail.

Après ensilage, le maïs présente la composition suivante :

Eau.......................... .... 61,00 à 81,00
Matières azotées.................. 1,24 à 1,69
Graisse.......................... 0,36 à 0,77
Hydrates de carbone............. 7,22 à 8,47
Cellulose .... 4,82 à 4,91

Pour juger de la valeur nutritive du maïs ensilé, il faudrait connaître exactement le dosage en éléments azotés protéiques ou albuminoïdes. Les doses indiquées plus haut comprennent, outre les albuminoïdes, les amides et les sels ammoniacaux, résultant de la fermentation des premiers. Dans le cas des pulpes de betteraves ensilées, on sait que la proportion de ces matières azotées non assimilables peut atteindre 50 p. 100 et plus du lot de la protéine brute. Il en résulte *a fortiori* que l'on doit compléter la ration des animaux qui reçoivent de l'ensilage de maïs avec des aliments riches en albuminoïdes, comme le foin de légumineuses et les tourteaux.

Dans les contrées où la température le permet, on conserve le maïs-fourrage en le faisant sécher en moyettes dans les champs.

Fig. 69. — Moha de Hongrie.

Millets.

Enfin nous dirons un mot des millets employés comme fourrages verts ou secs. Les plus cultivés sont connus sous le nom de moha de Hongrie et de moha vert de Californie ; le millet d'Italie donne aussi de bons produits.

Le moha de Hongrie (fig. 69) (*Panicum germanicum*) se sème

depuis la fin d'avril jusqu'en juillet. Il épie deux mois après la levée. Il est caractérisé par la couleur brune de ses épis. Sa graine est très petite et pèse de 60 à 65 kilogrammes l'hectolitre. On en sème de 20 à 25 kilogrammes par hectare. Elle germe facilement alors même que la sécheresse arrête la végétation des autres plantes. Ce moha est précieux pour les pays secs; il constitue une plante très feuillue qui forme un excellent fourrage.

Le moha vert de Californie est une simple variété du précédent, dont l'épi reste vert au lieu d'être teinté de brun. Sa végétation est un peu plus rapide, la plante est plus feuillue, mais il lui faut un sol plus riche.

On peut cultiver les mohas comme fourrages dans toutes les régions de la France. On obtient les plus beaux rendements dans les terres franches et fraîches; mais ils donnent encore des produits satisfaisants dans les sols les plus légers et les plus secs.

On peut les cultiver en seconde récolte après les fourrages verts récoltés au printemps ou après une céréale d'automne. Le sol labouré doit être parfaitement ameubli et fumé à l'aide de nitrate de soude et de superphosphate. On sème dru en lignes ou à la volée. On fait consommer en vert dès que les épis se montrent. On peut faner le fourrage ou encore l'ensiler pour l'hiver. Le rendement est de 200 à 300 quintaux par hectare, d'un fourrage très nourrissant, comme le montre l'analyse suivante :

Eau	70,0
Matière azotée	3,7
Graisse	0,8
Hydrates de carbone	13,4
Cellulose	10,2
Cendres	1,9

Sous le rapport nutritif 40 kilogrammes de moha équivalent à environ 100 kilogrammes de maïs vert.

LA RÉCOLTE DES FOURRAGES

FENAISON.

La fenaison (de *fœnum*, foin) comprend deux opérations principales : la fauchaison, ou coupe des fourrages ; et le fanage ou dessiccation de ceux-ci. Enfin lorsque le foin est dans un état convenable, il faut le rentrer, assurer sa conservation pour la consommation du bétail pendant le cours de l'année, ou le préparer pour la vente.

Époque de la fauchaison.

La première question que nous devions résoudre est celle qui concerne l'époque la plus favorable pour exécuter la coupe des fourrages. Cette époque doit être celle où la prairie naturelle ou artificielle, vivace ou annuelle, peut fournir la plus grande quantité possible de matière nutritive digestible. Mais les praticiens sont loin d'être d'accord sur ce point.

Les uns attendent que les herbes aient défleuri et que les graines commencent à se former ; les autres, au contraire, les coupent en pleine floraison. Nous verrons que cette dernière manière d'agir est préférable à la première, mais qu'il en est une troisième plus avantageuse pour les prairies à plusieurs coupes : le début de la floraison.

Les prairies naturelles sont formées d'un grand nombre de plantes différentes qui ne fleurissent pas à la même époque. Les grandes graminées sont celles dont la floraison est le plus tardive. On attend le plus souvent qu'elles soient en pleine fleur pour commencer la fauchaison. Mais alors déjà les légumineuses ont passé fleur, elles perdent une grande partie de leurs feuilles, pendant que d'autre part les ombellifères durcissent et deviennent immangeables.

En Lombardie on commence plus tôt. On a pour règle de faire la première coupe à la floraison du « *Phalaris arundinacea* », ou du paturin commun. Les trèfles sont encore en fleurs à ce moment et, outre cet avantage, cela permet de faire quatre coupes dans les prairies irriguées, alors que dans le midi de la France, où l'on a l'habitude de faucher plus tardivement, on ne peut en faire que trois.

Suivant Mathieu de Dombasle, l'illustre agronome lorrain, dans les prairies qui ne donnent qu'une seule coupe, il est bon d'attendre que la majeure partie des bonnes plantes soient en pleine floraison, car en fauchant plus tôt il pourrait y avoir quelque chose à perdre sur la quantité du fourrage. Mais on ne doit pas passer cette époque, car l'on perdrait alors *beaucoup sur la qualité.*

Là où l'on peut compter sur une seconde coupe, il convient de devancer cette époque d'une huitaine de jours : on obtiendra ainsi un fourrage de meilleure qualité, et ce qu'on pourra perdre sur la quantité sera compensé par un excédent dans la coupe suivante.

L'époque de la pleine floraison arrive d'ordinaire du 15 au 25 juin, dans la région du nord de la France, mais elle peut être avancée ou reculée suivant les circonstances météorologiques du printemps et du commencement de l'été.

En automne, la décroissance de la température ne permet plus d'attendre la floraison. On coupe dès que le gazon est bien fourni. Sous notre climat, lorsque la fauchaison du regain dépasse la mi-septembre, le fanage de la récolte est soumis à de périlleuses casualités et même par les beaux jours la dessiccation devient fort lente.

Pour les prairies artificielles, il y a deux cas à considérer : la consommation en vert et la fabrication du foin.

Il n'est pas douteux que les fourrages légumineux distribués *en vert* profitent plus au bétail que lorsqu'ils sont consommés à l'état sec. Il y a plusieurs causes à cela : l'expérience prouve d'abord qu'ils sont d'une digestibilité plus facile, et que par conséquent l'animal peut assimiler une plus grande proportion des éléments nutritifs ingérés à l'état de fourrage vert ; par exemple le coefficient de digestibilité de la protéine brute d'un trèfle vert pas trop avancé était de 72 p. 100, tandis que dans le foin de trèfle, il ne dépassait pas 55 p. 100. Pour produire le même effet dans l'alimentation, il aurait donc fallu donner en foin de trèfle 182 kilogrammes de matière azotée brute, au lieu de 138 seulement sous forme de trèfle vert; de plus, pendant la dessiccation, les fourrages légumineux perdent une portion importante de leurs feuilles, et cela diminue considérablement leur richesse en principes nutritifs. Cette perte en poids brut de fourrage atteint 1/4 de la récolte.

La consommation des fourrages en vert oblige à faucher les plantes à différentes époques de leur évolution vitale, car elle est successive; si l'on ne la commençait qu'à la floraison, on devrait le plus souvent la prolonger jusqu'au moment où, la fructification achevée, les plantes se lignifient, perdent la plupart de leurs feuilles, et la plus grande partie de leur valeur nutritive. Schwerz recommande de commencer à faucher le trèfle aussitôt que la faulx peut le saisir, parce qu'à cet état de croissance il produit plus de lait. C'est du reste le seul moyen qui permette de régler les coupes pour qu'elles se succèdent sans interruption.

Schweitzer dit que c'est agir d'une manière tout à fait inattentionnelle que d'attendre pour commencer à couper le trèfle qu'il ait formé ses boutons à fleurs; et que, dans ce cas, on n'aura pas longtemps à se réjouir de la quantité de lait et des autres avantages que procure l'emploi du trèfle vert, avantages qu'on n'obtient que du jeune trèfle. Nous commençons, dit-il, souvent à le faucher avant qu'il ait atteint treize centimètres de hauteur. Plus tôt on commence à le couper, plus tôt il repousse.

Ces données de la pratique agricole sont en parfait accord avec les principes de l'agronomie, comme nous le verrons plus loin.

Quand on veut transformer en foin les prairies artificielles, à quelle époque doit-on les faucher?

Voici ce que nous dit Mathieu de Dombasle:

Le sainfoin doit se couper lorsqu'il est en pleine floraison, et avant la maturité des semences les plus avancées.

Pour la luzerne, la floraison n'est pas un indice certain de l'époque convenable pour le fauchage, car, dans beaucoup de circonstances, lorsque la luzerne ne montre encore qu'un petit nombre de fleurs, ou même n'en montre pas du tout, on remarque que la croissance des plantes s'arrête ; et, si on les observe avec attention, on trouve que leurs tiges se dégarnissent de leurs feuilles par le bas et sur une partie de leur longueur, ou que les plantes poussent de nouveaux jets du collet des racines. Quelquefois aussi, pour les coupes de la fin de l'été, les feuilles des plantes sont piquées, c'est-à-dire présentent des points noirs qui indiquent une suspension de leur végétation. Dans tous ces cas, on ne peut que perdre à retarder la coupe ; et les plantes repoussent vigoureusement après le fanage, si la saison le permet encore, tandis qu'elles n'eussent aucunement profité si l'on eût laissé les anciennes tiges debout.

Le trèfle doit se couper lorsque les plantes sont en pleine floraison ; cependant lorsqu'il arrive que la récolte est versée, et que les feuilles inférieures jaunissent ou tombent, on ne doit pas retarder la fauchaison.

Dans les vesces, la floraison dure fort longtemps ; et les premières gousses sont souvent déjà mûres, lorsque les tiges s'allongent encore et produisent de nouvelles fleurs. Si la récolte n'est pas fortement couchée, il convient d'attendre, pour la faucher, que les premières gousses approchent de la maturité. La dessiccation sera plus facile, et le fourrage plus abondant.

Quant aux fourrages artificiels composés d'une seule espèce de graminées, ray-grass, fromental, dactyle pelotonné, fléole, etc., on doit les couper de très bonne heure, aussitôt que les épis ou panicules sont bien développés et que la floraison commence ; sans cela on n'obtient qu'un fourrage dur et de qualité inférieure.

Nous compléterons les observations pratiques qui précèdent par les considérations suivantes relatives à la digestibilité des fourrages, selon l'âge auquel on les récolte.

A mesure qu'une plante croît, se développe, il s'opère en son sein de continuels changements, tant au point de vue de la solubilité de ses principes constituants, qu'à celui de leur quantité relative. La composition d'un végétal en vie n'est pas la même deux jours de suite. Dans les jeunes plantes ou les jeunes organes, où les cellules se multiplient avec rapidité, les éléments protéiques sont plus abondants et ils sont plus solubles que dans les mêmes plantes, les mêmes organes, arrivés à un état de végétation plus avancée. Avec l'âge, la quantité de matière protéique croît bien moins rapidement que la quantité d'hydrates de carbone, et, en même temps, une partie de ceux-ci devient insoluble en se transformant en ligneux. Des analyses de trèfle et de luzerne, faites à différentes époques de végétation, mettent cette loi en parfaite évidence :

DATE DE LA COUPE du fourrage.	100 PARTIES DE FOIN CONTIENNENT :				
	Eau.	Protéine.	Ex-tractifs et graisse.	Ligneux.	Cendres
1° *Trèfle rouge* (Émile Wolf).					
Très jeune............	16,7	21,9	26,9	24,7	9,8
13 juin	16,7	13,8	29,5	32,8	7,2
23 —	16,7	11,2	33,4	32,9	5,8
20 juillet	16,7	9,5	26,5	41,7	5,6
2° *Luzerne* (Ritthausen).					
24 avril............	16,7	28,7	27,7	18,3	8,6
22 mai............	16,7	21,9	29,1	22,6	9,7
3 juillet............	16,7	14,8	20,9	40,4	7,2
3° *Prairie naturelle*.					
Regain (jeunes herbes).	15,0	9,5	45,4	23,5	6,6
Foin (pleine fleur).....	14,2	8,4	43,9	26,8	6,7

D'où la conclusion que le ligneux ne fait qu'augmenter pendant que la protéine diminue proportionnellement, et que si les extractifs non azotés s'accroissent jusqu'à une certaine époque, à partir de là ils décroissent rapidement. Partant, nous dirons avec Stöckhardt que c'est une grande faute de commencer la fenaison trop tard, quand l'herbe est déjà trop mûre. Les herbes jeunes et tendres sont fortement nourrissantes, vu leur richesse en protéine et la solubilité de leurs principes ; elles sont aussi nourrissantes que les grains (eau déduite), tandis que les vieilles ne valent pas plus que de la paille.

Il faut ajouter à cela que les foins d'herbes jeunes sont d'une digestion plus facile que ceux faits trop tard. La digestibilité est en effet largement influencée par la constitution de l'aliment. Cette influence est incontestable, car les états moléculaires variables qu'affectent les différents principes nutritifs, les rendent plus ou moins facilement attaquables par les sucs digestifs. Cet état moléculaire varie non seulement avec chaque plante, mais il change aussi pour chacune avec le degré d'avancement de la végétation. Ainsi les jeunes pousses des herbes sont presque complètement digestibles, tandis qu'à leur naturité complète leur digestibilité est bien moindre. C'est de quoi les résultats de nombreuses expériences donnent une preuve irréfutable. Pour n'en citer qu'une, disons que du trèfle, coupé à la fin de la floraison, a livré :

      15,4 p. 100 de protéine,
      12,0   —   d'extractifs non azotés,
      20,7   —   de graisse,
  et 21,0   —   de ligneux,

de moins que le même trèfle coupé un peu avant la floraison.

Ainsi sous le rapport de la matière azotée et sous celui de la digestibilité, il importe de ne pas retarder la coupe des fourrages.

Nous ajouterons que les coupes hâtives et convenablement répétées, quand cela est possible, fournissent aussi la plus grande masse de fourrages, de la meilleure qualité.

A Hohenheim, la récolte d'un gazon bien exposé au soleil, ayant fourni deux coupes au 12 juin, a livré une quantité totale de substances protéiques de moitié supérieure à celle obtenue lors d'un fauchage unique : le rapport entre les produits en matières protéiques a été de 668 à 434, la proportion centésimale en albumine étant, dans le premier cas, de 20,4 et, dans le second, de 16,3 et le total de la substance sèche récoltée a été respectivement de 3 274 et de 2 662 kilogrammes. Un champ de trèfle a donné lieu à des observations semblables à Proskau ; trois coupes ont livré ensemble 3 222 kilogrammes de substance sèche et 676 kilogrammes de protéine brute par hectare, et deux coupes 3 061 kilogrammes de substance sèche, contenant seulement 437 kilogrammes de protéine brute (1).

Aussi dirons-nous pour terminer que c'est une grande faute de commencer la fenaison trop tard, non seulement au point de vue de la quantité absolue de principes nutritifs recherchés, mais encore à celui de leur digestibilité.

Coupe des fourrages.

La coupe des fourrages s'exécute soit avec la faulx, soit avec la faucheuse.

De tous les instruments de coupe à bras, la faulx est celui auquel il convient de donner la préférence pour la récolte des fourrages. Il n'y en a pas, en effet, qui permette de coucher les herbes sur le sol avec plus de célérité, ni dont l'emploi soit plus économique. Avec la faulx, grâce à l'obliquité relative du manche et de la lame, l'ouvrier peut tondre l'herbe aussi près du sol qu'on peut le désirer, tout en conservant une position commode. La faucille et la sape, que l'on emploie pour la moisson, forceraient l'homme à se placer à genoux ou à se plier en deux, pour faire un travail qui, malgré tout, resterait inférieur.

Nous ne donnerons pas la description de la faulx, c'est un instrument trop répandu pour que cela soit nécessaire. Nous nous bornerons à mettre sous les yeux du lecteur la figure d'une faulx munie d'un playon pour la coupe en endains réguliers des prairies artificielles.

Le travail du faucheur avance avec d'autant plus de rapidité que les fourrages sont plus clairs et moins résistants. La largeur du train que parcourt la faulx dans son mouvement circulaire est constante pour chaque ouvrier. Il n'y a que l'épaisseur de la zone dénudée par le coup de faulx qui puisse varier, et qui varie avec le pas en avant du faucheur. L'avan-

(1) Émile Wolff.

cement de celui-ci peut être d'autant plus grand, dans une certaine limite, que la résistance à la coupe est moins grande. C'est pourquoi on abat dans une journée une plus grande étendue de prairie artificielle que de prairie naturelle.

Sous l'action de la faulx, toutes les herbes coupées sont ramenées sur la gauche du faucheur et y forment un andain plus ou moins régulier ; pour couper les prairies de légumineuses, qui ne doivent pas être soumises au fanage proprement dit, et qui ont besoin d'être placées en andains très réguliers, on arme la faulx d'un playon.

La perfection dans le travail du fauchage consiste à couper les tiges le plus près possible de terre. Il faut en outre que la faulx soit dirigée de façon à ne laisser après son passage qu'un tapis de velours bien ras et sans aucune irrégularité. L'ouvrier pourra faucher d'autant plus ras que le terrain sera plus uni et plus dépourvu de mottes de pierres et de taupinières. L'épierrage et le roulage des prairies au printemps ainsi que

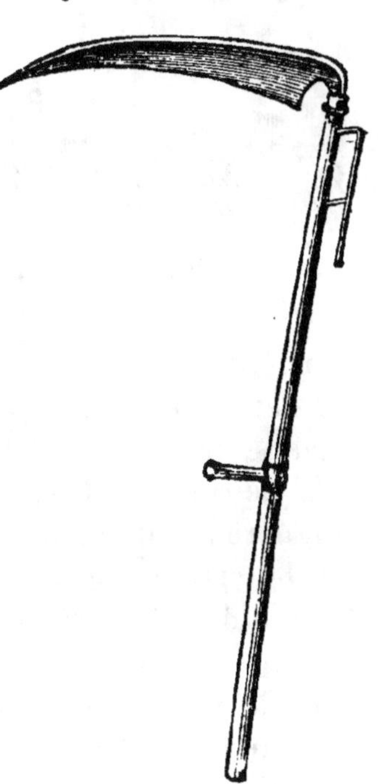

Fig. 70. — Faulx.

l'étaupinage, sont des travaux d'une importance manifeste, car en dehors de leur utilité spéciale, ils ont pour effet d'accroître sensiblement le rendement en foin en facilitant un meilleur fauchage.

Pour que le sol fauché forme un tapis sans inégalités, il faut que l'ouvrier soit habile et sache faire l'effort nécessaire pour faire décrire à sa faulx son mouvement circulaire de droite à gauche dans un plan parallèle à la surface du terrain. S'il n'abaisse pas assez tôt le talon de sa faulx, quand il attaque la droite de son train, et s'il le relève trop tôt sur sa gauche, la lame, au lieu de manœuvrer dans un plan horizontal, se meut suivant une surface cylindrique, comme le montre le schéma suivant. L'herbe est coupée très près du sol en **B**, quand la faulx passe vis-à-vis le faucheur; mais la longueur des chaumes s'accroît régulièrement à sa droite et à sa gauche en **A** et **C** (fig. 71).

Comme l'andain est formé en **C**, l'imperfection du travail est masquée pendant son exécution pour le cultivateur débu-

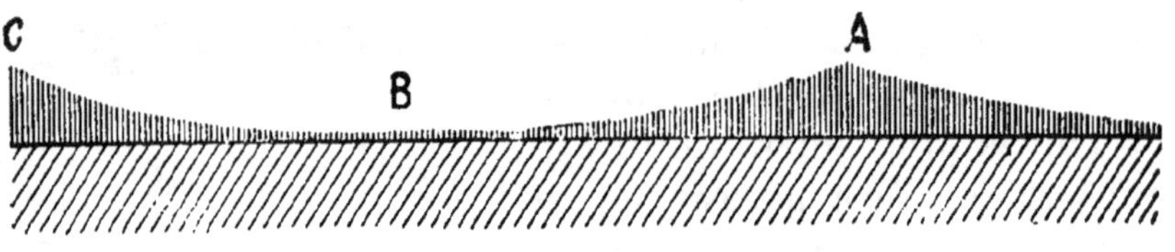

Fig. 71. — Schéma d'un mauvais coup de faulx.

tant, qui n'est pas au courant de la pratique du fauchage. Il ne s'en aperçoit que lorsque le fourrage est enlevé, car alors chaque train du faucheur forme comme une allée garnie de chaque côté d'une bordure de gazon plus élevé. Le praticien n'ignore pas que pour juger du travail de la faulx, ce n'est pas le terrain situé derrière l'ouvrier qu'il faut examiner; mais celui qui se trouve placé à sa gauche, sous l'andain, qu'on rejette sur le côté avec le pied. Si le travail est bon à cet endroit il est bon partout.

Cette observation a une importance plus grande qu'on ne saurait le croire au premier abord, surtout dans les prairies naturelles, et spécialement lors du fauchage des regains. Un faucheur malhabile ou paresseux fera perdre facilement un dixième de la récolte. On ne saurait donc apporter trop de soin au choix et à la surveillance de ces ouvriers. Il vaut mieux les surpayer, s'ils le méritent, que de les prendre au rabais.

En ce qui concerne le choix de la faulx, on doit s'en rapporter aux habitudes des ouvriers. Pour chaque faucheur, le meilleur outil sera toujours celui au maniement duquel il est accoutumé; et il y a plus d'inconvénients que d'avantages à vouloir, sous ce rapport, modifier les coutumes locales. Du moment que l'herbe est coupée bien régulièrement et rez de terre, c'est tout ce qu'il importe. Que la faulx soit grande ou petite, vosgienne, champenoise, picarde ou bretonne, l'étendue coupée ne variera pas sensiblement avec un bon ouvrier possédant bien son outil en mains.

Le fauchage, le plus souvent, s'exécute à la tâche. C'est la méthode la plus économique, mais c'est aussi celle qui demande de la part du cultivateur la surveillance la plus attentive. Pour avancer plus vite, les tâcherons ont une tendance à prendre les andains trop larges. Dans ces conditions, ils ne rasent pas le tapis d'assez près, surtout sur les côtés, et la défectuosité que nous avons signalée dans le travail du mauvais faucheur se produit infailliblement. L'œil du maître est la meilleure garantie contre cette malfaçon.

La quantité de travail exécuté par un faucheur est très variable. Mathieu de Dombasle dit que, dans les prairies naturelles bien garnies, mais où l'herbe n'est pas roulée ou versée, un faucheur robuste coupe habituellement dans sa journée 30 à 40 ares ; qu'il n'en fait pas davantage dans les regains, même lorsqu'ils sont fort courts, parce que le travail y exige plus de soin ; mais que dans les trèfles et les luzernes un homme fauche communément 40 à 60 ares, à moins que l'état de la récolte présente des difficultés particulières.

Emploi des faucheuses (fig. 72). — Aujourd'hui que la main-d'œuvre devient rare et chère, et que ce phénomène économique va en s'accentuant de plus en plus, le moment est venu de remplacer le fauchage à bras par le fauchage mécanique. Dans la plupart des conditions, ce changement s'impose ; mais en outre, même dans les situations privilégiées, où la raréfaction des bras ne se fait pas aussi vivement sentir, on a avantage à faire la fauchaison à la machine. L'emploi des faucheuses met le cultivateur à l'abri des exigences des ouvriers spéciaux et la rapidité de l'exécution de la coupe diminue, dans une grande proportion, les chances de détérioration auxquelles sont exposés les fourrages. De plus, l'utilisation des machines permet d'effectuer la coupe au moment le plus opportun et contribue, par là, à assurer aux fourrages une bonne qualité et une valeur nutritive élevée.

Nous n'entrerons pas dans la description des faucheuses, cela sortirait du cadre imposé à cet ouvrage. Nous nous bornerons à faire ressortir l'économie de leur emploi. Les fau-

cheuses sont arrivées aujourd'hui à un état de perfection telle,
que leur travail est au moins aussi bon que celui du meilleur
faucheur. Elles coupent l'herbe aussi près du sol et présen-

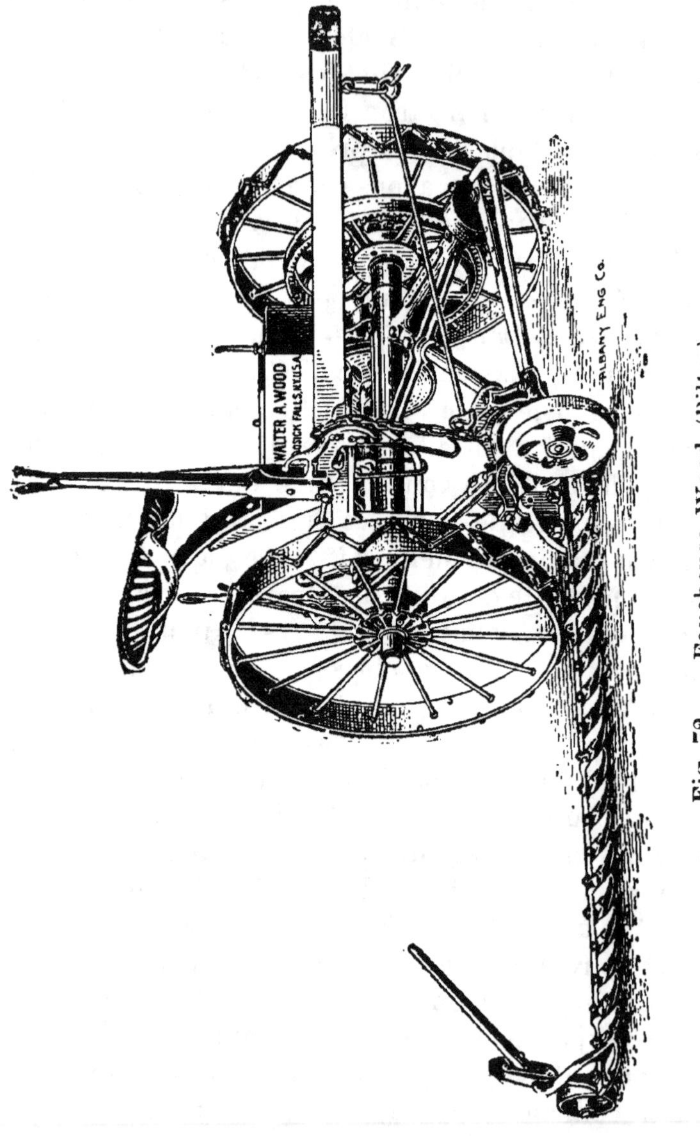

Fig. 72. — Faucheuse Wood (Pilter).

tent l'immense avantage d'abattre la récolte d'une surface
considérable par journée de travail. L'andain qu'elles forment
est peu pressé, peu ramassé et sèche très bien. Le fanage
devient par conséquent plus rapide et plus facile.

En dix heures de travail effectif, une faucheuse, attelée de deux chevaux, coupant sur 1^m,20 de largeur, peut mettre à terre 4 hectares de prairie. En relayant les chevaux et le conducteur, on peut facilement dépasser ce résultat.

Admettons que la machine doive s'amortir en cinq ans, ce qui est un minimum pour la durée d'une machine bien conduite ; comme elle coûte environ 400 francs d'achat, il faudra prélever sur les produits de son travail une somme annuelle de 80 francs, qu'on capitalisera, pour son remplacement. Si nous supposons que nous ayons à couper, dans une ferme de 160 hectares soumise à l'assolement quadriennal, 40 hectares de fourrages à deux coupes, la faucheuse aura à travailler quarante jours en tout dans le courant de l'année. Les frais d'amortissement s'élèveront par suite à 2 francs par journée de travail réel, ou à 0 fr. 50 par hectare. Nous devons ajouter à l'amortissement l'intérêt du capital-faucheuse, à 5 p. 100 par an, soit 20 francs en tout, et 0 fr. 50 par jour de fonctionnement.

Une autre partie importante de la dépense, ce sont les réparations que la machine exige par suite d'usure et d'accidents. C'est là une dépense très variable, on le comprend sans peine. Toutefois, il ne nous semble pas inutile, pour fixer un peu les idées à ce sujet, de donner un aperçu de ce qui se passe dans la pratique. Nous n'aurons, du reste, qu'à transcrire la note suivante, publiée en 1883, dans le *Journal d'Agriculture pratique*, par M. de Larclause, directeur de la ferme-école de Montlouis, dans la Vienne.

« J'ai acheté, dit-il, en 1875, à M. Pilter, une faucheuse Wood, modèle 1874, avec quatre scies et trois bielles.

« J'ai coupé avec cette machine en 1875, 1876, 1877 et 1879, 189 hectares de prairies artificielles. L'entretien, les réparations et le remplacement des pièces usées et cassées ont nécessité, pendant ces quatre années, une dépense de 101 francs. Depuis 1878, j'ai conservé les mémoires des diverses dépenses occasionnées par l'usage de la faucheuse et je vais les établir, année par année, en mentionnant la nature et le prix de chaque réparation, et de chaque acquisition des pièces de rechange.

« En 1879, la machine a coupé 32 hectares de luzerne et a
coûté :

	fr.
Réparation de l'arbre du premier mouvement...	15,00
1 plateau de cliquet	4,00
1 pignon de l'arbre du volant	4,00
2 guides de la bielle	2,85
Réparation à une roue et boulons.	3,50
50 sections de lame et rivets	20,00
4 têtes de scies	11,00
Dépense en 1879	60,35

En 1880, la faucheuse a coupé 36 hectares de luzerne et a
coûté :

	fr.
3 têtes de scies et boulons	15,50
4 doigts et 4 guides	13,00
Réparations diverses	15,00
9 bielles soudées	6,75
2 scies soudées	3,00
25 sections de lame et rivets	10,00
Dépense en 1880	62,25

En 1881, la faucheuse a coupé 55 hectares de luzerne et
trèfle, et a nécessité les dépenses suivantes :

	fr.
12 boulons de guides	3,00
4 doigts	9,00
4 têtes de scies	11,00
1 levier et une fourche d'embrayage	9,50
2 guides de la lame	3,00
2 bielles soudées	6,00
Réparations diverses	3,50
40 sections de lame et rivets	14,00
Dépense de 1881	58,00

La rupture fréquente de la scie et de la bielle était une cause
continuelle d'arrêts, de pertes de temps et de dépenses. J'ai
reconnu qu'elle était due à l'usure du grand sabot. En 1882
j'ai fait ajouter à cette pièce, au moyen de rivets, une plaque
d'acier, et j'ai pu faire sans accident la première coupe des
luzernes. Mais cette plaque s'étant usée, le jeu existant a de

nouveau fait casser les bielles et les scies; je me suis décidé à remplacer le grand et le petit sabot, malgré la dépense que nécessitait cette grosse réparation. J'ai pu faire placer ces deux pièces sans avoir recours à un maréchal. Depuis j'ai fait couper 9 hectares de deuxième et 4 hectares de troisième coupe de luzerne sans la moindre avarie.

La faucheuse a coupé, en 1882, 40 hectares de luzerne et a nécessité les dépenses suivantes :

	fr.
4 doigts...............................	9,00
Petite roue du sabot et de sa vis...	4,50
Grand sabot et son support..................	52,75
Petit sabot.............................	14,50
Réparations diverses....	5,00
5 bielles soudées......................	5,75
5 scies soudées.......................	6,25
40 sections de lame et rivets..............	20,00
Dépense en 1882.............	115,75

En récapitulant les détails qui précèdent, la faucheuse a coupé en huit années 352 hectares de luzerne, trèfle et sainfoin, et a occasionné une dépense de 398 fr. 35, soit par an une dépense de 49 fr. 80 et par hectare de 1 fr. 13. »

Nous pouvons, d'après ce qui précède, établir d'une manière très approchée le prix de revient de la journée de travail de la faucheuse et celui de la coupe de l'hectare de prairie :

	fr.
Un conducteur et un aide..................	10,00
Quatre journées de cheval	20,00
Graissage.............................	0,50
Intérêt et amortissement	2,50
Réparations...........................	5,65
Total.................	39,65

Comme dans ces conditions on coupera au moins 5 hectares par journée de travail, la dépense sera par hectare de « 7 fr. 93 » au maximum, car nous avons plutôt exagéré les dépenses.

GAROLA. — Plantes fourragères.   12

Dessiccation des fourrages ou fanage.

La dessiccation ou le fanage des foins comporte une série de manipulations que nous allons décrire, en indiquant en même temps les outils et les instruments nécessaires.

Le fanage s'opère différemment suivant qu'il s'agit de faire du foin de graminées ou de prairies naturelles, ou bien du foin de légumineuses ou de prairies artificielles.

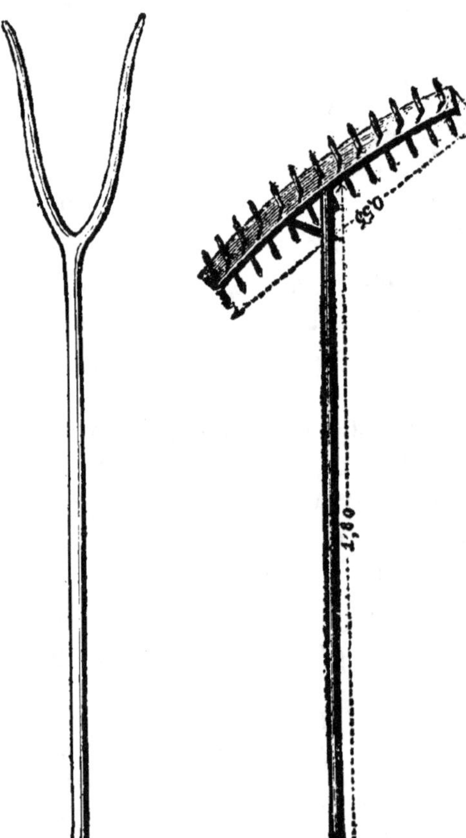

Fig. 73. — Fourche en bois.

Fig. 74. — Fauchet.

1° *Foin de pré*. — Le fanage du foin de pré se fait à l'aide d'outils à bras ou avec des machines perfectionnées, ou avec les uns et les autres. Nous allons décrire sommairement la méthode ancienne, puis la méthode exclusivement mécanique. Il sera facile ensuite d'imaginer les diverses méthodes mixtes que l'on peut suivre suivant les circonstances.

Les outils que l'on emploie pour le fanage manuel sont la fourche en bois (fig. 73) et le fauchet (fig. 74). Mathieu de Dombasle recommande d'opérer comme il suit :

« Aucun travail de fanage ne se fait le matin, avant que la rosée ne soit entièrement dissipée. Alors, c'est-à-dire vers huit heures, on étend, le premier jour du fanage, tous les andains fauchés dans la journée de la veille, ainsi que ceux qui l'ont été le matin de ce jour ; toute l'herbe fauchée après huit ou neuf heures restant en andains pour être étendue le lendemain. On retourne une fois avant midi l'herbe ainsi étendue ; et le soir avant la rosée, on met l'herbe en chevrottes ou petits tas, selon l'état de dessiccation où elle se trouve. Les chevrottes sont formées de la quantité d'herbe qui peut produire 5 ou 6 livres de foin, et quatre ou cinq chevrottes forment un petit tas. En principe général, on réunit le foin en tas plus ou moins gros, à mesure que sa dessiccation est plus avancée ; et on ne met en chevrottes que celui qui, à cause de la nature des herbes ou de leur abondance, ou à cause de l'état de l'atmosphère, n'a perdu dans la première journée qu'une petite partie de son eau de végétation. Le travail de cette première journée n'exige pas que l'atelier soit complet, puisqu'on n'a pas encore à s'occuper du foin de plusieurs journées.

« Le second jour, vers huit heures, on étend de même qu'on l'a fait la veille tous les andains fauchés jusqu'à ce moment ; ensuite on étend les chevrottes, puis les tas. Dès que cette opération est terminée, on commence à retourner la première herbe étendue, puis successivement tout le reste. On recommence ainsi dans le même ordre cette opération pendant toute la journée, jusque vers quatre heures du soir. Plus souvent on retourne le foin, plus promptement il sèche. Dans les temps chauds et secs, surtout s'il fait du vent, le foin des andains étendus la veille est ordinairement bon à être rentré dans l'après-midi de cette seconde journée. S'il n'est pas suffisamment sec, il le sera du moins presque toujours assez pour pouvoir être mis en gros tas (ou meulons). S'il n'était qu'aux trois quarts sec, on le mettrait en moyens tas. Le foin des andains étendus le matin sera mis en chevrottes ou en petits tas, selon l'état de la dessiccation.

« Le troisième jour et les jours suivants, les opérations sont les mêmes que dans le second, à la réserve des gros et moyens tas, s'il en existe, que l'on étend toujours les derniers dans la matinée. Le foin qui était en moyens tas n'a besoin communément que d'être étendu sur un espace assez resserré autour de la place qu'occupait le tas, et retourné une ou deux fois au milieu du jour pour pouvoir être chargé ou mis en gros tas. Quant au foin qui a passé la nuit en gros tas, il ne faut ordinairement qu'ouvrir et élargir ces derniers sans étendre complètement le foin, pour qu'il soit bientôt suffisamment sec. Les gros tas peuvent même rester plusieurs jours en cet état, et la dessiccation du foin s'y achève par l'effet de la fermentation insensible qui s'y opère. Si ces tas ont été faits avec soin, le foin y est à peu près aussi en sûreté contre les pluies que s'il était logé dans le fenil.

« On doit mettre une grande attention dans la construction des tas de toutes dimensions ; et c'est par là que l'on pèche le plus généralement dans le travail des fenaisons, excepté dans quelques cantons où ces opérations sont particulièrement bien entendues. C'est principalement de la manière dont les tas sont construits que dépend le salut du foin, quand le temps devient pluvieux ; car on trouvera dans une prairie que les tas mal exécutés ont été pénétrés par la pluie jusqu'au centre, tandis que l'eau a glissé sur la surface de ceux qui avaient été bien faits, et n'a pénétré qu'une épaisseur de quelques centimètres qui se desséchera ensuite promptement sans qu'on y touche.

« Les tas doivent être régulièrement coniques, en forme de pains de sucre, sans s'incliner d'un côté ou de l'autre, et sans que leur surface présente dans aucune partie des retraits ou des enfoncements par où l'eau pénètre toujours. On ne doit donner à la base, selon la hauteur du tas, que le diamètre nécessaire pour que ce dernier soit bien solide, et que les vents ne puissent le renverser. Toutes les parties du tas, mais surtout le pourtour, doivent être tassées uniformément depuis la base jusqu'au sommet. Il est nécessaire de tasser ainsi fortement le foin en construisant le tas, parce qu'il se tasserait ensuite de lui-même, surtout s'il survient de la pluie, en sorte que le tas prendrait une forme aplatie et serait facilement pénétré par l'eau. Ainsi, si le tas est trop élevé pour que l'ouvrier qui le construit puisse tasser le foin avec les bras en restant à terre, il doit monter sur le tas et y arranger et tasser le foin, à mesure que d'autres ouvriers le lui donnent. Lorsque

le tas est presque terminé, on en peigne avec soin la surface
extérieure avec le râteau, et l'on place sur le sommet le foin
que l'on a fait tomber par cette opération, ainsi que celui qui
provient du ratelage soigné que l'on exécute aux environs du
tas. Le tout est tassé comme le reste au sommet, et l'ouvrier
ne descend que lorsque le tas est complètement terminé. Dans
une grande fenaison, le chef doit surveiller et diriger la
construction de tous les tas, sans s'attacher lui-même à en
construire quelques-uns, pendant que tous les autres sont mal
exécutés.

« Le fanage méthodique que j'ai décrit suppose que le temps
est resté constamment beau; mais s'il est pluvieux ou incer-
tain, il faut bien faire plier la régularité des opérations aux
exigences du moment. On doit alors se proposer comme règle
invariable, qu'il ne se trouve jamais de foin étendu sur la
terre lorsque la pluie survient, non plus que pendant la nuit,
même par les beaux temps. Toute herbe doit être dans ces
deux circonstances, en andains, en chevrottes, ou en tas plus
ou moins gros, selon l'état de sa dessiccation. Si le foin a été
surpris une seule fois par la pluie, étendu sur le sol, il perdra
beaucoup de sa belle couleur verte et de l'arome qui caractérisent le foin de bonne qualité. Il y a néanmoins ici une considération qu'il importe de ne pas perdre de vue : l'eau des
pluies nuit d'autant plus à la qualité du foin, qu'il était déjà
plus avancé dans sa dessiccation. Tant que l'herbe conserve
encore ses sucs et en quelque sorte sa vie, l'eau ne fait que
glisser sur sa surface ; tandis qu'elle en pénètre toute la substance comme une éponge, lorsqu'elle est déjà presque sèche.
En cas de pluie imprévue, c'est donc toujours le foin le plus
avancé dans sa dessiccation qu'il faut se hâter de soustraire à
son influence en le mettant en tas. L'herbe, tant qu'elle est en
andains, souffre peu de l'action des pluies même prolongées ;
mais au bout de trois à quatre jours, elle commence ordinairement à jaunir dans le dessous des andains, qui est privé du
contact de l'air. On doit alors retourner les andains en les faisant changer de place, mais sans changer la disposition de
l'herbe dans l'andain. Après une forte averse qui a battu et
collé les andains contre le sol, on se contente de les soulever

sans les déranger et sans les changer de place. Si les chevrottes ont été pénétrées par la pluie, on laisse d'abord bien se dessécher le dessus, puis on les retourne sans les étendre si la pluie est encore menaçante.

« Dans les temps incertains, on se garde bien d'étendre les tas petits ou gros, mais on les visite souvent; et s'il s'y manifeste une trop forte chaleur, ou si l'on craint qu'ils ne contractent intérieurement de la moisissure, on les démonte pour les reformer immédiatement, en s'efforçant de saisir pour cette opération un instant où l'extérieur du tas est ressuyé, afin d'éviter de renfermer dans l'intérieur l'humidité que contenaient ces parties. On suspend le fauchage lorsqu'on a sur la terre les andains de 24 heures de travail; car quoique l'herbe coure peu de risques par l'effet de la pluie dans ces andains, il se trouverait qu'on en aurait une trop grande quantité à manœuvrer au moment où le retour du beau temps permettra de reprendre les opérations du fanage : on ne doit jamais avoir à la fois sur terre que la quantité de foin que l'on peut traiter avec perfection et mettre en tas promptement, si les circonstances l'exigent, à l'aide de l'atelier dont on dispose, on profite de tous les intervalles de beau temps pour traiter le foin des andains que l'on a étendus, pour étendre momentanément les petits tas, afin d'en former ensuite de moyens, si la dessiccation est suffisamment avancée; et l'on s'efforcera d'obtenir, par les mêmes moyens, dans le foin qui compose ces derniers, une dessiccation suffisante pour qu'on puisse le mettre en gros tas, qu'on laisse subsister jusqu'il soit possible de les rentrer.

« Pour le fanage des premières coupes dans les prairies naturelles, on calcule généralement que l'atelier doit être composé d'un nombre de femmes quadruple de celui des faucheurs, pour que le travail marche avec régularité, sans retard et sans interruption pendant plusieurs jours consécutifs. Si les ouvrières sont très actives et dirigées avec intelligence, on pourrait diminuer un peu ce nombre et le réduire à trois femmes par faucheur; cependant comme la bonne qualité du foin dépend essentiellement de l'à propos avec lequel sont exécutées les diverses opérations de cet atelier, on fera toujours bien, lorsqu'on le pourra, de l'établir plutôt au-dessus qu'au-dessous du nombre rigoureusement nécessaire. Un homme intelligent, actif et très expérimenté doit être à la tête de cet atelier. Dans ce nombre de faneurs, ne sont pas compris les ouvriers nécessaires pour charger les voitures, décharger, arranger le foin sur les meules ou dans les granges. Cet atelier doit être composé d'hommes robustes et actifs, et presque en nombre supérieur à celui des faucheurs, si la récolte est abondante. »

La méthode manuelle, que nous venons de décrire, pour effectuer la récolte des prairies naturelles et artificielles de graminées, est certainement très bonne. Mais il faut se hâter de dire qu'elle devient de plus en plus impraticable, par suite de la rareté et de la cherté de la main-d'œuvre. Poussés par l'impérieuse nécessité, les agriculteurs et les ingénieurs agricoles ont réussi à créer un outillage complet, au moyen duquel les diverses manipulations que nécessite la récolte des fourrages peut se faire avec peu de main-d'œuvre, et même dans certains cas sans qu'il soit nécessaire de recourir à d'autres ouvriers qu'à ceux que la ferme occupe constamment.

Dans la méthode mécanique, qui est essentiellement une méthode économique et rapide, la fauchaison, d'abord, au lieu d'être exécutée à bras d'hommes au moyen de la faulx, s'exécute à la faucheuse. Nous avons démontré déjà l'économie qui résulte de cette substitution, nous n'y reviendrons donc pas.

Dans l'opération du fanage, l'éparpillement des andains que la faucheuse forme sans trop ramasser ni tasser l'herbe, au lieu d'être exécuté à l'aide du fauchet ou de la fourche en bois, s'opère au moyen de la faneuse (fig. 74). Cet appareil, traîné par un cheval et conduit par un homme, consiste essentiellement en deux ou quatre tambours portant à leur périphérie des fourches à deux ou quatre dents qui sont animées d'un mouvement rapide de rotation autour de l'axe du tambour. On peut à volonté faire tourner les fourches en accrochant ou en décrochant, pour que leur action de projection soit plus ou moins efficace. Leurs pointes peuvent être à volonté plus ou moins rapprochées du sol. La faneuse Nicholson, dont la

figure est ci-contre, est une des anciennes et des plus recommandables. On fabrique aujourd'hui des faneuses à fourches

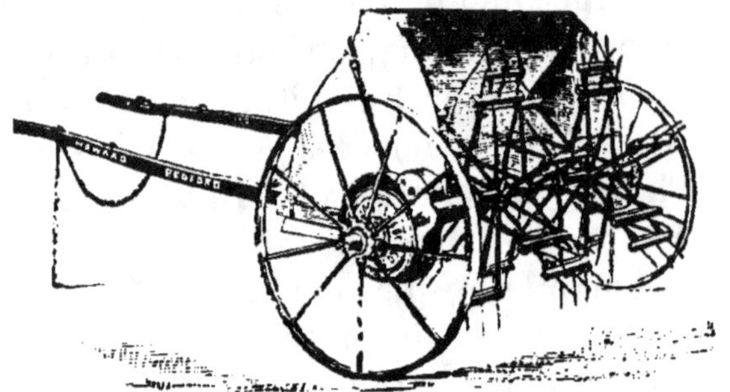

Fig. 75. — Faneuse (Pilter).

automatiques très recommandables. La figure 76 en reproduit
le type. Depuis plus de 50 ans, les faneuses fonctionnent
en Angleterre avec un grand succès; elles sont entrées
maintenant dans la pratique de l'agriculture française, où

Fig. 76. — Faneuse à fourches (Pilter).

elles sont justement appréciées depuis que l'on a reconnu
qu'une bonne machine peut aisément faire la besogne de 15 à
20 ouvriers, et permet au cultivateur de rentrer le soir lorsque
le temps est convenable, le produit d'une prairie fauchée le
matin, en sorte qu'il suffit d'un petit nombre de beaux jours

pour assurer contre toute avarie une récolte de foin. L'économie considérable et la facilité de travail que procure la faneuse ne peut pas faire l'objet de la moindre contestation.

Après avoir fané, il faut ramasser le foin pour le soustraire à l'action de la rosée des nuits. C'est avec le râteau à cheval (fig. 77) que l'on remplace le fauchet. Cet instrument est aujoud'hui

Fig. 77. — Râteau à cheval (Pilter).

trop connu pour qu'il y ait la moindre utilité de le décrire. La figure ci-contre représente le râteau automatique de Pilter. On peut ramasser avec ce dernier le foin en fortes roules ou boudins et faire la besogne d'au moins 15 râteleurs au fauchet, si ce n'est de 20. Il ne reste plus alors, si le foin n'est pas assez sec pour être rentré, qu'à le mettre en tas à la main, tas que l'on fait plus ou moins gros suivant les principes exposés plus haut.

Quand le foin est bon à rentrer, on le dispose en andains ou rouleaux à l'aide du râteau à cheval, et à l'aide du chargeur automatique de foin on en opère le chargement.

D'invention américaine, cette machine se compose d'un bâti porté par deux roues, qu'on attache à l'arrière du chariot qui s'avance au-dessus de l'andain. Les roues porteuses du chargeur commandent un tambour muni à sa périphérie de fourches, qui enlèvent le foin et le conduisent sur une toile sans fin inclinée. Celle-ci animée d'un mouvement ascendant l'entraîne jusque dans le chariot ; elle est formée de chaînons réunis par des barres transversales armées également de fourches pour assurer l'ascension de la récolte. Cette dernière peut être élevée jusqu'à 5 mètres de hauteur. Un embrayage permet la mise en mouvement ou l'arrêt du chargeur. Le foin arrivé sur le chariot est entassé par deux hommes.

On voit qu'il n'y a déjà plus qu'une seule opération qui se fasse absolument à la main, la formation des tas. Mais aujourd'hui on est arrivé à faire les meulons avec un appareil spécial dont il sera question dans un instant.

2° *Dessiccation des fourrages artificiels de légumineuses.* — Pour les foins de prairies artificielles composées de légumineuses, comme la luzerne, le trèfle, le sainfoin, les vesces, etc., le traitement doit être dirigé tout autrement. « Les feuilles, qui sont la partie la plus précieuse de ces végétaux, se détachent très facilement dans le fanage et restent perdues sur le sol en s'échappant entre les dents du râteau, tandis que les feuilles longues des graminées se laissent facilement amasser par cet instrument ; pour éviter cette perte, on ne doit jamais étendre sur le sol les légumineuses après le fauchage, mais procéder à leur dessiccation en les laissant constamment en andains, en chevrottes ou en tas plus ou moins gros, selon l'état de dessiccation où le foin se trouve. Ainsi, on laissera en andains, pendant 1, 2 ou 3 jours selon les circonstances, l'herbe fauchée ; et lorsque les andains seront desséchés à peu près à moitié de leur épaisseur, on les retournera sans les étendre, ou on en formera des chevrottes, qu'on laissera encore pendant un jour ou deux, pour en former des tas petits ou moyens, selon que la dessiccation sera plus ou moins avancée.

« Les petits tas seront vraisemblablement assez secs, après une couple de jours, pour être mis en gros tas. Quand même on trouverait que le foin des andains ou des chevrottes est très sec, comme cela arrive par des temps très secs et venteux, on ne devra jamais le rentrer sans l'avoir mis en tas, qu'on laisse subsister pendant quelquesjours. Il arrive presque toujours alors, que les feuilles qui se brisaient sous le râteau au moment où on a mis le foin en tas, reprennent de l'humidité peu de temps après parce que les tiges grosses et charnues de ces plantes n'étaient pas sèches jusqu'au cœur; et l'humidité qu'elles contenaient se communique aux autres parties, lorsque la masse a été tassée pendant quelque temps. Si le foin eût été rentré dans cet état, il n'eût pu se bien conserver; mais l'humidité surabondante, lorsqu'elle n'est pas trop considérable, se dissipe dans l'espace de quelques jours, par l'effet de la chaleur modérée que produit la fermentation dans une masse de faibles dimensions, où les gaz qui se dégagent trouvent facilement leur issue à l'extérieur. Lorsqu'on juge que le foin d'un tas qui a ainsi subsisté pendant 24 heures au moins est suffisamment sec pour être rentré, on peut être assuré qu'il n'y a pas d'illusion et que l'intérieur des tiges n'est pas plus humide que les feuilles et les partiesex térieures qui se mettent les premières en contact avec la main de l'observateur. La dessiccation des fourrages de cette espèce s'opérant en grande partie pendant qu'ils sont en tas, il est encore plus important que pour les foins de prairie naturelle d'établir ces tas avec les soins que j'ai indiqués ». (M. de Dombasle.)

Cette méthode manuelle de dessiccation des fourrages de légumineuses peut être remplacée avantageusement, surtout pour les années de fenaison pluvieuse, par la suivante qui, à la fois, réduit au minimum le remûment du fourrage et la perte des feuilles par suite, permet une dessiccation parfaite même par un mauvais temps, et est très économique. C'est la méthode du dressage, ou des moyettes. Elle est employée dans le département de l'Aube depuis 1816 et depuis elle a été appliquée sans interruption et toujours avec succès.

L'herbe étant coupée et disposée en andains, on emploie deux femmes à la construction d'une moyette de fourrage que l'on forme à l'aide de deux petites brassées, représentant un poids de 50 kilogrammes environ.

Ces deux brassées de fourrage vert sont placées à côté l'une de l'autre, dans une position un peu oblique à la verticale, les inflorescences en haut, de manière à former un volume conique reposant sur le sol par la base, et attaché au sommet par un lien de même fourrage.

Le travail se fait en trois temps. Dans le premier temps, les deux femmes ramassent simultanément le fourrage vert sur l'andain qui vient de tomber sous l'action de la faulx.

Dans le deuxième temps les deux brassées sont portées sur un point commun et libre de l'andain et redressées dans la position décrite.

Dans le troisième temps, enfin, l'une des femmes tient la moyette dans la position voulue, pendant que l'autre fabrique le lien avec le fourrage et l'attache à son sommet.

Par ce seul moyen les fourrages mûrissent, se dessèchent et se conservent parfaitement. M. Duplessis, professeur départemental d'agriculture du Loiret, a vu dans la ferme de M. Ch. Lefèvre, près de Patay, des fourrages artificiels de luzerne et de trèfle, disposés en moyettes depuis 8 jours, alternativement pluvieux et secs, qui ont donné un foin parfaitement fait, de couleur verte passant au brun, et à odeur très aromatique. La partie extérieure de la moyette avait bien été blanchie un peu sous l'action des pluies, mais, mélangée à l'ensemble, elle n'en altérait nullement la qualité. Nous avons nous-même pu pendant vingt ans suivre l'emploi de cette méthode en Beauce, et nous avons reconnu son excellence sous le rapport de la qualité du fourrage obtenu par le mauvais temps et sous le rapport de l'économie. Nous donnons ci-contre la photographie d'un champ de luzerne mise ainsi en moyettes (fig. 78).

La dépense à l'hectare, pour exécuter le travail, est d'environ 7 francs, tandis que le fanage ordinaire revient à 12 francs; l'économie est donc de plus du tiers; sans compter que le fourrage n'étant remué que vert, il n'y a pas de perte de feuilles, d'où il suit que le fourrage récolté est plus abondant et plus riche.

Dans les deux procédés précédents, on doit aujourd'hui remplacer la faulx par la faucheuse. L'emploi du râteau à cheval est aussi indispensable dans le premier pour ramasser le fourrage avant de faire les tas, et dans les deux pour recueillir les reliquats de foin après le chargement.

Enfin un procédé très économique et très perfectionné pour le traitement des fourrages, procédé qui s'applique également aux foins de prairies naturelles et à ceux de prairies artificielles, est dû à un cultivateur du Loiret, M. Couteau; il

Fig. 78. — Vue d'un champ de moyettes (d'après photographie).

supprime le fanage et forme les tas avec un appareil spécial.

Il consiste essentiellement à couper les fourrages à la machine à faucher, qui les étend suffisamment sur le sol où ils sont abandonnés sans aucun soin de fanage. Au bout de vingt-quatre heures de beau temps, ou de trente-six heures entre deux pluies, le fourrage encore vert est mis en rouleaux à l'aide du râteau à cheval, et il est disposé ensuite en meulons mécaniques. Le fanage à la main et à la faneuse est complètement supprimé.

Pour ceux qui ont appliqué la méthode des moyettes pour dessécher les fourrages par les temps de pluies, il n'est pas difficile de comprendre ce qui se passe ici. Le meulon mécanique n'est en réalité qu'une grosse moyette de 400 kilos de foin disposé en vrague. Comme le fourrage a été exposé à l'action desséchante de l'air pendant vingt-quatre ou trente-six heures; il a perdu par évaporation une partie de son eau, et la fermentation putride ne peut plus se produire. En outre la dimension du meulon mécanique est asez faible pour qu'il n'y ait rien à craindre de ce côté. Les deux conditions essentielles pour réussir sont : minimum d'eau dans le fourrage, et volume relativement faible du meulon. Quand ces conditions sont remplies, le foin mûrit et se dessèche comme en moyette ordinaire, et se conserve comme en meulon.

Le chariot à meulons ou emmeulonneuse mécanique est la base fondamentale de cette méthode, la clef du procédé. C'est une sorte de grande caisse montée sur deux roues, à section transversale trapézoïdale, décroissante de l'arrière à l'avant, et munie de bords élevés, excepté à l'arrière, où il n'y en a pas.

Le fond est remplacé par des chaînes fixées à l'avant et à l'arrière à deux cylindres sur lesquels elles peuvent s'enrouler pour se raidir; elles sont espacées de 20 à 25 centimètres. L'essieu est remplacé par deux fusées fixées au bâti. La machine ressemble à un tombereau sans fond, sans essieu intérieur, et sans paroi postérieure.

Quand on veut charger l'emmeulonneuse, on la fait avancer entre deux rouleaux de fourrage, pendant que deux ou trois chargeurs y déposent le foin le plus rapproché. Lorsque la caisse est remplie, l'un des chargeurs monte dessus pour tasser le fourrage et terminer la charge en forme de couverture à quatre pans. Le contenu de la caisse constitue le corps du meulon, tandis que la partie extérieure et supérieure, terminée en pointe mousse, sert de couverture.

Théoriquement la machine doigt s'avancer sans cesse, tandis qu'on la charge, et qu'on fait le meulon.

Pour la confection du meulon à la main, au contraire, l'ouvrier est obligé, pour chacune de ses charges de foin, de se déplacer du centre à la circonférence, et réciproquement. Dans le premier cas, pour la confection d'un meulon mécanique de 400 kilos de foin sec, il parcourt 130 mètres, tandis que dans le deuxième cas, pour le meulon à la main, l'ouvrier parcourt 1760 mètres. D'où le rapport 1760 : 130 = 14, exprimant l'avantage, au point de vue du chemin parcouru, du meulon mécanique sur le meulon ordinaire.

La machine étant chargée, et par suite le meulon construit, on le fait avancer sur la partie du sol la plus convenable pour la vider. Pour cela, on débraie le cylindre d'arrière, les chaînes se décrochent et tombent sur le sol. Le cylindre qui est mobile est retiré. Alors le chariot avançant, le meulon reste debout à la place choisie.

L'expérience a montré que des foins obtenus par ce procédé, après avoir passé 25 jours en meulons mécaniques, étaient de belle couleur, d'odeur aromatique, et parfaitement conservés contre l'action des pluies. En 1879, MM. Couteau, Gaudrille et Hautefeuille ont traité ainsi 125 hectares. Malgré les pluies très abondantes, et après 25 jours, le foin avait belle couleur et odeur agréable.

Cette méthode, qui permet de lutter avantageusement contre les intempéries, est très économique. Cela est manifeste. Ainsi chez M. Couteau, le fauchage, le ramassage, et la mise en meulons à la main, d'un hectare de prairie artificielle, coûtent 25 francs. La récolte mécanique, au contraire, ne revient qu'à 8 francs. D'où le rapport 25 : 8 = 3 environ indiquant l'économie de la récolte des fourrages par la nouvelle méthode.

Considérée seule, la mise en meulons à la main coûte 7 francs par hectare, tandis que le même travail mécanique revient à 2 francs, soit trois fois et demi moins.

Donc on peut conclure que par cette méthode on peut transformer le fourrage en foin par un temps humide ou sec et le maintenir longtemps en meulons mécaniques sans crainte d'avaries ; on supprime complètement le fanage, et la perte des feuilles ; le fourrage est plus abondant et plus nourrissant ; enfin on réalise une économie considérable sur les anciens procédés.

Transport et rentrée des fourrages.

La rentrée des fourrages du champ à la ferme se fait à l'aide
de diverses sortes de voitures, chariots ou charrettes, de formes
variables suivant les pays. On a le plus souvent recours à de
grandes charrettes, dites guimbardes (fig. 80), munies à l'avant
et à l'arrière d'échelles ou cadres destinés à maintenir la
charge aux deux bouts, comme les ridelles la maintiennent à
droite et à gauche. Dans le nord et l'est, on emploie le plus
souvent de grands chariots à quatre roues, à limonière ou à
flèche, qu'on attèle de trois à quatre chevaux. Mais ces voitures sont lourdes, et il y a avantage à leur substituer de pe-

Fig. 79. — Chariot à foin (Commergnat, à Auxerre).

tits chariots à un ou deux chevaux, ou des charrettes. Par une
longue expérience, en effet, M. de Dombasle a reconnu qu'il
est plus économique et plus rapide d'isoler les bêtes pour le
tirage. Les petits chariots de Dombasle à un cheval, quoique
très légers, reçoivent une charge égale à la moitié de celle des
grands chariots à quatre chevaux (fig. 79). Ils sont plus faciles
à charger et à décharger, et fatiguent moins les animaux,
parce qu'ils permettent de croiser plus facilement les ornières.
Ils ne présentent que l'inconvénient d'exiger plus de charre-
tiers, mais étant faciles à conduire, le premier venu peut en
être chargé.

« Dans l'attelage isolé, dit M. de Dombasle, le même nombre

de chevaux conduit constamment une charge à peu près
double. Pour le transport des récoltes ou la conduite des
fumiers, chacun de mes chevaux conduit au moins un mille
tandis que les autres cultivateurs du pays, avec des attelages
de quatre chevaux de même force que les miens, chargent
très rarement plus de deux mille. Je suis convaincu qu'il

Fig. 80. — Charrette à foin (Commergnat, à Auxerre).

y aurait encore plus d'avantage, sous le rapport de la force
de tirage, à l'emploi des charrettes à deux roues, attelées d'un
seul cheval ; mais le chargement et le déchargement seraient
moins commodes, et elles sont beaucoup plus versantes que
les chariots à quatre roues. »

Conservation et préparation des foins.

Ce n'est pas tout d'avoir récolté nos foins, il faut encore les
mettre à l'abri des causes de détérioration qui pourraient
intervenir jusqu'à l'époque de leur emploi dans la ferme, ou
de leur vente ; et dans ce dernier cas, il est souvent nécessaire
de leur faire subir certaine préparation pour les amener à
l'état commercial. Notre but est la création des richesses, il ne
sera entièrement atteint que lorsque nous aurons amené nos
produits sous une forme telle qu'ils soient susceptibles d'être
échangés.

Conservation des foins. — On conserve le foin dans des
meules ou dans des fenils, qui sont des greniers placés au-
dessus des étables, ou bien des granges ou des hangars spécialement destinés à cet usage.

L'épargne des frais de construction des bâtiments est le

principal motif que l'on puisse faire valoir en faveur du système des meules. Mais si l'on calcule ce qu'il en coûte chaque année en frais de construction des meules, et surtout pour l'établissement de la couverture en paille qui doit les couvrir, on trouvera que cette dépense dépasse de beaucoup l'intérêt du capital employé à la construction des fenils, et les frais d'entretien de ces bâtiments. Quelquefois il est vrai, on diminue la dépense de construction des meules en se dispensant de les couvrir en paille; mais on éprouve alors un dommage bien plus important par la perte d'une masse considérable de fourrage qui compose toute la couche extérieure nécessairement avariée par l'effet des intempéries auxquelles la meule est exposée.

D'ailleurs, dans les temps incertains, et même pendant les pluies, à l'aide de dispositions convenables, on peut décharger dans les fenils les voitures qui ont été chargées du foin des tas formés dans la prairie, ou que l'on a rentrés par le beau temps, tandis que l'on n'ose pas travailler aux meules tant que la pluie est menaçante; et s'il survient un orage pendant qu'on les construit, on ne peut guère éviter d'avoir beaucoup de foin mouillé. On a dit en faveur des meules que le foin qu'on conserve ainsi est de meilleure qualité que celui qui l'a été en fenil; mais cela vient uniquement de ce que l'on est forcé de tasser très également, dans toutes ses parties, le foin qui forme les meules; car, sans cela, ces dernières n'auraient aucune solidité. Mais, pour le foin qu'on loge dans les fenils, on ne prend guère cette peine, et l'on se contente de le jeter dans le fenil négligemment, sans prendre soin de l'étendre uniformément par couches dans toute l'étendue du fenil, et de tasser avec égalité tous les points de chaque couche. Si on veut le disposer ainsi avec précaution, on verra qu'il se conserve encore mieux et pendant plus longtemps dans les granges que dans les meules.

On construit quelquefois des meules de forme ronde, mais le plus souvent en forme de carré long, en orientant la meule de manière qu'un des petits côtés se trouve exposé au sud-ouest, d'où viennent généralement les pluies. Pour la consommation, on entame la meule par l'autre extrémité, en la coupant verticalement à l'aide d'une hache ou mieux d'un coupe-foin. Au reste, dans les cantons où l'usage des meules n'est pas connu, les cultivateurs qui voudront l'introduire feront bien de s'adjoindre un ouvrier habitué à ce genre d'opération, car ils risqueraient d'éprouver de grandes pertes, s'ils voulaient se livrer à ces constructions, d'après des descriptions toujours très imparfaites, pour une opération de cette nature.

Pour les fenils placés au-dessus des étables, il existe une cause particulière de détérioration du foin : c'est la pénétration dans la masse des vapeurs qui se dégagent des étables. On s'en préserve à l'aide de bons planchers et en entretenant les plinthes dans le pourtour des greniers, car c'est principalement par là que s'introduisent les vapeurs des étables.

Rien n'est moins judicieux que de chercher à introduire dans les masses de foin, des courants d'air, à l'aide de diverses dispositions que l'on a souvent recommandées dans ce but. On doit, au contraire, s'efforcer de tenir la masse, autant qu'il est possible, à l'abri du contact de l'air, pendant la durée de la fermentation du foin, en tenant fermés les volets et toutes les issues du fenil. Si la fermentation développe une chaleur un peu considérable, les parties extérieures s'humecteront, et se dessécheront ensuite par l'effet de la chaleur elle-même, tandis que la moisissure s'y manifestera dans les parties qui auront été en contact avec l'air. Cet inconvénient est moins à craindre dans les meules parce que l'air étant entièrement libre, et constamment renouvelé sur les surfaces extérieures, enlève promptement l'humidité ; mais dans les fenils ou dans les ouvertures que l'on pratique quelquefois à l'intérieur des meules, l'air ne se renouvelle pas assez pour opérer cette dessiccation, et la moisissure en est la conséquence. Le seul moyen applicable ici est de soustraire, au contraire, autant qu'on le peut, les surfaces au contact de l'air. Si le développement de la chaleur est assez fort pour qu'il y ait possibilité d'inflammation dans la masse, c'est toujours au contact de l'air qu'elle se manifeste. Des meules peuvent s'échauffer très fortement, et même jusqu'au point que le foin y soit comme carbonisé, sans qu'il y ait inflammation, parce que, les parties extérieures étant constamment refroidies par l'air, la température des gaz inflammables qui se dégagent de l'intérieur se trouve assez abaissée pour qu'ils ne puissent prendre feu, lorsqu'ils ont traversé les couches extérieures du foin. Dans un fenil bien clos, ces gaz remplissent l'intervalle entre la masse et la toiture ; et ils sont assez refroidis pour ne pouvoir plus s'enflammer, quand ils arrivent en contact avec l'air extérieur. Mais, dans ces deux cas, on détermine à coup sûr l'inflammation, si l'on ouvre la masse pour y introduire l'air extérieur. Il en serait de même si, à l'aide de certaines dispositions, prises au moment où on a construit la masse, on avait facilité l'introduction de l'air dans son intérieur. L'expérience a montré que la moisissure se manifeste principalement dans le voisinage des conduites que l'on avait ménagées dans ce but, lorsque la chaleur dégagée par la fermentation n'a pas été assez forte pour produire l'inflammation.

Dans tous les cas, on doit entasser le foin dans les fenils de manière qu'il reste le moins d'espace vide possible au-dessous de la toiture.

Lorsque le foin a subi par l'effet de la fermentation un degré de chaleur qui en a fait passer la couleur au brun, il n'a pas pour cela perdu ses propriétés nutritives et sa qualité, pourvu que cette fermentation ait eu lieu à l'abri du contact de l'air, en sorte que le foin n'ait pas moisi. (M. de Dombasle.)

Salage des foins. — En Angleterre, en Ecosse, et dans beaucoup de pays du nord, on a l'habitude de saler le foin au moment où on le met en meules. On y répand environ 1 k. 250 de sel par 100 kilos de foin. Ce sel se dissout peu à peu dans l'eau qu'exhale le foin pendant que sa masse s'échauffe par la fermentation, et il se trouve de cette manière réparti très également dans la masse du fourrage. C'est là, sans contredit, une excellente manière d'administrer le sel au bétail. Cette méthode a en outre l'avantage d'empêcher la moisissure, de modérer la fermentation, et d'assurer la bonne conservation du foin. La petite dépense de sel est plus que compensée par ce que le fourrage gagne en valeur.

Schattenmann a suivi cette pratique pendant plus de

trente-cinq ans, et n'a jamais rencontré dans son foin la moindre trace d'altération.

A fortiori doit-on recourir au même moyen, lorsque les foins sont sablés, vasés, moisis, par suite de ces pluies abondantes qui n'arrivent que trop souvent dans les régions du nord à l'époque de la fenaison.

Bottelage. — Dans une exploitation bien organisée, tout le fourrage doit être bottelé avant de sortir du fenil. C'est le seul

Fig. 81. — Botteleuse Guitton

moyen d'en assurer la distribution facile et régulière entre les bestiaux, et d'empêcher tout gaspillage. Pour les ventes, le bottelage est aussi nécessaire. Le poids des bottes varie d'un pays à l'autre, suivant les usages, de 5 à 10 kilos. On les fait à deux ou à trois liens. Les bottes à trois liens sont préférables pour la vente, car elles sont beaucoup plus solides et plus faciles à arrimer.

Pour la consommation, le bottelage se fait au fur et à mesure des besoins. On profite des mauvais temps pour cette opération. Un botteleur habile peut faire par jour 200 bottes de 5 kilos.

Aujourd'hui il existe des machines à botteler qui permettent à n'importe quel manœuvre de faire des bottes de foin aussi parfaites qu'un botteleur habile, et avec plus de rapidité.

La botteleuse Guitton (fig. 81), par exemple, se compose d'un berceau demi-cylindrique équilibré par un poids que l'on déplace sur un levier, afin de régler le poids de la botte à faire. L'ouvrier pose en travers du berceau les liens au nombre de 1 à 3, puis il remplit de foin ; lorsque l'équilibre du berceau est obtenu, l'ouvrier recourbe les ressorts, les accroche à une pédale et serre la botte à l'aide du pied, puis confectionne le lien correspondant. La figure représente une botteleuse-peseuse à deux ressorts, celui de droite étant accroché à la pédale ; certaines de ces botteleuses sont simples, sans appareil de pesage. Avec ces machines, presque toutes portatives, on peut employer des liens de paille, fourrage, rotin, corde, alfa ou fil de fer ; le volume de la botte est réduit au tiers environ du bottelage à la main. (Ringelmann.)

Compression des fourrages. — Le foin en vrac aussi fortement tassé que cela est possible dans le fenil, n'a qu'un poids relativement faible par mètre cube. Il suit de là que les magasins doivent avoir de grandes dimensions. D'autre part, quand il s'agit d'expédier du foin par les chemins de fer ou les canaux, il n'est pas possible de donner au wagon ou au bateau toute la charge qu'il pourrait porter ; le maximum du volume dont on peut le charger étant déterminé. Ce faible poids du mètre cube de foin en fait une matière encombrante, et d'un transport très onéreux.

Depuis longtemps on employait en Angleterre, pour conserver et transporter le foin, la méthode de compression. On se servait à l'origine de fortes presses hydrauliques. Aujourd'hui des presses spéciales sont offertes à l'agriculture pour appliquer cette méthode, qui présente les avantages suivants :

1° Le foin conserve son arome, et ne s'appauvrit pas ; 2° il ne se charge pas de poussières et conserve ses graines ; 3° exposé à la pluie, il ne se mouille qu'à l'extérieur et par conséquent sèche très facilement ; 4° la grande densité qu'il acquiert le rend presque incombustible ; 5° la réduction de son volume au septième de celui qu'il occupe dans les magasins, avant la compression, fait qu'il faut beaucoup moins de place pour le loger ; 6° l'augmentation de densité du foin apporte une grande

Fig. 82. — Presse-fourrage à bras de Guitton.

économie dans les transports, en permettant de charger au maximum les wagons ou les bateaux ; 7° le foin se conserve sans altération pendant des années entières.

Nous donnons ci-contre les figures de la presse à bras de Guitton (fig. 82) et de la presse à moteur ou à manège de Pilter (fig. 83). M. Ringelmann a rendu compte des essais qu'il a faits en 1897, dans les termes suivants, à la Société nationale d'Agriculture :

« Des constatations que j'ai pu faire lors des essais spéciaux du Concours régional de Valence (10 mai 1897), il résulte qu'avec une presse à fourrage à bras, desservie par deux hommes, on peut manipuler en pratique 240 kilos de foin à l'heure.

« Si l'on cherche le prix de revient de la compression, **on** peut se baser sur les données suivantes :

Prix d'achat de la machine..........	500 francs.
Durée du travail annuel	100 jours.
Foin manipulé par jour	2 400 kilogr.
— par an...............	240 tonnes.

Frais :

Machine : Amortissement en 10 ans à 4 p. 100	40 francs.
Service et entretien à 10 p. 100......	50 —
Main-d'œuvre : 200 journées d'ouvriers à 3 francs......................	600 —
Total..............	690 francs.

« Soit 2 fr. 87 par tonne de foin.

« Or cette dépense est équivalente à celle du bottelage qui, ramenée à la tonne de foin, est payé de :

Pour les bottes à un lien..........	2 fr. à 2 fr. 50
— à trois liens.......	4 à 5 francs.

« La compression des fourrages (qui revient au même prix que le bottelage) facilite leur conservation, évite les incendies, et permet de diminuer le capital consacré aux constructions destinées à les loger. Nous n'avons pas de données suffisamment précises pour l'instant permettant d'évaluer l'économie que la compression permet ainsi de réaliser. Néanmoins, la comparaison des chiffres qui précèdent montre que la presse à fourrage à bras peut être employée dans beaucoup de circonstances pour la manipulation des foins destinés à l'exploitation. Il ne faut donc pas examiner ces machines qu'au seul point de vue de l'économie qu'elles permettent de réaliser dans le transport des foins, attendu que ceux-ci doivent être bottelés.

« Voyons ce qui concerne les transports. Le mètre cube de

Fig. 83. — Presse-fourrage à moteur de Pilter.

foin botte pèse 80 kilos et le même volume de foin com-
primé (d'après les expériences de Valence) peut peser
130 kilos (l'administration de la guerre fixe le chiffre de
170 kilos). Un wagon de 5 tonnes peut recevoir 30 mètres
cubes de foin dont le prix de transport est, pour la Compa-
gnie P.-L.-M. par exemple (tarif spécial PV, n° 23, barème E) :

| | Par kilomètre. | |
	Par tonne.	Par wagon de 5 tonnes.
Jusqu'à 25 kilomètres........	0,08	0,40
De 51 à 100 —	0,03	0,15
De 150 à 600 —	0,025	0,125
De 801 à 1100 —	0,02	0,10

« Le wagon peut contenir 2 tonnes, 4 de foin en bottes ou
3 tonnes de foin pressé qui supporteront les mêmes frais de
transport comptés par wagon complet payant pour 5 tonnes.

« Nous n'avons pas à faire intervenir ici le prix du travail,
car le transport ne peut s'opérer qu'avec des foins bottelés
dont la dépense est la même que pour les foins comprimés
(3 fr. par tonne en chiffres ronds).

« Si nous supposons une expédition à une distance de
600 kilomètres, le prix de transport est de 75 francs et le prix
par tonne s'établit ainsi :

Pour les foins bottelés................. 31 fr. 25
— comprimés............... 19 fr. 23

« Or les cours présentent, suivant les localités et les
époques, des différences de 30 francs par tonne qui permettent, dans ces conditions, le transport avantageux des foins
comprimés.

« Ainsi, en résumé, le prix de revient de la compression
des fourrages avec une presse à bras à deux hommes est équivalent au prix de revient du bottelage. L'agriculture ne peut
donc que retirer les bénéfices de l'emploi de la presse au point
de vue de la conservation, de l'emmagasinage, des risques
d'incendie et des transports. »

ENSILAGE DES FOURRAGES VERTS

La conservation des fourrages verts par l'ensilage est une méthode aujourd'hui passée dans la pratique courante et qui rend dans certains cas de grands services pour assurer l'alimentation d'hiver des ruminants. Elle est générale, c'est-à-dire qu'elle s'applique à tous les fourrages verts; mais, pour quelques-uns, comme le maïs, elle est nécessaire, tandis que pour d'autres, elle ne doit être employée que d'une manière exceptionnelle.

Le maïs vert, le seigle fourrage, les têtes de cannes à sucre, sont les fourrages sur lesquels nous avons expérimenté nous-même avec succès.

On creuse dans un endroit *sain* une fosse ayant de un mètre à un mètre et demi de profondeur, et deux mètres et demi à trois mètres de largeur, sur une longueur indéterminée variant avec la masse de fourrage à conserver. Lorsqu'on se livre d'une manière constante à l'ensilage, il y a avantage à revêtir les parois de la fosse de murs en maçonnerie.

D'autre part, on passe le fourrage au hache-paille (maïs), quand comme le maïs ou les têtes de cannes il ne se prête pas par sa nature à un tassement convenable. On doit additionner les fourrages très aqueux de matières sèches (1/5 de balles d'avoine). On peut saler très légèrement, mais cela n'est pas nécessaire. Le fourrage est alors disposé dans la fosse par couches de 20 à 30 centimètres d'épaisseur, que l'on tasse aussi fortement que possible par le piétinement, surtout le long des parois. On continue avec une sage lenteur à élever le silo par strates jusqu'au niveau du sol et on termine en élevant la masse en dos d'âne jusqu'à une hauteur de 1^m,20 à 1^m,50 environ pour les largeurs indiquées. Il convient d'attendre pour établir de nouvelles couches de fourrage que la tempéture des strates inférieures ait atteint 40° à 50° centigrades. Il se développe ainsi dans la suite moins d'acide dans la masse et le fourrage ensilé est plus favorable à l'alimentation.

Quand le silo est terminé, on procède à sa couverture. A cet effet on le recouvre avec la terre tirée de l'excavation, mais celle-ci n'est pas suffisante, et pour se procurer le nécessaire, on creuse, à droite et à gauche, des fossés. La couche de terre qui sert à comprimer la masse doit avoir au moins une épaisseur de 70 à 80 centimètres à la partie supérieure.

On ne doit jamais interposer de paille ni de balles entre la terre et la masse de l'ensilage. Ces matières sèches retiennent entre leurs particules beaucoup d'air, et celui-ci favorise la pourriture et la moisissure. Comme par suite du tassement il se produit un écoulement de liquide, si le sol n'est pas assez perméable on ménagera au fond du silo une pente d'un bout à l'autre, et on creusera un boit-tout à l'extrémité la plus basse.

Quand on ne peut pas disposer de sols suffisamment sains, pour faire l'ensilage en fosse, on établit le silo à la surface du sol. Lecouteux, à Cerçay, en Sologne, dressait le tas de maïs suivant le profil d'un trapèze de 3 mètres et demi de grande base, 2 mètres de hauteur, et un demi-mètre de largeur au sommet. Pour la couverture, la terre était prise à droite et à gauche en formant des fossés, qui assainissaient la base du silo.

Mais de tous les systèmes essayés, le plus économique est le silo en maçonnerie du type préconisé par M. Cormouls-Houlès (fig. 84 et 85). La longueur du silo est de 10 mètres, sa largeur de 3 mètres à la base et de $3^m,20$ au sommet. Les murs sont donc légèrement obliques dans le but de favoriser le tassement. Le fond du silo est un plan incliné à $0^m,20$ par mètre qui part du niveau du sol à l'une des extrémités, pour s'enfoncer à 2 mètres à l'autre. Les murs latéraux s'élèvent à 2 mètres au-dessus du sol. La terre de déblai est employée pour établir un plan incliné en arrière du mur qui ferme le silo de manière à former un chemin d'accès pour les voitures.

Le chargement du silo commence par l'ouverture située au niveau du sol; on établit les strates successives en commençant par le fond, et l'on continue à élever le tas jusqu'à la partie supérieure du mur, soit à 2 mètres au-dessus du sol. Pour terminer on fait monter les attelages sur le plan incliné extérieur puis on établit avec le fourrage un dos d'âne de 50 à 70 centimètres de hauteur au-dessus des murs. Les voitures passant dans le silo contribuent au bon tassement de la matière. Les strates successives ont de 30 à 40 centimètres d'épaisseur, et on laisse écouler entre leur établissement le temps nécessaire pour que la température de la masse inférieure atteigne de 40° à 50°.

On apportera grand soin au tassement du fourrage le long des parois.

La fermentation, plus active au milieu que sur les

Silo.

Coupe transversale à l'emplissage.

Coupe transversale.

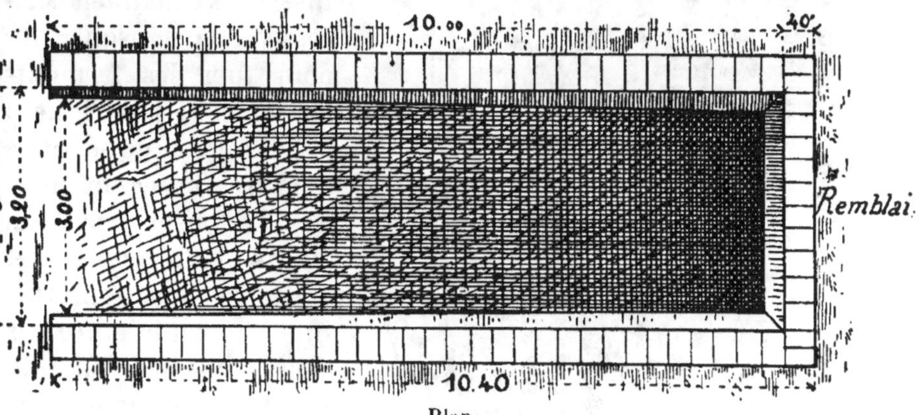

Plan.

Fig. 84. — Silo Cormouls-Houlès.

bords, fait disparaître rapidement le dos d'âne supérieur sous la charge de terre, de briques, ou de pierres dont on couvre le silo de manière à assurer une pression de 700 à 800 kilogrammes, par mètre carré.

Les conditions essentielles pour que l'ensilage réussisse, sont l'absence du contact de l'air et une très forte pression.

L'élévation de température des couches successives a pour résultat d'empêcher la fermentation acide de prendre le dessus.

On cherchera à remplir le silo le plus rapidement possible, pour éviter la fermentation active ; on obtenait avec le maïs de l'ensilage acide fort bien accepté par les animaux et se conservant bien, une fois extrait de la fosse. On a recommandé ensuite l'ensilage doux, obtenu en laissant la masse s'échauffer successivement jusqu'à 70° pour tuer les ferments lactiques et butyriques ; le fourrage a une odeur de miel très agréable, mais il ne se conserve pas dès qu'il est extrait du silo et doit être consommé aussitôt. Se tenir entre ces deux extrèmes, car une acidité moyenne est très agréable aux ruminants

On a proposé de conserver les fourrages verts par l'ensilage à l'air libre et en faisant, avec les précautions préindiquées, de grosses meules carrées ou rectangulaires

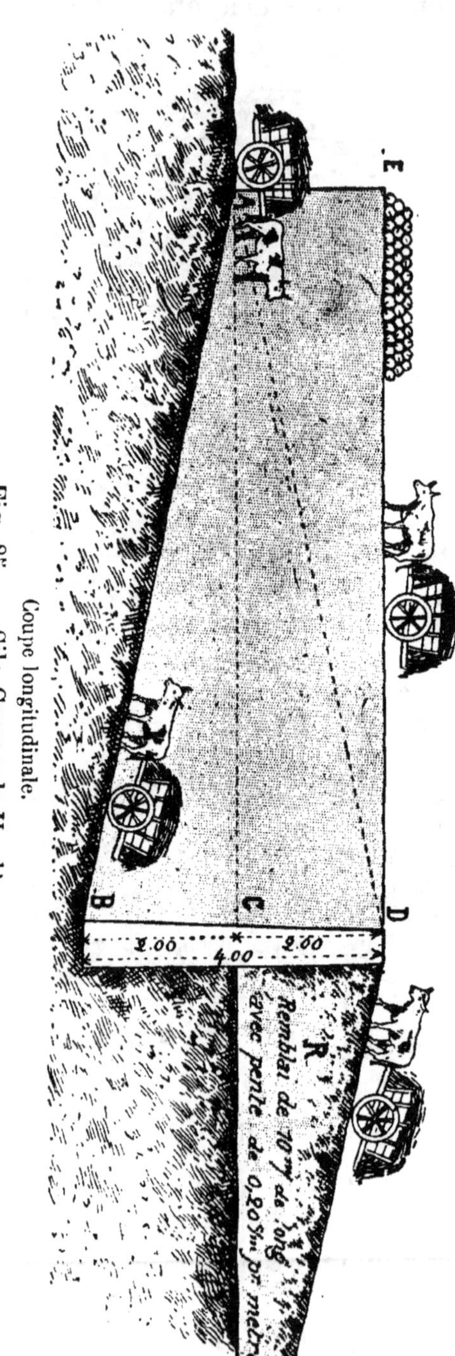

Coupe longitudinale.

Fig. 85. — Silo Cormouls-Houlès.

que l'on charge d'abord de madriers, puis de terre ou de pierres. Cette pratique produit des pertes énormes sur les parois. Ce procédé nous paraît trop délicat pour entrer dans la pratique courante.

L'ensilage est un procédé qui expose à des pertes assez considérables de matières nutritives, même quand la conserve est réussie. Les fermentations qui se produisent en effet ont pour résultat une destruction de matière qui porte principalement sur les substances sucrées ou amylacées et une modification des matières azotées albuminoïdes désavantageuse. Weiske a étudié ces modifications sur des ensilages d'herbe de prairie, de luzerne et de maïs.

100 kilogrammes de matière sèche introduits dans le silo renfermaient les quantités de principes immédiats portées dans la colonne I, et après l'ensilage, ils s'étaient réduits aux chiffres de la colonne II; la colonne III fait ressortir les différences.

Ensilage d'herbe de prairie (Weiske).

	I.	II.	III.
Matières azotées brutes....	18,56	15,53	— 3,03
Graisse brute	2,89	4,57	+ 1,68
Hydrates de carbone......	38,90	23,47	—15,43
Cellulose	33,63	26,74	— 6,89
Cendres	6,02	5,50	— 0,52
Totaux.........	100,00	75,81	—24,19

Ensilage de luzerne (Weiske).

	I.	II.	III.
Matières azotées..........	26,6	16,9	— 9,6
Graisse brute.............	4,4	6,0	+ 1,6
Hydrates de carbone......	37,1	20,8	—16,3
Cellulose	22,5	20,0	— 2,5
Cendres	9,4	8,9	— 0,5
Totaux.........	100,0	72,6	—27,4

Ensilage de maïs (Weiske).

	I.	II.	III.
Matières azotées	9,60	6,0	— 3,60
Graisse brute.............	2,14	9,9	+ 7,76
Hydrates de carbone......	42,20	25,5	—16,70
Cellulose	33,96	23,9	—10,06
Cendres	12,10	8,9	— 3,20
Totaux.........	100,00	74,2	—25,80

Nous constatons que pour les trois fourrages considérés, il y a une perte de substances nutritives variant de 24,19 à 27,4 p. 100, soit en chiffres ronds de 25 p. 100 ou un quart.

Les matières azotées brutes disparaissent en proportion notable : 16,3 p. 100 pour l'herbe de prairie ; 36,4 p. 100 pour la luzerne ; et 37,5 p. 100 pour le maïs. Il y a donc bien un tiers des matières azotées qui disparaissent. Mais de plus dans le silo une partie des albuminoïdes passent à l'état d'amides inaptes à servir à la formation des tissus. Tandis que dans le seigle vert, M. Wuaflart a dosé 1,127 p. 100 d'albuminoïdes, il n'en a plus retrouvé que 0,437 dans le même fourrage ensilé ; sur 100 grammes d'albuminoïdes, il en a donc disparu par la fermentation 81 grammes ; soit presque les deux tiers, qui ont été transformés en amides. Il y a là une cause de dépréciation sur laquelle il convient d'attirer l'attention des praticiens.

Les sucres disparaissent entièrement et sur l'ensemble des hydrates de carbone il y a une perte qui varie de 39,6 à 43,9 p. 100.

La cellulose elle-même disparaît en partie : de 11 à 29 p. 100.

Il n'y a de gain apparent que pour la graisse brute, mais ce gain est dû à la formation des acides organiques (lactique, butyrique, acétique) qui se dissolvent avec les graisses réelles dans l'éther ; et loin d'être un avantage, cela devient un inconvénient aussitôt que la dose d'acide est un peu élevée.

Il nous sera permis de conclure de là que l'ensilage est une méthode de conservation des fourrages verts qui dissipe une proportion relative très grande de principes nutritifs. Elle est *très inférieure* à la fenaison bien effectuée et, par conséquent, on ne doit y recourir que dans les cas spéciaux où la dessiccation n'est pas possible. C'est ce qui arrive pour le maïs fourrage, ou pour les excès de seigle vert ou de trèfle incarnat en temps ordinaire. C'est ce qui arrive dans les automnes pluvieux pour les regains de prairies naturelles ou artificielles. En dehors de ces cas spéciaux, l'ensilage ne doit pas être généralisé.

PLANTES SARCLÉES FOURRAGÈRES

GÉNÉRALITÉS

Les plantes de cette section sont caractérisées, au point de vue agricole, par le fait qu'elles sont cultivées en lignes suffisamment distantes les unes des autres pour que l'on puisse, pendant la plus grande partie de leur période de végétation, leur donner les sarclages et les binages qui sont indispensables à leur réussite. Elles occupent dans les assolements modernes la place de la jachère et remplacent celle-ci fort avantageusement, car, en même temps qu'elles assurent l'entretien du sol en parfait état de propreté et d'ameublissement, et qu'elles constituent par conséquent un excellent précédent pour la culture du blé auquel elles laissent le sol enrichi par les reliquats des abondantes fumures qu'elles réclament et supportent, elles donnent des produits abondants, capables de payer largement tous les frais qu'elles nécessitent, de sorte que la culture suivante est déchargée des dépenses afférentes à la jachère.

Leur importance en économie rurale est accrue encore par cette considération qu'étant exposées à d'autres chances que les récoltes de céréales, et des autres classes de plantes fourragères, on divise, en les introduisant dans les assolements, les chances fâcheuses, sur un plus grand nombre de produits, dont les uns redoutent l'humidité ou la sécheresse de certaines saisons, qui conviennent à d'autres. Grâce à elles, également, le travail agricole se distribue d'une manière plus égale sur les différentes époques de l'année ; les attelages et les ouvriers sont occupés d'une manière plus uniforme et plus complète. On ne les voit plus passer d'un travail exagéré à un travail nonchalent.

Enfin, c'est principalement par leur moyen qu'on **peut se** procurer, pour l'hiver, des aliments frais, d'une **conservation** facile, pour assurer au bétail de la ferme un régime **capable** de favoriser au plus haut degré la croissance des jeunes et de permettre d'obtenir de tous le maximum des produits vendables au prix de revient le plus bas. L'abondance du fumier, qui résulte de leur consommation, assure une restitution presque complète à la terre des éléments fertilisants qu'elles ont absorbés et, à la fois, son enrichissement en matières humiques si favorables à la fertilité.

Rappelons aussi que les plus importantes de ces plantes peuvent être utilisées non seulement pour l'alimentation du bétail, mais que quelques-unes sont la matière première de puissantes industries : la betterave est employée pour la fabrication du sucre et de l'alcool ; le topinambour sert à la production de l'alcool dans les sols pauvres ; la pomme de terre est utilisée pour l'extraction de la fécule et la fabrication de l'alcool. Même quand elles sont cultivées pour l'industrie, elles gardent une grande partie de leur importance au point de vue de l'alimentation des animaux ; car elles laissent des pulpes abondantes qui retournent à la ferme et y rapportent une grande partie des éléments fertilisants qu'elles avaient absorbés.

Dans cet ouvrage nous ne nous occupons que du rôle fourrager de ces plantes, mais nous ne pouvions pas passer sous silence l'importance de leur rôle industriel. Nous devons rappeler aussi que la pomme de terre remplit la fonction de plante alimentaire pour l'homme, comme cela est vrai, à un moindre degré, pour les navets, les carottes et les topinambours. Il en résulte qu'en cas d'insuccès des autres cultures destinées à la nourriture de l'homme, on peut trouver un appoint important dans les produits de ces tubercules et de ces racines, pour obvier à la pénurie des aliments ordinaires.

BETTERAVE

La betterave (*beta vulgaris*) appartient à la famille des Chénopodées. Elle croît spontanément sur les côtes méridionales de l'Europe. La plante sauvage est annuelle, a la racine grêle, presque rameuse, tandis que les feuilles sont étroites. La culture l'a complètement transformée : la racine est devenue charnue, longue, fusiforme ou pyriforme, ovoïde ou globuleuse ; les feuilles radicales ont pris beaucoup d'ampleur et la plante est devenue bisannuelle. Pendant la première année de sa végétation, elle développe simplement ses feuilles radicales et sa racine charnue, dans laquelle elle accumule, au moins en partie, les éléments nutritifs qui lui serviront, l'année suivante, à la formation de sa tige et de ses fruits. Il arrive de temps en temps, dans nos variétés cultivées, que quelques plantes montent à graine dès la première année de végétation, par une action de réversion due à l'influence de l'atavisme.

Il n'est pas de plante cultivée qui se modifie plus facilement que la betterave, sous l'influence du climat, du sol et de la culture. Il en est peu qui s'hybrident avec autant de facilité. Aussi le nombre des variétés obtenues est-il considérable ; et il devient impossible, dans un ouvrage limité comme celui-ci, d'en donner une description, même succincte. On a l'habitude de les classer en groupes, d'après leurs aptitudes productives et leur mode d'utilisation. On distingue les variétés fourragères proprement dites, dans la sélection desquelles l'effort a porté exclusivement sur le volume de la racine et sur l'aptitude à produire à l'hectare le plus grand rendement brut possible. Ce sont des races grossières, à racines très volumineuses, extrêmement riches en eau. Leur couleur varie du blanc au jaune et au rouge. Elles poussent généralement en majeure partie hors de terre et au point de vue de la forme générale se rattachent à quatre types différents : les racines cylindro-coniques, telles que la betterave disette à collet vert (fig. 86) ; les racines cylindriques contournées, comme la betterave corne de bœuf (fig. 87) ; les globes ou racines arrondies telles que la betterave Globe jaune (fig. 88) ; les ovoïdes comme la betterave jaune ovoïde des Barres.

Les variétés sucrières, sous l'empire de la législation défunte, ont été sélectionnées au point de vue de la richesse en sucre et de la pureté du jus, en laissant de côté un peu trop la question de rendement à l'hectare. Elles ont la chair très dense et

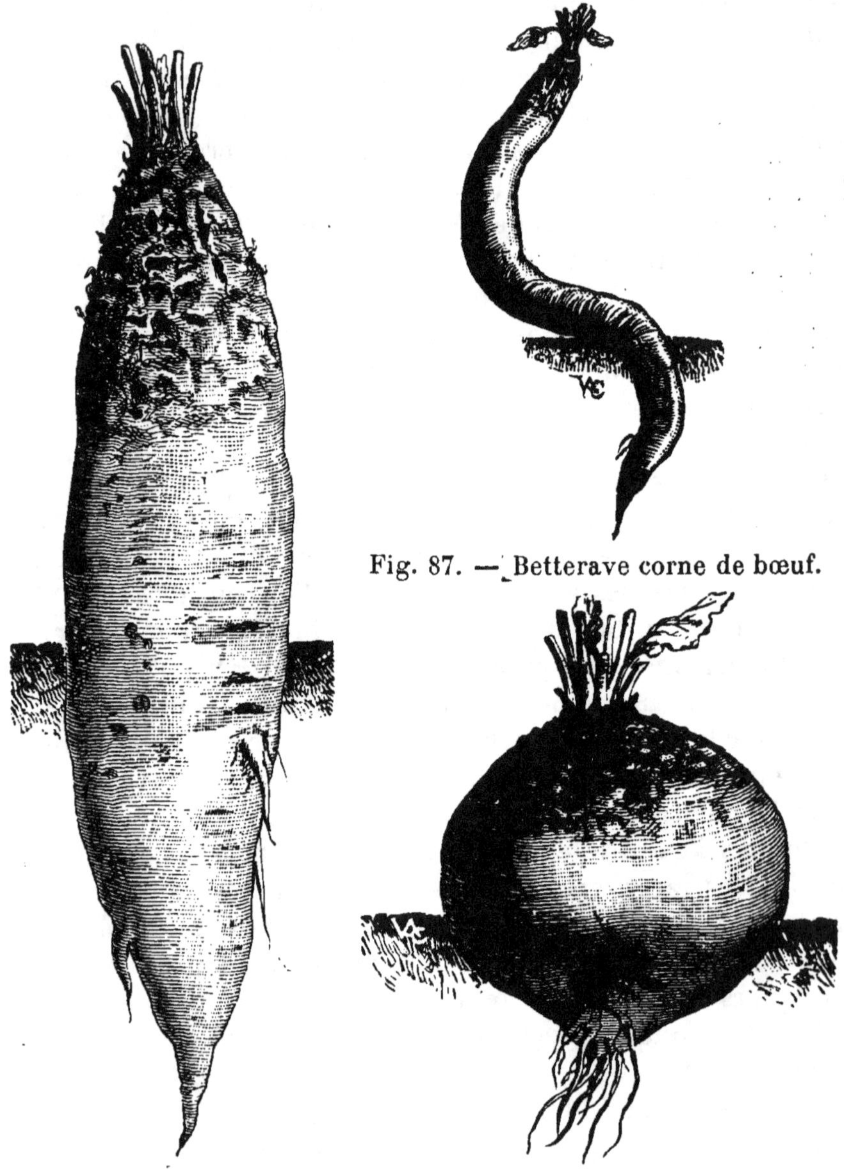

Fig. 87. — Betterave corne de bœuf.

Fig. 86. — Betterave disette
à collet vert.

Fig. 88. — Betterave globe
jaune.

dure, poussent presque entièrement dans la terre ; elles n'atteignent jamais qu'un faible volume. Nous citerons comme

exemples la betterave améliorée de Vilmorin, et la betterave
Klein-Wansleben (fig. 89 et 90).

Enfin entre ces deux catégories se placent des variétés intermédiaires, vigoureuses, de rendement élevé et de richesse

Fig. 89. — Betterave Klein-Wansleben.   Fig. 90. — Betterave
                                              améliorée de Vilmorin.

saccharine moyenne, qu'on désigne sous l'appellation de
variétés de distillerie ou de demi-sucrières. Elles dérivent en
général de la betterave de Silésie, et sont, comme les races
sucrières, le plus souvent pyriformes ou fusiformes, avec
collet sortant peu de terre. Nous en donnerons comme
exemple les betteraves blanches à collet vert et à collet rose
(fig. 91 et 92).

Emploi et composition générale.

La betterave constitue la base du régime d'hiver des bêtes
bovines et ovines, dans la plupart des exploitations rurales à

culture avancée. Découpées en cossettes de grosseur moyenne,
et mélangées avec un huitième environ de leur poids de
balles de céréales ou même de siliques de colza, fraîches ou
mieux après une légère fermentation, elles sont mangées
avec avidité. On peut en distribuer au bétail de 5 à 10 p. 100
de son poids vif. Les chevaux eux-mêmes en sont friands, et

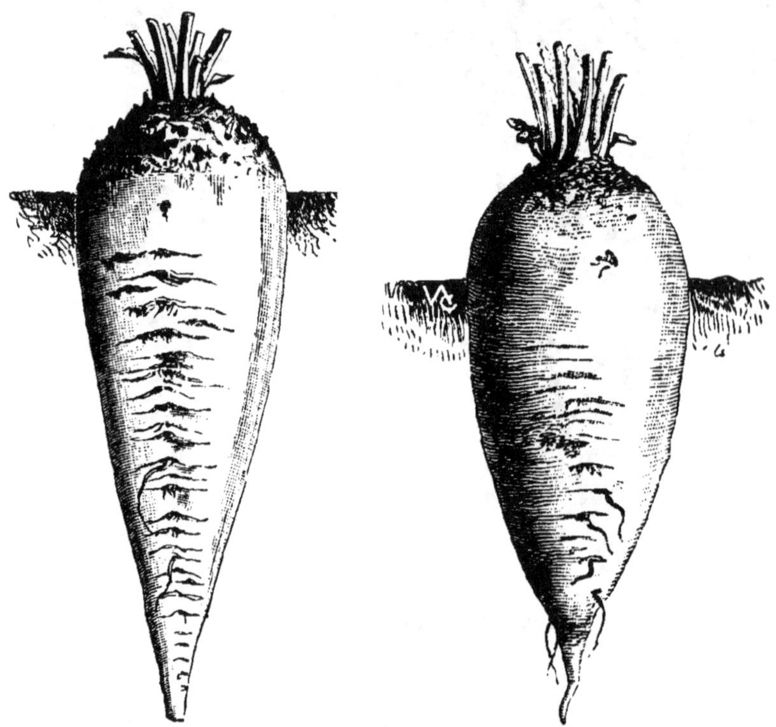

Fig. 91. — Betterave blanche
à sucre à collet vert.

Fig. 92. — Betterave blanche
à sucre à collet rose.

pendant la guerre de 1870 nous en avons vu toute une écurie
s'en nourrir pendant l'hiver. Il convient, pour ces animaux,
de les découper en tranches assez épaisses pour qu'elles
restent croquantes. Mais la betterave n'est qu'un fourrage
aqueux, volumineux et extensif. Si elle est d'une facile digestibilité, comme nous le verrons, elle est pauvre en substances
azotées albuminoïdes, en substances plastiques. La ration,
pour donner tout ce qu'on en peut attendre, doit donc toujours être complétée par l'adjonction d'un aliment concentré,

riche en principes azotés albuminoïdes, tel que les grains, les tourteaux oléagineux, ou au moins le bon foin de légumineuses.

La composition immédiate de cette racine permet de se rendre compte de sa valeur alimentaire. On y trouve d'abord de l'eau en grande proportion, grâce à laquelle elle constitue pour l'hiver un aliment frais, qui s'allie utilement aux fourrages secs dont on disposait seulement autrefois et en facilite l'absorption. Le sucre cristallisable s'y rencontre en quantité très notable ; il constitue à lui seul la principale valeur nutritive de la betterave ; il est en effet intégralement absorbé et utilisé par l'organisme, soit pour la production de la chaleur et de la force, soit pour la formation de la graisse. Comme autres substances hydrocarbonées, on y trouve un peu de cellulose, qui forme les parois cellulaires, des matières gommeuses ou *pentosanes* qui incrustent ces parois ou les soudent les unes aux autres ; des traces de graisse. Sous le rapport des substances azotées, la betterave renferme un peu d'albuminoïde, mais souvent une plus grande quantité de substances amidées solubles, et même du nitrate de potasse. Les substances amidées ne peuvent servir à la constitution des tissus ; elles n'ont pas plus de valeur que les substances non azotées. Quant au nitrate de potasse, lorsqu'il existe en quantité notable, il est nuisible ; à faible dose, il est purgatif ; et à dose élevée il empoisonne. A côté de ces éléments organiques, on trouve dans la betterave des cendres riches, surtout en sels de potasse et en phosphate de chaux, etc. A titre d'exemple nous rapportons ci-dessous l'analyse d'une récolte de betteraves blanches à collet rose, obtenue dans de bonnes conditions :

Eau..............................	81,50
Cendres..........................	0,96
Matières azotées albuminoïdes.....	0,83
Substances amidées solubles.......	0,76
Graisse..........................	0,03
Sucre............................	12,80
Pentosanes ou gommes.............	1,90
Cellulose........................	1,10
Substances indéterminées.........	0,12
Total............................	100,00

Il saute aux yeux, à l'inspection de ces résultats, que le sucre est l'élément nutritif qui, de beaucoup, est prépondérant, et que c'est à lui que la betterave doit presque toute sa valeur alimentaire.

Mais le tableau qui précède ne peut être considéré comme représentant la composition moyenne de la betterave de consommation. Rien ne varie davantage, suivant les variétés, les circonstances météorologiques, le mode de culture, la nature du sol et les engrais. Nous avons constaté dans la teneur en eau des racines des variations de 81 à 94 p. 100 : la matière nutritive brute a donc oscillé de 19 à 6 p. 100, soit de 3 à 1. Nous insisterons davantage sur ce point quant il s'agira de faire choix des variétés à cultiver et du mode de culture à adopter.

Les feuilles de betterave sont généralement abandonnées sur le terrain. Elles ne constituent, en réalité, qu'un aliment de peu de valeur. Fraîches, elles sont très laxatives et fatiguent le bétail plutôt qu'elles ne le nourrissent. Ce n'est qu'après les avoir soumises à l'ensilage, comme les fourrages verts, qu'il est pratique de les donner aux bestiaux.

Il est toutefois intéressant pour l'économie de la culture de connaître le rapport qui existe entre le poids des feuilles et celui des racines. D'après les expériences de Sostmann, de Stockholm, en 1871, il y avait au 30 septembre 103 de feuilles pour 100 de racines. Pour la betterave fourragère champêtre, Boussingault a trouvé en moyenne, au moment de la récolte, 70 de feuilles p. 100 de racines. D'après des constatations de Lawes et Gilbert, il y aurait seulement, à la récolte, 33 p. 100 de feuilles par rapport aux racines. En moyenne, on peut admettre la proportion de 50 à 60 p. 100, et cette proportion augmente quand le poids individuel des racines diminue.

On peut assigner aux feuilles de betteraves fraîches et ensilées la composition ci-dessous :

	Feuilles	
	fraîches.	ensilées.
Eau	89,0	78,8
Matières protéiques brutes	1,7	1,7
Amides	0,7	1,3
Graisse et chlorophylle	0,4	1,1
Substances non azotées diverses.	4,6	9,6
Cellulose	1,6	3,0
Cendres	2,0	4,5

Ces mêmes feuilles renferment en éléments nutritifs digestibles :

	Feuilles	
	fraîches.	ensilées.
Matières protéiques............	0,9	0,7
Hydrates de carbone............	4,6	7,5

Climat.

Bien que la betterave soit originaire du midi de l'Europe,
sa culture prospère surtout dans la zone tempérée jusqu'au
54e degré de latitude nord. Elle est cependant sensible au
froid, et lorsque sa racine est atteinte par la gelée, elle entre
en décomposition.

La graine germe et la végétation commence quand la température moyenne atteint et dépasse 7° à 8° au-dessus de zéro.
Le concours de la chaleur et d'une humidité convenable est
indispensable à sa végétation. La fertilité du sol et son humidité restant la même, l'accroissement en poids est proportionnel à la somme de chaleur et de lumière reçue par les
plantes. La lumière semble même avoir une action dominante. Pétermann, à Gembloux, a reconnu que la quantité
de substance organique produite est plus en rapport avec
l'éclairement qu'avec la température. La formation du sucre
se fait dans des conditions d'autant plus favorables que les
mois d'août et de septembre ont un ciel plus clair pendant
que le sol est suffisamment humide. Ce sont là, en effet, les
meilleures conditions pour le travail chlorophyllien.

Le développement complet de la racine exige une somme
de 2 400° à 2 700° de chaleur. Le développement et la maturation des tiges et des fruits demandent en plus, l'année
d'après, 1 500° à 1 800°. L'évolution totale de la plante nécessite donc de 3 900° à 4 500° en deux années.

Lorsque l'humidité n'est pas suffisante, la croissance
s'arrête presque complètement, jusqu'à ce que, le concours
nécessaire de l'humidité et de la chaleur étant rétabli, l'accroissement puisse reprendre et se poursuivre.

Quoi qu'il en soit, la betterave donne de très beaux produits sous les climats les plus variés ; elle prospère dans la moitié septentrionale de la France, en Belgique, en Allemagne, en Russie ; elle réussit également en Provence, en j Algérie, en Égypte, grâce aux irrigations.

Sol.

La betterave peut être cultivée avec succès dans presque tous les sols, pourvu qu'ils soient suffisamment frais. Cependant un terrain argilo-calcaire, doux et meuble, une situation découverte et bien exposée au soleil, conviennent surtout à sa culture.

Les terrains sablo-calcaires, s'ils contiennent assez d'humus, fournissent aussi de bons rendements, quand l'eau ne manque pas.

La profondeur de la terre arable [et du sous-sol perméable est une qualité essentiellement favorable.

La trop grande humidité retarde le semis et le développement. Le drainage a rendus propres à la betterave un grand nombre de sols qui n'en pouvaient auparavant porter.

Végétation et exigences.

En 1899, nous avons étudié le développement de la betterave et ses exigences nutritives sur la variété dite B. à sucre à collet rose, qui n'est plus cultivée que pour la distillerie et que nous considérons comme une des meilleures pour l'alimentation du bétail.

A cet effet, nous avons rempli 24 grands pots de 28 kilogrammes chacun de limon des plateaux tamisé, provenant d'Archevilliers, commune de Chartres. Chaque pot a reçu une fumure de 1,50 gramme d'azote nitrique, 2 grammes d'acide phosphorique soluble à l'eau et 1 gramme de potasse à l'état de chlorure. Les pots ont été ensuite noyés dans la sciure de bois blanc pour les préserver de l'évaporation latérale. Le semis a été fait le 12 avril 1899. La levée s'est produite le 29 avril. Un premier éclaircissement a été fait vers le 1er juin et le 13 juin on a fait la première récolte de 6 pots.

Fig. 93. — Betterave (1re récolte).

Les trois autres séries de pots ont été alors éclaircies définitivement. On a laissé quatre plants dans les pots destinés à la
deuxième récolte, deux plants dans ceux réservés pour la
troisième récolte, et enfin un seul plant dans la dernière série
de pots, de manière que les plantes ne se gênent jamais
dans leur croissance. Enfin on a recouvert le sol de sciure
de bois blanc pour éviter son durcissement et l'évaporation
excessive.

Le 13 juin, comme nous l'avons déjà dit, soixante-deux jours
après le semis et cinquante jours après la levée, on a fait la
récolte des pots de la première série, en délayant, après avoir
cassé les pots, toute la terre par un courant d'eau, de manière
à recueillir toutes les radicelles sans les briser autant que
possible. On a obtenu les résultats suivants par plante
moyenne :

	Matière sèche.
	gr.
Feuilles...........................	0,542
Racine charnue...................	0,073
Radicelles........................	0,195
Poids total de la plante sèche.	0,810

L'analyse de ces différentes parties nous a donné pour 100
de matière sèche :

	FEUILLES.	RACINES charnues.	RADICELLES.
	p. 100.	p. 100.	p. 100.
Azote	4,46	2,76	1,98
Acide phosphorique.....	0,64	0,84	0,44
Potasse.................	4,17	4,56	1,20
Chaux..................	3,21	1,41	2,05

On déduit des résultats précédents, pour la plante
moyenne, la composition suivante à l'époque de la première
récolte :

Fig. 94. — Betterave (2e) récolte.

	FEUILLES.	RACINE charnue.	RADICELLES.	TOTAL.
	gr.	gr.	gr.	gr.
Matière sèche............	0,5420	0,07300	,19500	0,81000
Azote................	0,0240	0,00200	0,00380	0,02980
Acide phosphorique....	0,0034	0,00061	0,00085	0,00486
Potasse..............	0,0230	0,00330	0.00230	0,02860
Chaux	0,0170	0,00100	0,00390	0,02190

La photographie (fig. 93) représente le plant moyen à cette époque de son existence. Les mailles du quadrillé du support ont exactement 5 centimètres, de façon qu'il est facile de juger des dimensions réelles des plantes.

Le 18 juillet, trente-cinq jours après la première récolte, et quatre-vingt-dix-sept jours après le semis, on a opéré la deuxième récolte de 6 pots, avec les mêmes précautions que d'usage. Le plant moyen, à cette époque, était constitué ainsi :

	gr.
Feuilles........................ ...	3,600
Racine charnue........................	4,520
Radicelles........................ ...	0,434
Poids total de la plante sèche..	8,554

L'analyse de ces différentes parties nous a donné pour 100 de matière sèche :

	FEUILLES.	RACINES.	RADICELLES.
	p. 100.	p. 100.	p. 100.
Azote	2,28	1,38	1,87
Acide phosphorique.....	1,02	0,84	0,69
Potasse...............	5,52	1,56	3,67
Chaux............	3,11	1,49	1,96

Fig. 95. — Betterave (3e récolte).

Nous déduirons des données précédentes la composition du plant moyen au 18 juillet :

	FEUILLES.	RACINE charnue.	RADI-CELLES.	TOTAL.
	gr.	gr.	gr.	gr.
Matière sèche..........	3,600	4,520	0,434	8,554
Azote...............	0,083	0,063	0,008	0,154
Acide phosphorique....	0,036	0,038	0,003	0,077
Potasse...............	0,198	0,070	0,016	0,284
Chaux...............	0,111	0,022	0,0087	0,1417

La figure (fig. 94) donne la photographie de la plante récoltée le 18 juillet.

Les pots de la troisième série ont été récoltés le 16 août, vingt-neuf jours après ceux de la deuxième, et cent vingt-six jours après le semis. La plante moyenne, à ce moment, était constituée comme il suit :

Matière sèche.
gr.

	Matière sèche. gr.
Feuilles...............................	9,070
Racine charnue.....................	26,600
Radicelles...........................	3,230
Poids total de la plante sèche..	38,900

A l'analyse, ces différentes parties nous ont donné les résultats suivants pour 100 de matière sèche :

	FEUILLES.	RACINES.	RADICELLES.
	p. 100.	p. 100.	p. 100.
Azote	2,12	1,06	1,70
Acide phosphorique.....	0,90	0,30	0,33
Potasse...............	7,25	3,00	1,99
Chaux...............	3,79	0,74	2,47

A l'aide des éléments qui précèdent nous avons pu

Fig. 96. — Betteraves (4ᵉ récolte).

GAROLA. — Plantes fourragères.

15

calculer la composition de la plante entière moyenne au 16 août :

	FEUILLES.	RACINE.	RADI-CELLES.	TOTAL.
	gr.	gr.	gr.	gr.
Matière sèche.........	9,070	26,600	3,230	38,900
Azote..............	0,190	0,266	0,055	0,511
Acide phosphorique....	0,081	0,080	0,0106	0,1716
Potasse.............	0,657	0,798	0,065	1,520
Chaux..............	0,344	0,197	0,079	0,620

La photographie de la plante moyenne au 16 août est reproduite par la figure 95.

La dernière récolte a été faite le 12 octobre, cinquante-sept jours après la précédente et cent quatre-vingt-trois jours après le semis. La plante moyenne avait alors la constitution ci-après :

	Matière sèche.
	gr.
Feuilles...............................	13,50
Racine charnue........................	58,30
Radicelles............................	2,66
Poids total de la plante sèche..	74,46

L'analyse de ces différentes parties nous a donné pour 100 de substance sèche :

	FEUILLES.	RACINES.	RADICELLES.
	p. 100.	p. 100.	p. 100.
Azote.................	2,62	1,56	2,26
Acide phosphorique.....	0,65	0,83	0,69
Potasse.............	6,34	4,00	1,54
Chaux..............	3,59	0,52	2,57

Il en résulte que la plante entière présentait à l'époque de l'arrachage normal la composition suivante :

	FEUILLES.	RACINE.	RADI-CELLES.	TOTAL.
	gr.	gr.	gr.	gr.
Matière sèche.	13,500	58,300	2,660	74,460
Azote................	0,353	0,903	0,060	1,316
Acide phosphorique....	0,088	0,483	0,0183	0,589
Potasse..............	0,854	2,332	0,041	3,227
Chaux...............	0,486	0,302	0,068	0,857

La figure 96 reproduit la plante moyenne au moment de l'arrachage final, d'après la photographie qui en a été prise.

Dans le tableau suivant nous avons réuni les données relatives à la composition de la plante entière, aux différentes époques de l'année :

	13 JUIN.	18 JUILLET.	16 AOUT.	12 OCTOBRE
Durée de la végétation depuis le semis.	62 jours.	97 jours.	126 jours.	183 jours.
	gr.	gr.	gr.	gr.
Matière sèche......	0,8100	8,5540	38,9000	74,460
Azote.............	0,0298	0,1540	0,5110	1,316
Acide phosphorique.	0,00486	0,0770	0,1716	0,589
Potasse...........	0,0286	0,2840	1,5200	3,227
Chaux............	0,0219	0,1417	0,6200	0,856

Nous avons représenté, dans le diagramme de la figure 97 la marche du développement des différents organes de la betterave. On y voit que c'est à partir de la mi-juillet que les racines commencent à grossir, et que depuis la mi-août presque tout le gain en poids de la plante provient de l'accroissement de la racine charnue.

D'autre part, nous avons calculé, à l'aide des résultats consignés dans le tableau précédent, la marche de la formation de la matière sèche, et celle de l'absorption corrélative des éléments nutritifs en centièmes des maxima observés. Le

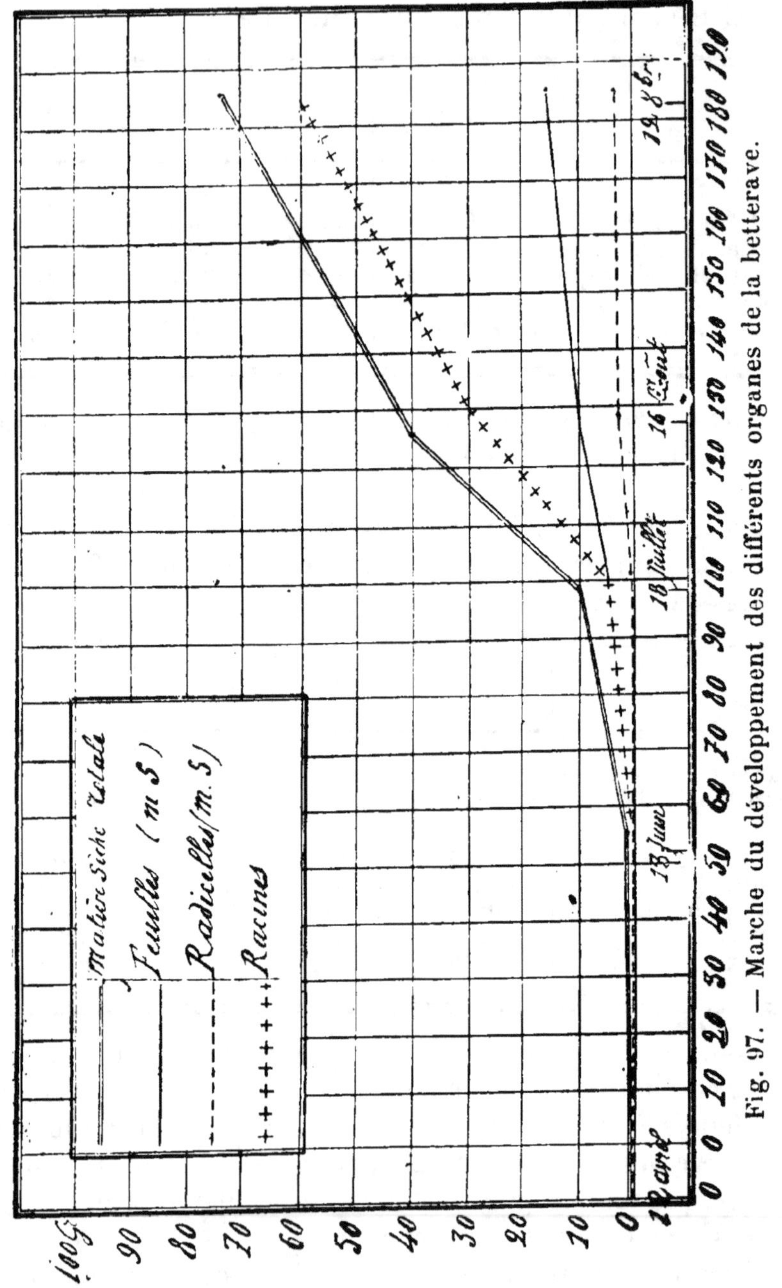

Fig. 97. — Marche du développement des différents organes de la betterave.

graphique de la figure 98 traduit aux yeux les nombres inscrits dans le tableau qui suit :

	1re RÉCOLTE (13 juin).	2e RÉCOLTE (18 juillet).	3e RÉCOLTE (16 août).	4e RÉCOLTE (12 octobre).
Matière sèche......	1,08	11,48	52,24	100
Azote.............	2,26	11,70	38,83	100
Acide phosphorique.	0,72	13,07	29,14	100
Potasse............	0,89	8,80	47,10	100
Chaux.............	2,558	19,88	72,43	100
Marche de la formation de la racine..		7,75	45,62	100

Le développement des radicelles, organes de l'absorption des éléments nutritifs, est résumé ci-dessous :

	PAR PLANTE SÈCHE.	P. 100 DE PARTIES AÉRIENNES et racines sèches.
	gr.	p. 100.
13 juin....................	0,195	31,71
18 juillet	0,434	6,09
16 août	3,230	9,05
12 octobre................	2,660	3,70

Enfin le travail d'absorption journalier, rapporté à un gramme de matière sèche des radicelles, est indiqué ci-après pour chaque élément considéré :

	De la levée au 13 juin. 50 jours.	Du 13 juin au 18 juillet. 35 jours.	Du 18 juillet au 16 août. 29 jours.	Du 16 août au 12 octobre. 57 jours.
	gr.	gr.	gr.	gr.
Poids moyen des radicelles...............	0,097	0,315	1,832	2,945
	milligr.	milligr.	milligr.	milligr.
Azote.................	6,14	11,30	6,72	3,72
Acide phosphorique....	1,00	6,56	1,78	1,98
Potasse..............	5,90	23,22	23,26	8,07
Chaux...............	4,51	10,90	9,19	1,12
Totaux..........	17,55	51,98	19,95	14,89

C'est en juin et juillet que le travail radiculaire atteint son

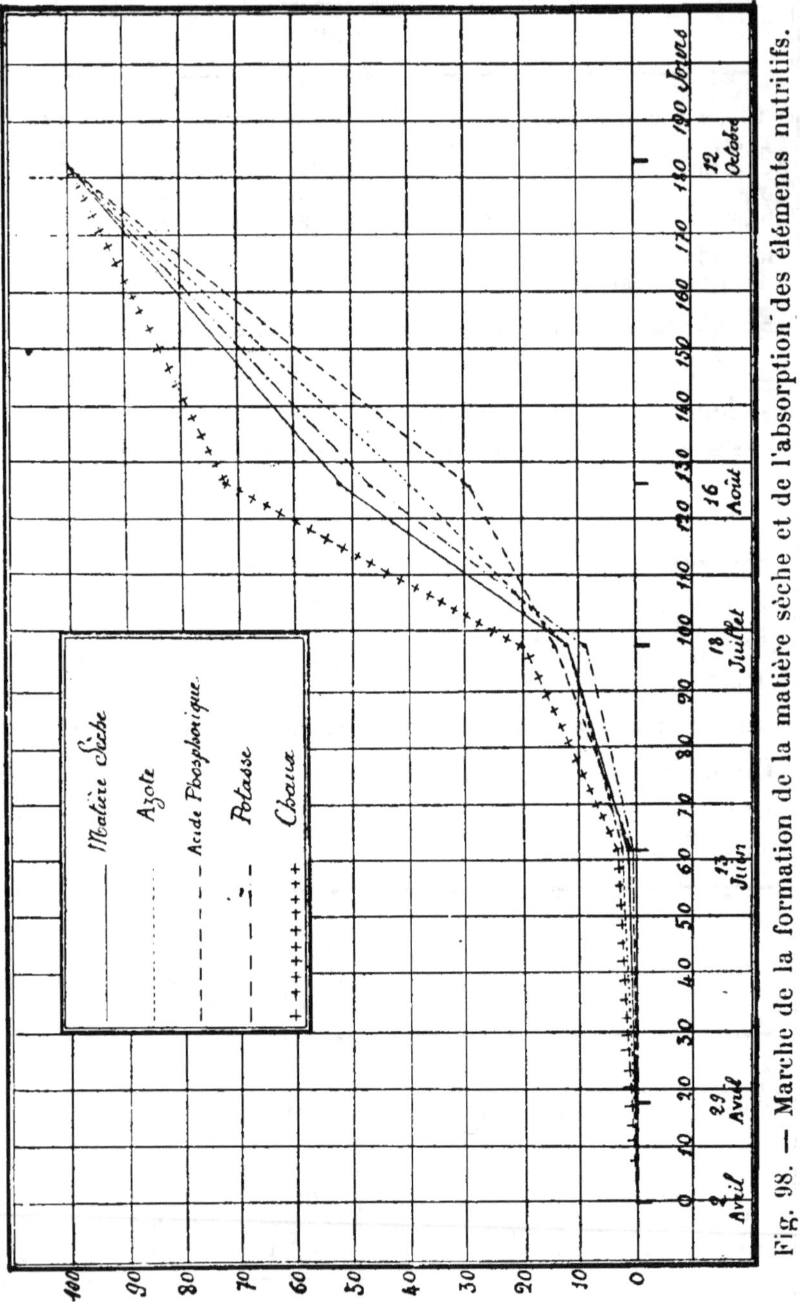

Fig. 98. — Marche de la formation de la matière sèche et de l'absorption des éléments nutritifs.

maximum, et ce maximum est relativement très élevé, quand

on le compare à ce que nous avons observé ailleurs. C'est à ce moment donc, qu'il convient d'assurer à la betterave une abondante provision d'éléments fertilisants facilement assimilables.

Une récolte moyenne de betteraves à collet rose, par la culture en rangs serrés, s'élève facilement au chiffre de 30 à 40 tonnes de racines, dosant 18 p. 100 de matière sèche. Avec le type de racine que nous avons obtenu, pesant à l'état sec 58,3 grammes et 323 grammes à l'état frais, et pour un espacement de 45/22, nous aurions cent mille plants à l'hectare, produisant 32 tonnes de racines en chiffres ronds. Cette récolte aurait prélevé sur les ressources alimentaires du sol :

Azote	132 kilogrammes.
Acide phosphorique	59 —
Potasse	323 —
Chaux	86 —

Ces quantités ne sont pas exagérées, on peut même dire qu'elles sont souvent dépassées dans la bonne culture et dans les années favorables. Ces exigences de la betterave sont très élevées, surtout pour la potasse. Mais pour régler la fumure de la plante qui nous occupe, la connaissance de ses exigences totales en principes nutritifs n'est pas suffisante. Il faut que nous examinions à quels moments la betterave éprouve le besoin le plus intense de chacune des matières fertilisantes les plus importantes, car il conviendra de prendre les mesures nécessaires pour qu'à cet instant précis le sol soit à même de satisfaire amplement à l'absorption des radicelles. La considération du développement de celles-ci et du travail qu'elles ont à effectuer par unité de matière sèche, est susceptible aussi d'éclairer le problème de la fumure pratique.

Pendant les deux premiers mois de la végétation, la formation de la matière sèche ne dépasse guère 1 p. 100 du maximum. Mais on observe alors que l'azote et la chaux sont absorbés avec une notable avidité, puisque l'on en trouve dans la plante 2,26 pour le premier et 2,56 pour la seconde p. 100 des maxima. Ces proportions sont beaucoup plus élevées que celles de la formation de la substance sèche. En égalant celle-ci à 100, l'absorption relative de l'azote devient 209 et celle de la chaux 237. C'est un indice de l'importance de leur action sur le premier développement de la betterave. La potasse et l'acide phosphorique, d'autre part, sont absorbés avec une avidité beaucoup moindre.

Le travail d'absorption des radicelles est alors maximum pour l'azote ; il est presque égal pour la potasse ; pour la chaux, il est encore élevé, mais il est très faible pour l'acide phosphorique. L'azote, la chaux et la potasse sont donc les éléments nutritifs que la betterave demande à cette époque à trouver dans le sol sous la forme le plus assimilable ; l'acide phosphorique n'est pas demandé dans les mêmes proportions. Cependant il faut remarquer que pendant toute sa végétation la betterave a une très grande aptitude pour absorber la potasse ; cette aptitude n'est pendant cette période que le quart environ du maximum qu'elle peut atteindre, tandis que pour l'azote elle atteint déjà plus de moitié du maximum, et près de la moitié pour la chaux. Nous en déduisons que, pendant les deux premiers mois de sa vie, la plante qui nous occupe est favorablement influencée par l'azote et la chaux facilement solubles.

Pendant le troisième mois, l'activité de la végétation est beaucoup plus grande. La formation de la matière sèche est dix fois plus forte, et en même temps les proportions de chaux, d'acide phosphorique, d'azote et de potasse absorbées s'élèvent beaucoup. La plante a formé, en effet, 10,04 p. 100 de sa matière sèche et absorbé 17,32 p. 100 de sa chaux, 12,35 p. 100 de son acide phosphorique, 9,44 p. 100 de son azote, et 7,91 p. 100 de sa potasse. Et, fait digne de remarque, pendant que l'absorption de la chaux devient largement dominante, celle de l'acide phosphorique, qui était peu importante au début, s'accentue fortement et prend le second rang. L'azote ne vient qu'assez loin en arrière, comme la potasse. Le superphosphate de chaux est donc un engrais qui convient admirablement à la betterave, à cause de l'apport important de sulfate de chaux qui résulte de son emploi et aussi du phosphate très assimilable qu'il renferme.

Pendant cette période le travail radiculaire est très élevé

pour tous les principes nutritifs et il atteint son maximum. Cela démontre un grand besoin d'engrais très assimilables. Le gramme de radicelles sèches absorbe 52 milligrammes de matières nutritives,

Pendant le quatrième mois, l'activité de la formation de la matière organique s'élève considérablement. La plante crée 40 p. 100 de sa substance et l'absorption des principes nutritifs s'accroît dans une même proportion. Leur absorption relative, pendant cette époque est en effet de 52,55 p. 100 pour la chaux, 38,30 p. 100 pour la potasse, 27,13 p. 100 pour l'azote, et 16,07 p. 100 pour l'acide phosphorique. L'absorption proportionnelle de la chaux est toujours de beaucoup la plus considérable ; sa courbe reste bien au-dessus de celle de la matière sèche et diverge sensiblement. La betterave continue donc a en avoir grand besoin. Pour la potasse, l'azote et l'acide phosphorique, les courbes restent au-dessous de celle de la matière sèche. Celle de la potasse la suit presque parallèlement, de sorte que malgré l'intensité absolue de l'absorption de cette base, il ne semble pas bien nécessaire de faire intervenir à cette époque des engrais potassiques, car il est évident que nous avons affaire à une plante très bien organisée pour tirer cet élément du sol. La courbe de l'azote comme celle de l'acide phosphorique qui, pendant le troisième mois, s'étaient placées au-dessus de celle de la matière sèche, passent au-dessous et lui deviennent inférieures, surtout la dernière. La plante a toujours besoin de trouver ces éléments à sa portée, mais elle ne manifeste plus pour eux d'avidité particulière ; elle prend le temps de les consommer et nous en concluons que la fumure doit comprendre à côté du nitrate et du superphosphate très rapidement assimilables, qui répondent si bien aux exigences de la betterave pendant le troisième mois, des engrais à action plus lente, comme le fumier et le phosphate soluble au citrate.

Pendant ce quatrième mois, le travail radiculaire a diminué de plus de moitié. S'il est resté sensiblement le même pour la potasse, et pour la chaux, il est tombé au quart pour l'acide phosphorique. C'est que les organes d'absorption de la plante ont atteint leur maximum, et que leur développement relatif

15.

a été plus rapide que celui de l'absorption. Si ses besoins sont plus grands, la plante est mieux outillée pour y satisfaire. Il lui faut toujours un sol riche, mais elle est moins regardante sur la forme des éléments fertilisants qu'on lui offre.

Durant les deux derniers mois de sa végétation, la racine fait plus que doubler; la plante y emmagasine les provisions nécessaires pour la seconde année de végétation. La formation de la matière sèche est de 48 p 100, soit de 24 p. 100 par mois; c'est presque moitié moins que pendant le quatrième mois. L'absorption des principes nutritifs devient alors par mois de 13,8 p. 100 pour la chaux, 26,5 p. 100 pour la potasse, 30,5 p. 100 pour l'azote, et de 35 p. 100 pour l'acide phosphorique. L'activité de l'absorption diminue pour la chaux et la potasse, elle augmente un peu pour l'azote, mais il se manifeste une recrudescence très nette pour l'acide phosphorique. C'est alors que le travail radiculaire tombe à son minimum.

Notre conclusion pratique est que l'on se trouvera bien de fournir à la betterave une abondante fumure de fumier de ferme bien décomposé (40 tonnes métriques), pour lui assurer pendant toute la durée de la végétation un abondant approvisionnement d'éléments nutritifs; cette fumure de fonds devant surtout satisfaire aux exigences de la seconde période végétative. Il conviendra de la compléter par du nitrate de soude (200 kilog.) pour favoriser son premier développement et surtout par du superphosphate (400 kilog.), source à la fois de la chaux très facilement assimilable, si nécessaire à la plante dans les quatre premiers mois de son existence, et de l'acide phosphorique de très facile absorption qui est indispensable pendant le troisième mois.

Ces conclusions s'accordent très bien avec celles de nos essais en plein champ, qui nous ont démontré la supériorité de la fumure mixte, et la grande importance du superphosphate, surtout dans nos sols de Beauce, pauvres à la fois en calcaire et en acide phosphorique. C'est ainsi qu'à Cloches, avec le concours de M. Oscar Benoist, nous avons obtenu les résultats suivants :

NUMÉROS.	FUMURES.	EXCÉDENTS MOYENS.		
		RACINES.	FEUILLES.	TOTAUX.
		quintaux.	quintaux.	quintaux.
1	Fumure ordinaire.......	106	18	124
2	Double fumure..........	95	13	108
3	Complet phosphate	77	27	104
4	— superphosphate.	145	16	161
6	Sans potasse.......... ..	106	15	121
7	Complet superphosphate.	144	16	160
8	Sans acide phosphorique.	82	16	98
9	Sans azote.............	90	8	98

Il résulte des faits constatés les conclusions suivantes :

1º On n'a obtenu aucun avantage de doubler la fumure ordinaire de fumier de ferme.

2º Malgré la richesse foncière du sol en azote organique, le nitrate de soude, en apportant son azote éminemment assimilable, a eu l'effet le plus heureux sur le rendement.

Dans les parcelles 4 et 7, fumées avec l'engrais complet, nous avons obtenu en moyenne un excédent de récolte s'élevant à 144 quintaux de racines et 16 quintaux de feuilles.

La parcelle 9, qui a reçu la même fumure sauf l'azote, n'a donné qu'un excédent de 90 quintaux de racines et de 8 quintaux de feuilles.

Le nitrate de soude a donc eu pour effet d'accroître la récolte, par sa propre action fertilisante, de 64 quintaux de racines et de 8 quintaux de feuilles.

Il est impossible après cela de ne pas admettre l'efficacité de l'azote comme certaine.

3º L'acide phosphorique des superphosphates a eu sur les rendements une action remarquable. D'abord nous avons pu constater de rechef que le superphosphate hâte d'une manière très nette le premier développement de la racine. Ce fait a des conséquences pratiques que tous les cultivateurs comprendront.

Enfin, outre l'activité du premier développement, cet engrais élève le rendement final en racines sans avoir d'action notable sur le poids des feuilles.

Tandis que dans les parcelles 4 et 7, en effet, le rendement dépasse de 144 quintaux, le produit du sol sans engrais, la parcelle n° 8, à l'abstinence d'acide phosphorique, ne donne

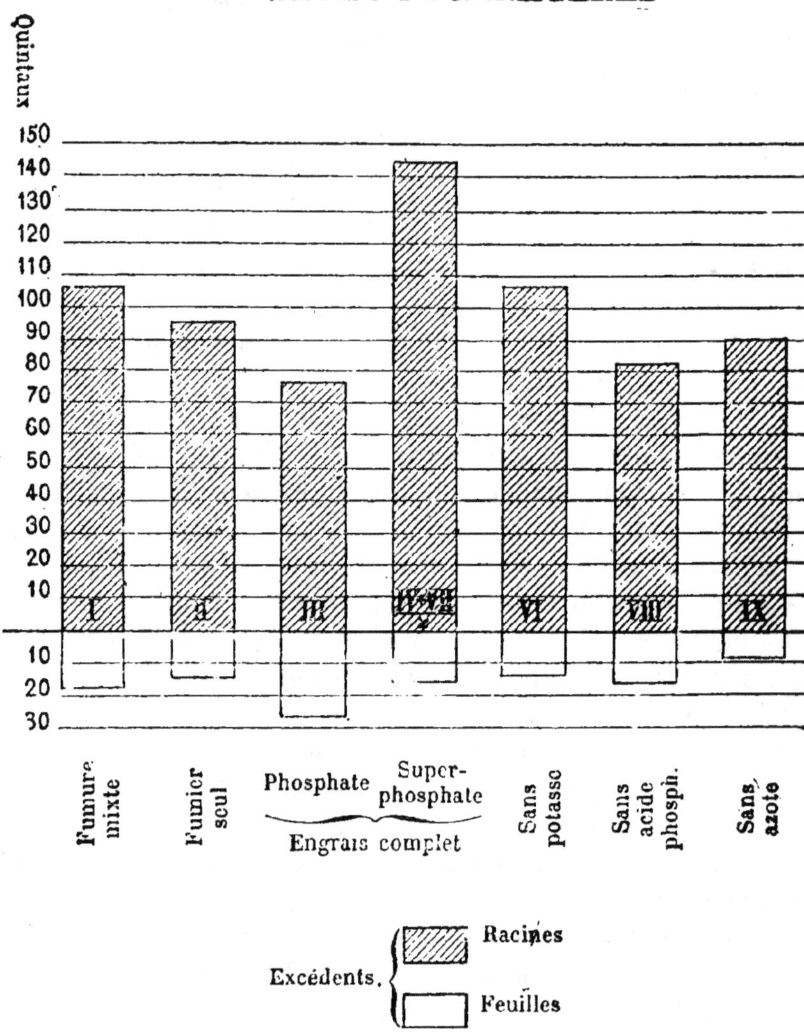

Fig. 99. — Action des engrais sur la betterave fourragère.

que 82 quintaux d'excédents. L'acide phosphorique soluble, à lui seul, a donc élevé la récolte de 62 quintaux.

Le rendement en feuilles dans les deux cas est resté le même.

Devant de pareilles différences, nous sommes autorisés à conclure que dans un sol qui ne dose pas plus de 0 gr. 03 d'acide phosphorique soluble dans l'acide citrique faible par kilogramme, le superphosphate est d'un emploi indispensable, et avantageux, dans la culture de la betterave.

4° Les phosphates minéraux des Ardennes se sont montrés au contraire d'une très faible efficacité.

5° La betterave est une plante très exigeante en potasse. L'analyse de notre terre nous faisait prévoir l'utilité d'employer le chlorure de potassium comme engrais.

L'expérience a confirmé nos prévisions. En effet, tandis que l'engrais complet nous faisait obtenir en moyenne 144 quintaux de racines en excédent, la suppression de la potasse fait tomber ce surcroît à 106 quintaux. En mettant le sol à l'abstinence de potasse, le rendement a baissé de 38 quintaux. Le produit en feuilles ne semble pas avoir été influencé.

L'influence de la potasse a été moins grande que celle de l'acide phosphorique, quoique très nette. C'est la conséquence de la moins grande pauvreté du sol en ce principe fertilisant.

Le graphique de la figure 99 représente les excédents obtenus dans nos expériences, et en fait ressortir nettement à l'œil les principales conclusions.

Culture.

La betterave fourragère vient toujours en tête de l'assolement. Comme nous l'avons dit dès le début, elle remplace avantageusement l'ancienne jachère. Elle est toujours suivie par une récolte de blé d'hiver ou de printemps, quand l'arrachage en a été trop tardif. C'est en effet après plantes sarclées, que l'on obtient les rendements les plus assurés de cette céréale en même temps que les plus économiques.

La plante qui nous occupe ayant une racine pivotante, elle réclame un terrain profondément ameubli afin de pouvoir se développer normalement. Pour arriver à cet ameublissement indispensable, aussitôt la récolte précédente enlevée, on donne un labour superficiel de déchaumage qui ne dépasse pas 6 à 8 centimètres de profondeur. Les racines de toutes les mauvaises herbes sont ainsi retournées et exposées au soleil et cela les détruit. Un coup de herse au bout de quelques jours les extirpe et ameublit la surface d'une manière favorable à la germination de toutes les mauvaises graines, car à cette époque il fait encore assez chaud pour qu'elles poussent. Quand elles sont bien venues, on les détruit, dans les terres légères, par un coup d'extirpateur, mais il est bien préférable de les enfouir par un labour de 30 centimètres de profondeur. C'est par ce labour profond qu'il convient d'enterrer le fumier. Si on ne le peut, on le fera au printemps par un bon labour et on enterrera en même temps les superphosphates et les sels de potasse s'il y a lieu. La terre ainsi traitée avant l'hiver est abandonnée aux intempéries de la saison. Les alternatives de gel et de dégel la désagrègent et l'ameublissent parfaitement.

Au printemps on donne plusieurs façons d'ameublissement : à la charrue, à l'extirpateur et à la herse, de manière à mettre la terre en parfait état. Le nombre de ces façons est variable avec la nature du sol et la saison. Les terres fortes sont plus exigeantes que les autres. Le rouleau Crosskill est dans tous les cas un auxiliaire puissant pour la pulvérisation des mottes.

Pour effectuer les labours on ne saurait trop préconiser les charrues Brabant doubles, pour les labours profond, et pour les autres les charrues Bissocs. Quant aux herses, ce sont celles en fer et articulées, qui sont les plus efficaces et les plus économiques. C'est au printemps et par le dernier labour ou au moins par un quasi-labour que l'on enterre le nitrate de soude pour la moitié environ de la quantité totale, le reste étant réservé pour l'époque du démariage.

Le sol bien préparé, l'engrais enfoui, il faut songer à peupler le champ. On opère généralement par semis en place et dans quelques circonstances par repiquage de plants élevés en pépinière. Le semis se fait toujours en lignes à plat ou en billons, de même que le repiquage. Nous aurons à examiner ces différents cas, mais auparavant il nous paraît nécessaire d'étudier les questions de l'influence de la nature des variétés choisies et de l'espacement des plants sur le rendement net de cette culture. Nous avons fait de nombreuses expériences sur ces deux points, et nous rapportons ici les plus intéressantes.

Action de la variété et de l'espacement sur la production de la betterave fourragère.

Poussés par l'aiguillon de la nécessité, les cultivateurs qui s'adonnent à la production de la betterave à sucre, sont arrivés, depuis vingt ans, par des recherches suivies, à améliorer la racine saccharigène d'une façon remarquable. Le taux de sucre pour cent de racine a été augmenté de beaucoup, grâce à la sélection des porte-graines et à une culture en rangs serrés, grâce aussi à l'emploi de fumures abondantes et appropriées. Pendant ce temps, qu'a fait le cultivateur de betteraves fourragères? Il est resté hynoptisé par le rendement brut et par la grosseur des racines. Ces deux seules *apparences* sont demeurées pour lui le critérium de la valeur agricole des variétés. On ne le voit s'inquiéter en rien de la richesse des betteraves en subtances réellement nutritives; il n'y a pas pour lui betteraves et betteraves comme il y a pour tout le monde fagots et fagots.

Et cependant il n'est pas douteux, quand on se donne la peine de réfléchir un instant, que, si la valeur de la betterave industrielle est proportionnelle à sa richesse centésimale et à son rendement total en sucre à l'hectare, la valeur d'une betterave fourragère doit être en raison de sa teneur en principes nutritifs et de son rendement en matières réellement alimentaires par hectare. Or y a-t-il parallélisme entre le rendement brut par unité de surface, entre la grosseur individuelle des racines et leur valeur alimentaire? L'expérience montre qu'il n'en est rien. Dehérain a fait la démonstration de la mauvaise qualité des grosses racines. Nous avons entrepris, avec le concours dévoué de M. Oscar Benoist, l'habile agriculteur de Cloches, des expériences dans le but de démontrer l'influence du choix des variétés et du mode de culture sur le rendement utile de cette plante fourragère. Les résultats en ont été très démonstratifs. En 1896, nos essais ont porté sur la variété jaune ovoïde des Barres, et avaient pour but d'étudier l'influence de l'espacement des racines sur le rendement en substances alimentaires par hectare. Nous n'en rappellerons ici que les conclusions. Les betteraves serrées (744 à l'are) ont donné un rendement brut de 804 quintaux à l'hectare, tandis que les betteraves à grand espacement (220 à l'are) ont produit 829 quintaux. Le poids moyen des premières était de 1065 grammes et celui des grosses de 3768 grammes. Or, malgré la légère infériorité du rendement brut, les betteraves serrées ont donné à l'hectare un excédent de matières réellement nutritives (sucre, albumine et graisse) de 1240 kilogrammes sur les grosses racines. Si l'on rapporte cet excédent à la somme de matières nutritives fournie par hectare de betteraves à grande distance, somme qui s'élevait à 2075^{kgr},5, on voit que la culture à plants serrés a augmenté le rendement en éléments nutritifs de 60 p. 100. Nous avons constaté, d'autre part, que les petites betteraves renfermaient trois fois moins de nitrate de potasse que les grosses. Une vache mangeant 40 kilogrammes de grosses racines absorbait 64 grammes de nitrate par jour, tandis qu'en consommant les petites en même quantité elle n'en ingérait que 20 grammes. A petite dose, ce sel est très laxatif et l'observation a montré qu'une quantité de 100 grammes absorbée par une vache moyenne est très nuisible à sa santé.

Enfin nous avons été frappé de la pauvreté de nos betteraves en matières nutritives et de leur richesse en eau. Cela nous a conduit à entreprendre nos essais de 1897, dans le but de confirmer les précédents et de rechercher parmi les variétés de betteraves connues celles qui seraient le plus avantageuses sous le rapport de la production de la matière nutritive.

Nous ne nous sommes pas cette fois borné à des expériences culturales et à des analyses, mais nous avons voulu compléter nos investigations par des essais d'alimentation poursuivis à Cloches sur l'engraissement du mouton et par des recherches sur la digestibilité des grosses et des petites racines exécutées sur le lapin à la Station agronomique.

Résultats culturaux. — Dans un sol de limon, ayant

reçu une fumure de 40 000 kilogrammes de fumier de ferme excellent et de 400 kilogrammes de superphosphate à l'hectare, nous avons cultivé comparativement 9 variétés de betteraves, en lignes espacées d'une part de 90 centimètres, et de l'autre de 45. Sur la moitié de la superficie de chaque groupe de racines cultivées à des distances différentes, il a été répandu une fumure additionnelle de 200 kilogrammes de nitrate de soude, par hectare, afin de reconnaître si cette addition influerait notablement sur la teneur des racines en nitrate.

Les tableaux (p. 270 et 271) rendent compte des résultats obtenus, ramenés à l'hectare. Pour chaque variété nous avons indiqué le nombre de plants récoltés à l'are, afin de bien préciser l'espacement.

De l'examen des résultats précédents, il appert qu'en général pour les betteraves la culture en lignes espacées seulement de 45 centimètres a donné des rendements plus considérables que la culture à grandes distances. Il n'y a d'exceptions pour aucune variété. Les excédents sont de 86 quintaux pour les variétés à sucre ou de distillerie, et de 99 quintaux pour les races purement fourragères. A supposer que les petites racines n'aient pas une valeur supérieure aux grosses, il est indiscutable déjà qu'il est avantageux d'adopter la culture en ordre serré.

D'un autre côté l'addition de 200 kilogrammes de nitrate de soude à la fumure générale de 40 000 kilogrammes de très bon fumier et de 400 kilogrammes de superphosphate a eu une action sensible sur le rendement. Le tableau suivant le met en évidence :

	SANS NITRATE (MOYENNES).	AVEC NITRATE (MOYENNES).	EXCÉDENTS (MOYENNES).
	quintaux.	quintaux.	quintaux.
Betteraves à sucre et de distillerie............	353	390	37
Betteraves fourragères..	466	530	46

Semis en lignes distantes de 90 centimètres.

VARIÉTÉS CULTIVÉES.	SANS NITRATE.		AVEC NITRATE.		MOYENNES.	
	Racines par are.	Rendement brut à l'hectare.	Racines par are.	Rendement brut à l'hectare.	Racines par are.	Rendement brut à l'hectare.
		quintaux.		quintaux.		quintaux.
B. blanche à sucre Klein-Wanzleben...........	248	300	248	312	248	306
B. blanche à sucre à collet rose..............	266	368	274	442	270	405
B. blanche à sucre à collet vert (Brabant)......	260	323	288	362	274	342
Moyenne des betteraves à sucre........	258	330	270	372	264	351
B. géante blanche demi-sucrière.............	254	440	254	492	254	466
B. disette Mammouth.......................	268	382	266	464	267	423
B. jaune géante de Vauriac..................	228	428	252	530	240	479
B. globe à petites feuilles...................	272	440	250	446	261	443
B. jaune ovoïde des Barres..................	232	478	222	490	227	484
B. disette corne de bœuf....................	264	390	352	412	258	401
Moyenne des betteraves fourragères....	253	426	249	472	251	449
Moyenne générale des betteraves.......	254	383	255	439	255	416

Semis en lignes distantes de 45 centimètres.

VARIÉTÉS CULTIVÉES.	SANS NITRATE.		AVEC NITRATE.		MOYENNES.	
	Racines par are.	Rendement brut à l'hectare.	Racines par are.	Rendement brut à l'hectare.	Racines par are.	Rendement brut à l'hectare.
		quintaux.		quintaux.		quintaux.
B. blanche à sucre Klein-Wanzleben	784	360	716	362	750	361
B. blanche à sucre à collet rose	728	392	884	482	806	437
B. blanche à sucre à collet vert (Brabant)......	802	380	858	389	803	384
Moyenne des betteraves à sucre........	771	377	819	408	786	394
B. géante blanche demi-sucrière.............	846	552	866	581	856	566
B. disette Mammouth......................	944	466	836	547	790	506
B. jaune géante de Vauriac.................	794	576	696	680	745	628
B. globe à petites feuilles.................	904	452	960	558	932	505
B. jaune ovoïde des Barres.................	830	550	828	638	829	594
B. disette corne de bœuf..................	930	450	918	533	924	491
Moyenne des betteraves fourragères....	874	507	850	589	846	548
Moyenne générale des betteraves.......	840	464	840	530	826	497

La valeur de la fumure additionnelle de nitrate de soude étant de 46 francs, le quintal obtenu en excédent revient pour la betterave à sucre et de distillerie à 1 fr. 24 et à 0 fr. 72 pour la betterave fourragère.

Nous pouvons enfin classer les variétés d'après leur rendement brut moyen comme il suit :

1º Géante de Vauriac...............	553	quintaux.
2º Ovoïde des Barres	539	—
3º Géante blanche demi-sucrière ...	516	—
4º Globe à petites feuilles..........	474	—
5º Disette Mammouth..............	464	—
6º Corne de bœuf	446	—
7º Betterave à collet rose..........	421	—
8º — — vert	363	—
9º — Klein-Wansleben	333	—

Il est inutile de commenter ce classement pour l'instant. On le rapprochera plus tard de celui que nous pourrons déduire de nos recherches analytiques et de nos expériences sur les animaux. Contentons-nous de constater que les variétés se groupent très régulièrement, les variétés sucrières et de distillerie ont un rendement brut inférieur à celui des betteraves fourragères.

Composition chimique des racines. — A la récolte, nous avons prélevé dans chaque parcelle, un échantillon moyen de racines de 50 kilogrammes environ. Les 44 échantillons furent expédiés à la Station agronomique pour y être analysés. A leur réception, les lots furent pesés séparément et l'on compta le nombre total des racines qui les constituaient pour en déduire leur poids moyen. Puis nous rangeâmes les racines par ordre de grosseur et nous en prélevâmes un nombre suffisant pour représenter exactement l'ensemble. Ce sont ces échantillons qui ont servi de point de départ à nos recherches. Les deux tableaux suivants résument les résultats obtenus. Pour chaque variété, et pour chaque espacement, nous avons réuni les analyses des lots avec et sans nitrate; chaque nombre est donc la moyenne de deux dosages.

Semis à 0ᵐ,90. — *Composition immédiate des racines.*

ÉLÉMENTS DOSÉS.	BETTERAVE à sucre Klein-Wanzleben.	BETTERAVE à sucre à collet rose.	BETTERAVE à sucre à collet vert.	BETTERAVE géante blanche 1/2 sucrière.	BETTERAVE disette Mammouth.	BETTERAVE jaune géante de Vauriac.	BETTERAVE globe à petites feuilles.	BETTERAVE jaune ovoïde des Barres.	BETTERAVE disette corne de bœuf.
	p. 100.	p. 100.	p. 100.	p. 100.	p. 100.	p. 100.	p. 100.	p. 100.	p. 100.
Eau	84,1	84,94	84,2	91,2	90,30	91,31	90,1	92,92	90,77
Matières organiques	14,8	13,97	14,7	7,7	8,70	7,64	8,6	6,03	8,10
Cendres	1,1	1,08	1,1	1,1	1,00	1,05	1,3	1,05	1,13
Matières albuminoïdes	0,84	0,84	0,83	0,61	0,60	0,59	0,91	0,59	0,72
— azotées diverses	0,77	0,69	0,79	0,56	0,62	0,57	0,70	0,56	0,65
— — totales	1,61	1,53	1,62	1,17	1,22	1,16	1,61	1,15	1,37
Graisse	0,03	0,03	0,03	0,01	0,01	0,01	0,02	0,03	0,02
Sucre	9,60	9,50	10,05	3,65	4,35	3,20	4,65	2,60	4,60
Glucose	»	»	»	»	»	»	»	»	»
Pentosanes	1,72	1,37	1,54	0,89	0,93	0,82	0,99	0,72	1,00
Cellulose	1,08	0,86	0,82	0,67	0,75	0,80	0,91	0,39	0,90
Matières non dosées	0,76	0,67	0,64	1,30	1,44	1,65	0,42	1,14	0,21
Poids moyen des racines récoltées	k. 1,233	k. 1,498	k. 1,262	k. 1,834	k. 1,584	k. 1,990	k. 1,700	k. 2,133	k. 1,55
— analysées	1,173	1,461	1,277	1,687	1,592	1,721	1,521	1,930	1,28

SEMIS A 0^m,45. — *Composition immédiate des racines.*

ÉLÉMENTS DOSÉS.	BETTERAVE à sucre Klein-Wanzleben.	BETTERAVE à sucre à collet rose.	BETTERAVE à sucre à collet vert.	BETTERAVE géante blanche 1/2 sucrière.	BETTERAVE disette Mammouth.	BETTERAVE jaune géante de Vauriac.	BETTERAVE globe à petites feuilles.	BETTERAVE jaune ovoïde des Barres.	BETTERAVE disette corne de bœuf.
	p. 100.	p. 100.	p. 100.	p. 100.	p. 100.	p. 100.	p. 100.	p. 100.	p. 100.
Eau	81,00	81,50	8,20	89,00	90,65	90,00	89,00	91,06	86,87
Matières organiques	18,00	17,54	1,69	9,90	8,40	8,90	9,95	7,94	12,00
Cendres	1,00	0,96	1,10	1,40	0,96	1,1	1,05	1,00	1,13
Matières albuminoïdes	0,58	0,83	0,65	0,47	0,39	0,68	0,58	0,52	0,77
— azotées diverses	0,59	0,76	0,54	0,45	0,34	0,53	0,50	0,53	0,54
— — totales	1,17	1,59	1,19	0,92	0,73	1,21	1,08	1,05	1,31
Graisse	0,02	0,03	0,03	0,01	0,01	0,02	0,01	0,01	0,02
Sucre	13,00	12,80	13,00	6,80	4,70	4,40	6,70	4,00	7,15
Glucose	»	»	»	»	»	»	»	»	»
Pentosanes	2,13	1,90	1,63	0,99	0,79	0,93	0,90	0,80	1,37
Cellulose	0,99	1,10	0,83	0,66	0,56	0,87	0,64	0,66	0,97
Matières non dosées	0,70	0,12	0,22	0,52	1,61	1,47	0,62	1,41	1,18
Poids moyen des racines récoltées..	k. 0,482	k. 0,542	k. 0,463	k. 0,661	k. 0,573	k. 0,851	k. 0,540	k. 0,656	k. 0,532
— analysées	0,541	0,505	0,455	0,633	0,586	0,892	0,540	0,707	0,604

La comparaison des analyses précédentes nous montre que par la culture serrée, les racines ont gagné une quantité notable de matière organique. En ce qui concerne les betteraves à sucre et de distillerie, l'accroissement moyen de la matière organique s'élève à 2,99 p. 100, soit à 20,6 p. 100 de ce que renferment les grosses betteraves. Enfin pour les betteraves fourragères, le gain moyen atteint 1,71 p. 100 ou 22 p. 100 du minimum moyen. Une seule exception existe à cette règle, quand on compare séparément chaque variété dans les deux procédés de culture, pour le Mammouth.

Si l'on compare les dosages moyens des matières azotées, dans les deux catégories de racines, on constate en général une petite diminution en passant de la culture à grandes distances à la culture serrée, et cela est vrai pour les matières azotées albuminoïdes comme pour les substances azotées diverses. Dans la comparaison des variétés, il y a beaucoup plus d'irrégularités que pour la matière sèche. Avec les betteraves à sucre et de distillerie, le gain d'albuminoïdes pour le grand espacement est de 22 p. 100, il est de 17 p. 100 pour les betteraves fourragères.

Les variations de la graisse, qui existe en si faible quantité, n'ont aucune importance. Il n'en est pas de même de celles du sucre. Dans tous les cas, les racines serrées sont plus riches que celles qui ont végété à grandes distances. Pour les betteraves à sucre et de distillerie, le gain moyen est de 3,06 p. 100, ce qui correspond à 31 p. 100 du minimum moyen. Enfin avec les betteraves fourragères, l'augmentation du dosage du sucre est de 1,78 p. 100 de racines, soit de 46,3 p. 100 de la teneur des plantes cultivées à 90 centimètres. Cette constatation n'est pas nouvelle. Il est depuis longtemps démontré que pour obtenir des betteraves riches en sucre, il faut serrer les plants autant que possible. Comme le sucre est l'aliment hydrocarboné le plus efficace après la graisse, il est urgent d'appliquer à la culture de la betterave fourragère la même règle qu'à celle de la betterave à sucre, car c'est par l'accroissement de la richesse des betteraves en sucre que l'on peut le plus accroître leur valeur nutritive.

Les pentosanes sont des hydrates de carbone à cinq atomes

de carbone qui se transforment par hydrolyse en sucres cristallisables infermentescibles appelés pentoses. On en connaît actuellement deux : l'arabane, origine de l'arabinose, et la xylane, qui fournit la xylose. Ce sont des substances gommeuses confondues dans les anciennes analyses avec les extractifs non azotés et la cellulose brute. M. Müntz les avait dosées, croyons-nous, séparément sous le nom de cellulose saccharifiable. Elles se distinguent nettement des hydrates de carbone à six atomes de carbone, tels que les sucres, les glucoses, les matières amylacées, par leur propriété de se transformer en furfurol quand on les fait bouillir avec de l'acide chlorhydrique à 12 p. 100. Dans la betterave, il existe très probablement un mélange des deux pentosanes connues. Ces hydrates de carbone peuvent servir à la nutrition, car ils sont en grande partie digérés, et l'on ne retrouve dans les urines que des traces de leurs dérivés.

La culture serrée a eu pour résultat un petit accroissement de la dose des pentosanes dans les racines. Il a été de 0,34 p. 100 de racines avec les betteraves à sucre et de distillerie, et de 0,07 p. 100 avec les fourragères. Il n'y a d'exception que pour deux betteraves fourragères. Si l'on rapporte ces accroissements à la teneur des racines cultivées à grandes distances, égalée à 100, on obtient respectivement les proportions suivantes : 22,1 et 7,9.

Pour la cellulose, les variations sont peu importantes et dans des sens différents.

Si l'on considère les différentes natures de variétés, comme nous l'avons fait dans le tableau suivant, où nous avons inscrit les moyennes de chaque groupe :

	Betteraves.		
	Sucrières.	Distillerie.	Fourragères.
Matières organiques..	18,00	17,22	8,66
Albuminoïdes........	0,58	0,74	0,62
Amides.............	0,59	0,65	0,54
Graisse.............	0,02	0,03	0,015
Sucre..............	13,00	12,90	4,73
Pentosanes..........	2,13	1,76	0,92

on reconnaît que les races sucrières et de distillerie sont beau-

coup plus riches que les races fourragères en matières organiques et en sucre; elles renferment aussi un peu plus de
matières albuminoïdes et de pentosanes.

Nous attachons un grand intérêt au dosage du nitrate de
potasse dans les racines. Sans entrer dans les détails, nous
rappellerons simplement nos conclusions générales qui res-
sortent du tableau récapitulatif suivant :

	Nitrate de potasse p. 100 kil. de racines.		
Écartement des lignes...............	90 centim.	45 centim.	Moyennes.
	gr.	gr.	gr.
Fumure au nitrate de soude.	49,8	25,8	37,6
Sans nitrate de soude......	42,8	26,3	34,5
Moyennes...........	46,3	26,0	

On voit que l'addition par hectare de 200 kilogrammes de
nitrate de soude à la fumure de fumier de ferme et de superphosphate n'a pas eu pour effet d'augmenter sensiblement le
taux de nitrate de potasse dans les racines.

On reconnaît aussi que la plantation serrée a eu pour effet
de diminuer fortement la teneur des racines en nitrate. L'abaissement du taux de nitrate atteint près de 44 p. 100.

Enfin, au point de vue de la richesse moyenne en nitrate,
les variétés de betteraves se rangent dans l'ordre suivant :

	Grammes de nitrate par quintal.
Ovoïdes des Barres.....................	80,0
Géante de Vauriac	67,7
Disette Mammouth.....................	50,4
Géante blanche demi-sucrière............	47,3
Globe à petites feuilles.................	42,1
Corne de bœuf.....................	33,1
Betterave à collet rose..................	22,2
— à collet vert..................	10,4
Klein-Wansleben.....................	8,8

On voit nettement que les races de distillerie et de sucrerie
sont beaucoup moins riches en nitrate que les variétés purement fourragères, ce qui constitue en leur faveur une nouvelle supériorité.

Rendements par hectare en éléments nutritifs. — Au point de vue pratique, la valeur relative des variétés cultivées, de même que celle des systèmes de culture, est fonction du rendement brut de racines à l'hectare et de la richesse en principes alimentaires de l'unité de poids de racines. Nous avons donc dans les deux tableaux suivants calculé, pour chaque variété, à chacun des deux espacements adoptés, le rendement à l'hectare en principes immédiats divers. Les résultats sont exprimés en quintaux métriques.

Dans un troisième tableau, extrait des précédents, nous avons totalisé pour chaque variété et pour chaque espacement les principales matières que nous considérons comme réellement nutritives et nous avons fait ressortir les moyennes afférentes à chaque groupe, ainsi que les différences en faveur de la culture serrée. Nous n'avons pas considéré comme alimentaires les amides, ni la cellulose ni les indéterminées.

Semis a 0m,90. — *Rendements à l'hectare.*

ÉLÉMENTS DOSÉS.	BETTERAVE à sucre Klein-Wanzleben.	BETTERAVE à sucre à collet rose.	BETTERAVE à sucre à collet vert.	BETTERAVE géante blanche 1/2 sucrière.	BETTERAVE disette Mammouth.	BETTERAVE jaune géante de Vauriac.	BETTERAVE globe à petites feuilles.	BETTERAVE jaune ovoïde des Barres.	BETTERAVE disette corne de bœuf.
	quint.	quint.	quint.	quint.	quint.	quint.	quint.	quint.	quint.
Eau	257,35	344,00	288,38	425,00	381,97	437,37	399,14	449,73	363,99
Matières organiques	45,29	46,58	50,35	35,88	36,80	36,60	38,09	29,19	32,48
Cendres	3,36	4,42	3,76	5,12	4,23	5,03	5,77	5,08	4,53
Matières albuminoïdes	2,57	3,40	2,84	2,84	2,54	2,84	4,03	2,86	2,89
— azotées diverses	2,36	2,79	2,70	2,61	2,62	2,72	3,10	2,71	2,60
— — totales	4,93	6,49	5,54	5,45	5,46	5,56	7,13	5,57	5,49
Graisse	0,09	0,12	0,10	0,047	0,042	0,048	0,09	0,14	0,08
Sucre	29,38	38,47	34,42	17,00	18,40	15,33	20,60	12,58	18,45
Glucose	»	»	»	»	»	»	»	»	»
Pentosanes	5,26	5,55	5,27	4,15	3,93	3,93	4,39	3,48	4,01
Cellulose	3,30	3,48	2,81	3,12	3,17	3,83	4,03	1,89	3,61
Matières non dosées	2,33	2,71	2,19	6,06	6,09	7,90	1,86	5,52	0,84

SEMIS A 0m,45. — *Rendements à l'hectare.*

ÉLÉMENTS DOSÉS.	BETTERAVE à sucre Klein-Wanzleben.	BETTERAVE à sucre à collet rose.	BETTERAVE à sucre à collet vert.	BETTERAVE géante blanche 1/2 sucrière.	BETTERAVE disette Mammouth.	BETTERAVE jaune géante de Vauriac.	BETTERAVE globe à petites feuilles.	BETTERAVE jaune ovoïde des Barres.	BETTERAVE disette corne de bœuf.
	quint.	quint.	quint.	quint.	quint.	quint.	quint.	quint.	quint.
Eau	292,41	356,16	315,29	504,18	459,44	565,20	449,45	540,90	426,97
Matières organiques	64,98	76,65	64,98	56,08	42,55	55,89	50,25	47,16	58,98
Cendres	3,61	4,19	4,23	6,23	4,86	6,91	5,30	5,94	5,55
Matières albuminoïdes	2,09	3,63	2,50	2,66	1,97	4,28	2,93	3,09	3,78
— azotées diverses	2,13	3,32	2,08	2,55	1,72	3,33	2,52	3,15	2,65
— — totales	4,22	6,95	4,58	5,21	3,69	7,61	5,45	6,24	6,43
Graisse	0,07	0,13	0,42	0,06	0,05	0,13	0,05	0,06	0,098
Sucre	46,93	55,94	50,00	38,52	23,81	27,63	33,83	23,76	35,14
Glucose	»	»	»	»	»	»	»	»	»
Pentosanes	7,69	8,30	6,27	5,61	4,00	5,84	4,55	4,75	6,73
Cellulose	3,57	4,81	3,19	3,74	2,83	5,46	3,23	3,92	4,76
Matières non dosées	2,53	0,52	0,85	2,95	8,15	9,23	3,13	8,38	5,80

Matières nutritives par hectare.

Somme : albuminoïdes, graisses, sucres, pentosanes.

	90 c.		45 c.		DIFFÉRENCE.	
	kil.		kil.		kil.	
B. à sucre Klein-Wanzleben.	3,730		5,678		1.948	
— à collet rose......	4,754	4,249	6,800	6,122	2,046	1,873
— à c. vert (Brabant).	4,263		5,889		1,426	
B. blanche demi-sucrière...	2,404		4,684		2,280	
B. disette Mammouth	2,451		2,983		532	
B. jaune géante de Vauriac.	2,235		3,788		1,553	
B. globe à petites feuilles...	2,911	2,408	4,136	3,887	1,225	1,479
B. jaune ovoïde des Barres.	1,906		3,166		1,260	
B. disette corne de bœuf....	2,543		4,565		2,022	
Moyennes	3,021		4,632		1,611	

En considérant la dernière colonne du dernier tableau, on
remarque que, sans exception, la culture à rangs serrés a
augmenté dans une grande proportion la production en éléments nutritifs par hectare. Avec les betteraves à sucre et de
distillerie, l'augmentation de rendement en matières nutritives, est de 1 873 kilogrammes ; soit de 44,1 p. 100 du produit
des racines cultivées à grand espacement. Avec les races
fourragères, nous obtenons en moyenne par hectare, 1 479 kilogrammes de matières alimentaires en plus en serrant la culture, ce qui correspond à 60,1 p. 100.

L'importance de ces accroissements de rendement démontre
bien clairement l'immense avantage qu'il y a à cultiver les
racines fourragères d'après les mêmes procédés culturaux que
les racines saccharigènes. Il faut absolument serrer les plants
pour obtenir des racines petites et riches. La culture à grands
espacements, si elle produit des racines énormes qui flattent
l'œil, ne donne que des résultats trompeurs. On récolte de
l'eau surtout, et l'on a plus de frais relativement pour la conservation et l'emmagasinage. M. Berthault a démontré d'autre
part, à Grignon, que l'accroissement des frais occasionnés par
la plus grande difficulté des binages et du chargement, ne
dépassait pas quelque 15 francs par hectare.

16.

Mais notre tableau récapitulatif n'est pas seulement instructif relativement au mode de culture, il fait ressortir d'une manière lumineuse la valeur relative des divers groupes de racines et des diverses variétés dans chaque groupe.

Les races sucrières et de distillerie fournissent beaucoup plus de substances nutritives par hectare que les betteraves fourragères. Elles ont, en effet, donné en moyenne 5185 kilogrammes d'éléments nutritifs, contre 3147 avec les betteraves fourragères. Cela correspond à une surproduction de 2038 kilogrammes ou 65 p. 100.

Parmi les variétés de distillerie, c'est la variété à collet rose qui s'est montrée la plus avantageuse, avec une production moyenne de 5777 kilogrammes de substances alimentaires; la variété à collet vert, race Brabant, vient ensuite avec un rendement de 5076 kilogrammes. La betterave sucrière Klein-Wansleben ne vient que la troisième avec 4700 kilogrammes.

Dans le groupe fourrager, nous trouvons en première ligne, la Disette corne de bœuf (3554 kilogrammes), avec la géante blanche demi-sucrière (3544 kilogrammes) et la Globe à petites feuilles (3523 kilogrammes). La géante de Vauriac vient ensuite avec un produit moyen de 3012 kilogrammes. Enfin, la disette Mammouth et la trop répandue Ovoïde des Barres ferment la marche.

Entre cette dernière et la betterave à collet rose, il y a un écart en faveur de celle-ci, de 227,8 p. 100. Tout commentaire ne pourrait qu'affaiblir cette constatation.

Expériences d'alimentation. — Pendant l'hiver qui a suivi la récolte du champ d'expériences, M. Oscar Benoist a voulu se rendre compte de la valeur relative des grosses et des petites betteraves obtenues. Ne pouvant multiplier ses essais, il s'est borné à expérimenter avec la variété Jaune ovoïde des Barres.

Il a constitué, le 22 novembre 1897, deux lots de cinq jeunes moutons chacun, aussi comparables que possible, auxquels il distribua chaque jour une ration identique de foin, de luzerne et de tourteaux, et un poids identique de racines, soit grosses betteraves, soit petites betteraves, comme l'indique le tableau suivant :

| | Lot nº I. | Lot nº II. |
	kg.	kg.
Luzerne	2,5	2,5
Tourteau	1,5	1,5
Petites betteraves	29,0	»
Grosses betteraves	»	29,0

L'expérience a duré du 22 novembre au 22 février; la marche de l'engraissement et les résultats obtenus sont consignés ci-après :

| | Lot nº I. | Lot nº II. |
	kg.	kg.
Poids au 22 novembre 1897	161,5	161,5
— au 22 décembre 1897	197,0	189,0
— au 22 janvier 1898	215,5	201,0
— au 22 février 1898	235,5	221,0
Viande nette à l'abatage	124,0	114,0
Rendement net p. 100 de poids vif.	52,6	51,6
Gain total de poids vif	74,0	59,5
Gain de viande nette	43,0	33,0

Pour calculer le gain de viande nette, nous avons admis qu'avant l'engraissement les deux lots en auraient fourni chacun 81 kilogrammes, à raison de 50 p. 100 du poids vif, ce qui paraît être un peu exagéré.

Les animaux ont été vendus sur la base de 1 fr. 90 le kilogramme de viande nette. L'accroissement de valeur de chaque lot pendant l'engraissement a donc été :

| Pour le lot nº I | 81 fr. 70 |
| — nº II | 62 fr. 70 |

Si nous égalons à 100 la valeur produite par le lot nº II qui a consommé les grosses betteraves, le lot nº I a produit 130. Cet accroissement de 30 p. 100 de la production ne peut être imputé qu'à la plus grande valeur alimentaire des petites racines.

En partant de ces expériences nous pouvons calculer la valeur relative des deux sortes de racines consommées. Estimons le foin de luzerne à 6 francs les 100 kilogrammes, et les tourteaux à 16 francs le quintal à la ferme. La ration commune journalière a coûté :

2 k. 50 de luzerne	0 fr. 15
1 k. 50 de tourteau	0 fr. 24
Total	0 fr. 39

et pour la durée de l'expérience (92 jours) la dépense a atteint 35 fr. 88 pour chaque lot. En retranchant cette dépense constante du produit total, nous aurons, pour chaque cas, la valeur donnée par nos moutons à la quantité de racines absorbées.

	Lot n° I.	Lot n° II.
Produit....................	81 fr. 70	62 fr. 70
Ration commune..........	35 fr. 88	35 fr. 88
Valeur des racines	45 fr. 82	26 fr. 82

Comme la quantité des racines consommées pendant la durée des essais, à raison de 29 kilogrammes par jour, a atteint pour chaque lot 2666 kilogrammes, la tonne de racines a été payée par nos moutons aux prix suivants :

Petites ovoïdes	17 fr. 17
Grosses ovoïdes,.....................	10 fr. 05

La valeur produite par hectare cultivé a atteint avec les ovoïdes à petites distances 960 fr. 40, et avec les ovoïdes à grandes distances 486 fr. 42. Nous ne pouvions pas espérer une confirmation pratique plus éclatante des conclusions de nos expériences.

Expériences de digestibilité. — Pendant le même hiver, nous avons étudié la digestibilité de la betterave Corne de bœuf, parmi les fourragères et de la betterave Klein-Wansleben, parmi les variétés riches en sucre. Sans entrer dans le détail de ces recherches en voici les conclusions :

Coefficients de digestibilité.

	CORNE DE BŒUF		KLEIN-WANSLEBEN	
	à 45 c.	à 90 c.	à 45 c.	à 90 c.
Matières organiques........	96,0	88,5	95,2	95,3
Cendres....................	91,0	77,1	63,9	54,0
Albuminoïdes..............	91,7	78,0	71,2	60,5
Sucres	100,0	99,2	99,7	99,3
Pentosanes................	93,0	86,4	96,2	91,3
Cellulose	90,0	74,8	85,9	74,6
Indéterminées	78,0	»	»	»
Acide phosphorique........	80,0	61,0	73,0	43,5

L'examen de ces coefficients montre que dans la betterave les principes immédiats alimentaires sont très facilement digestibles. Le sucre est absorbé intégralement. Les pentosanes et la cellulose sont utilisées à un très haut degré, comme aussi les albuminoïdes et l'acide phosphorique.

En groupant ces coefficients par genre de culture et en comparant les moyennes comme ci-dessous :

	Semis serré.	Semis clair.
Albuminoïdes	81,4	69,2
Sucre	99,8	99,2
Pentosanes	94,6	88,8
Cellulose	87,9	74,4
Acide phosphorique	76,5	52,2

on constate que sous le rapport de la digestibilité les racines obtenues en culture serrée sont très sensiblement supérieures aux betteraves à grandes distances. L'avantage en faveur des petites betteraves est de 12 p. 100 pour les albuminoïdes, de près de 6 p. 100 pour les pentosanes, de 13,5 p. 100 pour la cellulose et de 24 p. 100 pour l'acide phosphorique.

En groupant les coefficients par variétés comme ci-dessous :

	Corne de bœuf.	Klein-Wansleben.
Albuminoïdes	84,8	65,8
Sucre	99,6	99,5
Pentosanes	89,7	94,2
Cellulose	82,4	75,2
Acide phosphorique	70,5	58,2

on reconnaît que la Corne de bœuf renferme des albuminoïdes plus digestibles que la Klein-Wansleben. Il en est de même pour la cellulose et l'acide phosphorique, tandis que le contraire se remarque pour les pentosanes. Mais cette petite supériorité est largement compensée par la plus grande richesse centésimale de la dernière, et l'avantage lui reste même lorsque l'on compare les rendements en matières nutritives digestibles par hectare.

		ÉLÉMENTS NUTRITIFS digestibles	
		par quintal.	par hectare.
		kil .	kil.
B. Corne de bœuf...	Petites racines..	10,16	5,415
	Grosses racines.	5,9	2,464
	Moyennes	8,07	3,939
B. Klein-Wansleben.	Petites racines..	16,34	5,915
	Grosses racines.	13,72	4,280
	Moyennes	15,03	5,047
Excéd. par hect. en faveur de la B. K.-W.		»	1,108

Dans l'étude chimique que nous avons faite pour toute
nos variétés cultivées, nous avons pris pour base de l'estima
tion de leur valeur alimentaire relative leur productio
globale à l'hectare en albuminoïdes, graisse, sucre et pento
sanes. Ces rendements en substances nutritives pour les deu
variétés ici considérées, qui ont été cultivées avec une additio
complémentaire de 200 kilogrammes de nitrate, se sont élevé
aux poids ci-après :

		kil.
Corne de bœuf...	Grosses racines.......	2,311
	Petites racines........	4,775
	Moyennes............	3,543
Klein-Wanzleben.	Grosses racines.......	3,996
	Petites racines	5,658
	Moyennes............	4,827

Si l'on rapproche ces nombres de ceux du précédent tableau
on reconnait qu'ils sont de même ordre. En prenant pou
unité le produit alimentaire par hectare de la betterave Corn
de bœuf, la variété Klein-Wansleben a, d'après nos expérience
de digestibilité, une valeur relative de 1,3 et d'après les somme
déduites de l'analyse simple une valeur relative de 1,4.

En comparant de la même manière les grosses et les petite
racines de chaque variété, on obtient les valeurs relatives
suivantes :

	D'après les expériences sur le lapin.	D'après l'analyse.
Grosse Corne de bœuf..........	1,0	1,0
Petite Corne de bœuf..........	2,2	2,1
Grosse Klein-Wansleben........	1,0	1,0
Petite Klein-Wanzleben.........	1,4	1,4

L'estimation que nous avons faite de la valeur agricole des variétés et des systèmes de culture, d'après les données de l'analyse immédiate concorde donc d'une manière très suffisante avec celle qui est déduite des recherches que nous avons, entreprises sur l'animal, et nos conclusions sont par là de nouveau confirmées.

Nouvelles expériences de culture et d'alimentation. — Comme vérification des expériences précédentes, nous avons, pendant l'hiver de 1898-99, avec la collaboration de M. Oscar Benoist, fait un nouvel essai comparatif d'alimentation avec des betteraves jaunes ovoïdes des Barres et blanches à collet rose.

Ces variétés avaient été cultivées dans des conditions aussi identiques que possible : la jaune des Barres comptait à la récolte 578 plants à l'are, et a rendu 491 quintaux de racines; la blanche à collet rose, avec 600 plants à l'are, a donné 329 quintaux. Les racines de la variété à collet rose pesaient en moyenne 549 grammes et les ovoïdes des Barres 849 grammes. En égalant à 100 le rendement brut de cette dernière variété, la première a donné 67. Le rapport des produits bruts est donc comme 3 est à 2.

L'analyse d'un échantillon moyen de chaque variété a fourni les résultats consignés dans le tableau ci-après :

ÉLÉMENTS DOSÉS.	JAUNE OVOÏDE.	COLLET ROSE.
Eau............	88,2	81,00
Matières organiques..............	10,6	17,82
Cendres.......................................	1,2	1,18
Total.....................	100,0	100,00
Matières albuminoïdes......................	0,51	0,53
— azotées diverses................	0,92	1,09
— — totales	1,43	1,62
Graisse (soluble dans l'éther de pétrole)	0,03	0,09
Substances solubles dans l'éther absolu.....	0,04	0,05
— — dans l'alcool absolu....	0,23	0,23
Sucre......................................	5,30	10,40
Substances non azotées solubles dans l'eau..	0,98	1,91
Pentosanes.................................	1,28	1,62
Cellulose.................................	0,66	0,93
Substances non azotées non dosées (vasculose, etc.)........................... ...	0,63	0,97
Nitrate de potasse..........................	0,053	0,032

La richesse de la betterave à collet rose est très supérieure
à celle de la variété jaune ovoïde des Barres. Tandis que pour
la première la somme des albuminoïdes, de la graisse, du
sucre, et des pentosanes est de 12^{kg},66 par quintal de racines,
elle n'atteint pour la seconde que 7^{kg},12. En prenant celle-ci
comme terme de comparaison, on constate que l'autre a une
valeur alimentaire approximative de 1,77.

L'ovoïde des Barres, malgré la supériorité de son rendement
brut, n'a produit que 3 496 kilogrammes de matière nutritive
à l'hectare, pendant que la blanche à collet rose en a fourni
4 163 kilogrammes. Cette comparaison vient corroborer les
recherches précédentes et démontre une fois de plus qu'il y
aurait avantage réel à recourir pour l'alimentation des animaux à des races plus riches que les betteraves fourragères
les plus répandues. Les cultivateurs nous ont fait toutefois
l'objection, jusqu'à un certain point recevable, que les
anciennes variétés sucrières sont plus difficiles à nettoyer et à

arracher que les autres. Il conviendrait donc, pour donner satisfaction à leurs *desiderata* et, en même temps, pour assurer un meilleur régime à leurs animaux, d'améliorer par la sélection et une culture raisonnée soit la jaune ovoïde des Barres, soit une variété analogue qui jouisse des qualités, si prisées par les praticiens, d'avoir les racines lisses et de fournir un grand rendement de manière à l'enrichir en éléments nutritifs. C'est là un problème dont la solution est évidemment possible et qui devrait tenter l'esprit d'initiative des cultivateurs d'avant-garde.

Pour l'essai comparatif d'alimentation, on a formé deux lots de bêtes ovines comprenant chacun deux brebis de réforme et quatre jeunes agnelles de neuf mois. Le lot n° I mangeait par jour 33 kilogrammes de betteraves ovoïdes des Barres, avec 3 kilogrammes de foin de luzerne. Le lot n° II consommait 22 kilogrammes de betterave blanche à collet rose et également 3 kilogrammes de foin de luzerne. Nous donnons dans le tableau suivant les résultats des pesées :

NUMÉROS DES ANIMAUX.	POIDS au 25 nov. 1898.	POIDS au 25 janv. 1899.	GAIN.
	kgr.	kgr.	kgr.
Lot n° 1.			
1 brebis..............	62,0	69,25	7,25
2 —	48,0	58,25	10,25
1 agnelles..............	32,0	34,75	2,75
2 —	33,5	41,75	8,25
4 —	29,0	34,00	5,00
6 —	25,0	27,25	2,25
Total............	229,5	265,25	35,75
Lot n° 2.			
3 brebis..............	49,00	57,00	8,00
4 —	49,50	56,00	6,50
8 agnelles..............	34,75	40,25	5,50
3 —	33,50	36,25	2,75
5 —	28,50	36,25	7,75
7 —	28,00	34,50	6,50
Total............	223,25	260,25	37,00

L'augmentation de poids du premier lot a été en somme de 35kg,75 et correspond à 15,67 p. 100 du poids vif initial. Pour le deuxième lot, l'accroissement de poids s'est élevé à 37 kilogrammes, soit à 16,6 p. 100 du poids au début.

Les 1980 kilogrammes de betteraves à collet rose consommés par le deuxième lot ont donc produit un effet égal aux

$$\frac{37}{35,75}$$

de celui fourni par les 2970 kilogrammes de racines de la variété des Barres ; d'où il suit que 1980 kilogrammes de racines de la première variété équivalent à 3074 kilogrammes des dernières. La valeur nutritive de la betterave jaune ovoïde des Barres étant prise pour unité, celle de la blanche à collet rose est de 1,55.

Cette expérience montre nettement la supériorité de la betterave à collet rose, comme fourragère sur la jaune des Barres.

Enfin, en 1901, nous avons fait cultiver comparativement par sept agriculteurs de la Beauce et du Perche, la betterave ovoïde des Barres et la betterave blanche à sucre à collet rose. Les lignes étaient espacées de 45 centimètres et les plants sur les lignes étaient laissés à 20 ou 25 centimètres. Les rendements moyens obtenus ont été par hectare :

Betterave ovoïde des Barres........	508 quintaux.
— à collet rose.............	424 —
Excédent en faveur de l'ovoïde....	84 quintaux.

Les racines des deux variétés ont présenté la composition suivante :

	Ovoïde.	Collet rose.
Eau........................	86,56	83,42
Cendres.....................	0,99	1,05
Albuminoïdes digestibles.....	0,32	0,43
— indigestibles...	0,16	0,15
Amides.....................	0,68	0,71
Sucre	7,88	11,31
Pentosanes..................	1,05	1,35
Cellulose...................	0,67	0,75
Indéterminées...............	1,67	0,80

La betterave à collet rose renferme 13,80 p. 100 de substances réellement nutritives, et l'ovoïde seulement 10,03. La première en contient donc 38 p. 100 de plus.

En combinant le rendement brut à l'hectare avec la richesse des racines en éléments nutritifs, on trouve que la variété ovoïde a donné à l'hectare en 1901 un rendement net de 48,98 quintaux, tandis que la blanche à collet rose a donné 56,77 quintaux. Rien que par le choix d'une variété de meilleure constitution on a accru le rendement utile de 20 p. 100.

Ces différentes séries de recherches conduisent donc toutes à la même conclusion : cultiver en ordre serré des races qui tout en donnant beaucoup de poids brut, fournissent des racines de richesse nutritive élevée.

Les variétés qui, à l'heure actuelle, nous paraissent le mieux répondre aux besoins de la culture fourragère, sont celles qui sont généralement désignées sous le nom de betteraves de distillerie ; quant au nombre de betteraves à réserver par mètre carré de surface, il doit s'approcher autant que possible de 8 à 10.

Semis sur place à plat.

Le mode le plus généralement adopté dans la culture de la betterave est le semis sur place, en lignes continues, et à plat.

Comme les gelées tardives peuvent détruire les jeunes plantes, alors qu'elles commencent à lever, on attend pour semer, qu'elles ne soient plus à craindre. Mais il ne faut pas cependant retarder trop la semaille ; le rendement et la valeur nutritive s'en ressentiraient, parce que les jeunes racines ne pourraient pas prendre assez de développement avant les sécheresses de l'été. C'est en avril qu'il convient généralement le mieux d'exécuter le semis, jusqu'au commencement de mai. Les limites entre lesquelles on doit opérer sont comprises entre le 10 mars et le 10 mai.

La semaille en lignes se fait de préférence avec le semoir ; la profondeur à laquelle il convient d'enterrer la graine est de

2 centimètres dans les terres franches, dans les sols secs et légers il faut aller jusque 30 et 35 millimètres. Dans tous les cas, il faut que l'enterrage soit bien uniforme, pour assurer une bonne levée. On peut à la rigueur faire le semis à la main, dans les petites exploitations. On trace des rayons au rayonneur ou à la houe et on y dépose les graines uniformément. Dans ce cas au lieu de semer en lignes continues on sème en poquets. On place trois ou quatre graines dans chacun d'eux et on recouvre au fur et à mesure.

La quantité de graines nécessaire à l'hectare est de 18 et 25 kilogrammes. Il convient de ne pas la ménager, car il faut assurer une levée régulière avant tout. Dans le cas du semis en poquet à la main, on économise beaucoup la graine, 8 à 10 kilogrammes suffisent largement.

Quand la graine a été déposée dans le sol, on donne un coup de rouleau pour plomber le terrain. C'est le rouleau Crosskil qu'on emploie de préférence.

Le succès de la culture de betterave exige de nombreux sarclages et binages. Le premier binage est fait dès que les feuilles ont atteint environ 4 centimètres de long et que la ligne est facile à distinguer. Les binettes en acier sont excellentes pour cette opération.

Le deuxième binage s'effectue trois semaines à un mois plus tard, à la main ou à la houe à cheval. On éclaircit les racines à cette époque, en coupant avec la binette tous les plants qu'on veut enlever. Il est bon de profiter de cette opération qui fatigue toujours un peu les betteraves pour leur donner une fumure de nitrate en couverture, nitrate réservé d'avance à cet effet.

À partir de cette époque, jusqu'au moment où les feuilles couvrent presque complètement le sol, on donne un ou deux binages pour maintenir le sol net et entretenir la fraîcheur de la terre, car l'expérience a démontré l'exactitude du vieux proverbe : « En temps sec, un binage vaut deux arrosages ». Les houes à cheval les plus employées pour le binage des betteraves dans le nord et le rayon de Paris, sont du type de celles que construit la maison Bajac.

Semis sur place en billons.

Laissons maintenant les betteraves se développer jusqu'à l'automne, et examinons les autres systèmes de culture qui sont beaucoup moins répandus que le précédent. Dans certains pays on cultive la betterave en billons. Cette méthode n'a de raison d'être que dans les sols peu profonds ou dans les terrains peu perméables.

Après avoir préalablement traité le terrain comme plus haut, on commence par ouvrir des sillons à la charrue, et à former les petits billons. Alors dans les sillons on étale le fumier, puis on refend les billons pour le recouvrir, de telle sorte que les billons définitifs se trouvent à la place des sillons. Quand on a refendu les billons à la charrue, on vide convenablement les sillons en passant le buttoir.

Avant et après la semaille il convient de plomber énergiquement les billons avec le rouleau Crosskil, ou, à défaut, avec un rouleau plat articulé.

Sur le sommet du billon on opère alors le semis des betteraves, en poquets, à 20 centimètres de distance. L'écartement des billons d'axe en axe doit être de 50 à 60 centimètres, pour permettre les binages mécaniques. Ceux-ci se font de préférence avec les instruments de feu Decrombecque, de Lens : 1° La herse à billons qui est disposée de manière à gratter les flancs du billon ; elle travaille deux billons à la fois, traînée par un cheval, un mulet ou un bœuf. Des mancherons servent à la maintenir. 2° La herse à chaînons, composée d'un brancard à deux roues et à limonière, portant à sa partie postérieure trois chaînes spécialement construites, qui traînées dans les sillons grattent leur fond. Il ne reste à faire à la main que l'espace compris entre les plants, au sommet du billon.

Culture par repiquage.

Quoiqu'on ait vanté hyperboliquement la culture par repiquage, il faut croire que ses avantages réels n'ont pas été démontrés d'une manière bien évidente, puisque dans les pays où la culture de la betterave est la plus productive et la mieux faite, cette méthode n'est pas employée. Toutefois, il convient d'en dire quelques mots, car elle peut être utile dans certains cas.

Pépinière. — On sème donc les betteraves en pépinière. Un hectare de celle-ci peut fournir le plant nécessaire au peuplement d'environ dix hectares de terre. Le semis se fait à l'époque ordinaire, en lignes espacées de 30 centimètres ; on sème dru. On éclaircit de bonne heure, et on bine avec soin. On hâte par là le développement des betteraves et l'arrivée du moment du repiquage. Moins cette époque est reculée, plus le produit est grand.

Le sol de la pépinière a dû être parfaitement préparé et fumé, comme nous l'avons dit pour la culture à plat et le semis sur place.

Le moment de repiquer est venu quand les plants ont environ 15 millimètres de diamètre. Avant, ils ne sont pas assez rustiques pour résister ; ils pourraient être détruits par la sécheresse. C'est ordinairement du 10 au 20 mai que le plant est bon à mettre en place. Pour enlever les plants on choisit un temps sombre et humide. On déplante une ligne sur deux d'abord ; puis on éclaircit les lignes restantes de manière à laisser une betterave tous les 20 ou 25 centimètres. La pépinière donne ainsi une belle récolte à demeure. A mesure qu'on enlève les replants, on coupe les feuilles à 10 centimètres du collet ; pour diminuer l'évaporation, on coupe aussi le bout de la racine.

Le repiquage se fait sur un terrain préparé comme on a dit à plat ou en billons, avec l'espacement adopté de 25 sur 45 centimètres à plat, et de 20 sur 60 centimètres en billons. L'opération s'effectue au plantoir. Des femmes sont employées à cette besogne. Dans la culture à plat on trace les lignes d'avance avec un rayonneur. Chaque planteuse a un petit bâton qui lui sert à marquer la distance entre les plants sur la ligne. On peut donner au plantoir juste la longueur de l'espacement, c'est plus commode. On fait le trou avec le plantoir, on y introduit la racine jusqu'au-dessus du collet, puis on tasse la terre contre elle avec l'instrument. Ce tassement est très important. Quand on est obligé de repiquer par la sécheresse, il faut arroser les replants.

L'entretient se borne à trois binages : le premier quand il a poussé deux nouvelles feuilles ; le second quinze à vingt jours après ; et le dernier avant que les feuilles ne couvrent entièrement le terrain. Ces trois binages se font à la houe à cheval. Dans la culture en billons on emploie les instruments de Decrombecque.

Cette méthode de culture donne plus de temps pour préparer le terrain et le nettoyer. Elle réussit très bien dans les terres compactes et humides ; tandis que les semis à demeure y viennent mal parce que ces terres se durcissent trop par la pluie et la sécheresse. Du reste les semis ne peuvent s'y faire que trop tard parce qu'elles s'égouttent et s'échauffent lentement. Mais ce procédé ne réussit que très rarement dans les sols légers du nord et du midi. Si la sécheresse [persistante surprend les plants avant la reprise, ils périssent.

Effeuillement. — Nous sommes maintenant arrivés à la récolte, mais avant de traiter cette question ; il est un point sur lequel nous devons attirer l'attention : nous voulons parler de la pratique de l'effeuillement. C'est en effet une méthode vicieuse qu'il convient d'abolir.

Par l'effeuillement on diminue le rendement de la racine et surtout sa qualité. C'est en effet par les feuilles que l'acide carbonique de l'air est absorbé ; c'est la chlorophylle, ou matière verte des feuilles, qui organise les principes immédiats de la plante, avec l'eau puisée dans le sol par les racines et le carbone absorbé dans l'air. Effeuiller, c'est diminuer la puissance d'assimilation de la plante, c'est supprimer en partie la formation de la matière albuminoïde et du sucre. Du reste l'expérience directe l'a parfaitement démontré. En outre, la feuille de la betterave n'a pas grande valeur alimentaire ; son âcreté empêche son emploi alimentaire à l'état vert en déterminant la diarrhée. Il faut la faire fermenter en fosse pour éviter cet inconvénient. L'effeuillage doit donc être entièrement proscrit de la pratique de la culture de la betterave.

Récolte des betteraves.

Nous avons à nous occuper enfin de la récolte des racines dont nous venons d'étudier la culture. La première question qui se pose à nous est celle de savoir à quelle époque on doit opérer l'arrachage des betteraves. C'est au moment où celles-ci sont le plus riches en principes alimentaires qu'on doit les extraire du sol. Cette époque est arrivée quand la croissance est sur le point de s'arrêter, c'est-à-dire lorsque la température moyenne s'abaisse au-dessous de 9° pendant plusieurs jours. C'est fin de septembre et en octobre que ce fait se produit. C'est alors qu'il faut procéder à l'arrachage. Dans tous les cas il faut le faire assez tôt pour que l'on puisse préparer le sol pour la semaille du blé d'hiver dans le cas assez général où l'on fait suivre la betterave par cette culture.

On pratique l'arrachage à la main pour les racines qui sont très peu enterrées et très faciles à détacher du sol. Pour les autres variétés, on emploie la fourche à deux dents ou le croc. Les charrues arracheuses ont besoin d'être encore perfectionnées pour que leur emploi se généralise. Les charrues ordinaires comme les précédentes ont l'inconvénient de blesser les racines ; leur conservation devient plus difficile et le rendement en matière utile est diminué.

Les racines arrachées, on les décollète en coupant toutes les feuilles y compris le bourgeon terminal, pour empêcher qu'elles ne poussent trop vite en silo. On enlève aussi convenablement la terre adhérente, et l'on coupe le bout des racines et les petites ramifications.

Aussitôt les betteraves arrachées, décolletées et nettoyées, on les met en petits tas que l'on recouvre avec les feuilles jusqu'à la rentrée ou la mise en silo.

Conservation des betteraves.

Les racines destinées à la consommation doivent être conservées jusqu'au printemps à l'époque où l'on peut faire les premières coupes de fourrages verts.

La grande quantité d'eau que les racines contiennent, la rapidité avec laquelle elles pourrissent, quand elles ont été fortement meurtries ou atteintes par la gelée; la nécessité de les entasser en grandes masses et par suite le développement d'une température élevée dans l'intérieur des tas, sont autant de circonstances qui compliquent le problème et qui obligent à une surveillance et à des soins particuliers.

Les conditions essentielles à remplir pour assurer la conservation des betteraves pendant l'hiver en les empêchant de pourrir et de germer sont : 1° de les mettre à l'abri de la gelée ; 2° de les garantir de la chaleur et de l'humidité; 3° de les préserver de la lumière.

On satisfait à ces conditions de plusieurs manières, suivant l'importance de la récolte, et suivant la situation où l'on se trouve. On emploie les silos, les magasins ou les caves.

C'est surtout lorsque l'on a de grandes quantités de racines à conserver que l'insuffisance des celliers, caves ou magasins force à enfouir la récolte en terre pour la mettre à l'abri des causes diverses d'avaries que nous avons signalées. Les *silos* s'établissent partie en terre, partie au-dessus du niveau du sol; quelquefois même on les établit complètement sur le sol. On les construit soit sur le bord du champ même où les racines ont été cultivées, soit, ce qui est préférable, sur un champ situé à proximité de la ferme, et borné par un chemin. Il convient, en effet, pour la commodité du service, de les placer parallèlement à un chemin empierré, car les transports deviendraient bientôt impossibles sur la terre détrempée par les pluies de l'automne et de l'hiver. Dans un terrain bien assaini, on creuse une fosse de 2 mètres de largeur environ, sur 30 centimètres de profondeur, et d'une longueur indéterminée, comme on le ferait pour creuser une couche de jardin. On a eu soin de ménager une pente légère d'un bout à l'autre de la longueur du silo dans le but de permettre l'écoulement de l'eau qui pourrait suinter du fond et le long des parois. On emplit cette fosse de racines en les y amenant avec des tombereaux qu'on y décoche, et on amoncelle celles-ci jusqu'à un mètre ou un mètre vingt au-dessus du niveau du sol, en formant sur les deux côtés des pentes muraillées suivant le talus

17.

naturel que prennent les terres (45° à 60°), en sorte que le tout représente la toiture d'un bâtiment. Sur ces deux plans inclinés, on étale une légère couche de paille pour empêcher la terre qui servira de couverture de pénétrer dans les lacunes qui existent entre les racines. On recouvre alors les racines avec la terre qui a été extraite de la fosse, mais elle est loin d'être suffisante. Aussi creuse-t-on de chaque côté du silo, et à environ 40 à 50 centimètres du bord de la fosse, des fossés dont le déblai est rejeté sur le silo, pour compléter la couverture, dont l'épaisseur uniforme dans toutes ses parties doit avoir de 40 à 50 centimètres. Dans les pays froids, cette épaisseur doit même être augmentée. On bat fortement la terre de façon que l'eau des pluies glisse facilement le long des pentes, et arrive dans les fossés, auxquels il est important de donner une profondeur plus grande que celle de la fosse, pour assurer l'assainissement de celle-ci. Comme elle, ils doivent avoir une pente d'une extrémité à l'autre, pour faciliter l'écoulement de l'eau qui s'y amasse, et leur extrémité la plus basse doit avoir un écoulement assuré.

On ne termine complètement la couverture du silo en recouvrant la crète de terre, que lorsque l'on est assuré que les racines sont suffisamment ressuyées. Alors on ménage par surcroît de précautions, tous les quatre mètres, des soupiraux que l'on construit avec des petits fagots d'épines, placés verticalement au sommet et noyés dans la terre qui sert à terminer la couverture. Au travers des orifices lassés par ces fascines, l'humidité de l'intérieur se dégage facilement et l'on évite ainsi l'échauffement et la fermentation. A l'approche des fortes gelées, on bouche les soupiraux avec du fumier.

Les silos entraînent une dépense de main-d'œuvre assez importante, puisqu'ils donnent lieu chaque année à un mouvement de terre considérable, pour en couvrir les racines d'une épaisseur qui puisse les garantir des pluies et des gelées. Si l'on réduit cette dépense par la négligence avec laquelle on construit les silos, on s'expose à éprouver de grandes pertes par l'avarie des récoltes qu'on y a déposées. Ce n'est que dans les silos exécutés avec beaucoup de soin que la conservation des racines est assurée ; mais à cette condition elles s'y conservent mieux et beaucoup plus longtemps que dans les meilleurs celliers.

La commodité du service exige que les silos ne soient pas creusés trop profondément en terre; et dans les sols mal assainis on doit même les établir à fleur du terrain. Mais dans les autres cas, il n'y a rien à gagner en main-d'œuvre en se dispensant de creuser le silo, car il faut toujours se procurer par des fouilles la terre qu'on en aurait tirée. D'un autre côté dans les silos établis à fleur de terre, on loge beaucoup moins de racines sur la même étendue de terrain, et pour les mêmes dimensions du silo.

Lorsque les racines sont disposées sur une partie de la longueur du silo; on couvre incomplètement cette partie de paille et de terre, pendant que l'on continue l'entassement des racines; et on le couvre ainsi à mesure qu'on l'emplit afin de le mettre à l'abri des mauvais temps imprévus. Il est également bon de creuser les fossés latéraux à mesure que le silo avance, et de tasser convenablement les flancs de ce dernier.

Tant qu'on n'aura pas acquis une grande habitude de la conservation des betteraves en silo, on fera bien de visiter ce dernier environ un mois après sa construction, et avant l'arrivée des fortes gelées, afin de s'assurer de l'état dans lequel se trouvent les racines : pour cela on creuse au pied du silo quelques ouvertures jusqu'à ce qu'on soit parvenu à la masse des racines, et l'on en extrait quelques-unes pour les examiner.

Quand la température devient chaude, au mois d'avril, on ne doit pas laisser dans les silos le peu de racines qui s'y trouvent encore, mais on les rentre dans les celliers ou les magasins qui sont toujours vides alors. Elles s'y conservent pendant plus longtemps que celles qui y ont passé l'hiver. Avec ces précautions on pourra être assuré de garder les betteraves parfaitement saines pour la nourriture du bétail jusqu'à la fin de mai et même plus tard.

Il peut arriver malheureusement quelquefois qu'une gelée hâtive survienne avant que l'ensilage des betteraves ne soit fait; il se peut alors que, si les petits tas ne sont pas assez couverts, ou à plus forte raison si toutes les racines ne sont pas

en tas, il se peut qu'une très grande quantité vienne à être
gelée. Alors il ne peut plus être question de l'ensilage ordinaire. On n'emmagasinerait que de la pourriture, car aussitôt
que les betteraves dégèlent, elles entrent en putréfaction. Que
faire alors pour sauver d'une perte certaine la récolte de betteraves qui doit tout l'hiver former la base de l'alimentation
du bétail? Voici comment dans ces circonstances M. J. Garola
s'est tiré d'embarras et comment il a sauvé la majeure partie
de sa récolte de betteraves qui avait été atteinte de la gelée
dans les champs.]

Aussitôt le mal découvert, on a établi plusieurs coupe-
racines mis en mouvement par un manège. Toutes les betteraves y ont été découpées avant leur dégel, en déployant une
grande activité. En même temps une fosse profonde de un
mètre était creusée dans un endroit bien égoutté, sur 1^m,80
de large. Les cossettes y furent entassées par lits alternatifs avec
de la menue paille ou balles de céréales. Les lits étaient peu
épais. On ajouta 2 kilos pour 1 000 kilos de betteraves de sel de
cuisine. Le tout fut bien tassé et recouvert par-dessus le dôme
que formait la masse en dehors de la fosse d'une couche de
terre ayant au sommet 60 centimètres d'épaisseur. C'était un
ensilage tout à fait comparable à celui du maïs qui, plus tard,
lui a si bien réussi. Une fermentation alcoolique très lente
s'est développée dans la masse, et le bétail a non seulement
accepté cette nourriture mais encore son état a été de beaucoup amélioré par elle. La conservation n'a donc rien laissé à
désirer, et l'on a remarqué que les vaches que cette nourriture
avait fait engraisser, ont commencé à dépérir, lorsque la provision étant épuisée, on a entamé les betteraves qui n'avaient
pas été atteintes par le froid.

Les caves destinées à conserver les racines doivent être
creusées dans un terrain sec, et mises à l'abri des infiltrations
par un bon revêtement en ciment hydraulique. Le sol doit en
être battu ou mieux pavé. La porte d'entrée est établie au
sud. La partie supérieure est percée de lucarnes, munies de
volets, permettant d'établir une ventilation convenable, surtout lorsque les tas de racines s'échauffent et émettent beaucoup de vapeur d'eau?

Plus les caves sont profondes, mieux les racines y sont à l'abri de la gelée. Pendant les grands froids, on tient toutes les ouvertures hermétiquement closes, et on les calfeutre à l'extérieur avec des bottes de paille. On ne doit rentrer les racines dans les caves que lorsqu'elles sont bien ressuyées et alors que la température n'est pas trop élevée. Il suffit de quelques tombereaux de racines humides pour former un foyer de fermentation qui altère toute la masse. Les racines qui ne sont pas suffisamment ressuyées peuvent être mises en silos, ou bien on les place temporairement dans un magasin, en couches peu épaisses où elles se dessèchent. On entasse les racines dans les caves sur une épaisseur de deux ou trois mètres, en réservant de distance en distance des allées qui vont jusqu'au mur, depuis le passage de service. Quand les tas sont très considérables, on établit de distance en distance des cheminées d'aération. A cet effet on a disposé préalablement des rangs de fascines sur le sol, et avec d'autres fagots, placés verticalement sur les premières, on aménage des conduits pour la circulation des gaz.

Dans les grandes fermes, dans celles où il existe des distilleries, on conserve *les racines* pendant toute la durée du travail d'hiver dans des *magasins* qui offrent beaucoup plus de commodité que les autres procédés. Les murailles de ces locaux doivent avoir assez d'épaisseur pour empêcher la gelée de pénétrer ; le plafond est généralement formé par de légères voûtes en briques tout à fait surbaissées et appuyées sur des poutres en fer à double T. Le jour n'y pénètre que par quelques lucarnes vitrées suffisantes pour l'aération et l'éclairage des ouvriers. On y entasse les racines sur trois ou quatre mètres de hauteur. C'est surtout ici qu'il faut ménager des cheminées d'aération en fascines, pour éviter une élévation de température trop considérable. Il faut ménager un couloir de service tout le long du magasin, pour permettre d'y entamer la masse au point où la fermentation se développerait.

POMME DE TERRE (*Solanum tuberosum*).

Ce précieux tubercule, qui rend, sous les formes les plus variées, les services les plus signalés à l'alimentation de l'homme et des animaux ainsi qu'à l'industrie, n'était pas connu des anciens. C'est une conquête moderne. La pomme de terre en effet est originaire des Andes de la Colombie et du Pérou. Elle fut d'abord introduite dans la Galicie et les anciens auteurs castillans Zarota et Acosta en ont laissé la description. De là elle passa en Italie, où elle était déjà connue vers le commencement du xvie siècle. Elle se répandit ensuite en Allemagne, où son nom Kartoffeln, dérivé sans conteste du mot Tartuffoli, atteste son origine.

D'autre part, John Hawkins la transportait de Colombie en Irlande dès 1545 ; mais, dans ce pays, dont elle devait faire plus tard la nourriture presque exclusive, elle fut l'objet de peu d'attention. Bien qu'en 1686, l'amiral Drake en ait remis au botaniste anglais Gérard des tubercules qu'il cultiva à Londres, elle ne commença à être sérieusement cultivée en Irlande qu'en 1623, après y avoir été réintroduite par Walter Raleigh.

En Allemagne, négligée d'abord, la famine de 1770 la fit admettre dans la grande culture.

La France ne la reçut que plus tard, et c'est seulement sous le règne de Louis XV qu'elle commença à être cultivée en Poitou et en Limousin. Mais elle avait été introduite en Lorraine vers 1665, elle y était suffisamment cultivée pour que le 21 juin 1715 le Parlement de Nancy décidât que la dîme serait payée pour les pommes de terre comme pour les autres récoltes régulières.

Quoi qu'il en soit, c'est aux efforts de Parmentier, vers 1786, et au commencement du xixe siècle, qu'on doit l'extension de sa culture et son admission dans le régime alimentaire. « Avant l'introduction de la pomme de terre, dit le fondateur de l'Institut agronomique de Versailles, M. de Gasparin, les populations de l'Europe étaient affligées de famines presque périodiques. Toutes comptaient pour se nourrir sur les

récoltes de céréales. En Allemagne, le seigle ; en Irlande et
en Écosse, le gruau d'avoine ; en Angleterre et en France, le
froment étaient la seule base de la nourriture ; le succès de
toutes ces récoltes dépendait de l'état atmosphérique des
mêmes saisons ; les orages, les brouillards, une longue succession de pluies ou de sécheresse étendaient-ils leur influence
sur une grande partie de l'Europe, la disette frappait à la fois
une grande étendue de pays et décimait la population pauvre.
Introduire comme supplément une plante dont la végétation
a lieu dans d'autres circonstances, qui cache ses produits
sous la terre, brave les brouillards et la grêle, végète avec
vigueur sous l'influence d'un printemps humide, offrait une
garantie précieuse contre le retour de ces calamités ; c'était
la plus grande découverte que pût recevoir l'état social.

Tel a été le bienfait auquel Parmentier a attaché son nom
parmi nous, et si ce nom n'a pu lutter contre les effets de
l'habitude, si la Parmentière n'a pu conserver ce baptème de
la reconnaissance, l'histoire de notre agriculture dira du
moins l'influence que cet homme bienfaisant a eue sur
l'avenir de nos générations.

Mode de végétation. — La pomme de terre développée présente des tiges de deux espèces : des tiges herbacées,
rameuses, naissant au-dessus du sol, portant des feuilles bien
développées, des fleurs et des fruits (baies renfermant la
semence) ; des tiges souterraines ou rhizomes, blanches,
terminées par un groupe de bourgeons, qui bientôt se
tuméfient et constituent les tubercules. Donc une pomme de
terre n'est autre chose qu'une tige renflée, portant des bourgeons à l'aisselle de feuilles avortées.

On voit quelquefois se développer à l'aisselle des rameaux
aériens, par les temps humides, des tubercules analogues à
ceux que produisent les rhizomes de la pomme de terre.
L'action de la lumière les a verdis et l'on y voit de véritables
feuilles développées, à l'aisselle desquelles sont placés des
yeux ou bourgeons. Il n'y a donc pas de doute sur la nature
du tubercule amylacé qui nous occupe, c'est bien un axe
renflé, ce n'est pas une racine.

Ces bourgeons situés sur les tubercules, séparés ou non les

uns des autres, par la fragmentation de ce dernier, servent habituellement à sa reproduction.

Dans la pomme de terre, comme dans tous les végétaux, ce sont les extrémités des tiges et des rameaux, les bourgeons renfermant le végétal en miniature, qui possèdent la plus grande vitalité ; c'est généralement par là que commence la végétation printanière. Les bourgeons situés au sommet du tubercule, ou partie la plus éloignée de la naissance de la tige, sont aussi ceux qui se développent les premiers, quelquefois quinze jours avant ceux de la base. Aussi dans une touffe de pomme de terre, provenant d'un tubercule entier, on peut trouver des tiges qui poussent, fleurissent et meurent les unes après les autres ; et, plus tard, des tubercules à tous les degrés de développement, selon qu'ils proviennent des premières ou des dernières pousses. En ne plantant d'une manière continue que le sommet des tubercules, on peut obtenir des pommes de terre plus hâtives.

Quand on place un tubercule dans le sol, chaque œil donne naissance à un ou plusieurs axes qui, en se développant, forment les tiges de la plante. De la base de celles-ci partent de nombreuses racines fibreuses. Les tiges, dans leur partie enterrée, produisent des branches souterraines, écailleuses, qui, à leur tour, émettent des rameaux : ce sont là de véritables rhizomes qui se développent dans l'intérieur du sol et qui, se gonflant de distance en distance, et surtout à leur extrémité, donnent naissance aux tubercules. La tige primitive qui fournit les rameaux aériens continue à se développer et donne des fleurs et des baies remplies de semences.

Lorsque les baies sont mûres, les tiges aériennes se dessèchent et meurent. Mais les tubercules restent vivants. C'est cette époque que l'on considère comme celle de la maturité de la pomme de terre.

Si les tubercules sont placés dans une cave chaude et humide, ils produisent des tiges blanches, étiolées, qui ne donnent pas de tubercules, ou n'en produisent que de rudimentaires. Si l'on a eu soin de peser le tubercule avant son développement dans l'obscurité, et qu'on le pèse après son développement avec tous ses produits étiolés, on constate une importante erte de substance. C'est que, en l'absence de la lumière, la plante continue bien à vivre et à s'organiser à l'aide des matériaux organiques qui étaient emmagasinés dans le tubercule, mais qu'en même temps elle brûle du carbone pour sa respiration, qu'elle est d'autre part dans l'impossibilité absolue d'assimiler quoi que ce soit du dehors.

Quand on sème des graines mûres, on obtient des plantes qui produisent de très petites tubercules. En replantant ceux-ci plusieurs années de suite, on arrive à former des variétés nouvelles.

Comme pour les fruits, les variétés de pommes de terre ne se reproduisent pas de semis. Le bouturage seul des tubercules ou des tiges permet la multiplication dans l'espace et dans le temps des variétés d'élite. Nous ferons observer en passant que la greffe n'est en réalité qu'une bouture placée dans des conditions particulières.

Exigences climatériques.

Comme les autres végétaux, la solanée qui nous occupe exige pour arriver à sa maturité un ensemble de conditions climatériques et agrologiques déterminées. M. Boussingault, en étudiant sa végégation en Europe et dans son pays d'origine, a constaté que pour mûrir, la pomme de terre a besoin de recevoir environ 3 000 degrés de chaleur moyenne. Mais si l'on considère les nombreuses variétés que nous possédons, on constate que la quantité de chaleur nécessaire varie beaucoup suivant leur hâtivité. Nous avons pu, pendant deux années de suite, étudier sous ce rapport 112 des meilleures variétés connues et nous avons constaté que tandis que certaines espèces exigent seulement 1500° pour mûrir, d'autres en demandent jusqu'à 2 500°. La moyenne de toutes nos observations est voisine de 2 300°.

En ne considérant que les variétés principales (Chardon, Van der Weer, Farineuse rouge, Chave, Blanchard, Early rose, Seguin, Quarantaine violette, Zélande, Saucisse, Magnum bonum) nous avons remarqué que les variétés hâtives de grande culture exigent en moyenne 2 100° de chaleur, tandis que les tardives en demandent jusqu'à 2500° et plus. De la plantation à la levée, nous avons compté 410°; de la levée à la floraison, 625°; et de la floraison à la maturité, 1306° : soit en somme 2341°.

La pomme de terre Richter's Imperator, variété très tardive, que nous cultivions déjà en 1880, mais qui depuis a été améliorée à un haut degré et vulgarisée par Aimé Girard, a exigé à Archevilliers, près Chartres, en 1890, une somme de chaleur de 2900°. Il faut donc la planter de très bonne heure chez nous, dès la fin de mars, pour qu'elle ait le temps de mûrir et d'acquérir tout son développement avant l'arrachage qu'on ne peut guère reculer après la mi-octobre.

Mais la chaleur seule n'est pas suffisante. Nous avons déjà dit que sans le secours de la lumière, la plante ne peut rien assimiler. Pour la variété extra-tardive et productive que nous venons de signaler, nous avons observé une somme de degrés actinométriques horaires de 7485°, avec une durée de radiation solaire s'élevant environ à 1 732 heures. L'action de la radiation solaire directe a été mise en évidence par M. Pagnoul, directeur de la Station agronomique d'Arras, et, en 1890, nous avons nous-même fait ressortir cette influence en donnant le rendement de pommes de terre poussées à l'ombre d'un blé élevé et de pommes de terre venues en plein soleil. Les premières n'ont rendu que 34 000 kilogrammes à l'hectare, tandis que les dernières en donnaient 41 100 kilogrammes. Cette différence de 7 000 kilogrammes ne laisse aucun doute sur l'importance de l'action des radiations solaires sur le rendement de la pomme de terre.

Conditions agrologiques.

Dans des sols également riches en principes alimentaires, le succès de la culture de la pomme de terre est en raison directe de la fraîcheur du sol et en raison inverse de la ténacité. La pomme de terre donne surtout des résultats satisfaisants dans les sols légers et frais, c'est-à-dire qui contiennent à 0^m,30 de profondeur de 15 à 18 p. 100 d'eau. Cette proportion peut diminuer un peu dans les climats humides et augmenter

dans les climats chauds. C'est par suite du manque d'humidité
que la pomme de terre réussit mal dans le Midi. Dans les sols
arides, les tubercules ne peuvent grossir ; ils s'organisent bien
complètement, mais ne peuvent gagner de volume. Dans les
sols trop humides, comme les terres argileuses compactes, les
produits sont peu abondants et très aqueux. Dans les sols
tourbeux, on n'obtient de bons rendements que par les amendements calcaires.

Girardin et Dubreuil ont fait d'intéressantes recherches sur
l'influence de la constitution physique du sol sur le rendement.
Nous donnons ci-dessous les principaux résultats qu'ils ont
obtenus :

NATURE DU SOL.	IMPAL-PABLE p. 100.	PRODUIT total.	MATIÈRE sèche p. 100.	MATIÈRE sèche totale.
Sable d'alluvion............	1,2	71,8	25,2	19,2
— humifère	12,0	69,8	23,5	16,4
Calcaire graveleux.	13,0	57,0	25,0	14,2
— argilo-sableux.....	16,0	52,8	22,4	11,8
Argileux	49,0	47,0	26,5	12,5

Les sols les plus compacts ont donné les moins bons
résultats.

La pomme de terre est donc une culture sarclée recommandable dans les sols de consistance moyenne.

Marche de la végétation et exigences en principes nutritifs.

Si l'état physique du sol a une importance telle qu'il fasse
varier le rendement de 50 p. 100, sa constitution chimique a
une influence plus grande encore. De la richesse du sol en
éléments nutritifs disponibles dépend le rendement qui peut
varier dans les sols analogues du simple au double. Pour
arriver à résoudre le problème de l'emploi des engrais dans
la culture de la pomme de terre, nous avons entrepris des

expériences méthodiques dont nous allons résumer les résultats.

Le 10 avril 1899, dans 24 grands pots, contenant chacun 28 kilogrammes de terre de limon quaternaire tamisée, nous avons planté des tubercules de pomme de terre, aussi égaux en poids que possible, appartenant à la variété « Magnum bonum ». Le poids moyen du plant était de 71^{gr},2. Le sol a reçu comme fumure, avant la plantation, 1 gramme d'azote nitrique, 2 grammes d'acide phosphorique soluble, et 1 gramme de potasse par pot. On a ajouté un demi-gramme d'azote nitrique en arrosage le 23 juin. La levée a été, par suite de la faiblesse de la température, assez longue à se faire. Elle n'a débuté que le 18 mai et était complète le 27 ; la date moyenne de la levée correspond au 23.

Le 14 juin, nous avons fait la première récolte, sur 6 pots moyens. La plante moyenne présentait alors la constitution suivante :

	Matière sèche. gr.
Fanes	8,16
Radicelles	4,00
Tubercule mère	10,33
Total	22,49

L'analyse des plants à l'état normal et celle des diverses parties de la plante à l'état sec à la première récolte ont donné les résultats suivants :

	PLANTS.	FANES.	RADI-CELLES.	TUBER-CULES mères.
Matière sèche	27,90	100,00	100,00	100,00
Azote	1,42	5,31	2,62	2,34
Acide phosphorique	0,37	0,92	0,25	0,32
Potasse	2,30	4,25	2,04	2,66
Chaux	0,46	3,72	2,62	0,68

Fig. 100. — Pomme de terre (1re récolte).

Le tubercule moyen planté renfermait donc les quantités ci-après de matières organiques et minérales :

	gr.
Matière sèche	19,8600
Azote	0,2820
Acide phosphorique	0,0735
Potasse	0,4570
Chaux	0,0910

La plante moyenne à la fin de la première période était donc formée des éléments inscrits dans le tableau ci-après :

	FANES.	RADI-CELLES.	TU-BERCULE mère.	TOTAL.
	gr.	gr.	gr.	gr.
Matière sèche	8,160	4,000	10,330	22,490
Azote	0,429	0,104	0,240	0,773
Acide phosphorique	0,074	0,0096	0,033	0,1166
Potasse	0,344	0,080	0,274	0,698
Chaux	0,300	0,104	0,070	0,474

La photographie de la figure 100 représente la plante moyenne à cette époque de sa croissance.

Le 19 juillet, nous avons fait la récolte de 6 nouveaux pots bien assortis pour représenter la végétation moyenne du lot ; la figure 101 est la photographie de la plante avec ses racines à cette période. Elle était formée comme il suit :

	Matière sèche. gr.
Fanes	27,16
Radicelles	6,66
Tubercule mère	1,17
Tubercules nouveaux	45,60
Total	80,59

L'analyse de ces différentes parties a donné les résultats suivants pour 100 de matière sèche :

Fig. 101. — Pomme de terre (2ᵉ récolte).

	FANES.	RADI-CELLES.	TU-BERCULES mères.	TUBER-CULES nouveaux.
Azote.....................	2,64	1,51	1,13	1,33
Acide phosphorique........	0,24	0,43	0,086	0,66
Potasse...................	4,73	1,03	6,05	2,90
Chaux.....................	4,42	2,79	4,42	0,36

On déduit des résultats précédents la composition de la plante moyenne au 19 juillet :

	FANES.	RADI-CELLES.	TU-BERCULE mère.	TUBER-CULES nouveaux.	TOTAL.
	gr.	gr.	gr.	gr.	gr.
Matière sèche	27,160	6,660	1,170	45,000	79,990
Azote..............	0,704	0,099	0,0132	0,598	1,414
Acide phosphorique.	0,065	0,028	0,001	0,297	0,391
Potasse	1,282	0,066	0,0726	1,305	2,725
Chaux	1,192	0,185	0,053	1,162	1,592

La troisième récolte a eu lieu le 17 août et a également porté sur 6 pots. La figure 102 représente la plante moyenne. Elle était alors constituée comme il suit :

	Matière sèche. gr.
Fanes..	29,00
Radicelles....................................	5,50
Tubercules....................................	80,16
Total.....................	114,66

L'analyse des différentes parties de la plante a fourni les résultats suivants pour 100 de matière sèche :

	FANES.	RADICELLES.	TUBERCULES.
Azote...................	2,41	1,63	1,35
Acide phosphorique.....	0,19	0,40	0,68
Potasse................	4,17	1,32	3,07
Chaux..................	4,54	3,42	0,56

Fig. 102. — Pomme de terre (3e récolte).

La composition de la plante entière à cette époque était donc la suivante :

	FANES.	RADI-CELLES.	TUBER-CULES.	TOTAL.
	gr.	gr.	gr.	gr.
Matière sèche.............	29,000	5,5000	80,000	114,6600
Azote...................	0,696	0,0896	1,070	1,8556
Acide phosphorique.......	0,055	0,0218	0,544	0,6206
Potassé...............	1,210	0,0726	2,450	3,7326
Chaux...............	1,310	0,1870	0,448	1,9450

Enfin la récolte des derniers pots a été faite après le desséchement des fanes, le 11 octobre. Cinq pots seulement sont entrés en compte ; le sixième avait présenté les signes de la maturité beaucoup plus tôt, d'une manière anormale et a dû être éliminé :

La figure 103 représente la plante moyenne à cette époque, et la récolte a donné en matière sèche les rendements suivants pour la plante moyenne :

	Matière sèche.
	gr.
Fanes...................................	33,00
Radicelles..............................	3,00
Tubercules.............................	86,00
Total...................	122,00

L'analyse des diverses parties de la plante a donné les résultats consignés ci-après pour 100 de matière sèche :

	FANES.	RADICELLES.	TUBERCULES.
Azote	2,05	1,70	1,70
Acide phosphorique,.. ..	0,44	0,48	0,76
Potasse	3,22	1,08	3,31
Chaux................	4,83	2,55	0,31

Fig. 103. — Pomme de terre (4ᵉ récolte).

Enfin la teneur en éléments fertilisants de la plante entière à la fin de sa végétation est la suivante :

	FANES.	RADICELLES.	TUBERCULES.	TOTAL.
	gr.	gr.	gr.	gr.
Matière sèche.............	33,000	3,000	86,000	122,000
Azote	0,660	0,051	1,460	2,171
Acide phosphorique........	0,142	0,014	0,645	0,801
Potasse.................	1,050	0,033	2,838	3,921
Chaux.................	1,580	0,0765	0,266	1,922

Dans le tableau suivant nous avons réuni les données relatives à la composition de la plante entière de la solanée tubérifère, aux différentes phases de sa végétation :

	PLANT moyen.	14 JUIN.	19 JUILLET.	17 AOUT.	11 OCTOBRE (récolte).
Durée de la végétation.	»	65 j.	100 j.	129 j.	184 j.
	gr.	gr.	gr.	gr.	gr.
Matière sèche..........	19,860	22,490	79,990	114,500	122,000
Azote..................	0,282	0,773	1,414	1,855	2,171
Acide phosphorique....	0,0735	0,1166	0,391	0,621	0,801
Potasse...............	0,457	0,698	2,725	3,733	3,921
Chaux.................	0,091	0,474	1,592	1,945	1,922

Marche du développement des différents organes. — Pour préciser la marche du développement des différents organes, chez les pommes de terre, nous avons établi le graphique ci-contre (fig. 104) d'après les résultats de nos pesées.

On y reconnaît que le tubercule mère a persisté en se résorbant graduellement depuis la levée jusqu'au 23 juillet.

Les fanes se produisent d'abord avec une certaine lenteur de la levée au 14 juin ; depuis cette époque au 19 juillet, elles prennent un rapide essor, puis ne s'accroissent plus que très lentement jusqu'à la maturité.

Le développement des radicelles atteint son maximum au

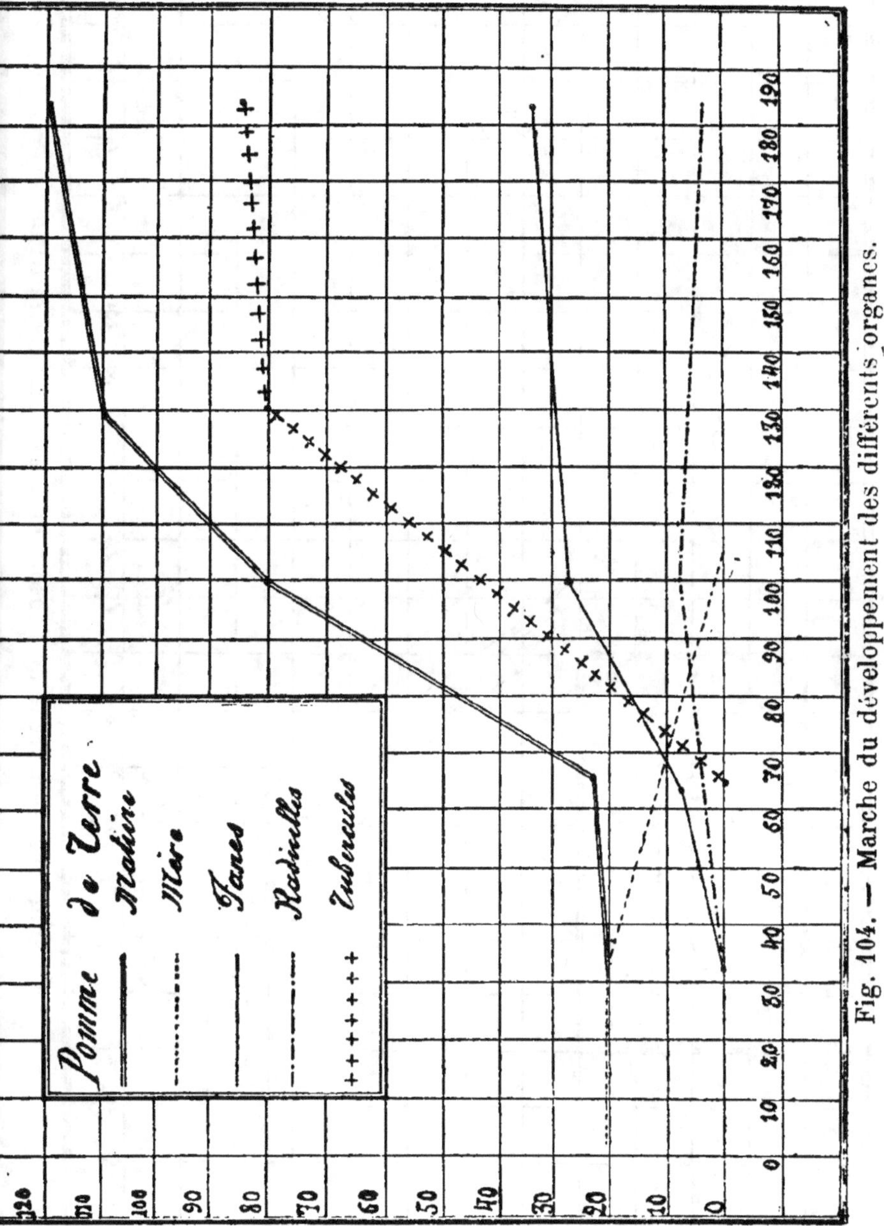

Fig. 104. — Marche du développement des différents organes.

19 juillet, puis ensuite on en voit décroître la quantité.
Enfin les nouveaux tubercules commencent à apparaître

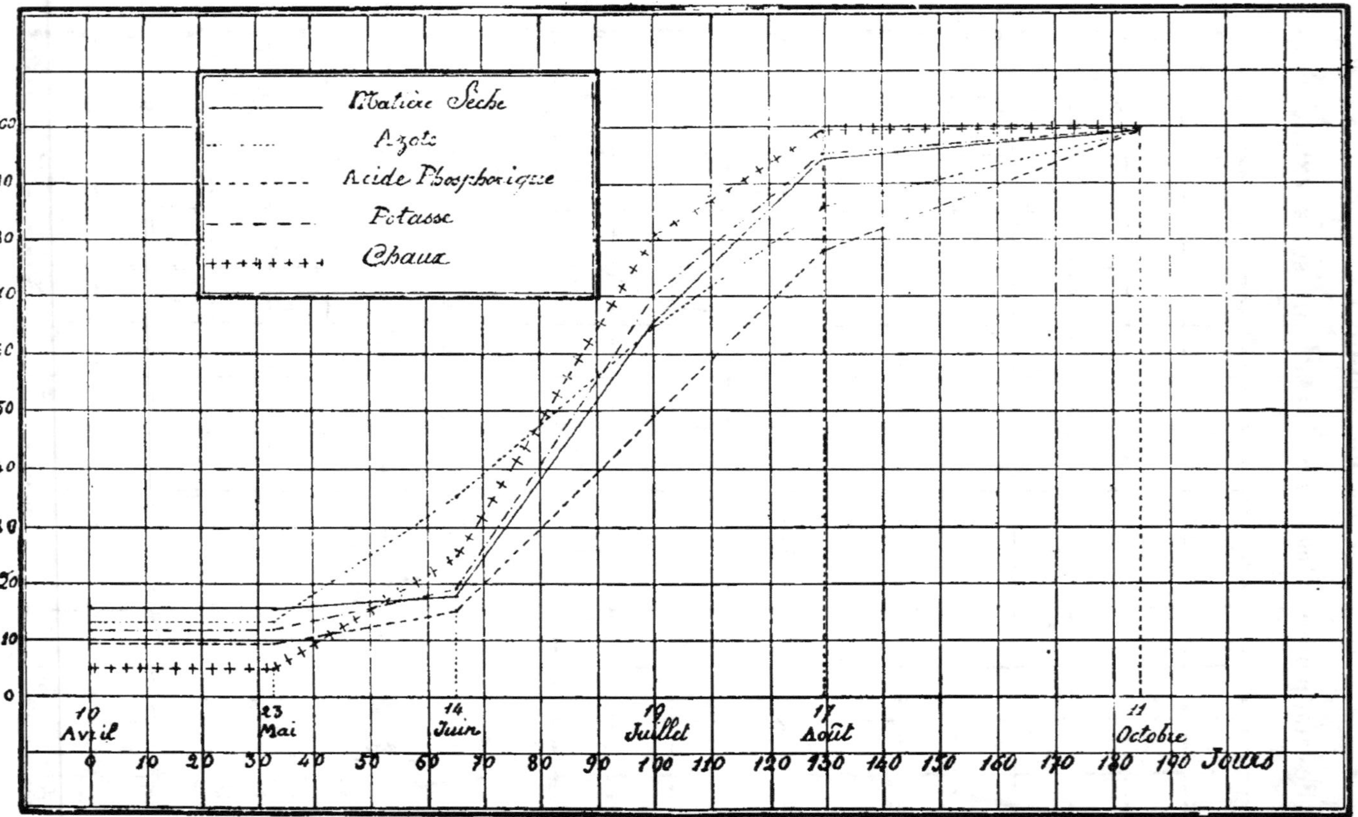

Fig. 105. — Marche de l'absorption des éléments nutritifs.

après le 14 juin, et leur accroissement est très rapide jusqu'au 17 août. Ensuite l'augmentation du poids pour la variété cultivée est peu considérable. Il eût été interessant de doser la fécule dans les tubercules au mois d'août et au mois d'octobre. On n'a malheureusement pas songé à le faire.

Marche de l'absorption des éléments nutritifs. — Nous avons calculé, à l'aide des résultats consignés dans le tableau précédent, la marche de la formation de la matière sèche et celle de l'absorption corrélative des éléments nutritifs en centièmes des maxima constatés. Le graphique de la figure (fig. 105) traduit aux yeux les nombres inscrits dans le tableau suivant :

	PLANTATION 10 avril (0 j.).	LEVÉE 23 mai (33 j.).	14 JUIN (65 j.).	19 JUILLET (100 j.).	17 AOUT (129 j.).	11 OCTOBRE (184 j.).
Matière sèche.........	16,28		18,36	65,49	93,85	100,00
Azote...............	12,98		35,61	65,13	85,49	100,00
Acide phosphorique..	9,17		14,52	48,81	77,50	100,00
Potasse.............	11,65		17,80	69,51	95,19	100,00
Chaux..............	4,67		24,37	81,85	100,00	98,82
Marche de la formation des tubercules	0		0	52,32	93,00	100,00

Le développement des radicelles, organes de l'absorption des éléments nutritifs, est résumé ci-après :

	Radicelles sèches	
	par plante.	p. 100 de fanes et tubercules.
14 juin.......................	4,0	46,5
19 juillet.....................	6,7	9,2
17 août.....	5,5	5,4
11 octobre.......	3,0	2,6

Le travail d'absorption journalière, rapporté à 1 gramme de matière sèche des radicelles, est indiqué dans le tableau suivant, pour chacun des éléments considérés :

	De la levée au 14 juin (32 jours).	Du 14 juin au 19 juillet (35 jours).	Du 19 juillet au 17 août (29 jours).	Du 17 août à la maturité (55 jours).
Poids moyen des radicelles............	gr. 2,0	gr. 5,35	gr. 6,10	gr. 4,25
Azote..............	milligr. 7,49	milligr. 3,42	milligr. 2,49	milligr. 0,95
Acide phosphorique.	0,67	1,46	1,30	0,54
Potasse............	3,77	11,87	5,70	0,56
Chaux	5,98	5,97	2,00	0,00
Total.........	17,91	22,72	11.49	2,05

C'est depuis la levée jusqu'au 19 juillet, que le travail radiculaire est le plus considérable. Dans son ensemble il est moins élevé que pour la betterave. Les pommes de terre sont donc moins exigeantes que celles-ci.

En admettant une teneur des tubercules récoltés de 20 p. 100 de matière sèche, nous avons recueilli pour 11 décimètres carrés de surface 430 grammes de tubercules. Un champ d'un hectare, peuplé dans les mêmes conditions, eût produit un rendement de 39 000 kilogrammes de pommes de terre. Ce produit, qu'on dépasse quelquefois en grande culture, correspond à l'absorption suivante de principes fertilisants :

	Pour 39 000 kilogr. kgr.	Par 1 000 kilogr. kgr.
Azote.......................	197	5,05
Acide phosphorique..........	73	1,87
Potasse	356	9,12
Chaux	177	4,53

A égalité de récolte, la pomme de terre prélève sur les ressources du sol un peu plus d'azote et beaucoup plus de chaux que la betterave. Par contre, elle exige moins d'acide phosphorique et de potasse.

Une belle récolte de pommes de terre puise dans le sol beaucoup plus d'azote qu'un excellent blé, presque autant d'acide phosphorique, et trois fois plus de potasse et de chaux. Une bonne culture de cette plante exige donc un sol largement fumé. Mais nous savons que les exigences d'une plante, au point de vue de la fumure, ne dépendent pas seulement des quantités totales d'éléments nutritifs qu'elle absorbe, mais encore de la marche de cette absorption et des aptitudes qu'elle possède, par l'extension relative de son système radiculaire, à tirer du sol et des engrais ce dont elle a besoin. C'est l'examen de ces questions qu'il nous reste à faire.

Depuis la levée (23 mai) jusqu'à la mi-juin, la pomme de terre Magnum bonum a absorbé les proportions suivantes des éléments nutritifs principaux :

Azote	22,63 p. 100.	
Acide phosphorique	5,35	—
Potasse	6,15	—
Chaux	19,70	—

pendant qu'elle formait 2,08 p. 100 de matière sèche. L'absorption des éléments nutritifs est donc, pendant cette première période, beaucoup plus active que la formation de la matière végétale, surtout pour l'azote et pour la chaux, puisqu'elle est 11 fois plus forte pour l'azote et 10 fois plus forte pour la chaux. Pour la potasse, elle est aussi plus considérable, puisqu'elle est triple, et en ce qui concerne l'acide phosphorique elle est encore plus que double.

Cette prépondérance de l'absorption sur la production de la matière organique est un indice certain d'un grand besoin d'éléments nutritifs très facilement assimilables durant le premier mois de la végétation de la pomme de terre.

Le travail radiculaire total est très élevé à cette époque s'il n'atteint pas tout à fait son maximum. Il est très fort surtout pour l'azote, la chaux et la potasse. Cela dénote un grand besoin d'éléments assimilables.

Pendant le second mois, du 14 juin au 19 juillet, la proportion de matière sèche créée est beaucoup plus considérable, puisqu'elle atteint 47,13 p. 100 ; et pendant ce temps l'absorption relative des éléments fertilisants s'élève aux proportions ci-après :

Azote . . . . 30,52 p. 100.
Acide phosphorique . . . . 34,29 —
Potasse . . . . 51,71 —
Chaux . . . . 57,48 —

L'activité de formation de la matière organique n'est plus dépassée alors que par l'absorption de la chaux et de la potasse. Toutefois celle de l'acide phosphorique et de l'azote reste considérable bien que relativement beaucoup moindre que durant le premier mois. Il n'en reste pas moins évident que pendant cette période la plante a toujours de grandes exigences de chaux surtout et de potasse; celles-ci diminuent pour l'azote et l'acide phosphorique tout en étant élevées. Ce qui confirme cette manière de voir, c'est que, pendant ce temps, le travail radiculaire total se trouve plus élevé que dans le mois précédent. Il reste constant pour la chaux, il tombe à moitié pour l'azote, mais il a plus que doublé pour l'acide phosphorique et il a triplé pour la potasse.

Pendant le troisième mois de la végétation, du 19 juillet au 17 août, la proportion de matière sèche formée est de 28,36 p. 100. L'activité formatrice est donc en décroissance. Voyons ce qu'il en est de l'activité de l'absorption. Elle est alors pour :

L'azote . . . . 20,36 p. 100.
L'acide phosphorique . . . . 28,79 —
La potasse . . . . 25,58 —
La chaux . . . . 18,15 —

Ces proportions sont sur toute la ligne inférieures à ce qu'elles étaient pendant les mois précédents. Tout en restant élevé, le besoin d'engrais rapidement assimilable diminue sensiblement de 10 p. 100 pour l'azote, de 15 p. 100 pour l'acide phosphorique, de 25 p. 100 pour la potasse, et de 39 p. 100 pour la chaux.

Le travail radiculaire s'abaisse d'autre part de moitié. Il faut observer toutefois qu'il reste à peu près constant pour l'acide phosphorique, mais qu'il baisse d'un tiers pour l'azote, de moitié pour la potasse, et de près des deux tiers pour la chaux. Ces constatations nous permettent de déduire qu'il est important que la fumure ou le sol puissent tenir à la disposition de la plante jusqu'au milieu d'août une bonne provision d'acide phosphorique assimilable.

Enfin pendant la dernière période de nos essais, de la mi-août au commencement d'octobre, l'activité végétative va en décroissant d'une manière très marquée. En 55 jours, il ne se forme plus que 6,15 p. 100 de la matière sèche. C'est une période d'organisation plutôt qu'une période de formation. Pendant ce temps, l'absorption devient nulle pour la chaux, et faible pour les autres aliments; cependant elle reste notable pour l'acide phosphorique, comme le montre le tableau suivant :

Azote	14,51 p. 100.	
Acide phosphorique	22,50	—
Potasse	4,81	—
Chaux	0,00	—

En même temps le travail radiculaire total s'abaisse considérablement quoiqu'il demeure plus de deux fois plus grand que pour le blé pendant la maturation. Il devient inférieur au cinquième de ce qu'il était dans la troisième période. Nul pour la chaux, il est relativement très faible pour la potasse, pour l'azote et pour l'acide phosphorique. Il en résulte que nous avons le droit de conclure que l'emploi du fumier de ferme ne saurait être qu'avantageux dans la culture qui nous occupe, en assurant sur la fin de la végétation l'alimentation de la plante suivant la lenteur de ses besoins : les engrais chimiques complémentaires donneront satisfaction aux exigences de la première partie de la végétation.

Liebscher tire des expériences des auteurs allemands des conclusions analogues.

Comparons maintenant nos déductions aux résultats de nos expériences en plein champ. Nous avons cultivé la pomme de terre une seule année au champ d'expériences de Cloches, avec M. Oscar Benoist, en 1890. Nous avons employé comme plant la variété Magnum bonum. La plantation, exécutée trop tard, vers le 15 mai, a été faite à trop d'écartement, car il n'y avait que 170 pieds à l'are. Nous avons en effet reconnu dans des expériences faites autrefois à l'école M. de Dombasle, sous notre direction, que l'espacement qui convient le mieux à cette variété est de 0ᵐ,60 sur 0ᵐ,60 au plus. Le rendement baisse rapidement quand l'espacement augmente. Tandis qu'à l'espacement précité, nous récoltions 230 quintaux de tubercules, nous voyons le rendement baisser à 202 quintaux, en plantant à 60/70, et à 180 quintaux en plantant à 60/80.

Si donc au lieu de planter seulement 170 pommes de terre à l'are, M. Oscar Benoist en eût mis 278 au moins, les rendements eussent été plus considérables. La Magnum bonum peut facilement donner dans de bonnes conditions 250 quintaux à l'hectare.

Mais si ce défaut de la méthode de culture suivie a une influence indéniable sur le résultat économique de l'opération, il ne lui ôte rien de sa valeur au point de vue de l'étude de l'action des engrais. Ce ne sont pas ici les rendements absolus qui nous intéressent le plus, mais bien les rendements différentiels.

La considération du tableau suivant fera bien ressortir cette action si importante des matières fertilisantes sur le rendement, surtout avec le graphique qui l'accompagne :

NUMÉROS.	ENGRAIS.	RENDEMENTS.	EXCÉDENTS.
		quintaux.	quintaux.
1	15 000 kil. de fumier, 45 kil. d'acide phosphor. et 15 k. d'acide nitrique.	182,0	92,5
2	30.000 kil. de fumier..............	168,5	79,0
3	120 kil. d'acide phosphor. insoluble. / 100 kil. de potasse............... / 31 kil. d'azote nitrique.............	156,0	6,5
4	90 kil. d'acide phosphor. soluble... / 100 kil. de potasse............... / 31 kil. d'azote nitrique.............	198,5	109,0
5	Sans engrais....................	89,5	»
6	Comme 4, sans la potasse.........	144,5	55,0
7	Comme 4.......................	190,5	101,0
8	Comme 4, sans l'acide phosphor...	132,5	43,0
9	Comme 4, sans azote	173,5	84,0

La pomme de terre a été très reconnaissante de la fumure

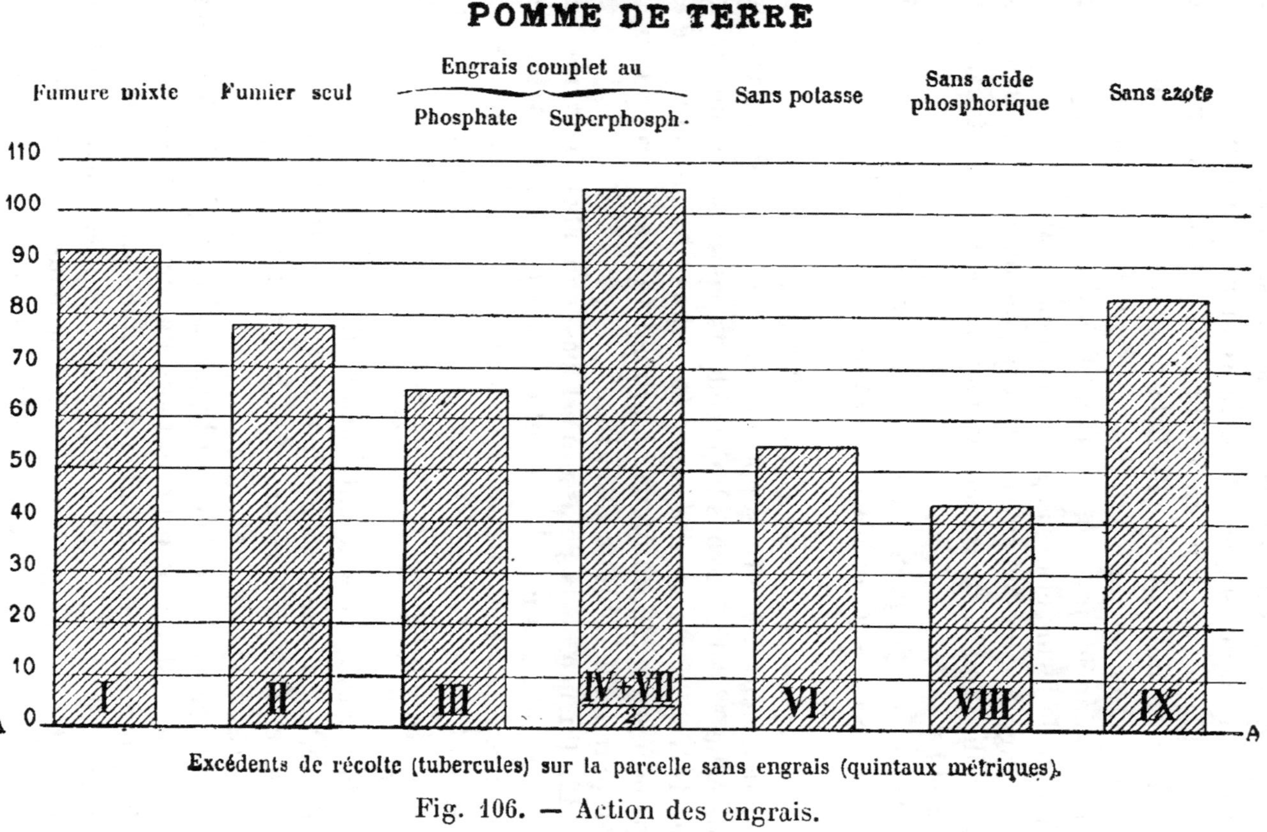

Fig. 106. — Action des engrais.

qu'elle a reçue. Le fumier seul, à la dose de 30 000 kilogrammes, nous donne un excédent de 79 quintaux ou de 38 p. 100. La petite fumure complétée par le superphosphate et le nitrate de soude, élève le rendement encore un peu plus : 105 p. 100. Ce fait confirme la déduction que nous avons tirée de la marche de l'absorption sur l'utilité qu'il y a pour assurer une alimentation convenable à tous les instants de la solanée qui nous occupe de combiner l'emploi du fumier de ferme et des engrais complémentaires.

L'engrais complet au superphosphate nous donne dans les parcelles 4 et 7 un excédent moyen de 107 quintaux, soit de 117 p. 100.

Quelle est l'influence de chacun des éléments de fertilité contenus dans cet engrais ? L'examen des parcelles suivantes va le mettre au jour.

L'azote nitrique, fourni par 200 kilogrammes de nitrate de soude, vient-il à être supprimé, comme cela a lieu dans la parcelle 9 ? Nous voyons les excédents passer de 105 quintaux à 84. L'azote nitrique a donc été très utile. Son efficacité a pour mesure 21 quintaux. L'azote dans cette proportion a élevé le rendement de 23 p. 100.

L'influence de la potasse n'est pas non plus douteuse. Sa suppression diminue l'excédent de 50 quintaux. Son action se montre plus importante que celle de l'azote. C'est que le sol est relativement riche en azote et pauvre en potasse assimilable. L'addition de cette dernière a élevé le rendement de 56 p. 100.

Mais c'est évidemment l'acide phosphorique soluble au citrate, qui a joué le rôle prépondérant. Sa suppression abaisse le rendement de 62 quintaux. Son action a donc accru la production de 69 p. 100.

L'effet d'un élément de fertilité est d'autant plus intense que le sol en est moins pourvu. Dans notre sol pauvre en acide phosphorique (0,032 par kilog. de soluble dans l'acide citrique), la suppression de l'engrais phosphaté paralyse en partie l'action des autres principes fertilisants. Si nous additionnons les quantités qui représentent l'action de chaque élément nutritif, considéré isolément, nous trouvons en effet un total de 148 p. 100, supérieur de 31 p. 100 à l'excédent obtenu dans les parcelles 4 et 7; cette différence représente l'effet dépressif produit sur les autres éléments de l'engrais par la suppression de l'acide phosphorique.

C'est une démonstration de cette loi d'agronomie qu'il faut toujours que le praticien ait présente à l'esprit, à savoir : que les rendements sont proportionnels à l'élément de fertilité qui se trouve en moindre proportion à la disposition du végétal.

Si nous comparons maintenant la parcelle n° 3 aux autres, nous voyons que le phosphate minéral n'a pas été sans efficacité sur le rendement. L'excédent de la récolte obtenue est de 66^{qx},5 et dépasse de 23^{qx},5 celui de la parcelle sans acide phosphorique. L'accroissement de récolte dû au phosphate serait donc de 26 p. 100.

Dans le champ de démonstration de l'école primaire supérieure de Bonneval, que dirige sous notre contrôle M. Singlas, il a été fait dix récoltes successives de pommes de terre, en assolement régulier. Ici les variétés cultivées étaient principalement la hollande et la saucisse. Le sol présente la composition suivante :

	Par kilogramme.
Azote.................................	1,42
Acide phosphorique assimilable...........	0,12
Potasse assimilable......................	0,13
Calcaire.................................	0,58

Par suite des dispositions adoptées à l'origine, la parcelle privée d'acide phosphorique s'est trouvée placée sur le sommier du champ près de la route. L'analyse subséquente nous a démontré que là, le sol est beaucoup plus riche en acide phosphorique assimilable que dans le reste du champ (0^{gr},31). Il en résulte que nos récoltes successives ne donnent pas d'indications nettes sur l'utilité des engrais phosphatés. Mais cet accident, qui serait regrettable si ces expériences étaient uniques, devient au contraire intéressant après ce que nous avons constaté à Cloches, car il démontre très nettement que les sols qui contiennent 0^{gr},3 d'acide phosphorique soluble dans l'acide citrique faible peuvent être considérés comme suffisamment pourvus de cet élément.

Voici la moyenne des rendements et des excédents obtenus pour les dix récoltes :

	Rendements. quintaux.	Excédents. quintaux.
Sans engrais	96,5	»
Fumier seul	149,9	53,4
Fumure mixte	162,0	65,5
Engrais complet	156,8	60,3
— sans potasse	99,2	2,7
— sans azote	126,9	30,4
— sans acide phosphorique.	152,1	55,6

Ce qui ressort avec la plus grande évidence de ces essais, c'est l'action prépondérante de la potasse au champ de Bonneval. Sa suppression dans les formules d'engrais fait disparaître presque complètement tout excédent. C'est la conséquence très nette de la pauvreté du sol en cet élément. La suppression de l'azote se fait aussi sentir avec une grande force : l'excédent en est réduit de moitié. Le troisième point à faire ressortir c'est qu'ici, comme à Cloches, l'emploi combiné du fumier à dose moyenne complété par une adjonction d'engrais chimique est de toutes les formules la plus efficace.

Enfin en 1901, nous avons essayé l'action des engrais sur la pomme de terre dans 16 champs de démonstration scolaires répartis dans les diverses régions du département d'Eure-et-Loir. Les sols, sauf deux ou trois exceptions, étaient pauvres en acide phosphorique assimilable, très moyennement pourvus de potasse soluble dans les acides faibles et d'une bonne richesse moyenne en azote. Les résultats obtenus sont rapportés ci-après :

	Rendements. quintaux.	Excédents. quintaux.
Sans engrais	121,6	»
Engrais complet	170,6	49,0
Sans acide phosphorique	161,9	40,3
— azote	145,9	24,3
— potasse	155,8	34,2
Fumier seul	185,8	64,2

C'est en moyenne le fumier, à la dose de trente mille kilogrammes par hectare, qui a donné les résultats les plus élevés. Cela s'explique par l'action des matières organiques pour emmagasiner l'eau, dans une année aussi sèche que celle où nous avons fait cette culture. Son emploi a augmenté la récolte de près de 53 p. 100, tandis que l'engrais chimique complet n'arrive qu'à une augmentation de 43 p. 100.

En général c'est l'azote qui s'est montré l'agent le plus efficace de la production. Sa suppression dans la fumure fait baisser l'excédent de récolte de plus de moitié. La potasse vient ensuite ; son absence abaisse le rendement de 15 p. 100. Enfin l'abstinence de l'acide phosphorique ne diminue le rendement que de 12 p. 100.

Il nous semble qu'on peut conclure de tout ce qui précède que pour obtenir de hauts rendements de la plante qui nous occupe, l'emploi du fumier, complété par le nitrate de soude, le superphosphate ou les scories phosphoreuses, et les sels de potasse, s'impose, en tenant compte de la richesse du sol pour fixer les quantités.

Dans une terre de fertilité moyenne, à vingt tonnes de fumier de ferme bien décomposé par hectare, nous ajouterions 250 kilogrammes de nitrate de soude, 500 kilogrammes de superphosphates ou de scories riches, et 150 kilogrammes de chlorure ou de sulfate de potasse.

Le fumier serait enfoui le plus tôt possible, avant l'hiver par exemple ; les engrais phosphatés et potassiques seraient semés avant la plantation, et enterrés par un hersage ou un coup de scarificateur ; pour le nitrate de soude, on pourrait le répandre en deux fois, moitié d'abord au moment de la levée, puis le reste un mois après ; il serait enterré par les binages.

Si l'on a affaire à des sols pauvres en acide phosphorique, on augmentera la dose de superphosphate ou de scories jusqu'à 700 kilogrammes par hectare. Dans les terres pauvres en potasse on donnera facilement 200 à 250 kilogrammes de chlorure de potassium.

Enfin, dans le cas où l'on voudrait faire des pommes de terre sans fumier, ce qui n'est pas recommandable, on ajouterait au nitrate préindiqué 200 kilogrammes de sang desséché ou de corne torréfiée que l'on répandrait en même temps que le maximum de sels de potasse et d'engrais phosphatés prévu.

Sélection et variétés.

Après le climat, le sol et l'engrais, c'est le choix de la variété qui influe le plus fortement sur le rendement brut. Mais ce choix est prépondérant si l'on considère la production de l'hectare en fécule ou en matières nutrives. Nous ne voulons pas dire par là que le climat, le sol et l'engrais soient sans influence sur la valeur alimentaire des tubercules, mais que leur action ne se fait sentir que lentement. Ce sont des facteurs dont on doit tenir beaucoup compte dans la sélection ayant pour but l'amélioration des variétés.

Comme chez les animaux, les aptitudes se transmettent héréditairement chez les pommes de terre. La fertilité et la richesse, qui constituent les qualités fondamentales des plantes agricoles, créées par l'action sur le végétal des influences de milieu (climat, sol, engrais, culture), se transmettent de générations en générations avec d'autant plus de sûreté qu'elles sont de plus ancienne date. La sélection expérimentale qui développe et multiplie par la reproduction les végétaux d'élite, est l'affaire des cultivateurs d'avant-garde, qui ont en même temps que les capitaux nécessaires, surtout les connaissances indispensables pour la mener à bien.

Le principe de la méthode est simple : il suffit de rechercher pour les planter les tubercules de taille relative moyenne, qui présentent la plus grande richesse, ou, ce qui revient au même, qui sont les plus denses. On prépare dans une série de vases quatre solutions de sel marin, préalablement desséché au four d'après les proportions rigoureuses qui suivent :

	Sel par litre.
	gr.
N° I..	62,5
N° II...	70,3
N° III..	78,1
N° IV..	86,0

Après avoir bien lavé les tubercules à essayer, et les avoir essuyés, on les plonge dans le vase n° IV. Tous les tubercules qui surnagent renferment moins de 21 p. 100 de fécule ou de

25 p. 100 de matière sèche, tandis que ceux qui vont au fond en renferment davantage. Les tubercules surnageant sont retirés et plongés dans le vase nº III et ainsi de suite jusqu'au nº I. Les tubercules qui enfoncent dans le nº IV contiennent plus de 21 p. 100 de fécule ou 25 p. 100 de matière sèche. Dans le nº III, plus de 19 p. 100 de fécule et de 23 p. 100 de matière sèche; dans le nº II; plus de 17 p. 100 de fécule et de 21 p. 100 de matière sèche; dans le nº I, plus de 15 p. 100 de fécule et de 19 p. 100 de matière sèche.

Quand on est fixé sur le taux de fécule ou de matière sèche au-dessous duquel on ne veut pas tomber, on prépare une solution correspondante, on y passe tout le plant, et on élimine tout ce qui surnage. L'opération est simple et rapide.

Mais cela ne suffit pas. Si l'on éprouve ainsi la richesse, on n'apprend rien sur l'aptitude productive. C'est pendant la végétation, et lors de l'arrachage, qu'on peut se rendre compte de la fertilité des sujets. On marque par un jalon, dans le champ complanté de tubercules sélectionnés à l'eau salée, les plants dont les pousses atteignent le plus grand développement, ce sont les plus vigoureux, ceux qui généralement fournissent le plus de tubercules. Il en est ainsi parce que ce sont les parties aériennes vertes qui fabriquent avec les éléments puisés dans l'air et dans le sol la fécule et l'albumine qui viennent ensuite se mettre en réserve dans le tubercule.

A la récolte, tous les plants marqués sont arrachés à part, et on choisit pour la reproduction les poquets les plus abondants. Enfin, parmi les produits de ceux-ci, on ne garde que les tubercules qui s'enfoncent dans la solution type choisie. En quatre ou cinq générations, on transforme ainsi complètement les variétés, en élevant leur rendement à des chiffres inconnus jusqu'alors et en améliorant leur qualité. La meilleure preuve que nous puissions en donner, nous la trouvons dans nos expériences sur la pomme de terre Richter's Imperator; en 1880 et 1881, cette variété nous a donné en petit 300 kilogrammes à l'are, avec un taux de fécule de 14,1 p. 100. La production de fécule par hectare ne dépassait donc pas 4 230 kilogrammes. En 1890 nous avons constaté à Archevilliers en grande culture, avec la même variété sélectionnée par Aimé Girard, 41 100 kilogrammes de tubercules à l'hectare, dosant 18,93 p. 100 de fécule, ce qui donne un rendement en ce principe immédiat de 7 789 kilogrammes. L'accroissement de rendement en matière utile a donc été de 85 p. 100.

Les variétés de pommes de terre sont extrêmement nombreuses, mais il faut remarquer que beaucoup d'entre elles ne sont que curieuses. Parmi les 112 que nous avons étudiées pendant deux ans, en 1880-81, nous pouvons signaler les suivantes comme rendement et qualité nutritives :

	Rendement. quintaux.	Fécule. p. 100.	Matière sèche par hectare. quintaux.
Albert...................	410	14,0	73,80
Grosse jaune 2e hâtive....	280	18,0	61,60
Magnum bonum (fig. 107).	310	15,8	61,38
Chardon (fig. 108)........	330	13,0	56,10
Van der Weer..........	322	13,0	54,74
Farineuse rouge (fig. 109).	280	15,1	53,48
Eureka.................	275	14,5	50,87
Vosgienne....	260	14,6	48,36
Flocon de neige........	230	16,0	46,00
Saucisse rouge (fig. 110)..	225	13,7	39,82
Early rose (fig. 111)......	220	13,9	39,58

Depuis cette époque, nous avons, en Eure-et-Loir, étudié surtout la variété Richter's Imperator (fig. 112), avec le concours de M. Ch. Egasse, agriculteur à Archevilliers, commune de Chartres. En grande culture (de 12 et 16 hectares par année), elle a donné les rendements suivants par hectare :

1889................	288 quintaux.	
1890................	405 —	
1891................	407 —	
1892................	431 —	
1893................	200 —	(Sécheresse excessive).
1894................	375 —	
1895................	307 —	
Moyenne........	344 quintaux.	

Nous avons analysé les récoltes de 1889, 1890 et 1891. La

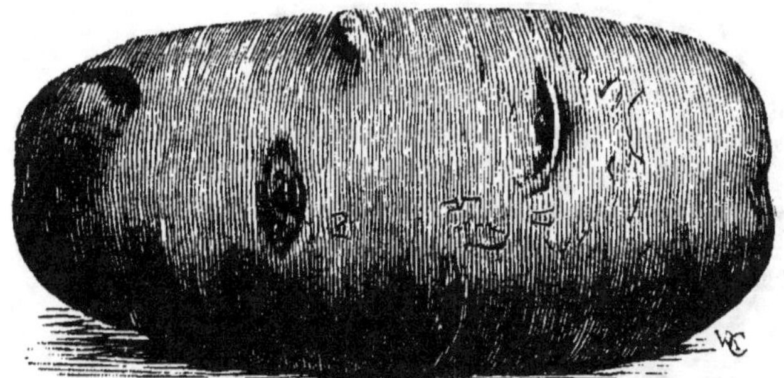

Fig. 107. — Magnum bonum.

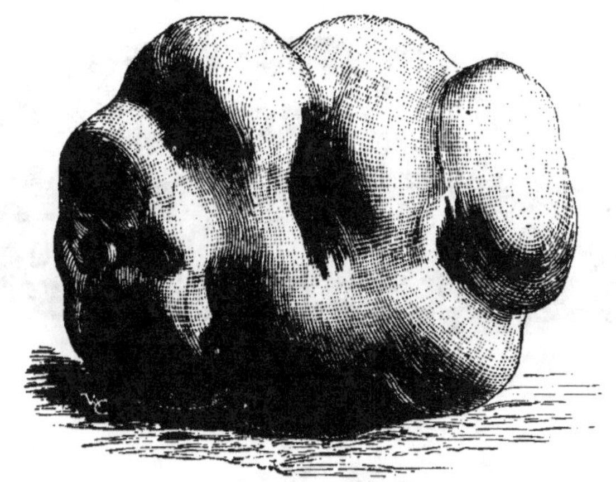

Fig. 108. — Pomme de terre Chardon.

Fig 109. — Pomme de terre farineuse rouge.

19.

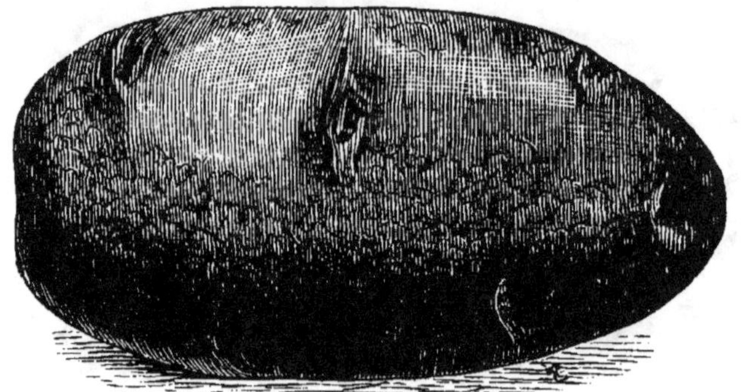

Fig. 110. — Pomme de terre Saucisse.

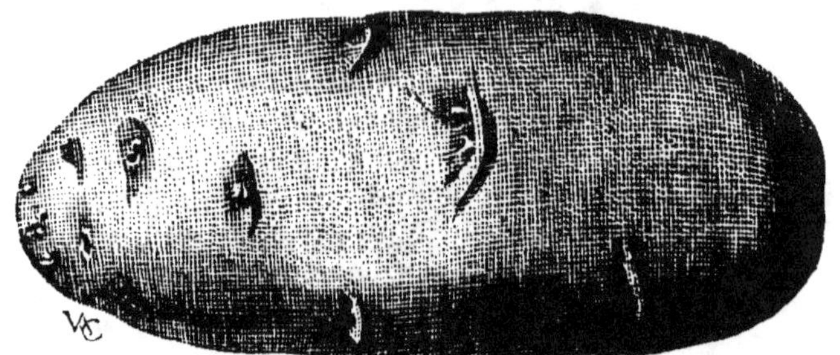

Fig. 111. — Early rose.

Fig. 112. — Richter's Imperator.

composition moyenne de cette variété ressort comme il
suit :

Eau	73,30
Matière sèche	26,70
— azotée	2,57
Fécule	19,27
Substances non azotées diverses	3,20
Cellulose	0,55
Cendres	1,11

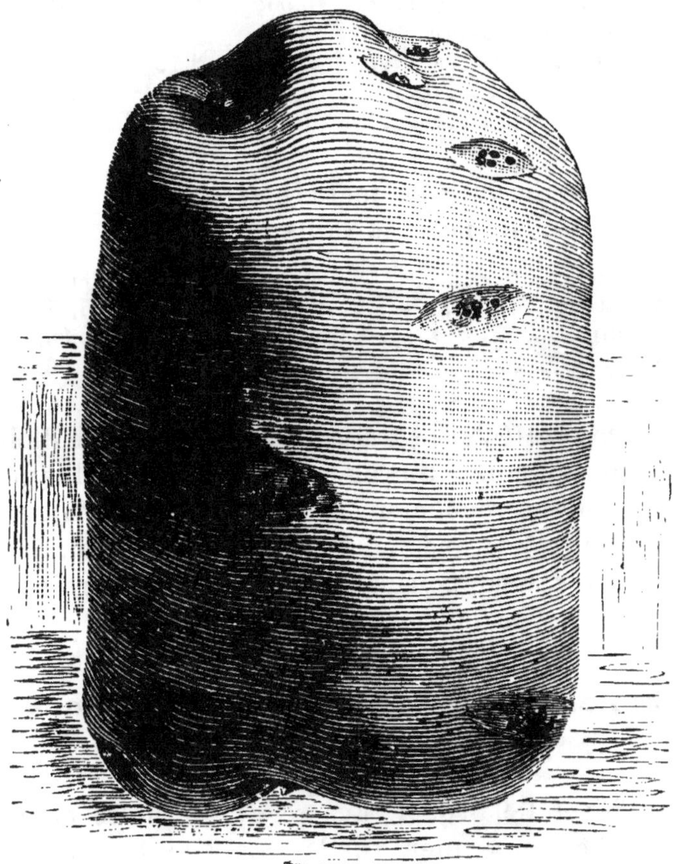

Fig. 113. — Pomme de terre géante bleue.

Le rendement moyen en matière sèche pour cette variété
d'élite s'est donc élevé à 91,95 qx.

Comparativement, dans les mêmes champs, on a cultivé
l'Early rose en 1889 et 1890 : le rendement moyen a atteint

223 quintaux ; la variété Chardon, en 1889, 1890, 1891, a donné en moyenne 253 quintaux ; enfin la Saucisse rouge, pendant les mêmes années, a donné une moyenne de 250 quintaux. L'analyse des tubercules provenant de toutes ces récoltes nous a donné :

	Early.	Chardon.	Saucisse.
Eau	75,1	75,1	75,10
Matière sèche	24,9	24,9	25,00
— azotée	3,01	2,78	2,56
Fécule	16,90	16,47	17,16
Matières non azotées diverses	3,30	3,72	3,56
Cellulose	0,64	0,74	0,64
Cendres	1,05	1,19	1,08

Le produit par hectare en matière sèche s'est donc élevé, pour ces variétés, aux poids suivants :

	quintaux.
Early rose	55,27
Chardon	63,00
Saucisse	57,50

De toutes ces variétés, c'est donc la pomme de terre Richter's Imperator qui a donné d'une manière continue la plus grande satisfaction, comme rendement brut et comme produit en matière nutritive, sans excepter la Géante bleue (fig. 113), si prônée, qu'après essai nous avons trouvée trop tardive pour la recommander dans notre région.

Emploi de la pomme de terre dans l'engraissement des bœufs.

Pendant l'hiver 1895-96, M. Égasse a, sur notre demande, fait un essai d'engraissement sur les bœufs avec la pomme de terre cuite. L'opération a porté sur trois gros bœufs normands, âgés de 6 ans. L'opération commença le 15 avril. Les animaux furent isolés dans une écurie bien close et à l'abri de tout dérangement. A l'aide de deux ouvertures opposées, situées à la partie supérieure du bâtiment, on établissait un courant d'air suffisant pour maintenir la température entre

16° et 18°. La température en effet joue un rôle considérable au point de vue de l'utilisation des aliments, et souvent, toutes conditions égales d'ailleurs, c'est d'elle principalement que dépend la réussite de l'opération.

Les trois animaux pesaient le premier jour de l'essai les poids vifs suivants :

        N° I.......................   900 kilogrammes.
        N° II......................   945   —
        N° III.................. ...   920   —
                                     ____
        Poids total..........   2.765 kilogrammes.

Le n° I se trouvait dans un meilleur état de chair que les deux autres, aussi engraissa-t-il plus rapidement. Dans toute opération de ce genre, il se rencontre des sujets ayant plus ou moins d'aptitude à prendre la viande ; aussi, est-il nécessaire d'opérer toujours sur plusieurs animaux afin de pouvoir conclure sur une moyenne.

Les trois animaux reçurent chacun une ration composée de 30 kilogrammes de pommes de terre cuites au four, mélangées avec un kilogramme de foin haché et 5 kilogrammes de foin entier. Comme complément, le n° I recevait 2^{kg},5 d'avoine aplatie. Les n°s II et III consommaient, au lieu d'avoine, 2^{kg},5 de tourteau de sésame. Cette différence, dans le régime des trois animaux, a été nécessitée par l'obstination du bœuf n° I à refuser le tourteau. Pour chaque tête, on distribuait comme condiment 100 grammes de sel par jour.

A. — Composition des fourrages.

	POMMES DE TERRE		FOIN.	TOURTEAU de sésame.	AVOINE aplatie.
	crues.	cuites.			
Eau.....................	69,00	61,20	14,30	8,10	13,46
Matières organiques.........	29,70	37,14	78,74	78,10	84,55
— minérales.	1,30	1,66	6,96	13,80	1,99
Matières azotées brutes......	2,40	3,20	8,30	36,50	11,25
Graisse....................	0,04	0,04	2,19	12,31	6,02
Matières saccharifiables.....	25,40	30,40	18,10	11,48	44,00 [1]
Cellulose	0,59	0,75	18,20	4,83	8,50
Substances indéterminées...	1,27	2,75	31,95	12,98	15,78
Azote.....................	0,39	0,52	1,33	5,84	1,79
Acide phosphorique.........	0,165	0,216	0,61	0,94	0,768
Potasse...................	0,37	0,63	1,15	1,11	0,530
Chaux....................	0,10	0,117	1,33	3,20	0,190

(1) Amidon.

B. — Composition de la ration du bœuf nᵒ 1.

	POMMES DE TERRE cuites.	FOIN SEC.	AVOINE aplatie.	TOTAL des éléments nutritifs.
	kil.	kil.	kil.	kil.
Poids brut................	30,00	6,00	2,50	»
Eau.....................	18,36	0,86	0,34	19,56
Matières organiques........	11,14	4,72	2,11	17,97
— minérales.........	0,50	0,42	0,05	0,97
Matières azotées brutes.....	0,96	0,50	0,28	1,74
Graisse brute.............	0,01	0,13	0,15	0,29
Matières saccharifiables....	9,12	1,08	1,00 [1]	11,20
Cellulose brute	0,22	1,09	0,21	1,42
Substances indéterminées..	0,82	1,92	0,39	3,13
Azote	0,156	0,080	0,045	0,281
Acide phosphorique........	0,065	0,037	0,019	0,121
Potasse..................	0,189	0,069	0,023	0,281
Chaux...................	0,035	0,080	0,005	0,120

(1) Amidon.

C. — *Composition de la ration d'engraissement des bœufs d'Archevilliers (nos 2 et 3).*

	POMMES DE TERRE cuites.	FOIN SEC.	TOUR-TEAU de sésame.	TOTAL des éléments nutritifs.
	kil.	kil.	kil.	kil.
Poids brut................	30,00	6,00	2,50	»
Eau.....................	18,36	0,86	0,04	19,26
Matières organiques	11,14	4,72	1,95	17,81
— minérales........	0,50	0,42	0,34	1,26
Matières azotées brutes.. ..	0,96	0,50	0,91	2,37
Graisse brute...	0,01	0,13	0,31	0,45
Matières saccharifiables....	9,12	1,08	0,29	9,49
Cellulose brute............	0,22	1,09	0,12	1,43
Substances indéterminées..	0,82	1,92	0,32	3,06
Azote...................	0,156	0,080	0,146	0,382
Acide phosphorique.	0,065	0,037	0,023	0,125
Potasse..................	0,189	0,069	0,028	0,286
Chaux	0,035	0,080	0,080	0,195

La quantité de litière distribuée journellement s'est élevée en moyenne à 12 kilogrammes, soit à 4 kilogrammes par tête. Dans les tableaux ci-contre, nous donnons en A la composition immédiate des fourrages employés, et leur teneur en azote et en éléments minéraux. Nous y avons comparé en outre la composition de la pomme de terre avant et après la cuisson au four ; en B, la composition de la ration du bœuf n° I ; en C, la composition de la ration des bœufs nos II et III.

A l'époque de l'essai, les pommes de terre se vendaient 2 fr. 50 les 100 kilogs ; le foin employé valait 4 francs les 100 kilogs ; le tourteau de sésame coûtait 14 francs, ainsi que l'avoine. Quant à la paille litière, on ne peut l'estimer plus de 2 fr. 50 le quintal. Enfin M. Égasse a estimé à 7 centimes par ration le prix de revient de la cuisson au four des tubercules. On peut donc établir comme suit la valeur de la ration consommée par jour et par tête :

	fr.
37 k. 5 de pommes de terre crues, correspon- dant à 30 kil. de pommes de terre cuites..	0,94
Cuisson......	0,07
6 kilogrammes foin...........................	0,24
2 k. 5 sésame ou avoine......................	0,35
Total......................	1,60
4 kilogrammes litière	0,10

Pour avoir le résultat final et exact de l'opération et con-
trôler le rendement réel des trois bœufs, les trois animaux
ont été vendus à la fin de l'opération à un boucher de Chartres
qui se prêta avec la meilleure grâce du monde aux petites
exigences que nécessitait cet essai. Il fut convenu qu'il prendrait les trois bœufs à 8 jours d'intervalle à raison de 1 fr. 45
le kilogramme de viande nette. C'est un prix peu élevé pour
des animaux de première qualité, mais il fallait bien se con-
former aux cours du moment. Le tableau suivant donne les
résultats obtenus :

	Nº 1.	Nº 2.	Nº 3.	MOYENNES.
Date de la livraison........	12 juin.	19 juin.	26 juin.	»
Poids vif au début.........	900 k.	945 k.	920 k.	921 k. 6
— avant l'abatage...	1053 k.	1102 k.	1089 k.	1081 k. 3
Gain total de poids vif.....	153 k.	157 k.	169 k.	159 k. 7
Durée de l'engraissement...	58 j.	65 j.	72 j.	65 j.
Gain de poids vif par jour..	2 k. 637	2 k. 415	2 k. 347	2 k. 46
Poids de la viande nette...	595 k.	611 k.	618 k.	608 k.
Rendt net p. 100 de poids vif.	56 k. 5	55 k. 4	56 k. 7	56 k. 2
Suif........................	77 k.	64 k.	60 k.	67 k.
Cuir........................	75 k.	76 k.	70 k.	73 k. 6

Au point de vue de la qualité, la viande ne laissait absolument rien à désirer, et de l'avis des connaisseurs, il n'y en
avait pas d'aussi belle dans les échaudoirs de l'abattoir.

Il résulte des faits précédents que nos bœufs ont gagné sous
l'influence de leur régime d'engraissement, en moyenne,

$2^k,46$ de poids vif par jour. Comme ils consommaient $17^k,85$ de matière organique totale en 24 heures, il en résulte que l'accroissement de poids a été de 13,75 p. 100 du poids de la substance organique brute de la ration.

Pour le premier bœuf qui a reçu de l'avoine aplatie comme aliment concentré, l'accroissement proportionnel est de 14,67 ; pour les deux autres il est de 13,5 et de 13,1, ou 13,3 en moyenne. La petite différence constatée semble plutôt due à l'aptitude individuelle qu'à la substitution de l'avoine au tourteau.

Il nous faut maintenant établir le bilan de l'opération pour juger de sa valeur économique, en tablant sur les résultats moyens. Si l'on estime d'après les cours ordinaires le prix du poids vif des bœufs maigres à la moitié du prix de la viande nette des bœufs engraissés, c'est-à-dire pour le cas actuel à 0 fr. 725 le kilogramme, notre animal moyen valait au début de l'essai 668 fr. 16. Il a été vendu, après engraissement, à raison de 1 fr. 45 le kilogramme de viande nette, soit 861 fr. 60. L'écart ainsi produit de 213 fr. 44 représente le prix auquel a été payée la nourriture, sans tenir compte de la valeur du fumier, valeur qui est loin d'être négligeable. En effet, d'après les pesées qui ont été faites, le bœuf moyen en a produit, pendant les 65 jours de l'essai, 4120 kilogrammes. Nous allons chercher à déterminer, d'une manière indirecte, la quantité d'éléments fertilisants qu'il renfermait. Ces quantités peuvent se déduire de la teneur de la ration en ces substances, défalcation faite : 1° des éléments fixés dans l'organisme par l'accroissement de poids vif ; 2° des pertes d'azote constatées dans l'alimentation des bêtes bovines à l'étable, par volatilisation du carbonate d'ammoniaque. Enfin il convient d'y ajouter les éléments fertilisants apportés par les litières.

Nous savons d'un côté que 100 kilogrammes de croît correspondent à une fixation de :

Acide phosphorique...................... 1 k. 25
Chaux................................... 1 k. 31
Potasse................................. 0 k. 15
Azote................................... 2 k. 60

D'autre part, les expériences magistrales de MM. Müntz et Girard ont démontré que, chez les bêtes bovines bien pourvues de litière, il y avait en nombre rond 32 p. 100 de l'azote des aliments qui était perdu pour le fumier en dehors de ce qui est fixé par l'organisme.

En partant de là, nous pouvons établir comme il suit le bilan de la production du fumier par chacun de nos animaux :

BŒUF N° 1.	VALEUR DU FUMIER PRODUIT.			
	AZOTE.	ACIDE phospho- rique.	POTASSE	CHAUX.
Dans la ration................	0,281	0,121	0,281	0,120
Dans le croit moyen (2 k. 637)..	0,068	0,033	0,004	0,034
Dans les excréments totaux....	0,213	0,088	0,277	0,086
Perte d'azote à déduire, 32 p. 100.	0,090	»	»	»
Dans le fumier frais	0,123	0,088	0,277	0,086
4 kil. de litière...............	0,016	0,012	0,036	0,016
Éléments fertilisants du fumier.	0,139	0,100	0,313	0,102
	0,139	0,025	0,125	0,002
Valeur argent du fumier journalier................	0f,291			

MOYENNE DES BŒUFS Nᵒˢ 2 ET 3.	VALEUR DU FUMIER PRODUIT.			
	AZOTE.	ACIDE phospho- rique.	POTASSE	CHAUX.
Dans la ration................	0,382	0,125	0,286	0,195
Dans le croit moyen (2 k. 427)..	0,063	0,030	0,004	0,032
Dans les excréments solides et liquides	0,319	0,095	0,282	0,163
Pertes d'azote (32 p. 100) à déduire.	0,122	»	»	»
Dans le fumier frais	0,197	0,095	0,282	0,163
4 kil. de litière...............	0,016	0,012	0,036	0,016
Éléments fertilisants du fumier.	0,213	0,107	0,318	0,179
	0,213	0,026	0,127	0,003
Valeur argent du fumier journalier................	0f,369			

Nous avons compté l'azote à 1 franc le kilogramme, l'acide phosphorique à 25 centimes et la potasse à 40, et estimé la chaux à 5 centimes seulement.

La valeur du fumier produit par les n°s 2 et 3 est sensiblement plus élevée que pour le n° 1. C'est le résultat de l'emploi du tourteau de sésame, riche en azote, en remplacement de l'avoine.

D'après cela, le bœuf moyen a produit par jour en fumier, une valeur de 0 fr. 343, et pendant la durée moyenne de l'engraissement, le produit a atteint 22 fr. 30.

Il résulte de là que le produit brut total de l'engraissement s'élève à 235 fr. 74.

Les dépenses effectuées se montent à 65 rations à 1 fr. 70 l'une, litière comprise, soit à 110 fr. 50 et le bénéfice atteint 125 fr. 24 par bœuf. Nous défalquerons de ce bénéfice les frais de vacher que nous estimons à 10 francs par bête pour la durée de l'essai, et de plus l'intérêt à 5 p. 100 du capital engagé dans l'entreprise, soit 6 fr. 93. Il reste comme bénéfice net : 108 fr. 31.

Mais dans les conditions où cet essai a été exécuté, il convient de rechercher à quel prix a été payée la pomme de terre bien plutôt que le bénéfice réalisé par tête de bétail. C'était là, en effet, le but principal que nous nous étions proposé. Ce prix est facile à établir à l'aide des éléments qui précèdent. En effet, nous avons estimé la valeur des aliments adjuvants ajoutés à la ration de tubercules à leur prix courant de l'époque et nous savons que la dépense de ce chef s'élevait par jour à 0 fr. 59 ; il convient d'y ajouter 7 centimes pour les frais de cuisson, 10 centimes pour les frais de litière ; ce qui fait 76 centimes par jour, et donne un total, pour la durée de l'expérience, de 49 fr. 40. En ajoutant à cette dépense les 16 fr. 93 relatifs aux soins et à l'intérêt du capital engagé, nous arrivons à une somme de 66 fr. 33. Or, le produit brut réalisé par tête moyenne étant de 235 fr. 74, fumier compris, les 75 rations de pomme de terre, pesant à l'état cru 2 437 kilogrammes, ont été payées 169 fr. 41, soit 6 fr. 95 le quintal. Il a donc été incomparablement plus avantageux de faire consommer les pommes de terre par les bœufs à l'engrais que de les livrer à la féculerie.

Emploi de la pomme de terre dans l'alimentation des chevaux de trait et dans l'alimentation d'élevage des bêtes à cornes.

Dans une communication à la Société nationale d'agriculture, faite par la voix de Aimé Girard, notre excellent collaborateur et ami M. Ch. Égasse s'exprime ainsi à ce sujet :

« J'avais jusqu'ici, depuis 1890, utilisé plus spécialement la pomme de terre pour l'engraissement des bœufs, pour l'alimentation des chevaux, des porcs et des volailles, et je ne l'avais appliquée qu'incidemment à la nourriture des veaux d'élevage. Je puis affirmer aujourd'hui que cette nourriture convient parfaitement à tous les animaux de la ferme sans exception.

« J'ai laissé de côté la culture des autres racines, betteraves, carottes, etc., et j'ai soumis tout mon bétail au régime de la pomme de terre. La base de la nourriture étant la même pour tous les bestiaux, c'est déjà une simplification très économique et très commode pour la préparation des rations. De plus, les mélanges étant faits aussitôt après la cuisson, la nourriture peut toujours être donnée à une température égale, et l'on n'a pas à craindre que la gelée arrête la fermentation, comme pour la betterave.

« La variété de pomme de terre que j'emploie est la Richter's Imperator, que je cultive exclusivement.

« Le genre de cuisson que j'ai adopté est la cuisson au four ; ce procédé, grâce à un outillage approprié, m'a semblé plus pratique pour les grandes quantités ; j'ai constaté de plus que la pomme de terre cuite au four perd environ 20 p. 100 d'eau et qu'on obtient ainsi une nourriture plus concentrée et aussi plus facile à travailler. Dans mon four de ferme de dimension ordinaire, je peux cuire tous les jours en deux fournées 12 quintaux de pommes de terre, et le chauffage me revient à 15 centimes par quintal. La pomme de terre cuite au four est passée au coupe-racines, où elle se divise très facilement. Elle est ainsi réduite en une farine grossière qui se mélange on ne peut mieux avec le foin ou la paille hachés ?

« La ration journalière de mes chevaux de culture, qui sont généralement soumis à un travail assez pénible, est de 4 kilogrammes d'avoine, 15 kilogrammes de pommes de terre et 6 kilogrammes de paille (les pommes de terre sont toujours additionnées de 5 kilogrammes de paille menue et de 200 grammes de sel par quintal). Je puis affirmer que mes chevaux, avec ce régime, sont aussi vigoureux et au moins en aussi bon état d'embonpoint que lorsque leur ration était de 10 kilogrammes d'avoine, 5 kilogrammes de foin, et 5 kilogrammes de paille. Ils ont en outre l'avantage d'être moins longs à leur repas et d'avoir plus de temps pour se reposer.

« Si je compare le prix de revient de chaque régime, en comptant l'avoine à 15 francs, le foin à 6 francs, les pommes de terre à 2 fr. 50 (cours de cette année), le régime à la pomme de terre revient à 1 fr. 20 et l'autre à 1 fr. 95. C'est donc une économie de un tiers.

« J'ajouterai que pour les vieux chevaux, qui ont plus de peine à broyer et à digérer les aliments, la ration à la pomme de terre est de beaucoup préférable. J'ai chez moi une preuve bien frappante dans un vieux cheval spécialement affecté au service intérieur de la ferme. Il dépérit régulièrement chaque année quand le régime de la pomme de terre est fini, et il reprend au mois de novembre aussitôt que le régime est revenu. Cependant son travail est plutôt moins pénible en été.

« Depuis le mois de novembre dernier, j'ai appliqué le régime de la pomme de terre à 18 veaux d'élevage de race normande. Six de ces veaux étaient, au 1er novembre, âgés seulement de deux mois et n'étaient pas sevrés. Les 12 autres étaient âgés de sept mois.

« Les premiers ont reçu jusqu'au 1er février, c'est-à-dire jusqu'à l'âge de cinq mois, une nourriture presque complètement liquide composée de lait, de thé de foin, de riz et de blé bouillis. La ration journalière de ce mélange, donné tiède en deux fois, était de 10 litres par veau. La quantité de lait, qui était d'abord de 3 litres, alla toujours en décroissant ; et la proportion de riz et de blé resta invariable à 200 grammes de riz et 175 grammes de blé. On leur donna ensuite progressivement 200 à 300 grammes de foin pour les habituer à ruminer.

« Au 1er janvier, le lait pur, déjà réduit à 2 litres par tête, était remplacé par du lait écrémé. Au 1er février, on commença à faire entrer la pomme de terre dans leur alimentation. On en ajouta à leur ration ordinaire d'abord 1/2 kilogramme, puis 1 kilogramme, puis 2 kilogrammes (la pomme de terre est toujours mélangée à 5 kilogrammes de paille menue et à 200 grammes de sel par quintal). Au 10 mars, la boisson tiède a été réduite de moitié et remplacée par 3 kilogrammes de choux fourragers ; on ajouta aussi 1 kilogramme de paille d'orge. Au 15 avril ils ont été mis au pré, et en quelques jours on a supprimé la pomme de terre, la boisson tiède et le reste.

« Avec ce régime, ces jeunes bestiaux se sont développés sans arrêt, leur poil fin et luisant atteste l'embonpoint et la santé. Ils n'ont jamais été ventrus comme la plupart des veaux élevés sans mère et sevrés trop tôt ; et la meilleure preuve de leur développement rapide est qu'ils pèsent aujourd'hui 160, 185, 192, 200, 202 et 206 kilogrammes, bien qu'ils ne soient encore âgés que de sept mois.

« Si l'on compte comme moyenne jusqu'à ce jour pour chacun de ces animaux :

	fr.
2 litres de lait à 12 centimes.................	0,24
2 kil. de pommes de terre à 0 fr. 025........	0,05
0 kil. 800 de foin à 6 fr. le quintal.........	0,048
0 kil. 200 de riz à 20 fr. —	0,04
0 kil. 175 de blé à 18 fr. —	0,03
1 kil. de paille à 3 fr. —	0,03
Total.....................	0,438

en laissant de côté les autres frais généraux qui sont approximativement les mêmes avec tout autre régime, la nourriture de ces 6 veaux est donc revenue à 44 centimes par tête et par jour. La nourriture au lait seul et au foin aurait certainement coûté plus du double pour les faire arriver au même point.

« Les douze élèves sevrés et âgés de sept mois au 1er novembre, n'ont reçu depuis cette époque qu'une nourriture presque exclusivement composée de pommes de terre, mais

dont la quantité a naturellement augmenté avec leur croissance. Elle a été en moyenne jusqu'au 10 mars de 10 kilogrammes de pommes de terre, mélangée à 250 grammes de
foin haché et 250 grammes de paille menue. Ils avaient en
plus 2 kilogrammes de paille comme litière et 2 kilogrammes
de paille d'avoine ou d'orge à fourrager. Les frais s'élèvent
donc à :

	fr.
10 kil. de pommes de terre..................	0,25
250 grammes de foin..................	0,015
4 kil. 250 de paille........	0,127
Total....................	0,392

39 centimes par tète et par jour.

« Ces 12 animaux sont également en parfait état ; mais, de
moins bonne origine que les 6 plus jeunes, ils ne pèsent en
moyenne, à sept mois, que 150 kilogrammes environ. Ils ont
aujourd'hui douze à treize mois et pèsent en moyenne
260 kilogrammes.

« Depuis le 10 mars la ration de pommes de terre a été
diminuée et remplacée par des choux fourragers.

« Je n'ai pas fait ici la déduction du fumier produit, car je
ne l'ai pas pesé. C'était un travail bien long et bien compliqué,
surtout pour des animaux dont la ration a varié constamment. Mais je pense que cette expérience démontre suffisamment que l'on peut fort avantageusement remplacer le lait
dans l'élevage du bétail par une nourriture liquide bien
appropriée, et, qu'en faisant entrer graduellement la pomme
de terre dans la ration, on peut en faire une base de nourriture incomparable aussi bien pour l'élevage que pour l'engraissement. »

Préparation du sol.

La pomme de terre exige une grande masse de terre meuble
pour développer ses racines et ses tubercules, et a besoin d'un
sol frais. Quelle que soit l'humidité du terrain, il faut le travailler profondément, à l'aide de la charrue sous-sol. S'il est
trop humide, cette culture profonde augmentera sa perméabi-

lité et la pomme de terre souffrira moins de cet excès d'humidité. Si, au contraire, le terrain est trop sec, on augmentera par là, la capacité de la couche qui sert de réservoir aux eaux, et ainsi la sécheresse sera moins à craindre, d'autant plus que la plante pourra enfoncer ses racines plus profondément pour puiser l'eau nécessaire à son développement.

De Gasparin rapporte une expérience de M. de Chançay, qui met hors de doute l'avantage des cultures profondes :

Profondeur du labour.	Rendement.
10 centimètres...................	72 quintaux.
20 —	86 —
45 —	109 —

Aimé Girard a repris cette démonstration sur un grand nombre de variétés à Joinville-le-Pont et à Clichy-sous-Bois, et il a obtenu les résultats moyens qui suivent :

Profondeur du labour.	Rendement.	Fécule p. 100.
15 centimètres..........	335 quintaux.	13,9
40 —	366 —	14,25
75 —	419 —	15,7

Il en ressort que non seulement le poids de la récolte s'accroît, mais encore qu'en même temps le taux de la fécule, c'est-à-dire la qualité nutritive s'élève.

Donc, toutes les fois que la nature du sol le permettra, on donnera un labour de défoncement au moyen de la charrue ordinaire suivie d'une fouilleuse, à 40 ou 45 centimètres de profondeur. On fera ce travail aussitôt que possible avant l'hiver, pour que l'aération du sol soit complète, ainsi que l'ameublissement, dans le cas des terres compactes. Dans ces dernières on donnera un labour au printemps aussitôt que l'*assaisonnement* du sol le permettra. Le troisième labour sera donné pour la plantation.

En sols légers, on peut déchaumer simplement avant l'hiver. Au printemps, le plus tôt possible, on donne le labour de défoncement et on plante par un dernier labour.

Plantation.

Nous avons vu plus haut qu'on peut reproduire la pomme de terre par le semis des graines, par le bouturage des tiges, et par la plantation de tubercules entiers ou fragmentés. La plantation des tubercules est le seul procédé en usage dans la grande culture, c'est le seul aussi do nt nous nou occuperons ici.

L'inconvénient de ce mode de propagation, c'est qu'il n'est pas économique. Il exige qu'on réserve comme plants une assez grande quantité de tubercules (30 quintaux à l'hectare environ) de premier choix et d'un prix relativement élevé. Aussi a-t-on cherché et à tort, comme nous le verrons, à atténuer autant que possible cette dépense, en choisissant de préférence comme plants les petits tubercules, en les coupant en morceaux, ou même en n'employant que des yeux enlevés avec une petite portion de chair suffisante pour les nourrir.

Grosseur du plant. — Fragmentation.

Doit-on choisir pour la plantation, des tubercules gros, moyens ou petits? Doit-on couper les tubercules? Les expériences d'Anderson, en 1776, montrent que le produit net (défalcation faite du poids des plants) est accru, lorsqu'on plante de gros tubercules, et qu'il diminue par la fragmentation :

Nature du plant.	Rendement.
	kil.
Gros tubercules......................	5,842
Petits tubercules.....................	3,163
Tubercules coupés en deux.............	2,591

Bergier, de Rennes, en 1797, a obtenu des résultats du même ordre :

Nature du plant.	Rendement.
	kil.
Gros.................................	96,182
Moyens...............................	78,330
Petits...............................	76,520
Fragments à trois yeux	64,540

D'autre part, en 1880, à l'école M. de Dombasle, nous avons nous-mêmes étudié cette question, en cultivant huit variétés très répandues, qui occupaient un champ de 105 ares. Nous donnons dans le tableau suivant le rendement net, c'est-à-dire après déduction du poids des plants :

I. — *Gros plants.*

Variétés cultivées.	Rendement net par hectare. quintaux.	Poids des plants. quintaux.
Chardon	314	29
Van der Veer	301	32
Farineuse rouge	273	45
Early rose	216	16
Magnum bonum	204	20
Seguin	206	15
Blanchard	201	22
Chave	114	27
Moyennes	226	26

II. — *Plants moyens.*

Variétés cultivées.	Rendement net par hectare. quintaux.	Poids des plants. quintaux.
Chardon	304	19,6
Van der Veer	299	16
Farineuse rouge	208	26
Early rose	205	10
Magnum bonum	195	14
Seguin	198	11
Blanchard	206	16
Chave	106	16
Moyennes	215	16

III. — *Plants petits.*

Variétés cultivées.	Rendement net par hectare. quintaux.	Poids des plants. quintaux.
Chardon	300	13
Van der Veer	266	9
Farineuse rouge	256	15
Early rose	204	7
Magnum bonum	202	8
Seguin	160	8
Blanchard	182	10
Chave	102	9
Moyennes	209	10

On peut conclure de ces faits que, même dans le but de la production économique, il serait préférable de planter de beaux tubercules, plutôt que de choisir les petits, comme on le fait dans les Vosges et dans beaucoup d'autres pays. Car nous avons obtenu, en moyenne, 226 quintaux avec les gros tubercules, 215 avec les moyens, et 209 avec les petits. L'augmentation de produit est de 11 quintaux nets, en passant des moyens aux gros, et de 6 quintaux en passant des petits aux moyens. Le poids des tubercules plantés étant respectivement 26, 16 et 10, l'augmentation de rendement net par rapport à l'augmentation de poids des plants employés est donc de 100 p. 100.

Depuis cette étude, Aimé Girard a repris cette question avec l'ampleur qu'il donne à tous ses travaux. Il a fait porter ses recherches sur dix variétés et il a été conduit à conclure que : « Les tubercules de poids élevé donnent, en général, un produit plus abondant que les tubercules de poids faible.... Les très gros tubercules donnent quelquefois des récoltes moindres que les gros et les moyens. » Au point de vue pratique, il recommande de choisir des tubercules moyens. Mais que faut-il entendre par là? Le poids, bien entendu, en sera différent avec la variété cultivée, suivant que celle-ci produit particulièrement des gros ou des petits tubercules. Mais on peut les définir en disant que ce sont ceux qui, par leur grosseur, représentent le type moyen de la récolte, en laisant de côté les petits et les gros.

Pour la variété Richter's Imperator, c'est entre 80 et 200 grammes qu'il convient de fixer le poids des tubercules moyens.

Pour la Jeuxey ou Vosgienne, on choisira des plants pesant de 60 à 80 grammes. Pour l'Early, on prendra des plants de 80 à 110 grammes; pour la Chardon, de 80 à 100 grammes; pour la Farineuse rouge, de 130 à 290 grammes. Ces poids ne sont donnés ici que comme exemple et comme indication générale.

En résumé, de toutes les expériences précitées, il ressort que l'on doit éliminer les petits tubercules du plant à employer; et que les moyens doivent être préférés, parce qu'ils sont plus économiques que les très gros, tout en donnant un rendement aussi bon.

En ce qui concerne la fragmentation, les essais d'Anderson et de Bergier, rapportés plus haut, montrent qu'elle diminue sensiblement la récolte.

Nous avons fait également des expériences à ce sujet qui nous ont conduit à des conclusions variables avec les variétés cultivées. Nous y reviendrons après avoir étudié la question de l'espacement des plants, à laquelle elle nous semble un peu liée.

Espacement des plants.

« On sait aujourd'hui, dit Aimé Girard, qu'un rapprochement ou un écartement exagéré des plants sont également nuisibles : placer trois tubercules au moins, quatre au plus par mètre carré, c'est se mettre en réalité dans les conditions les plus favorables.

« A ces espacements à la vérité, il est bon d'apporter, suivant la variété cultivée, quelques modifications ; si celle-ci est à gros rendement, l'écartement peut être augmenté ; si elle rend peu, au contraire, les plants peuvent être plus rapprochés.

« En moyenne, c'est le nombre de 3,3 plants au mètre carré (33 000 poquets par hectare), qui, pour les variétés à bon rendement industriel, me paraît le mieux convenir. A cet écartement, pourvu que les variétés soient vigoureuses, la végétation couvre entièrement le sol, le protège contre l'envahissement des plantes adventices et permet, par conséquent, de diminuer l'importance des façons, en même temps que l'appareil foliacé, prenant à travers l'atmosphère un large développement, réalise la production maxima de matière organique et par conséquent de fécule. »

Ces considérations générales nous amènent, afin de préciser, à rapporter les résultats que nous avons obtenus en 1880, sur huit variétés différentes, plantées à des espacements variables ;

Variétés cultivées.	Espacement des plants.		
	60/60 quintaux.	70/60 quintaux.	80/60 quintaux.
Chardon..................	319	344	314
Van der Veer............	280	316	309
Chave...................	110	118	148
Farineuse rouge.........	312	296	281
Early rose..............	239	221	198
Magnum bonum...........	230	202	189
Seguin....	223	198	155
Blanchard	230	203	206

Pour les Chardon et Van der Veer, le meilleur espacement a été de 70/60, ce qui correspond à 238 touffes à l'are.

La Chave a donné les meilleurs résultats à la distance de 80/60 avec 208 plants par are.

Les Farineuses rouges, Early rose, Magnum bonum, Seguin, Blanchard, ont donné un plus beau rendement à 60/60, c'est-à-dire plantées à raison de 278 pieds à l'are.

Quelle est la cause de ces différences suivant les variétés? Elle nous a paru d'abord résider dans leur aptitude variable à donner des gros tubercules.

Nous avions, en effet, institué nos essais sur l'influence comparativement avec des plants gros, moyens et petits, et nous donnons dans le tableau suivant les variations de rendement correspondant aux variations de l'espacement pour les diverses grosseurs de plants. Dans les tableaux suivants, le signe + signifie accroissement de rendement et le signe — diminution de rendement.

I. — *Gros plants.*

Variétés cultivées.	Variations de rendement en passant	
	de 60/60 à 70/60 quintaux.	de 70/60 à 80/60 quintaux.
Chardon..................	+ 30	— 4
Van der Veer............	— 5	+ 16
Chave...................	+ 20	+ 42
Farineuse rouge	— 12	+ 6
Early rose..............	+ 15	— 42
Seguin..................	— 12	— 27
Blanchard	— 28	+ 8
Magnum bonum..........	— 16	— 18

II. — *Plants moyens.*

Variétés cultivées.	Variations de rendement en passant	
	de 60/60 à 70/60 quintaux.	de 70/60 à 80/60 quintaux.
Chardon....................	+ 30	— 51
Van der Veer............	+ 47	+ 6
Chave....................	— 19	+ 39
Farineuse rouge.........	— 31	— 15
Early rose...............	— 51	— 54
Seguin	— 21	— 36
Blanchard	— 16	+ 13
Magnum bonum.........	— 23	— 6

III. — *Petits plants.*

Variétés cultivées.	Variations de rendement en passant	
	de 60/60 à 70/60 quintaux.	de 70/60 à 80/60 quintaux.
Chardon....................	+ 15	— 25
Van der Veer............	+ 54	+ 8
Chave....................	+ 29	+ 9
Farineuse rouge.........	— 6	— 36
Early rose...............	— 18	— 22
Seguin....................	— 7	— 62
Blanchard	— 34	— 21
Magnum bonum :........	— 13	— 25

D'autre part, nous avons déterminé le poids moyen des tubercules, en comptant le nombre de pommes de terre contenues dans 200 kilogrammes de plants, et nous avons trouvé les résultats suivants :

	Nombre.	Poids moyen.
Chardon	2318	86 grammes.
Van der Veer.........	1974	101 —
Chave	2819	71 —
Farineuse rouge	1752	114 —
Magnum bonum	3768	53 —
Seguin..................	6040	33 —
Blanchard	3117	64 —
Early rose.............	4432	47 —

En rapprochant ces chiffres des données précédentes, on voit que les grosses pommes de terre : Chardon, Van der Veer, Chave, ont gagné à l'espacement, sauf la Farineuse rouge. Les petites, au contraire, ont perdu à être plus espacées : Seguin, Blanchard, Early rose, Magnum bonum.

Toutefois, il ne faut pas conclure trop vite, l'exception présentée par la Farineuse rouge montre qu'il faut faire intervenir surtout le mode de végétation des tiges souterraines pour expliquer la manière différente dont les variétés sont influencées dans leur rendement par les variations de l'espacement. La Van der Veer, la Chardon, la Chave (et quasi la Saucisse), dont les rhizomes sont traçants, ont besoin de beaucoup plus d'espace que la Farineuse rouge, l'Early, la Magnum bonum, la Seguin, la Blanchard, auxquelles nous ajouterons la Richter's Imperator, dont les tubercules sont ramassés sous le pied.

Quoi qu'il en soit, l'influence de la grosseur des tubercules sur l'espacement qu'il convient d'adopter, ressort à l'évidence de la considération du tableau des variations donné plus haut. Si l'on examine la marche du rendement du groupe des moyennes et petites variétés, en y adjoignant la Farineuse rouge, qui a une végétation analogue à celle de la Magnum bonum, les pertes dues au passage de l'espacement de 60/60 à celui de 80/60 donnent le tableau suivant :

Variétés cultivées.	Dimensions des plants.		
	Gros. quintaux.	Moyens. quintaux.	Petits. quintaux.
Farineuse rouge	— 6	— 46	— 42
Early rose	— 28	— 105	— 40
Seguin	— 39	— 57	— 69
Blanchard	— 20	— 19	— 35
Magnum bonum	— 34	— 22	— 38
Moyennes	— 25	— 50	— 45

On voit, qu'en général, les pertes de rendement dues à l'espacement, s'accentuent quand la grosseur des tubercules mis en terre diminue. Cela doit tenir à un plus grand nombre d'yeux dans les gros tubercules de même variété que dans les petits, et aussi à leur plus grande vigueur. Nous résumerons ainsi qu'il suit, les expériences précédentes :

Chardon. — La distance préférable serait 70/60. Avec l'espacement de 80/60, le produit diminue, et cela en raison directe de la petitesse des plants. L'espacement de 60/60 paraît trop faible.

Van der Veer. — Cette variété devrait se planter de préférence à 60/60. Il n'y aurait probablement pas à gagner, à augmenter cet espacement.

Chave. — Planter à 80/60.

Farineuse rouge. — Il faudrait la planter au plus à 60/60. Cette variété a de très gros tubercules, il est vrai, mais ils sont tous ramassés sous le pied, ce qui fait que le poquet occupe très peu d'espace. Un espacement supérieur à 60/60 diminue beaucoup le rendement, et cela, d'autant plus que les plants sont plus petits.

Early rose. — Planter à 60/60. Ne jamais dépasser 70/60, même pour les gros plants.

Magnum bonum. — Planter à 60/60 au plus. Le rendement faiblit beaucoup avec l'écartement. Il y aurait même avantage à planter à 50/60.

Seguin. — L'écartement de 60/60 ne doit pas être dépassé.

Blanchard. — Planter au plus à 60/60. Préférer même l'espacement de 50/60.

Richter's Imperator. — Pour cette variété, Aimé Girard recommande de planter à 50/60. Dans nos expériences d'Archevilliers chez M. Égasse, nous avons obtenu les plus forts rendements à 60/60 et 57/57.

Influence de la fragmentation des tubercules.

En même temps que nous étudiions l'action de la grosseur du plant et de l'espacement sur le rendement, nous avions institué une série d'expériences pour déterminer l'influence de la fragmentation des tubercules. Nous avons à cet effet planté comparativement avec les tubercules entiers moyens, des tubercules moyens coupés en quatre dans le sens de la longueur et plantés à 30/50. Le tableau suivant donne les résultats obtenus :

	Poids des plants coupés. quintaux.	Rendement net.	
		Plants coupés. quintaux.	Plants entiers. quintaux.
Chardon..................	27	336	304
Van der Veer...........	21	390	299
Chave	6	181	106
Farineuse rouge........	18	253	208
Early rose.............	15	179	205
Magnum bonum	17	155	195
Seguin.................	13	191	198
Blanchard	12	191	206

On peut conclure de ces résultats, que la division des tubercules a augmenté le rendement pour les variétés Chardon, Van der Veer et Chave, tandis qu'elle a diminué le rendement des autres.

Les variétés qui gagnent à être coupées, sont les mêmes qui gagnent à être plantées à un grand écartement, tandis que celles qui perdent par la fragmentation sont aussi les variétés qui demandent une plantation rapprochée.

Si en coupant les tubercules en quatre, nous avions planté les fragments à 60/60, nous aurions mis par unité de superficie quatre fois moins d'yeux. L'espacement 60/60 correspond à une surface de 36 décimètres carrés par tubercule. Chaque tubercule coupé en quatre aurait dû suffire dans l'hypothèse précédente à 144 décimètres carrés. Cela aurait correspondu à un accroissement de l'espacement considérable. En réalité, en plaçant les quarts de tubercules à 30/30, l'espace donné au nombre d'yeux que porte un tubercule moyen s'est trouvé de 60 décimètres carrés, c'est-à-dire supérieur de beaucoup à ceux expérimentés d'autre part, qui sont respectivement de 36, 42 et 48 décimètres carrés. En définitive, en coupant les tubercules en quatre, nous avons augmenté l'espacement. Il n'est pas étonnant dès lors que nous ayons obtenu les résultats que nous avons signalés. Ils confirment simplement ce que nous savions déjà sur ce sujet.

En résumé, et sauf des cas tout spéciaux, la division des tubercules n'est pas à recommander, pas plus que les espacements exagérés.

Influence de la profondeur.

La profondeur à laquelle on place les tubercules dans le sol, a aussi une certaine influence sur le rendement, variable avec la nature de la pomme de terre considérée. Les expériences que nous avons entreprises en 1880, nous ont donné les résultats suivants :

VARIÉTÉS CULTIVÉES.	PROFON-DEUR type 10 c.	PROFON-DEUR 8 c.	DIFFÉ-RENCE.	PROFON-DEUR 15 c.	DIFFÉ-RENCE.
	quint.	quint.	quint.	quint.	quint.
Chardon.............	226	255	+ 29	186	— 40
Zélande.............	156	177	+ 81	163	+ 7
Chave	121	88	— 33	106	— 15
Van der Veer........	234	225	— 9	249	+ 15
Blanchard	88	68	— 20	77	— 11
Saucisse blanche......	110	96	— 14	78	— 32
Farineuse rouge.......	242	243	+ 1	258	+ 16
Early rose...........	116	96	— 20	90	— 26
Magnum bonum.......	163	158	— 5	159	— 4
Quarantaine violette ...	106	111	+ 5	102	— 4

En moyenne, c'est la profondeur de 10 centimètres qui paraît préférable. Si l'on considère séparément les variétés, on voit que la Chardon, la Quarantaine violette et la Zélande, aiment à être plantées superficiellement. La Van der Veer et la Farineuse rouge préfèrent une plantation plus profonde. Les autres sont intermédiaires.

Époque de la plantation,

L'époque de la plantation est aussi très importante à considérer. Elle est variable évidemment avec les aptitudes des variétés que l'on cultive. Les pommes de terre hâtives doivent être plantées plus tôt que les tardives. Le développement plus ou moins hâtif des germes au printemps, fournit à ce sujet des indications dont il faut tenir compte. Mais il ne faut pas redouter les plantations précoces. Pour quelques dangers de gelées blanches, que l'on a à craindre, dangers réparables, si les tubercules sont vigoureux, on obtient de la plante des rendements sensiblement meilleurs. Plus la plante peut végéter longtemps, mieux elle peut profiter des ressources alimentaires que lui offre le sol, et plus, pour une même fertilité, naturelle ou acquise, le rendement en matière végétale est élevé. Aussi doit-on éviter absolument les retards dans la plantation. Les quinze premiers jours d'avril conviennent particulièrement à moins de circonstances météorologiques contraires. L'expérience suivante, due à Aimé Girard, est très démonstrative :

Date de la plantation.	Récolte par are.
26 mars	468 kilogrammes.
10 avril	469 —
25 —	452 —
10 mai	370 —

Les deux premières récoltes sont identiques, la troisième est déjà moins forte; quant à la quatrième, elle est inférieure de 21 p. 100, soit plus du cinquième.

Pratique de la plantation.

La régularité de la plantation a une influence énorme sur le rendement. Celui-ci dépend en effet, comme nous l'avons vu, pour une forte part de l'espacement des plants. S'ils sont trop éloignés, ou trop serrés, la production diminue. Le même effet se produit quand la plantation n'est pas régulière, tout en comprenant le nombre voulu de plants à l'hectare. Les parties trop serrées ou trop espacées ne fournissent pas la récolte voulue, et le rendement final est abaissé. Aimé Girard, en faisant planter huit ares de terrain, d'une part avec une régularité absolue, et de l'autre sans régularité, au gré des ouvriers, le tout à raison de 330 plants à l'are, a obtenu les récoltes ci-après :

Mode de plantation.	Rendement à l'hectare.
Régularité parfaite	205 quintaux.
A l'œil	171 —
Différence	34 quintaux.

C'est pourquoi, cette opération, qui paraît si simple, demande de la part du cultivateur beaucoup de soin et de surveillance.

La plantation des tubercules en grande culture se fait à la charrue, ou au rayonneur et à la bêche. Les planteurs mécaniques ne sont pas encore entrés dans la pratique.

La plantation à la charrue est la méthode la plus rapide et la plus économique, le labour de plantation étant le dernier labour de préparation du sol. Voici comment il convient d'organiser le travail : pendant que les attelages se préparent et amènent les charrues et les plants, le cultivateur viendra sur le champ à planter avec ses ouvrières, munies chacune d'un tablier en forte toile ou d'un panier à anse. Là il divisera la longueur de chaque planche en autant de parties qu'il a d'ouvrières, et marquera chacune de ces divisions par un jalon. On peut donner d'autant plus de parcours à une planteuse que le rayage est plus long, mais une longueur de 35 mètres suffit amplement et assure l'harmonie nécessaire entre les charrues et les ouvrières, de manière qu'il n'y ait aucune perte de temps ni des unes ni des autres.

Lorsque les attelages qui amènent les charrues et les plants sont arrivés, le cultivateur fait déposer les tubercules suivant l'axe des planches, en autant de dépôts qu'il est nécessaire pour éviter un trop long déplacement aux planteuses. Pendant que les femmes remplissent leurs tabliers ou leurs paniers, et se rendent à leur poste, les charrues sont prêtes à entrer en marche.

Supposons que les planches ont 10 mètres de largeur environ ; il conviendra de procéder à la plantation en refendant plutôt qu'en endossant, parce que les ouvrières seraient dans ce dernier cas obligées de passer et repasser sur la terre fraîchement labourée et que les tas seraient mal à leur portée. C'est dans cette prévision que le cultivateur a fait placer les dépôts suivant l'axe des planches.

Une première charrue ouvre sa raie à droite de la planche et les planteuses, chacune dans sa section, aussitôt que la raie y est ouverte, se hâtent de poser les tubercules à la main, en les appuyant au pied de la bande pour que chaque plant garde bien sa place. Jamais les ouvrières ne doivent jeter les pommes de terre au hasard dans la raie ouverte, ou même simplement les y poser, car les pieds des chevaux en écraseraient et en dérangeraient beaucoup trop.

Il va sans dire que le cultivateur a réglé la profondeur du labour de telle sorte que les tubercules soient enterrés dans les conditions les plus favorables à la variété cultivée, pour le sol considéré. Il faut planter moins profondément dans les terres fortes et humides que dans les sols légers. La largeur de la bande est également réglée, en rapport avec la profondeur. La bande retournée doit avoir en général 30 centimètres de large sur 15 d'épaisseur. Les ouvrières d'autre part sont munies d'une marquette, ou bâton d'une longueur telle qu'elle corresponde exactement à l'écartement des plants sur la ligne : 50 ou 60 centimètres suivant les cas. Ayant sous les yeux la longueur du type de l'espacement, elles placent les tubercules avec beaucoup de régularité.

La première raie ouverte est plantée au fur et à mesure de la marche de la charrue, celle-ci a passé à gauche de la planche pour en ouvrir une autre et chaque planteuse est allée sur le même côté, dans sa section, pour agir comme plus haut.

Sans arrêt, le chef de chantier est venu à son tour, avec la charrue et en versant sa bande, il a soigneusement couvert la ligne de plants, en même temps qu'il examinait si le placement des tubercules reproducteurs était convenable.

Si l'on plante à 60 centimètres, comme c'est le plus recommandable pour la pomme de terre Richter's Imperator, la première charrue repassant après le chef de chantier, on plante dans sa raie et ainsi de suite.

Si l'on veut planter à trois raies, ce qui n'est utile que pour les variétés très traçantes, on fait intervenir une troisième charrue, et les pommes de terre sont placées à 50 centimètres sur la ligne.

Les cultivateurs possédant un bon bissoc le substituent avantageusement aux deux charrues lors de la plantation à deux raies et à deux des trois nécessaires pour la plantation à trois raies. Dans ce dernier cas on plante derrière le bissoc. La charrue simple sert à recouvrir.

Lorsque ce travail de plantation est fait, il convient de herser convenablement pour ameublir la surface et surtout pour parfaire la couverture des plants qui dans les terres un peu fortes n'auraient pas été suffisamment cachés.

De la plantation à la bêche ou à la pioche, nous n'avons que peu de chose à dire. Il faut, pour on assurer la régularité, rayonner le champ en long et en travers, à 60 centimètres. Les ouvriers enterrent les plants au croisement des rayons. Dans le cas du rayonnage croisé, que nous recommandons spécialement, on a l'avantage de pouvoir biner en long et en travers.

Façons d'entretien.

Dès que les pommes de terre ont levé, on bine énergiquement pour détruire les plantes nuisibles, niveler et ameublir la surface du sol. Ce binage s'exécute en général au moyen de deux coups de herse en travers du labour.

Aussitôt que les lignes sont bien dessinées, on donne un binage à la houe à cheval. On répète cette opération aussi souvent que l'état du sol et le développement des mauvaises herbes le rendent nécessaire.

Ensuite on procède au buttage. Nous rappellerons à ce sujet que Mathieu de Dombasle a trouvé que le buttage diminuait la récolte de 17 p. 100; tandis que Robertson estime qu'il l'augmente de 10 p. 100. De leur côté, Girardin et Du Breuil ont éprouvé par le buttage une diminution de récolte de 10 p. 100. Les expériences que nous avons faites en 1880, nous ont donné les résultats suivants :

VARIÉTÉS CULTIVÉES (289 poquets à l'arc).	RÉCOLTE PAR POQUET.		ACTION DU BUTTAGE.	
	Butté.	Non butté.	Différence brute.	Différence p. 100.
	grammes.	grammes.	grammes.	grammes.
Chardon..............	872	769	+103	+13,4
Zélande..............	630	446	+184	+41,2
Van der Veer..........	768	768	»	»
Chave...............	335	343	— 8	— 2,3
Blanchard	248	341	— 93	—27,9
Saucisse blanche.......	345	335	+ 10	+ 3,0
Farineuse rouge.......	805	837	— 32	— 3,8
Early rose............	430	439	— 9	— 2,0
Magnum bonum.......	576	610	— 34	— 5,5
Quarantaine violette...	375	394	— 19	— 4,8

Le buttage a été indifférent aux variétés Van der Veer, Chave, Saucisse, Farineuse rouge, Early, Magnum bonum et Quarantaine, car les augmentations ou diminutions constatées ne dépassent pas les erreurs possibles dans de telles expériences. Il a été nettement favorable aux variétés Chardon, de Zélande et nettement nuisible à la variété Blanchard.

Si l'on fait la somme des augmentations de rendement et celle des dépressions, on arrive aux nombres 57,6 et 49,3 qui se balancent à fort peu de chose près. On peut donc dire que le buttage est en général indifférent, sous le rapport du rendement, mais qu'il n'y a pas de règle absolue à cet égard. Les cultivateurs doivent étudier les variétés qu'ils emploient sous ce rapport, comme nous l'avons fait nous-même.

Nous ajouterons que si le buttage ne semble pas favoriser, sauf pour les variétés Chardon et de Zélande, le rendement en poids, il peut être favorable à la qualité des tubercules, qu'il met plus sûrement à l'abri de la lumière et empêche ainsi de verdir. On sait aussi depuis les travaux de Jensenn, que le buttage met obstacle jusqu'à un certain point à l'envahissement des tubercules par la maladie. Si nous considérons en outre que le buttage rend facile l'arrachage des pommes de terre à la charrue, qui serait impossible ou très difficile autrement, puisqu'après la mort des fanes on ne distingue plus guère les lignes, nous pouvons sans crainte recommander celle opération, à la condition qu'elle ne soit point exagérée.

Pour exécuter le buttage, on a recours dans tous les cas au butteur, ou charrue à double versoir, et on exécute l'opération en deux fois. D'abord après le premier binage à la houe à cheval, on pratique un buttage très léger, puis on complète le travail par un deuxième coup de butteur après le deuxième binage, et avant que les tiges n'aient atteint les deux tiers de leur longueur normale.

Maladie. — Traitement.

Pendant le cours de sa végétation, la pomme de terre est malheureusement exposée à être envahie par « la maladie » occasionnée par le phytophtora infestans, champignon analogue au Peronospora de la vigne, qui a fait sa première apparition en 1844, et a amené la famine en Irlande. Il attaque d'abord les parties aériennes, feuilles et tiges, qui se dessèchent et meurent sous son étreinte. Ses spores tombent ensuite sur le sol, et, entraînées par la pluie, le pénètrent et arrivent aux tubercules ; les germes les envahissent bientôt et amènent la pourriture.

Toutes les conditions qui favorisent le développement des champignons : rosées abondantes, brouillards, humidité, accompagnés d'une température élevée, favorisent le développement de la maladie.

De même qu'il y a parmi les hommes et les animaux des tempéraments plus robustes, plus réfractaires aux maladies microbiennes les uns que les autres, de même en est-il des variétés de pommes de terre. Voici, à titre d'exemple, les résultats que nous avons obtenus dans nos cultures comparées, pour les variétés les plus connues :

	Proportion des tubercules gâtés en poids.
Chardon	2 p. 100.
Zélande	11 —
Van der Veer	2 —
Chave	20 —
Blanchard	70 —
Farineuse rouge	6 —

	Proportion des tubercules gâtés en poids.
Early rose......................	13 p. 100.
Magnum bonum..................	1 —
Quarantaine violette..............	14 —
Jeancé.........................	6 —
Richter's Imperator	3 —
Saucisse rouge..................	4 —
— blanche..................	12 —
Seguin.........................	22 —
Vosgienne ou Jeuxey..............	2 —

On voit que les variétés les plus résistantes sont la Chardon, la Van der Veer, la Magnum bonum, la Richter's Imperator, la Saucisse rouge, la Vosgienne, qui sont toutes très productives. La Jeancé et la Farineuse rouge viennent ensuite.

Cette résistance pour la Richter's Imperator a été confirmée par les essais d'Aimé Girard.

Cette qualité, qui est à prendre en grande considération, a toutefois un peu perdu de son importance depuis que nous possédons contre la maladie un remède préventif d'une efficacité certaine.

Ce traitement préventif consiste à pulvériser sur les parties aériennes de pommes de terre de la bouillie bordelaise ou de la bouillie bourguignonne.

Pour préparer la bouillie bordelaise, on emploie les ingrédients suivants :

Sulfate de cuivre..............	3 kilogrammes.
Chaux vive....................	3 —
Eau.........................	100 litres.

Dans la moitié de l'eau, on fait fondre le vitriol bleu. On délaie la chaux dans le reste, et on verse peu à peu le lait obtenu dans la solution cuivrique, en agitant avec un bâton.

Nous employons de préférence la bouillie bourguignonne, qui passe beaucoup mieux au pulvérisateur, et possède une adhérence parfaite. Elle est constituée de :

Sulfate de cuivre..............	3 kilogrammes.
Carbonate de soude (cristaux).	3 —
Eau.........................	100 litres.

On dissout le vitriol bleu dans 50 litres d'eau, et de même les cristaux de soude. On verse alors la solution alcaline dans la solution vitriolique, en agitant avec un bâton. Il est important que la bouillie ne soit pas acide. Elle doit bleuir un papier rouge de tournesol.

La quantité qu'on emploie par hectare est d'environ 18 hectolitres, et le travail, avec un pulvérisateur à dos, exige quatre journées d'homme. Le prix de revient est dès lors de :

Vitriol bleu (36 kil.).....................	25 francs.
Cristaux de soude (36 kil.).............	5 fr. 40
Main-d'œuvre........................	16 francs.
Total.................	46 fr. 40

Mais en grande culture on doit avoir recours au pulvérisateur à traction (fig. 114), dont le travail est plus rapide et plus économique. Le pulvérisateur de Vermorel, dont nous nous servons, exige pour sa conduite un homme et un cheval, et pulvérise six rangs à la fois. Il faut, pour l'approvisionner de bouillie, deux hommes et un cheval attelé à un tonneau roulant pour amener l'eau. On prépare d'avance des solutions concentrées de sulfate de cuivre à 20 kilogrammes par hectolitre, et de carbonate de soude de même force. Puis on fait dans un grand baquet une marque au volume de 2 hectolitres. On y fait couler l'eau du tonneau, puis on y verse successivement 10 litres de la solution concentrée de sulfate de cuivre et 10 litres de celle de carbonate de soude en agitant vivement avec un bâton.

Avec ces dispositions, on pulvérise 4 hectares par jour, en répandant par hectare 16 hectolitres de bouillie. La dépense de l'opération s'élève donc au prix suivant :

Deux journées de cheval...............	10 francs.
Trois journées d'hommes	9 —
128 kil. de sulfate de cuivre à 46 francs le quintal...........................	58 fr. 88
202 kil. de cristaux de soude à 12 francs les 100 kilos	24 fr. 00
Total.................	101 fr. 88

C'est une dépense de 23 francs par hectare, à laquelle il convient d'ajouter l'intérêt et l'amortissement de la machine. Cette dépense varie avec les exploitations et ne peut être fixée que dans chaque cas particulier. Dans nos fermes de Beauce, où nous utilisons le pulvérisateur à traction pour détruire les moutardes sauvages dans nos avoines, nous l'es-

Fig. 114. — Pulvérisateur à traction (Vermorel).

timons au plus à 3 francs par hectare; il en résulte que la dépense totale ne va pas au delà de 26 francs.

Un traitement unique suffit, en général, et il doit être fait au moment de la floraison des pommes de terre.

Nous avons fait, en 1890, avec M. Oscar Benoist, des expériences pour nous assurer par nous-mêmes de l'efficacité des préparations cupriques ; les résultats ont été les suivants :

	Rendement par hectare.		
Variété cultivée (Hollande).	Total. kil.	Tubercules sains. kil.	Tubercules gâtés. kil.
Partie traitée.........	21 452	21 250	202
Partie non traitée.....	15 684	15 178	506
Excédent dû au traitement...	6 072		

Dans un autre essai fait à Villars avec M. Courtois, le traitement cupro-sodique préventif a procuré un excédent de 22 quintaux à l'hectare avec la variété de Hollande, et dans la partie traitée, on ne trouvait pas de tubercules malades à l'arrachage. Ces essais, après ceux d'Aimé Girard, sont suffisants pour justifier la confiance des cultivateurs dans la méthode.

Autres maladies de la pomme de terre.

Depuis quelques années (1898-1900) on a observé, surtout dans la région de l'ouest, une nouvelle maladie de la solanée qui nous occupe, à laquelle on a donné le nom de *Brunissure*. Cette maladie ne débute pas avant la seconde quinzaine de juillet. En voici la description, d'après M. Delacroix, directeur de la Station de pathologie végétale, à l'Institut national agronomique : « Les pieds atteints semblent cesser de se développer ; les feuilles jaunissent, puis deviennent d'un fauve grisâtre et se dessèchent. La base des tiges montre souvent à sa surface des taches livides, et en section, des plages brun-clair, remontant plus ou moins haut. La partie souterraine présente des plaies parfois cicatrisées, auxquelles on ne peut en général attribuer d'autre cause qu'une lésion d'insecte ou d'un autre animal du même groupe.... Il est logique d'attribuer à ces plaies le rôle de porte d'entrée du germe pathogène qui, dans ce cas, serait véhiculé par le sol. On doit d'ailleurs accorder le même rôle à d'autres plaies accidentelles, plaies de binage, par exemple. Pourtant, ces plaies, d'origine diverse, ne se rencontrent pas nécessairement, disons simplement que lorsqu'il en est ainsi, la maladie n'est pas acquise, elle est congénitale et en quelque sorte constitutionnelle, le tubercule mère qui a servi à la plantation était envahi dans la culture antérieure et il a produit des pousses parasitées dès l'origine. On comprend aussi que, suivant le cas, on puisse, à un moment donné de la végétation, ne trouver sur un pied que quelques tiges atteintes, ou bien, et surtout quand la maladie est congénitale, observer souvent l'apparition du mal sur toutes les tiges à la fois.

Les tubercules sont atteints au même titre que les tiges.....

Et, pour les mêmes raisons que les tiges, la totalité des tubercules d'une touffe ou une partie seulement montre des symptômes de la maladie. Le tubercule atteint présente, à la coupe, des taches d'un jaune pâle au début qui, par la suite, brunissent notablement. C'est vers la pointe, à l'endroit où naît le tubercule sur un rameau, qu'on voit apparaître le brunissement ; et, sur les tubercules encore jeunes, on peut, sans difficulté, suivre les progrès de la lésion, depuis le rameau jusque dans le bourgeon tubérisé qui s'y insère. Lorsque l'infection est précoce, et surtout lorsqu'elle est congénitale, les tubercules envahis restent petits à cause des difficultés créées à la circulation de la sève par la lésion elle-même ; ces tubercules insuffisamment nourris ne prennent pas leur développement normal ; ils sont souvent ridés et mous.

Après la récolte, les tubercules malades ensilés ou conservés en cave, et en état de résistance insuffisante, sont souvent la proie de saprophytes variés qui les tuent et les rendent inutilisables.

Les racines proprement dites peuvent être envahies aussi bien que les tiges aériennes ou les tubercules ; mais il est à observer que l'infection ne les gagne que plus tardivement. Il n'est pas absolument rare de les trouver encore saines lorsqu'on voit toutes les tiges atteintes. Quand la base des tiges est morte et la plante entièrement desséchée, on pourrait supposer que le pied malade a végété plus vite et mûri prématurément ses tubercules ; mais l'état des tubercules montre aussi leur faible développement. A l'arrachage on voit souvent les tiges mortes couvertes à leur surface de moisissures, qui ne sont que des saprophytes et dont la présence est secondaire.

La date de l'apparition de la maladie, vers le 15 juillet, en général, n'est pas absolument fixe ; elle est exacte seulement pour les variétés plutôt hâtives, comme la Jaune de Hollande. Les espèces plus tardives, la Richeter's Imperator, paraissent le plus souvent indemnes à cette époque.

L'observation montre encore que les variétés qui souffrent le plus du mal sont celles qui sont le plus tôt envahies, les variétés hâtives. Les variétés à maturité tardive ne sont atteintes souvent qu'en fin d'août **ou même** en septembre; elles mûrissent en général leurs tubercules **qui ne s'infectent** qu'en petit nombre.

Cette régle a montré pourtant quelques exceptions dans l'ouest.

La maladie apparaît fréquemment dans les sols propices à la culture de la pomme de terre, où la durée de l'assolement est parfois écourtée. Mais on la rencontre aussi dans des terres de défrichement de vignes ou de bois, sur des sols où, de mémoire d'homme, on n'a jamais cultivé de pomme de terre. Elle est peut-être plus fréquente sur les terrains calcaires, mais elle a sévi très gravement sur des sols siliceux, argileux ou mixtes.

La cause de cette maladie est une bactérie, le *Bacillus solanincola*, qui peut se conserver dans le sol. On pourrait l'y détruire en l'arrosant abondamment avec une solution à 1 p. 120 de formol du commerce dans l'eau. Mais le procédé est trop coûteux pour être pratique. Il faut se borner, comme le recommande M. Delacroix, à suivre un assolement de trois ou quatre ans au moins, à n'employer, pour la plantation que des tubercules entièrement sains, et pour plus de sécurité, à les désinfecter en les immergeant pendant une heure et demie dans la solution de formol à 1 p. 120. La solution doit être faite au moment de l'emploi, sous peine d'être inactive, car l'aldéhyde formique se volatilise rapidement à la température ordinaire.

Dans les exploitations où la maladie de la brunissure a fait son apparition, il conviendra de renouveler les plants en les tirant d'une région où ils sont indemnes de toute atteinte.

Il faudra aussi éviter absolument de se servir de plants coupés, car l'infection se fait très facilement dans ce cas.

Une autre maladie désignée sous le nom de gangrène de la tige attaque aussi parfois les pommes de terre en végétation, surtout celles qui proviennent de plants coupés. Les tiges malades s'altèrent profondément à leur base et périssent rapidement. Le mal est dû à une bactérie, le *bacillus caulivorus* On combat préventivement cette maladie comme la précédente.

La *gale* des tubercules est produite, d'après Roze, par le *Micrococcus pellicidus*. La surface des tubercules atteints est rugueuse, et leur développement est arrêté. On la prévient par la désinfection des plants, et par l'allongement de la rotation.

Suppression des tiges.

On a proposé de recueillir les tiges de la solanée tubéreuse pour en faire du fourrage. C'est du reste ce que l'on fait en Suède et en Norvège. Mais cette opération ne saurait être recommandée, car elle diminue dans de très grandes proportions le rendement en tubercules. D'après Anderson, en Angleterre, l'enlèvement des feuilles diminue la récolte dans les proportions suivantes :

Le 2 août de	77 p. 100.
Le 10 — de.......................	60 —
Le 17 — de.......................	55 —
Le 22 — de.......................	32,5 —
Le 29 — de.......................	24,5 —
Le 5 septembre de...................	11 —

la récolte ayant été faite le 28 septembre.

D'après M. Mollerat, les feuilles étant enlevées à la floraison, la récolte était de 43 ; après la floraison, de 163 ; un mois plus tard, de 307 ; et avant la récolte, de 417. Comme pour la betterave, c'est une pratique à condamner.

Récolte et conservation.

La première question qui se présente à l'esprit relativement à la récolte de la pomme de terre, est celle de savoir à quelle époque il convient de la faire. On conçoit tout d'abord que la date de l'arrachage rationnel doit être essentiellement variable, suivant le plus ou moins de hâtivité des variétés. Sous ce rapport nous pouvons classer les variétés que nous avons citées dans l'ordre qui suit :

1° Variétés hâtives de grande culture : Flocon de neige, Grosse jaune deuxième hâtive, Blanchard ;

2° Variétés intermédiaires : Early rose, Seguin, Quarantaine violette, Chave, Albert, Vosgienne.

3° Variétés tardives : Magnum bonum, Zélande, Van der Veer, Richter's Imperator, Farineuse rouge, Jeancé, Saucisse, Chardon, Saucisse blanche.

En principe, il faut se guider, pour l'arrachage, sur la mort complète des tiges. Avec celle-ci cesse l'assimilation et par suite la croissance des tubercules. Mais il faut se garder d'arracher, à moins d'impossibilité, tant qu'il existe à l'extrémité des tiges, qui paraissent presque mortes, une petite rosette de feuilles, car le grossissement des tubercules se continue tant qu'il y a un reste de vie dans les tiges.

Dans nos expériences d'Archevilliers, nous avons arraché de la Richter's Imperator au 8 septembre, alors que la Saucisse était mûre ou peu s'en faut, et nous avons obtenu un rendement inférieur de 25 p. 100 à celui de la maturité complète, comme le montre le tableau suivant :

	Saucisse. quintaux.	Chardon. quintaux.	R. Imperator. quintaux.
Récolte au 8 septembre,.	300	265	310
Récolte à maturité complète :			
25 septembre	300	»	»
2 octobre.............	»	270	»
15 —	»	»	410
Différence.......	0	5	100

C'est en réalité seulement en octobre qu'il convient d'arracher les variétés tardives qui nous intéressent le plus à cause de leur grand rendement.

Quel que soit le mode d'arrachage que l'on suive, il faut profiter du moment où le sol est le moins humide possible; autrement les tubercules seraient très sales, très difficiles à nettoyer et à ramasser.

On arrache les tubercules à l'aide d'instruments à main ou d'instruments attelés. Les outils dont on se sert pour l'arrachage à la main sont la fourche ou le croc? Mais on ne doit recourir à ces outils que dans la petite culture.

L'arrachage avec les instruments attelés est bien plus rapide, et il est aussi parfait quand il est bien conduit. C'est avec la

charrue ordinaire, le butteur ou avec la charrue arracheuse
que l'on déterre les tubercules.

Voici comment on opère avec la charrue ordinaire : on
enraye un peu à gauche de la ligne de pommes de terre, par
exemple, et on retourne ainsi toutes les touffes presque complètement. Des femmes suivent la charrue et ramassent tous
les tubercules mis à nu. On donne ensuite un hersage très
énergique; les tubercules qui n'étaient pas venus à la surface
y sont amenés. On les ramasse. Un scarifiage en travers fait
sortir les derniers tubercules du sol.

On peut aussi employer un butteur, qu'on fait passer au
milieu de l'ados qu'il sépare en deux, en rejetant la terre et

Fig. 115. — Arracheuse de pommes de terre (Bajac).

les tubercules à droite et à gauche. On passe du premier rang
au troisième, puis ainsi de suite. On revient quand tous les
impairs sont terminés, retourner les rangs pairs. On ramasse
les tubercules à la suite du butteur. Mais le travail de cet instrument ne suffit pas. Comme après la charrue, on donne un
hersage très vigoureux en travers, qui ramène à la surface la
plupart des tubercules que la première opération n'avait pas
atteints. On les ramasse. Alors un labour ou un quasi-labour
est donné avant la semaille qui doit suivre. Les derniers tubercules sont par là extraits.

La charrue arracheuse (fig. 115) s'emploie comme le butteur.
Elle a l'avantage de très bien ramener les tubercules à la surface en les séparant de la terre.

Dans les sols légers, il suffit de laisser les tubercules épars
pendant quelques heures sur le terrain après l'arrachage, si

le temps n'est pas pluvieux, pour qu'on puisse les amasser et les transporter au magasin. Les tubercules ne doivent pas être entassés humides et surtout enrobés de boue, car alors la pourriture se manifesterait dans la masse. Mais si les pommes de terre sont bien propres et exemptes de terre, il n'est pas nécessaire que la dessiccation soit complète pour qu'elles se conservent bien : on peut sans crainte amasser les tubercules lorsque la surface exposée à l'air est bien sèche, bien que le côté qui repose sur le sol montre encore un peu d'humidité.

Les pommes de terre destinées à la consommation doivent être conservées pendant tout l'hiver. La grande quantité d'eau qu'elles contiennent, la rapidité avec laquelle elles pourrissent quand elles ont été meurtries et atteintes par la gelée, ou qu'elles sont atteintes de la maladie, obligent à une surveillance et à des soins particuliers. Les conditions essentielles à remplir pour assurer leur conservation pendant l'hiver, en les empêchant de pourrir et de germer, sont : de les mettre à l'abri de la gelée ; de les garantir de la chaleur et de l'humidité ; de les préserver de la lumière.

On les emmagasine à cet effet en silos, en celliers ou en cave. Les silos s'établissent dans les mêmes conditions que pour les betteraves, mais on les fait moins larges. Les pommes de terre saines et non attaquées par la maladie s'y conservent très bien. Mais si l'on craint les ravages de celle-ci, il faut préférer les celliers, les magasins ou les caves où l'on peut souvent visiter les tubercules et les trier en cas de besoin. On estime que 1000 kilogrammes de pommes de terre occupent un volume de 1^{mq},54

CAROTTE.

De temps immémorial, la carotte était cultivée, sans éclat, dans les sols sablonneux du Suffolkskire, lorsqu'en 1761 Billing adressa à la Société d'agriculture un mémoire sur cette plante et la tira de l'oubli. L'illustre Arthur Young la recommanda avec enthousiasme. Mais on doit ajouter que le défaut que présente cette plante de germer avec lenteur, puisqu'elle demande de trente à quarante jours pour lever, a été un obstacle à l'extension de sa culture dans les sols où les mauvaises herbes se développent avec une grande facilité.

Quoi qu'il en soit, cette racine fourragère est cultivée avec avantage autour de nous, dans les terres moyennes du limon des plateaux et de l'argile à silex. Outre sa valeur alimentaire et par cela même, elle jouit d'une certaine faveur sur le marché des villes pour l'alimentation d'hiver des chevaux.

Dans les milieux qui lui conviennent, la carotte ne le cède en rien à la betterave au point de vue du rendement. Sa culture est réellement rémunératrice, avec un rendement moyen de 40 000 kilogrammes à l'hectare. A la ferme de Cloches où nous avons plus spécialement étudié cette culture, les frais de production à l'hectare atteignent, d'après M. Oscar Benoist, le taux suivant :

Loyer et impôts......................	90 francs.
Labours et hersages.................	80 —
500 kil. de superphosphate et 250 kil. de nitrate........................	102 fr. 50
Semence et semaille	30 francs.
Binages	105 —
Récolte, mise en silos...............	130 —
Total......................	537 fr. 50

Les 1 000 kilogrammes de carottes fourragères reviennent donc à 13 fr. 44.

On trouve à vendre 35 francs les 1000 kilogrammes les carottes bien saines, et comme les frais de transport atteignent à Cloches 6 francs par tonne, c'est au prix de 29 francs à la ferme qu'on en a le débouché. Dans ces conditions de la vente pour l'alimentation des chevaux des villes, la culture de cette plante peut donner un bénéfice brut à l'hectare de 622 francs.

Si, d'autre part, on considère qu'à la récolte on obtient en outre des racines de 25 à 35 p. 100 du poids de celle-ci de feuilles constituant un excellent fourrage vert pour tous les animaux, on peut conclure que, pour secondaire que soit la culture de cette racine, elle n'en a pas moins à jouer un rôle important dans l'économie bien conduite de nos exploitations agricoles.

Description. — Variétés.

La carotte (*Daucus carota*), est aussi connue sous les noms vulgaires de racine jaune, pastenade, ou pastonade.

Les fleurs, disposées en ombelle, sont ordinairement blanches, petites ; celle du centre, stérile, est purpurine. L'ombelle est longuement pédonculée, et creusée en coupe à la maturité. Les pédoncules arqués et convergents vers le centre à la maturité, sont supportés par un réceptacle non dilaté. La graine (fruit) porte des aiguillons subulés, distincts, terminés par plusieurs pointes (1 à 3), infléchies en dehors. Les feuilles sont molles, velues ou glabres. Les inférieures sont oblongues, à segments ovales, et les supérieures sessiles. La tige est rude, dressée, rameuse, peu feuillue au sommet, et atteint facilement un mètre de haut dans les grandes variétés. La plante est bisannuelle, et fleurit de juin à septembre.

C'est une espèce fort commune et très répandue à l'état sauvage. Soumise à la culture, elle a subi d'importantes modifications. Sa racine dure et grêle, souvent ramifiée, de saveur forte et âcre, est devenue très savoureuse, sucrée, de forme conique ou presque cylindrique à grand diamètre. En trois ou quatre générations, Vilmorin a obtenu du semis de la carotte sauvage, par sélection continue, des racines très grosses et de bonne qualité.

La carotte est donc une plante dont la racine subit facilement des modifications importantes, sous l'influence des conditions de milieu. Aussi les variétés de l'espèce sont-elles nombreuses et présentent-elles souvent des caractères très tranchés.

Nous laissons de côté au point de vue qui nous occupe les variétés horticoles. Mais nous ne pouvons pas ne pas citer pour mémoire la carotte à châssis, si fine de saveur, à chair si sucrée. Sa comparaison avec nos variétés de grande culture sera la démonstration la plus lumineuse qu'on puisse produire de l'aptitude à la variabilité de l'espèce qui nous intéresse en ce moment.

On classe les variétés de carottes d'après la couleur, la

taille et la forme de leur racine charnue et comestible. Les variétés rouges sont les plus estimées pour la consommation de l'homme, elles jouissent d'un goût plus relevé et ont une saveur plus fine. Il en est quelques-unes qui sont suffisamment productives pour être cultivées en plein champ afin de servir à l'alimentation du bétail, et il va sans dire que ce dernier les apprécie au même titre que le roi de la création. Nous citerons :

1° *La carotte rouge à collet vert* (fig. 116), très cultivée en Belgique. La racine est très longue et lisse. La peau et la chair sont d'un rouge clair orangé. Le collet, qui s'élève à 10 ou 15 centimètres au-dessus du sol, est vert. C'est une variété de très bon rendement, dont la racine est parfumée.

2° *La carotte rouge pâle de Flandre* (fig. 117), est cultivée pour le bétail et pour l'homme. La racine est rouge pâle, de longueur moyenne et très grosse au sommet; elle est très productive et très estimée.

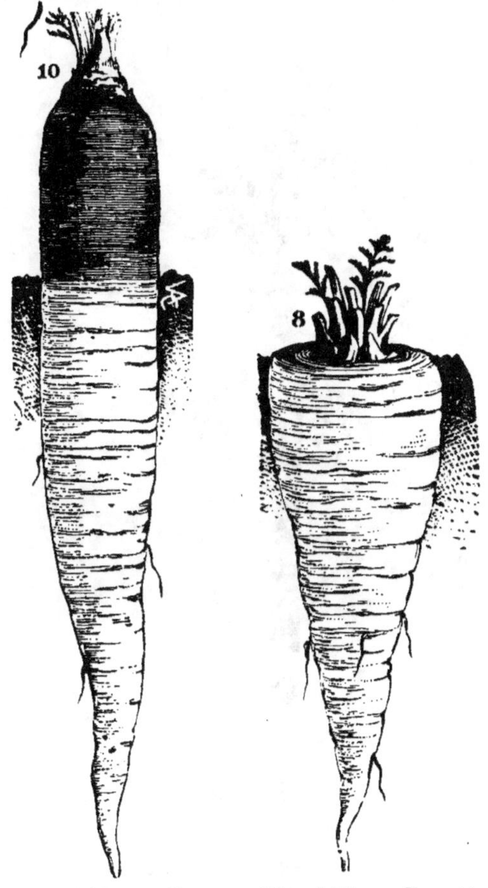

Fig. 116. — Carotte rouge à collet vert.

Fig. 117. — Carotte rouge pâle de Flandre.

3° *La carotte rouge d'Altringham* (fig. 118), variété d'origine anglaise, plus régulièrement cylindrique et plus allongée que la carotte rouge à collet vert, de bon rendement et de bonne qualité.

Parmi les variétés jaunes on peut cultiver :

1° *La carotte jaune à collet vert* (fig. 119), longue, et dont le collet teinté de vert sort franchement de terre, comme pour la variété rouge.

2° *La carotte jaune d'Achicourt*, très répandue dans le

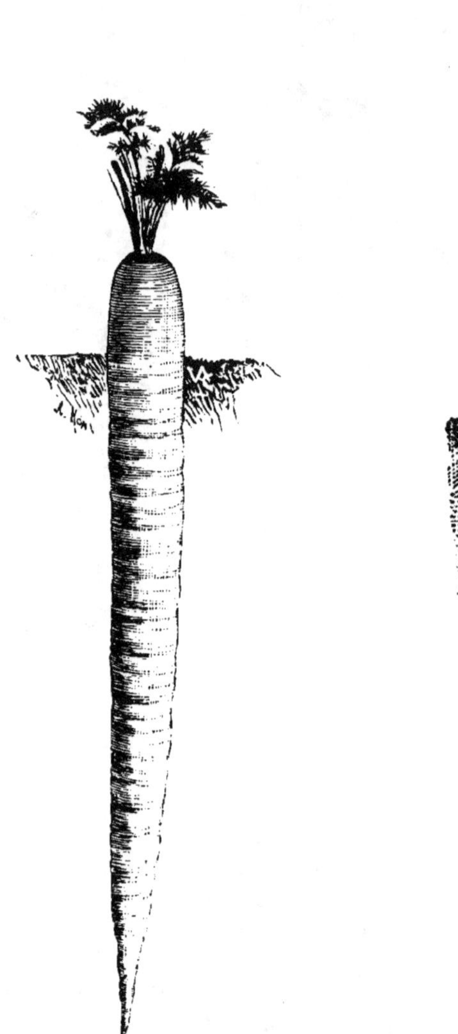

Fig. 118. — Carotte rouge
d'Altringham.

Fig. 119. — Carotte jaune à
collet vert.

Pas-de-Calais, qui tire son nom d'un village de la banlieue d'Arras. Sa racine est très volumineuse, allongée et ne sort pas ou presque pas de terre. C'est une de nos meilleures variétés.

Enfin les variétés blanches, qui sont généralement d'une conservation plus longue que les précédentes, ont une saveur moins prononcée et sont plus particulièrement fourragères.

Il convient d'ajouter toutefois qu'elles sont suffisamment bonnes pour être présentées sur nos tables. On en consomme beaucoup dans les Vosges. Nous recommandons spécialement :

1° *La carotte blanche des Vosges* (fig. 122), dont la racine est courte, fusiforme et très régulière. Sa chair, douce et sucrée, est blanche ou d'un jaune très pâle. Le collet, vert au centre, ne sort pas de terre. Mathieu de Dombasle la regarde comme préférable à toutes les autres, sous le rapport du rendement, de la qualité, et de son aptitude à se contenter de terrains peu fertiles. Cultivée autour de nous, elle donne des rendements élevés, et sa valeur alimentaire ne le cède pas à celle des autres variétés.

2° *Carotte blanche à collet vert*, dont la racine très grosse et très longue et presque cylindrique, présente un volumineux collet vert, qui sort de terre sur une longueur de 10 à 15 centimètres. Elle a été importée des Pays-Bas, en 1825, par Vilmorin. C'est une très bonne variété fourragère. Elle a de la qualité et fournit des rendements considérables.

Toutes ces variétés quoique fourragères, peuvent rendre de très grands services à la cuisine de la ferme. Par ordre de qualité sous ce rapport, nous les rangerons ainsi qu'il suit : rouge d'Altringham, jaune d'Achicourt, rouge à collet vert, rouge pâle de Flande, jaune à collet vert, blanche des Vosges, blanche à collet vert.

Composition et valeur alimentaire.

La racine charnue de la carotte présente la composition immédiate suivante :

	Carotte blanche des Vosges.		Carotte blanche à collet vert.
	I.	II.	II.
	p. 100.	p. 100.	p. 100.
Eau	89,33	89,03	90,19
Matière organique........	9,28	9,87	8,71
Cendres	1,39	1,10	1,10
Albuminoïdes...........	»	0,74	0,72
Matières azotées diverses.	»	0,66	0,58
Matières azotées totales ..	1,19	1,40	1,30
Matières grasses........	0,17 (1)	0,06 (2)	0,04 (2)
Sucre.....................	2,09	1,74	1,72
Glucose.................		1,77	1,68
Pentosanes	1,84	1,02	1,09
Matières non azotées diverses	3,11	2,45	1,67
Cellulose...............	0,86	1,29	1,21
Poids moyen des racines.	?	0 k. 39	0 k. 35

I. Analyse de MM. Müntz et Girard
II. Analyses de M. Garola.

Les principes immédiats de la carotte sont d'une très facile
digestion, ainsi qu'il ressort des recherches de MM. Müntz et
Girard, dans l'alimentation du cheval. Nous donnons ci-
dessous les coefficients de digestibilité qui résultent de leurs
observations :

	Coefficients de digestibilité.	
Matière sèche....................	87,6	p. 100.
Cendres.........................	40,98	—
Sucres, corps pectiques, amides...	100,00	—
Pentosanes (cellulose saccharifiable).	98,03	—
Cellulose........................	90,25	—
Albuminoïdes....................	79,70	—

D'après ces données 1 000 kilogrammes de carottes peuvent
fournir à l'organisme animal les quantités ci-après de substances réellement nutritives, en moyenne :

	kil.
Albuminoïdes.............................	5,8
Hydrates de carbone, amides.............	80,7
Total....................	86,5

(1) Extrait éthéré.
(2) Graisse pure.

Les feuilles de carottes, qu'on sépare des racines au moment de l'arrachage, constituent aussi un fourrage vert riche en principes alimentaires, sain et bien accepté par les animaux. On peut leur assigner la composition suivante pour les variétés précitées :

```
Eau............................... 82,0 p. 100.
Matière organique ............. ..... 15,4   —
Cendres........................... 2,6   —

Albuminoïdes ..................... 1,1   —
Amides ........................... 0,6   —
                                 ─────
Matières azotées totales............. 1,7   —

Hydrates de carbone divers.......... 10,7   —
Cellulose brute.................... 3,0   --
```

Leur digestibilité est assez élevée. On peut l'estimer comme il suit :

```
                                  Coefficients
                                de digestibilité.
Matières azotées albuminoïdes....... 66 p. 100.
   —      non azotées diverses....... 90   —
Cellulose ......................... 57   —
```

D'où il suit que 1 000 kilogrammes de feuilles vertes de carottes peuvent fournir à l'organisme :

```
                                       kil.
Matières azotées albuminoïdes............. 7,2
Hydrates de carbone et amides............. 102,3
                                        ─────
        Total.................... 109,5
```

La carotte, comme nous l'avons déjà dit, entre souvent dans l'alimentation des chevaux, pendant l'hiver. On la considère non seulement comme étant un aliment substantiel, mais encore comme jouissant d'une action rafraîchissante très nette sur l'organisme du cheval. Dans certaines contrées on l'emploie en forte proportion pendant la mauvaise saison et on la recherche beaucoup pour l'alimentation des chevaux des villes. Il y a là pour sa production un débouché assuré et rémunérateur, car on la paye souvent de 30 à 40 francs les 1000 kilogrammes.

On la donne entière ou découpée en languettes; ou encore on la passe au coupe-racines et on la mélange au son. On la substitue partiellement au foin et à l'avoine. Il convient de la distribuer le soir, ou à un repas assez éloigné de la sortie des animaux, car elle est réputée un peu laxative.

Dans leurs expériences sur la recherche de sa valeur alimentaire pour le cheval, MM. Müntz et Girard ont pu en nourrir exclusivement un cheval pendant une longue période. L'animal en consommait 50 kilogrammes par jour et gagnait du poids.

On emploie aussi avantageusement les carottes pour l'alimentation des bêtes bovines et surtout des vaches laitières. Elles ont la réputation de favoriser la sécrétion lactée et de produire du beurre excellent.

Nous avons essayé leur emploi pour l'engraissement des moutons pendant l'hiver avec avantage, avec la collaboration de M. Oscar Benoist, agriculteur à Cloches. Un lot de cinq jeunes moutons pesant au début de l'essai 162 kilogrammes vivants, a reçu du 22 novembre 1897 au 22 février 1898 une ration formée de :

	kil.
Luzerne sèche...........................	2,5
Tourteau de sésame......................	1,5
Carottes blanches (collet vert).............	29,0

A la fin de l'expérience, le poids vif s'élevait à $240^{kil},5$, avec un gain total de $78^{kil},5$. Le rendement en viande nette à l'abatage a été de 127, soit de 52 kilogrammes p. 100. Si l'on admet qu'au début le lot aurait donné un rendement de 50 p. 100, il aurait fourni alors 81 kilogrammes de viande nette, et le gain sous ce rapport aurait été de 46 kilogrammes.

Dans des conditions identiques, nous avons obtenu une production de viande nette de 43 kilogrammes avec les petites betteraves de la variété jaune ovoïde des Barres, et seulement de 33 kilogrammes avec les grosses racines de la même variété. Les carottes blanches à collet vert se sont donc montrées supérieures à cette betterave fourragère dans une proportion importante.

Dans cet essai le croît des animaux a été payé 87 fr. 40. On avait dépensé pour le foin et le tourteau 35 fr. 88 ; de sorte que les carottes consommées ont été payées 51 fr. 52. Comme leur poids total s'élevait à 2 668 kilogrammes, les 1000 kilogrammes ont été payés 19 fr. 31. Or cette même année, le rendement en racines à l'hectare avait atteint 58 400 kilogrammes, de sorte que le produit brut de cette culture égalait 1 128 fr. 70. (Voir *Betteraves* : page 282).

Exigences en éléments fertilisants. — Fumure.

Pour nous rendre compte des exigences de cette plante sarclée en principes nutritifs, nous avons entrepris de rechercher la composition de la plante dans ses diverses parties à trois époques de sa végétation.

A cet effet, le 11 avril 1899, nous avons semé des carottes blanches des Vosges dans 12 grands pots, contenant 28 kilogrammes de terre de limon, provenant d'Archevilliers. Chaque pot a reçu comme engrais 1 gr. 5 d'azote nitrique, 2 grammes d'acide phosphorique soluble, et 1 gramme de potasse à l'état de chlorure. La levée a eu lieu le 5 mai suivant.

Le 15 juin, nous avons fait la première récolte sur 4 pots. Nous avons obtenu les quantités suivantes de matière sèche, pour 880 plantes :

Feuilles	54 grammes.
Racines et radicelles	28 —
Total	82 grammes.

Il a été impossible, à cette époque, de séparer les radicelles des racines proprement dites. Une plante entière moyenne était donc constituée alors de :

	gr.
Feuilles	0,066
Racines	0,032
Total	0,098

Nous avons analysé la matière sèche des tiges et des racines et obtenu les résultats ci-dessous :

	FEUILLES.	RACINES ET RADICELLES.
	p. 100.	p. 100.
Azote....................	3,18	1,98
Acide phosphorique..........	0,60	0,35
Potasse....................	4,25	1,34
Chaux....................	3,23	2,83

Nous en déduisons que le 15 juin la plante moyenne présentait la compositon suivante :

	FEUILLES.	RACINES et RADICELLES.	TOTAL.
	gr.	gr.	gr.
Matière sèche..........	0,0060	0,03200	0,09800
Azote..................	0,0020	0,00063	0,00263
Acide phosphorique.....	0,0004	0,00011	0,00051
Potasse...............	0,0028	0,00043	0,00323
Chaux.................	0,0021	0,00089	0,00299

La figure 120 représente d'après la photographie l'aspect de la plante moyenne à cette époque. Le quadrillage du fond a cinq centimètres de côté.

Le 18 août, nous avons récolté quatre pots nouveaux, renfermant 52 plantes. Le rendement en matière sèche est relaté ci-après pour les diverses parties de la plante :

Feuilles...........................	87 grammes.
Radicelles.........................	22 —
Racines............................	80 —
Total..................	189 grammes.

L'analyse de ces différents organes nous a donné les résultats suivants pour cent de matière sèche :

Fig. 120. — Carotte des Vosges (1re récolte).

	FEUILLES.	RADICELLES.	RACINES.
Azote..................	1,98	1,63	0,99
Acide phosphorique.....	0,73	0,31	0,16
Potasse...............	5,25	1,27	3,12
Chaux................	4,96	3,76	1,00

Nous en déduirons que la plante entière moyenne renfermait :

	FEUILLES.	RADI-CELLES.	RACINES.	TOTAL.
	gr.	gr.	gr.	gr.
Matière sèche	1,7000	0,4000	1,5400	3,6600
Azote	0,0336	0,0068	0,0152	0,0556
Acide phosphorique.	0,0124	0,0012	0,0023	0,0159
Potasse	0,0890	0,0053	0,0477	0,1420
Chaux	0,0850	0,0158	0,0154	0,1162

La figure 121 représente, d'après la photographie, la plante moyenne à la même époque.

La troisième et dernière récolte de quatre pots a été faite le 13 octobre et comptait dix-sept plantes. Elle a donné les rendements ci-après en matière sèche :

Feuilles.........................	71	grammes.
Radicelles	12	—
Racines.........	156	—
Total.................	239	grammes.

Nous avons trouvé à cette époque la composition suivante à la matière sèche :

	FEUILLES.	RADICELLES.	RACINES.
Azote...............	1,78	1,84	1,27
Acide phosphorique.....	1,15	0,67	0,90
Potasse...............	4,35	1,06	3,60
Chaux................	4,97	3,67	0,65

Fig. 121. — Carotte des Vosges (2ᵉ récolte).

Il en résulte que la plante moyenne entière au moment normal de l'arrachage était constituée comme il suit :

	FEUILLES.	RADI-CELLES.	RACINES.	TOTAL.
	gr.	gr.	gr.	gr.
Matière sèche	4,1700	0,7060	9,1700	14,0460
Azote.............	0,0834	0,0130	0,1600	0,2124
Acide phosphorique.	0,0480	0,0047	0,0825	0,1352
Potasse	0,1810	0,0074	0,3300	0,5184
Chaux	0,2085	0,0260	0,0596	0,2941

La figure 122 représente une carotte moyenne avec ses feuilles et radicelles au moment de la maturité agricole.

Nous réunissons dans le tableau suivant les données relatives à la composition de la plante entière aux trois époques de nos récoltes :

	15 JUIN.	18 AOUT.	13 OCTOBRE.
	gr.	gr.	gr.
Matière sèche..........	0,09800	3,6600	14,0460
Azote	0,00263	0,0556	0,2124
Acide phosphorique.....	0,00051	0,0159	0,1352
Potasse..............	0,00323	0,1420	0,5184
Chaux...............	0,00299	0,1162	0,2941

La marche du développement des différents organes est reproduite par le graphique de la figure 123.

La levée de la carotte est lente, et à partir de sa sortie de terre jusqu'au 15 juin, la formation de la matière végétale est peu active et c'est dans la dernière période qu'elle atteint son maximum d'intensité.

La formation des feuilles suit une marche assez lente, mais pendant la dernière période son activité s'accroît moins

Fig. 122. — Carotte des Vosges (3ᵉ récolte).

22.

que pour la plante entière ; c'est qu'à cette époque, c'est surtout la formation de la racine qui prédomine.

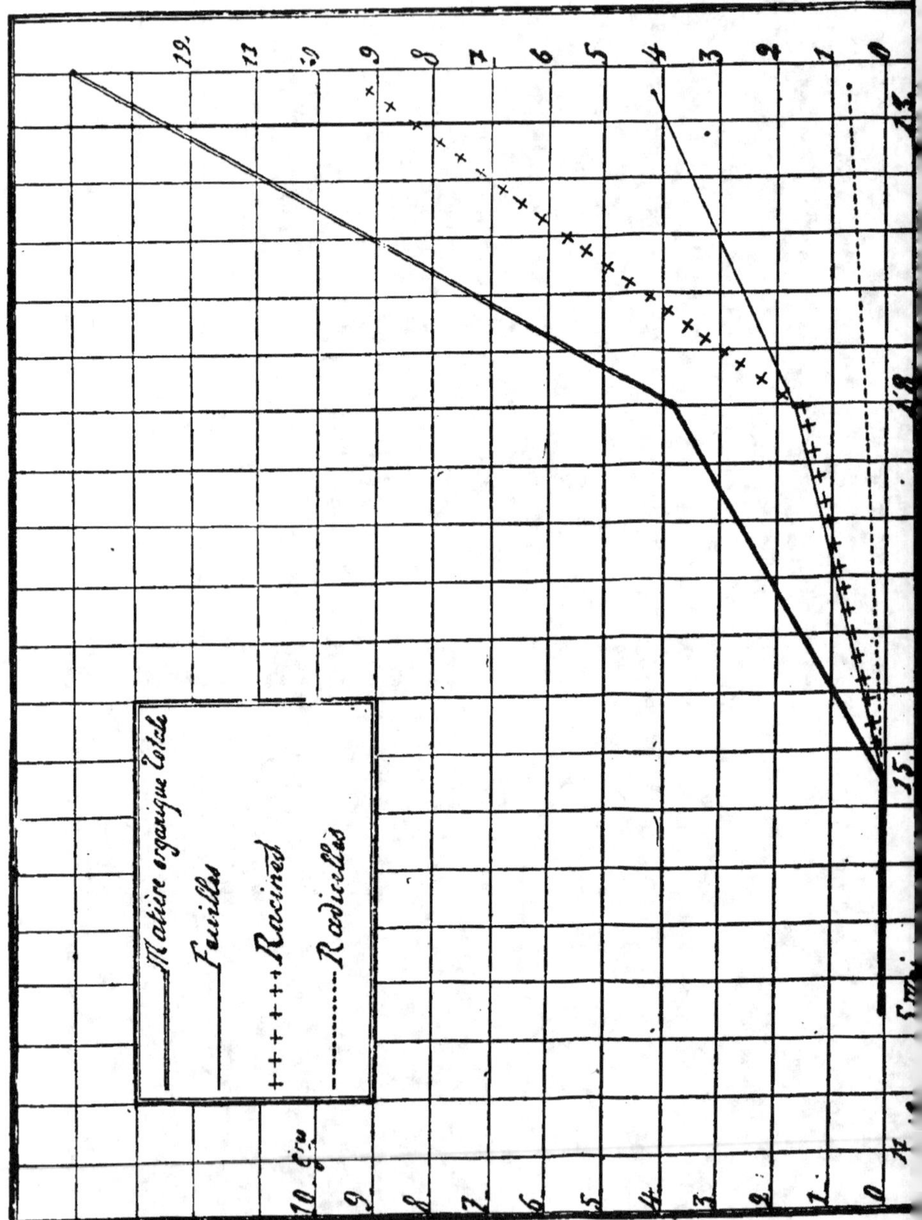

La production des radicelles semble suivre une marche régulièrement ascendante.

Nous avons calculé la marche de l'absorption des éléments nutritifs et comparativement celle de la formation de la

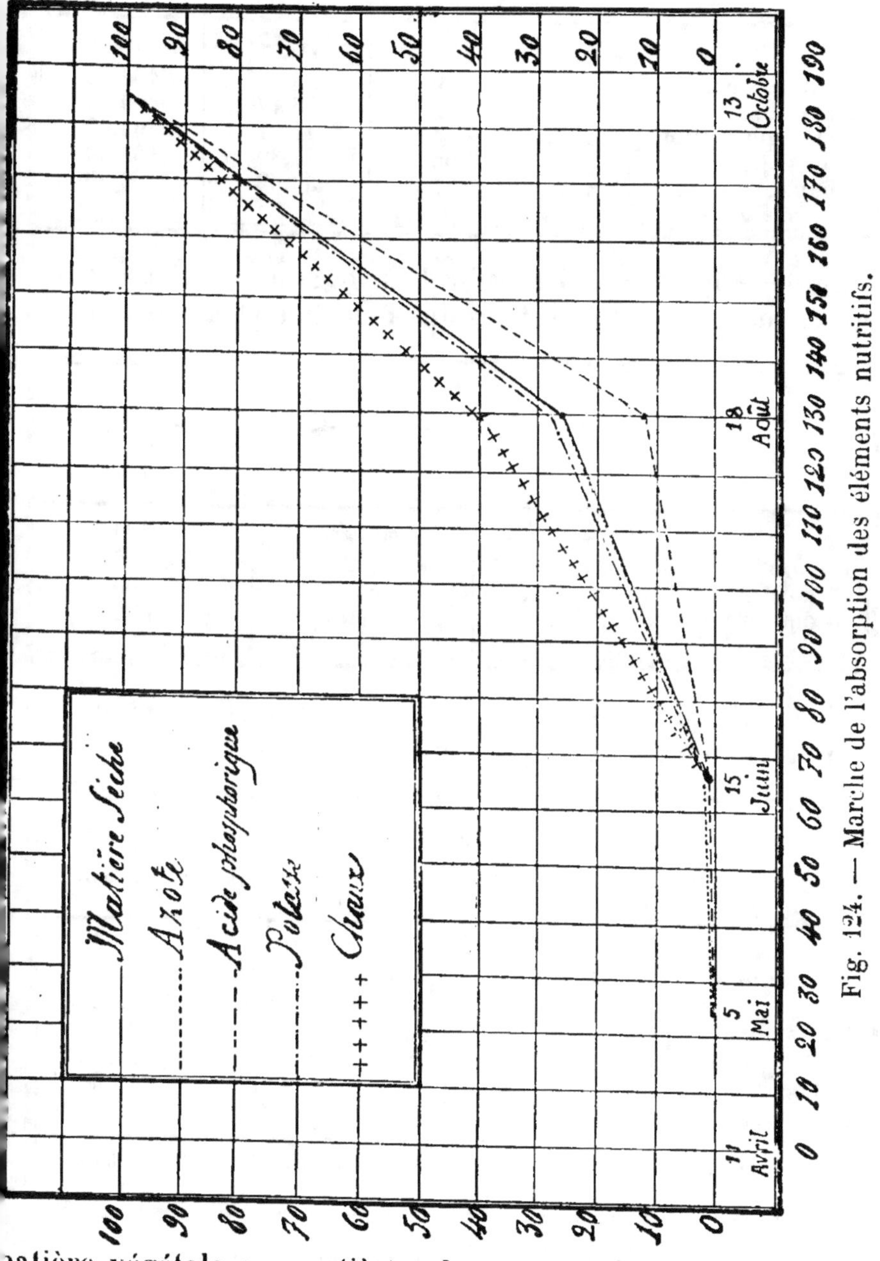

Fig. 124. — Marche de l'absorption des éléments nutritifs.

matière végétale en centième des maxima. Le tableau suivant relate nos résultats (fig. 124) :

	15 JUIN.	18 AOUT.	13 OCTOBRE.
	gr.	gr.	gr.
Matière sèche............	0,70	26,07	100,00
Azote....................	1,24	26,17	100,00
Acide phosphorique.....	0,38	11,67	100,00
Potasse.................	0,62	27,39	100,00
Chaux..................	1,02	39,52	100,00

Le développement des radicelles, organes de l'absorption des éléments nutritifs, est résumé dans le tableau suivant :

	RADICELLES SÈCHES	
	par plante.	p. 100 de feuilles et racines.
	milligr.	p. 100.
15 juin...................	32	48,48
18 août...................	420	12,90
13 octobre................	706	5,30

Nous indiquons enfin ci-dessous le travail d'absorption journalier rapporté à un gramme de radicelles sèches :

	De la levée au 15 juin (41 jours).	Du 15 juin au 18 août (64 jours).	Du 18 août au 13 octobre (56 jours).
	gr.	gr.	gr.
Poids moyen des radicelles.	0,016	0,226	0,563
	milligr.	milligr.	milligr.
Azote....................	4,00	3,66	5,33
Acide phosphorique.... ...	0,78	1,07	3,78
Potasse	4,92	9,60	11,92
Chaux...................	4,56	7,83	5,64
Total..............	14,26	22,16	26,67

Le rendement en racines de notre récolte, étant donné que nos pots ont onze décimètres carrés de surface, s'est élevé à 355 grammes de matière sèche par mètre carré. Dans nos expériences de Cloches sur la culture en ordre serré, nous avons trouvé que la carotte blanche des Vosges renfermait 12 p. 100 de matière sèche; il en résulte que le poids brut de notre récolte s'élevait à 2^{kgr},95 par mètre carré ; c'est un rendement par hectare de 29 500 kilogrammes. Dans les sols qui lui conviennent particulièrement, et avec une culture soignée, on obtient facilement de 40 à 50 tonnes de racines. Voyons quelle est pour une récolte de 40 000 kilogrammes le prélèvement de principes fertilisants :

D'après nos recherches présentes, une tonne de racines avec ses feuilles et ses radicelles puise dans le sol :

	kil.
Azote	3,12
Acide phosphorique	1,77
Potasse	6,78
Chaux	3,85

Il en résulte qu'une récolte de 40 tonnes de racines tire du sol, par hectare :

Azote	125 kilogrammes.
Acide phosphorique	71 —
Potasse	271 —
Chaux	154 —

Nous avons constaté des récoltes de carottes atteignant 60 et même 80 tonnes métriques à Cloches et à Plancheville. Les exigences en principes fertilisants admises ci-dessus sont donc souvent dépassées.

A égalité de récolte, la carotte prélève sur les ressources du sol et les engrais presque la même quantité d'acide phosphorique que la pomme de terre, mais sensiblement moins d'azote, de potasse et de chaux. Elle exige plus de chaux que la betterave, mais beaucoup moins de potasse, moins d'azote et moins d'acide phosphorique.

Pendant la première période d'un mois, la végétation est lente, et la production de la substance sèche relativement très faible. Mais l'azote et la chaux sont absorbés avec une certaine avidité. Pour la potasse et l'acide phosphorique, l'absorption suit une marche moins rapide que celle de la formation de la substance sèche. Il y a là l'indication de l'utilité de fournir à la jeune plante de l'azote facilement assimilable et de la nécessité d'un sol bien pourvu de calcaire impalpable.

Si l'on considère le travail radiculaire, on constate qu'à cette époque il est déjà élevé, surtout pour la potasse, la chaux et l'azote; mais il est moins considérable que pour la pomme de terre et la betterave.

Pendant la période suivante de deux mois, de la mi-juin à la mi-août, l'activité de la végétation commence à s'accroître fortement, de même que l'intensité de l'absorption. Pendant les soixante-quatre jours de cette période la plante a formé 25,37 p. 100 de sa matière sèche, et a absorbé les proportions suivantes des principaux éléments nutritifs :

Azote	24,83
Acide phosphorique	11,29
Potasse	26,77
Chaux	38,50

Tandis que l'absorption de l'azote reste parallèle à la formation de la matière organique, celle de la chaux surtout, puis de la potasse prennent le dessus; quant à l'absorption de l'acide phosphorique, elle demeure la plus lente. Le besoin de chaux soluble et de potasse domine donc à cette époque.

Le travail radiculaire, d'un autre côté, s'élève beaucoup; il passe de 14 à 22 en nombres ronds; s'il n'a pas atteint son maximum, il s'en est beaucoup rapproché. Pour l'azote, il reste à peu près stationnaire; il double presque pour la potasse et la chaux, et il est plus que double pour l'acide phosphorique.

Mais c'est pendant la dernière période de la végétation, à partir du 15 août, que l'absorption des éléments minéraux prend la plus grande activité. Pendant cette époque, la plante constitue 70,74 p. 100 de sa substance sèche et absorbe les proportions suivantes de ses principes alimentaires :

Azote	74,00	p. 100.
Acide phosphorique	88,33	—
Potasse	72,61	—
Chaux	60,48	—

L'absorption de l'azote et de la potasse devient parallèle à la formation organique, celle de la chaux devient un peu inférieure, tandis que celle de l'acide phosphorique se relève fortement. Quant au travail radiculaire, il atteint son maximum pendant cette période. S'il baisse pour la chaux, il se relève sensiblement pour l'azote et la potasse et fortement pour l'acide phosphorique.

En ce qui concerne l'azote, nous voyons donc que la carotte l'absorbe avec une assez grande régularité dans tout le cours de sa végétation. Elle demande au début un peu d'azote facilement assimilable et pour le reste est capable de se contenter, pourvu qu'ils soient abondants, des engrais à décomposition progressive, comme le fumier de ferme.

Pendant les deux premiers tiers de la durée de sa végétation la carotte a une grande avidité pour la chaux; l'emploi des superphosphates qui livrent du sulfate de chaux soluble, est donc tout indiqué, bien que l'absorption de l'acide phosphorique soit lente et surtout localisée dans le dernier tiers de la vie de la plante.

Pour la potasse, la carotte, tout en en absorbant beaucoup, ne manifeste une avidité spéciale pour cette base que dans le deuxième tiers de sa vie. Comme en ce qui a rapport à l'azote, elle peut se contenter d'engrais potassiques à action continue, et sous ce rapport le fumier de ferme est tout indiqué.

Nous estimons en résumé que la carotte demande une forte dose de fumier de ferme bien décomposé, avec adjonction d'une petite quantité de nitrate et de superphosphate.

Pour corroborer ces conclusions générales, nous allons examiner les résultats que nous avons obtenus des engrais divers dans diverses cultures expérimentales faites à la ferme.

Dans notre champ d'expériences de Cloches, en collaboration avec M. Oscar Benoist, nous avons cultivé, en 1890, la carotte blanche des Vosges. Cette racine suivait un blé, qui fut déchaumé aussitôt après la moisson de 1890. Au début du printemps de 1891, le sol reçut un bon labeur de 20 centimètres de profondeur, qui servit à enfouir le fumier sur les parcelles 1 et 2. Les engrais chimiques, semés vers la fin d'avril, furent enterrés par un labour superficiel. Enfin, le

15 mai, on sema les carottes en lignes espacées de 60 centimètres. Au dépressage on les réduisit à 13 au mètre carré;
le tableau suivant donne les résultats obtenus :

Carottes blanches des Vosges.

NUMÉROS.	ENGRAIS.	RENDEMENTS par hectare.	EXCÉDENTS.
		quintaux.	quintaux.
1	15 000 kil. de fumier, 27 kil. d'acide phosphorique soluble au citrate, 15 kil. d'azote nitrique, et 50 kil. de potasse.	600	240
2	40 000 kil. de fumier de ferme	530	170
3	60 kil. d'azote phosphorique des nodules, 30 kil. d'azote nitrique et 50 kil. de potasse.	420	60
4	56 kil. d'acide phosphorique soluble au citrate, 30 kil. d'azote nitrique et 50 kil. de potasse.	530	170
5	**Sans engrais**.	**360**	»
6	Comme 4, moins la potasse.	525	165
7	Comme 4.	600	240
8	Comme 4, moins l'acide phosphor...	395	30
9	Comme 4, moins l'azote.	510	150

Pendant toute la durée de leur végétation, les parcelles qui
n'avaient pas reçu d'acide phosphorique soluble au citrate
sous forme de superphosphate présentaient un aspect plus
chétif. La parcelle 8 à l'abstinence de superphosphate, ne
différait pas à l'œil du témoin n° 5 ; au contraire la parcelle
n° 9, privée d'engrais azoté, se montrait jusqu'à l'automne
aussi belle que celles pourvues d'engrais complet. A cette
époque seulement, elle prit une teinte plus jaunâtre. A l'arrachage, qui eut lieu le 28 octobre, on remarquait outre les
différences de rendement que montre le tableau, que les
carottes provenant des parcelles sans superphosphate étaient
beaucoup plus racineuses.

Avant de tirer les conclusions que comportent ces essais, il
n'est pas inutile de rappeler que le sol de ce champ d'expérience est d'une bonne richesse en azote; qu'il est riche en
potasse totale, mais que celle-ci ne s'y trouve qu'en quantité

relativement petite sous forme assimilable ; enfin que le manque d'acide phosphorique soluble dans l'acide citrique est son caractère le plus saillant.

Si l'on considère les excédents obtenus, on en peut déduire :

1° Que dans un sol qui, comme celui de Cloches, donne encore après six années de culture sans engrais un rendement de racines élevé, l'addition d'engrais appropriés, naturels, artificiels ou mixtes, augmente encore le rendement dans une très grande proportion ;

2° Que les excédents les plus élevés sont obtenus par l'emploi du fumier à petite dose complété par des superphosphates, du nitrate de soude et du chlorure de potassium, et ensuite avec l'engrais complet au superphosphate : 240 quintaux et 205 quintaux d'excédent. Le fumier seul à forte dose vient au troisième rang ;

3° Que l'engrais complet au phosphate minéral est beaucoup moins efficace que l'engrais complet au superphosphate. Il donne seulement 60 quintaux d'excédent au lieu de 205, moyenne des parcelles 4 et 7. En ce qui concerne les carottes, l'acide phosphorique soluble à l'eau et au citrate a montré une supériorité évidente sur l'acide phosphorique en combinaison tricalcique ;

4° Que des trois éléments fondamentaux de l'engrais, azote, potasse et acide phosphorique, celui qui a montré l'action la plus intense sur le rendement est le dernier. C'est lui du reste qui fait le plus défaut dans le sol. L'influence propre de l'acide phosphorique soluble au citrate peut se déduire de la comparaison des excédents fournis par les parcelles 4 et 7, d'une part, et par la parcelle 8, qui n'a pas reçu d'engrais phosphatés depuis plus de six ans. Malgré la potasse et l'azote qu'elle a reçus régulièrement, cette dernière ne donne que 30 quintaux d'excédents à côté d'une moyenne de 205 donnée par les autres ;

5° Que la potasse, quoique beaucoup plus abondante dans la carotte, agit moins sur le rendement. La parcelle 6, à l'abstinence de potasse, donne seulement 40 quintaux de moins que la moyenne des parcelles 4 et 7. Cela tient à ce que le sol est moins épuisé de potasse que d'acide phosphorique ;

GAROLA. — Plantes fourragères.   23

6° Enfin que l'azote ne donne également, quand on le supprime, qu'un déficit beaucoup moins grand que l'acide phosphorique ; avec engrais complet nous avions en moyenne 205 quintaux d'excédent, nous en avons encore 150 sans azote. La différence n'est que de 55 quintaux.

Le graphique de la figure 125 fait sauter aux yeux les conclusions qui précèdent.

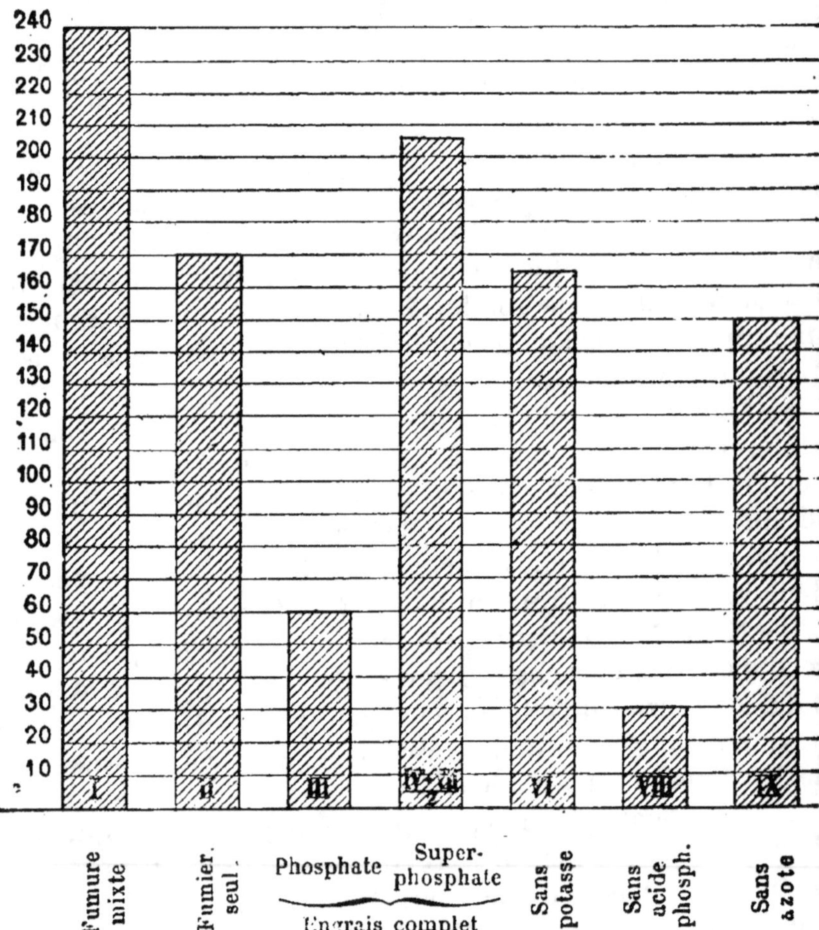

Fig. 125. — Action des engrais.

Au champ de démonstration de l'École primaire supérieure de Bonneval, que dirige M. Singlas, on a fait deux récoltes de carottes blanches à collet vert. La première, en 1897, succédait à une prairie artificielle de trois ans. La parcelle n° 2 a reçu 50 tonnes de fumier, et la parcelle n° 3, 25 tonnes avec une demi-dose d'engrais complet. Ce dernier pour la parcelle n° 4 comprenait 600 kilogrammes de superphosphate, 200 kilogrammes de chlorure de potassium et 300 kilogrammes de nitrate de soude. Les rendements suivants ont été obtenus :

NUMÉROS des parcelles.	ENGRAIS.	RENDEMENTS.	EXCÉDENTS.
		quintaux.	quintaux.
1	Sans engrais.....................	116	»
2	Forte fumure.	220	104
3	Fumure mixte....................	241	125
4	Engrais complet	290	174
5	— sans potasse......... ...	191	75
6	— sans azote..............	252	136
7	— sans acide phosphorique.	268	152

On voit que l'excédent le plus élevé a été obtenu dans la parcelle à engrais complet. Le fumier seul donne un rendement inférieur de 50 quintaux. La fumure mixte a produit 25 quintaux de plus que la forte fumure de fumier. Les parcelles à engrais incomplets nous montrent que la suppression de la potasse a été très préjudiciable, puisqu'elle a fait baisser l'excédent de 99 quintaux, soit de 56,7 p. 100. C'est un fait normal, étant donnée la pauvreté du sol en potasse assimilable ($0^{gr},13$ seulement par kilogramme). L'absence d'azote dans la fumure a été moins sensible quoique appréciable, puisqu'elle se chiffre par une diminution de 62 quintaux, soit de 35,6 p. 100 de l'excédent donné par l'engrais complet. Ce fait tire son explication de l'action de la prairie artificielle sur l'enrichissement du sol en azote. Pour ce qui est de l'acide phosphorique, sa suppression n'entraîne qu'une dépression de 22 quintaux, ou de 12 p. 100; et cela tient à cette anomalie du sol par laquelle la parcelle cultivée sans apport de superphosphate se trouve naturellement riche en cet élément (0^{gr},30 par kilogramme), tandis que le reste du champ est au contraire plutôt pauvre (0^{gr},12).

La seconde récolte a été faite en 1900, après une avoine de mars récoltée en 1899. Le tableau suivant indique les résultats obtenus ainsi que les fumures données :

NUMÉROS des parcelles.	ENGRAIS.	RENDEMENTS par hectare.	EXCÉDENTS.
		kgr.	kgr.
1	Témoin (sans engrais)	9 600	»
2	Fumier de ferme (50 000 k. en 1900).	21 500	11 900
3	1/2 fumier de ferme (25 000 k. en 1900). 1/2 engrais chimique. { Nitrate............ 100ᵏ Superphosphate. . 300 Chlor. de potassium. 100	28 000	18 400
4	Engrais complet : Nitrate................... 200ᵏ Superphosphate............ 600 Chlorure de potassium...... 200	25 500	15 900
5	Comme le n° 4 (sans potasse).......	11 400	1 800
6	Comme le n° 4 (sans azote)	21 700	12 100
7	Comme le n° 4 (sans phosph.)......	21 000	11 400

Pour cette deuxième récolte, l'excédent le plus fort est obtenu sur la parcelle à fumure mixte. La forte fumure de fumier seul donne sur la précédente un déficit de 65 quintaux, et sur l'engrais complet le déficit est de 40 quintaux. La suppression de la potasse est extrèmement sensible : l'excédent s'abaisse par rapport à l'engrais complet de 141 quintaux. La suppression de l'azote a moins d'influence : le rendement ne tombe que de 38 quintaux. Quant à la suppression de l'acide phosphorique, elle a une action mesurée par une diminution de récolte de 45 quintaux.

En tenant compte de ces deux récoltes, faites dans des conditions différentes, on voit que dans le sol pauvre en potasse de Bonneval, la suppression de cette base dans la fumure supprime presque complètement le bon effet des autres principes fertilisants ; tandis qu'à Cloches le même fait se produit pour l'acide phosphorique. Ce rapprochement montre combien la composition du sol doit être prise en considération pour l'établissement des fumures et l'interprétation des résultats fournis par les champs d'expérience.

Nous trouvons encore une confirmation de ce qui précède dans les résultats que nous avons obtenus dans la culture expérimentale de la carotte à Grouasleu, chez M. Maudemain. En 1891, nous avons cultivé chez cet habile cultivateur la carotte blanche des Vosges et la carotte blanche à collet vert côte à côte, dans une terre siliceuse compacte moyennement tenace et à peine calcaire. Au point de vue chimique le sol était d'une richesse moyenne en azote, mais pauvre en chaux, en potasse et surtout en acide phosphorique.

Le champ fut divisé dans le sens de la longueur en trois planches égales : la première ne reçut aucun engrais ; on donna à la seconde, par hectare, 600 kilogrammes de scories de déphosphoration à 16 p. 100 d'acide phosphorique et 400 kilogrammes de nitrate de soude. Enfin la troisième planche reçut 10 tonnes de fumier de ferme, 600 kilogrammes de scories et 200 kilogrammes de nitrate de soude.

La dépense d'engrais, au cours de l'époque, s'élevait à 110 francs pour la deuxième parcelle et à 170 francs pour la dernière.

Quoique le champ ait beaucoup souffert d'une pluie d'orage diluvienne le 6 juin, on a obtenu les rendements consignés au tableau suivant :

RENDEMENTS A L'HECTARE.		CAROTTES	
		Blanche des Vosges.	Collet vert.
		quintaux.	quintaux.
Sans engrais.....	Racines.......	287,5	312,5
	Feuilles.......	87,5	137,5
	Total.......	375,0	450,0
Scories et nitrate	Racines.......	350,0	312,5
	Feuilles.......	112,5	150,0
	Total.......	462,5	462,5
Fumier, scories et nitrate........	Racines.......	450,0	425,0
	Feuilles... ...	112,5	162,5
	Total.......	562,5	587,5

Dans ce sol pauvre en potasse l'emploi du nitrate de soude et des scories ne fournit aucun excédent avec la carotte blanche à collet vert, et seulement un surcroît de production de 63 quintaux avec la carotte blanche des Vosges. En estimant le quintal de racines à 2 francs, le bénéfice moyen dans ce cas n'est que de 63 francs, il y a perte de 47 francs. Au contraire, avec la fumure mixte où le fumier introduit de la potasse à la dose de 50 kilogrammes, l'excédent moyen est de 138 quintaux, d'une valeur de 276 francs, et il ressort un bénéfice de 106 francs.

De l'ensemble de nos recherches physiologiques et de nos essais culturaux, il nous semble permis de conclure que pour la carotte fourragère il est indispensable de recourir à une bonne fumure de fumier de ferme, qu'il convient, suivant la richesse du sol ou sa pauvreté, de compléter avec des engrais chimiques appropriés. Dans un sol de constitution moyenne renfermant 1 gramme d'azote, 0^{gr},2 d'acide phosphorique assimilable, et 0^{gr},3 de potasse assimilable par kilogramme de terre normale, nous conseillons une fumure de 30 à 40 tonnes métriques de fumier de ferme bien décomposé. On enterrera en même temps 400 kilogrammes de superphosphate minéral ou de scories de déphosphoration. Enfin, on répandra au moment du semis ou à la levée 100 à 150 kilogrammes de nitrate de soude.

Si le sol est pauvre en acide phosphorique, on portera a dose des engrais phosphatés à 600 kilogrammes ; et dans les ols très pauvres en potasse seulement on ajoutera 100 à :00 kilogrammes de chlorure, car le fumier apporte générale- nent une dose suffisante de cette base pour assurer une bonne ilimentation de la plante qui nous occupe.

Culture dérobée. — Culture sarclée.

La carotte occupant peu de place dans sa jeunesse et crois- :ant principalement en profondeur, on peut la semer en :ulture dérobée dans une plante d'automne ou de printemps jui se récolte de bonne heure, en été, et qu'on a eu soin de fumer fortement.

On sème de préférence la carotte en récolte dérobée dans le lin, le pavot et le colza. On répand à cet effet sur la terre ameublie, et ordinairement du 15 février à la fin d'avril, 4 kilogrammes de graines à la volée. Aussitôt la récolte prin- cipale enlevée, on donne à la terre deux hersages croisés pour arracher les mauvaises herbes et les chaumes qu'on réunit en dehors du champ. On donne, quelque temps après, un troisième hersage servant de binage. On éclaircit à la main, s'il y a lieu, en laissant les plantes à environ 12 centimètres les unes des autres. Si l'on peut arroser avec l'engrais flamand, ou avec du purin étendu, on s'en trouve fort bien. Enfin, suivant le besoin, on donne un ou deux binages à la main. Schubart obtenait en récolte dérobée sur navette 320 quintaux, et sur lin 250 quintaux de racines. On voit par là que c'est une récolte dérobée importante.

Toutefois, c'est en traitant la carotte comme récolte principale, ainsi que la betterave et la pomme de terre, que l'on obtient les résultats les plus rémunérateurs. Il n'y a pas de plante-racine, en effet, qui exige plus de soins que la carotte. Ainsi, d'après Schwertz, selon les traitements qu'elle reçoit, on obtient des rendements qui varient dans les proportions suivantes :

```
Seulement sarclée........................    100
Fumée et non binée ...... ..............    133
Fumée et binée............. ............    156
```

Ces chiffres n'ont rien d'absolu, mais ils sont destinés à faire saisir l'importance d'une culture soignée.

Place dans l'assolement.

Dans l'assolement il convient de placer la carotte, comme les autres racines sarclées, en tête de la rotation. Elle succède alors à des céréales. Mais si le domaine a été négligé, et que les mauvaises herbes se multiplient trop abondamment, il vaudra mieux faire venir la carotte sur une plante nettoyante ou étouffante, récoltée de bonne heure, de façon qu'on puisse nettoyer le sol par une demi-jachère d'été.

Après cette plante on sème généralement du blé, si l'arrachage a pu être fait à temps en octobre, ou une plante de printemps quelconque dans le cas contraire, blé de février, blé de mars, avoine, lin, chanvre, orge.

Préparation du sol.

Pour préparer le sol, qui doit être profondément ameubli, et surtout débarrassé des mauvaises herbes, on déchaume le terrain aussitôt la moisson, pour détruire la végétation adventice, favoriser la levée des mauvaises graines et aussi la nitrification de l'azote organique du sol, puis, avant l'hiver, surtout dans les terres fortes ou compactes, on donne un labour aussi profond que possible. Le mieux, c'est de faire suivre la charrue par une fouilleuse, qui remue le fond de la raie jusqu'à 40 centimètres, sans ramener la terre à la surface. L'emploi de la charrue sous-sol, en permettant à la racine de prendre tout son développement accroît le rendement dans une très forte proportion. Nous avons observé, à Plancheville, dans ces conditions, un rendement de 80 000 kilogrammes à l'hectare, le sol étant, cela va sans dire, copieusement fumé. Dès le mois de mars on répand les engrais, on les enterre à l'extirpateur ou par un labour fait par un beau temps. On herse et l'on roule; puis, on maintient la terre nette de mauvaises herbes jusqu'au semis qui doit être fait sur un sol suffisamment rassi.

Semailles.

La semaille doit être faite en avril. Si on la faisait plus tôt, beaucoup de plantes monteraient à graines. Si, au contraire, on la retardait, les racines seraient exposées à mal mûrir et par suite à mal se conserver. D'un autre côté, quand les semis sont trop hâtifs, la germination est plus longue, la levée est irrégulière, et le sol est très vite envahi par les plantes nuisibles. La durée de la germination est de quinze jours à un mois. Pour faciliter la levée, Joigneaux recommandait de faire tremper la graine quelques heures dans l'eau. D'autre part, de Gasparin conseille d'attendre toujours, pour faire le semis, que la température moyenne de l'air ait atteint déjà depuis quelques jours 9° centigrades. L'application simultanée des deux préceptes est à recommander.

Sauf dans le cas de la culture dérobée, il faut invariablement semer la carotte en lignes, car elle demande des soins d'entretien encore plus minutieux que les autres racines, et les semis en lignes seuls permettent de les donner économiquement.

On a recours à des semoirs munis de socs suivis de rouleau comme pour la betterave. On espace les lignes de 40 à 50 centimètres pour que l'on puisse faire les binages à la houe. Mais il faut se garder d'exagérer cet écartement des lignes, sous le prétexte que les façons deviennent plus faciles à donner. On diminuerait ainsi sensiblement le rendement et la qualité des racines, comme nous l'avons déjà vu pour les betteraves. En même temps que nous faisions à Cloches les expériences déjà rapportées pour les betteraves (p. 382), nous étudiions également l'influence de l'espacement des plants avec la carotte. Le sol avait reçu une fumure de 40 tonnes de fumier et de 400 kilogrammes de superphosphate. Le tableau suivant donne les résultats constatés :

	LIGNES A 45 CENTIM.		LIGNES A 90 CENTIM.	
	Racines par are.	Rendement par hectare.	Racines par are.	Rendement par hectare.
		quintaux.		quintaux.
Blanche à collet vert...	2 129	662	1 289	515
Blanche des Vosges....	2 036	676	1 132	486
Moyennes......	2 082	669	1 210	500

La différence en faveur de la plantation serrée est donc de 169 quintaux.

L'analyse des racines venues dans les différentes conditions a montré que comme pour les betteraves, il y avait à poids égal plus d'éléments nutritifs dans les petites carottes que dans les grosses. Nous donnons ci-dessous nos analyses :

ÉLÉMENTS DOSÉS.	SEMIS A $0^m,90$.		SEMIS A $0^m,45$	
	Carotte blanche des Vosges.	Carotte blanche à collet vert.	Carotte blanche des Vosges.	Carotte blanche à collet vert.
	p. 100.	p. 100.	p. 100.	p. 100.
Eau...	90,03	90,57	88,02	89,80
Matières organiques	8,76	8,35	10,07	9,06
Cendres	1,21	1,08	1,01	1,14
Matières albuminoïdes.........	0,68	0,70	0,79	0,75
— azotées diverses.......	0,62	0,62	0,70	0,53
— — totales	1,30	1,32	1,49	1,28
Graisse.................. ...	0,06	0,04	0,07	0,05
Sucre..................	1,16	1,87	2,32	1,57
Glucose...................	1,91	1,51	1,63	1,85
Pentosanes..................	0,83	1,00	1,21	1,17
Cellulose	1,21	1,27	1,37	1,15
Matières non dosées	2,29	1,34	2,61	2,00
Nitrate de potasse.............	0,025	0,033	0,007	0,007
	kil.	kil.	kil.	kil.
Poids moyen des racines récoltées.	0,427	0,398	0,333	0,310
— analysées.	0,447	0,371	0,343	0,324

Au point de vue pratique, la valeur relative des deux systèmes de culture s'obtient en comparant leurs rendements en éléments nutritifs par hectare, comme dans le tableau suivant :

ÉLÉMENTS DOSÉS.	SEMIS A $0^m,90$.		SEMIS A $0^m,45$.	
	Carotte blanche des Vosges.	Carotte blanche à collet vert.	Carotte blanche des Vosges.	Carotte blanche à collet vert.
	quint.	quint.	quint.	quint.
Eau........	437,55	466,44	596,23	594,48
Matières organiques	42,57	43,00	72,33	59,98
Cendres	5,88	5,56	7,44	7,55
Matières albuminoïdes	3,30	3,60	5,34	4,96
— azotées diverses.......	3,04	3,19	4,73	3,51
— — totales........	6,34	6,79	10,07	8,47
Graisse......................	0,29	0,21	0,47	0,33
Sucre.......................	5,64	9,63	15,68	10,39
Glucose.....................	9,28	7,78	11,02	12,25
Pentosanes	4,03	5,15	8,18	7,75
Cellulose	5,88	6,54	9,26	7,61
Matières non dosées...........	11,13	6,90	17,64	13,24
Nitrate de potasse...........	0,1215	0,17	0,047	0,046

Enfin, ci-dessous nous avons totalisé pour chaque cas particulier, les albuminoïdes, les sucres, les graisses et les pentosanes, dont nous considérons que la somme représente assez bien les valeurs nutritives produites :

	90 CENTIM.	45 CENTIM.	DIFFÉRENCE.
	kil.	kil.	kil.
Carotte blanche des Vosges.	2 254	4 079	1 825
— à collet vert.	2 637	3 568	931
Moyennes	2 445	3 823	1 378

Il en ressort un excédent de 1 378 kilogrammes de matières nutritives en faveur de la culture serrée. C'est une augmentation de 56,4 p. 100 du produit des mêmes plantes cultivées à grandes distances et cela ne nous semble pas négligeable.

Dans le semis il faut que la graine soit très peu enterrée, car autrement elle lèverait mal. La quantité que l'on en répand par hectare est variable. On en sème de 2 à 4 kilogrammes. Il faut qu'elle soit suffisamment persillée pour que le semis soit très régulier. Si l'on répandait une plus grande quantité de semence, le dépressage serait ensuite très difficile, et par conséquent très coûteux.

Quand on n'a pas de semoir, on trace avec le rayonneur des sillons très peu profonds, dans lesquels on répand la graine avec une bouteille, munie d'un bouchon percé d'un trou, que l'on secoue vivement le long de la ligne, en marchant d'un pas rapide. Cette méthode est aussi usitée lorsqu'on fait la carotte sur billons, dans les sols un peu humides, ou peu profonds. On recouvre la graine avec la herse d'épines. Ce procédé est très expéditif.

Cultures d'entretien.

Les binages doivent être assez fréquents pour empêcher le tassement du sol et le développement des mauvaises herbes. Ce n'est pas trop de trois binages à la main, complétés par des façons à la houe, pour maintenir l'ameublissement du sol à une certaine profondeur. Le premier binage doit se faire aussitôt que les lignes sont visibles. Il faut l'exécuter de préférence complètement à la main, car il est urgent d'éviter de recouvrir les jeunes plantes de terre ; à cette époque de leur prime jeunesse, elles préfèrent de beaucoup avoir le collet dégarni. L'invasion du puceron, qui occasionne souvent de grands ravages, est en partie évitée par cette précaution, surtout quand on n'a pas négligé une bonne fumure de superphosphate, qui, hâtant beaucoup le premier développement, procure à la plante la vigueur nécessaire pour résister victorieusement à l'ennemi.

Dans les pays où l'on craint le développement rapide ou

exagéré des mauvaises herbes, il est utile de mélanger à la semence de carottes une autre graine, qui germe vite, en petite quantité, de façon que la direction des lignes soit rapidement marquée, et que la crainte de nuire à la levée des carottes en bouleversant les lignes de semis n'empêche pas de faire le premier binage dès qu'il est nécessaire. On a recours à quelques grains de colza ou de navette.

Quand les carottes ont pris de la force, et que les lignes sont bien dessinées, on fait le deuxième binage à la main, que l'on complète à la houe dans l'intervalle des lignes. Le dépressage doit être fait avec le plus grand soin. On laisse les racines à 10 ou 12 centimètres les unes des autres, suivant leur taille normale. Cette opération lente et coûteuse, par conséquent, ne doit jamais être négligée, car elle augmente le rendement, en même temps qu'elle épargne, à l'époque de l'arrachage, des frais qui compensent largement, alors que les beaux jours sont comptés, ceux que l'on a faits à la belle saison.

Enfin, on donne un troisième binage à la main, puis à la houe, avant que les carottes ne recouvrent complètement le terrain de leurs feuilles. Pendant le cours de la bonne saison, on a soin d'étêter les plantes qui montent à graine. S'il se présentait des vides importants sur les lignes, on y sèmerait des navets ou bien on y repiquerait des betteraves.

Récolte. — Conservation.

On fait la récolte dans le courant d'octobre. On peut opérer à la fourche, mais il est préférable et bien plus économique d'avoir recours à une charrue privée de versoir. Les carottes soulevées par le soc de l'instrument viennent alors facilement quand on les tire à la main par le feuillage.

Le décolletage de la carotte se fait comme celui de la betterave fourragère. On la conserve en celliers ou en silos. Mais, comme, plus que les autres racines, les carottes sont sujettes à la pourriture, par la fermentation, il faut éviter d'en faire de gros tas dans les magasins, de crainte d'échauffement, ou d'établir des silos très larges, et trop hauts. La conservation la meilleure s'obtient dans des silos ayant 2^m,50 de largeur, et

1^m,20 de hauteur que l'on recouvre ensuite en laissant une ouverture très étroite tout le long sur le sommet.

Il y a une dizaine d'années, un agriculteur de Meurthe-et-Moselle a proposé une méthode de conservation très simple, dont il a obtenu d'excellents résultats. Dans le procédé de M. Barbotin, les carottes restent en plein air disposées simplement contre un mur en forme de contre-mur, qu'on peut élever jusqu'à une hauteur de 2 ou 3 mètres. On doit autant que possible choisir l'exposition du nord ou de l'ouest. « Pour élever ce contre-mur de carottes, dit-il, on dispose les plus belles sur le devant, la tête en dehors, la queue en dedans, de manière à faire parement. Le reste s'entasse pèle-mêle le long du mur à mesure que le parement s'élève, ou plutôt c'est l'inverse qui se pratique : le charretier jette les carottes contre le mur et un ouvrier dispose à mesure sur le devant celles qui doivent faire le parement, cela se fait assez vite. L'épaisseur est d'environ 80 centimètres. » Il est bon d'établir entre le mur et les carottes une paroi de fascines pour éviter l'échauffement, toutefois cela n'est pas absolument nécessaire. On couvre le dessus du tas, ainsi appuyé au mur, d'une épaisse couche de paille ; quant au parement, il reste à découvert. Mais il est indispensable de le garantir par une clôture quelconque contre les approches du bétail qui, en s'efforçant de tirer quelques racines, ne manquerait pas de faire écrouler le parement. Les carottes ne doivent pas être lavées avant d'être mises ainsi en tas, pas plus du reste que pour leur conservation en silos ou en magasin, car le peu de terre adhérente qui reste est plutôt favorable à leur bonne conservation. L'eau des pluies qui peuvent venir fouetter les parois du tas ne présente aucun inconvénient ; elle semble plutôt avantageuse en entretenant la vitalité de la racine qui reste ferme et croquante jusqu'au bout. M. Barbotin a pu conserver, par cette méthode, ses carottes par des froids de 15 et 18° au-dessous de zéro.

PANAIS (*Pastinaca sativa*).

Le panais n'est guère cultivé comme racine fourragère, qu'en Bretagne. Il y passe pour être plus nourrissant que la carotte. Ses feuilles comme ses racines sont très recherchées de tous les animaux. Les Bretons l'estiment beaucoup pour la nourriture des chevaux et l'alimentation des vaches laitières. Il favorise, suivant eux, la production du beurre. Suivant Mathieu de Dombasle, c'est la racine la plus favorable à l'engraissement des bêtes bovines et des porcs.

La racine a la composition suivante :

Eau	78,9
Matière azotée........	1,5
Graisse..............	0,6
Hydrates de carbone .	15,5
Cellulose brute........	1,1
Cendres..............	1,6

On voit que le panais est beaucoup plus riche en matières nutritives que les autres racines fourragères et particulièrement que les carottes et les betteraves et qu'il mériterait d'être cultivé davantage.

En grande culture, on ne cultive que les panais longs (fig. 126), parmi lesquels il faut signaler le panais amélioré de Brest.

Comme climat, il préfère les pays humides et doux. Il supporte parfaitement les froids de nos hivers et l'on peut par conséquent ne le récolter qu'au fur et à mesure des besoins.

Il aime les sols calcaires, les terres argilo-sableuses riches ¦ et

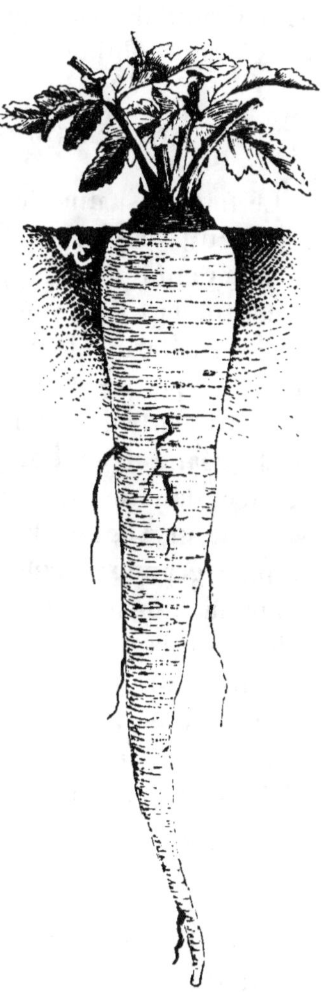

Fig. 126. — Panais long

meubles, les terres sablonneuses bien pourvues d'humus, à la condition qu'elles soient profondes et fraîches. Il ne réussit pas dans les argiles compactes et tenaces.

La culture est absolument la même que celle de la carotte. Il faut semer un peu plus de graine, car elle est plus grosse.

Celle-ci ne doit pas être vieille, car elle ne conserve une bonne faculté germinative que pendant la première année qui suit la récolte.

Le rendement peut, dans les situations qui lui conviennent, égaler celui des carottes ; il est en moyenne de 250 à 300 quintaux et l'on obtient de 25 à 40 quintaux de feuilles.

NAVET (*Brassica napus vel brassica rapa*).

Le navet est une des racines fourragères les plus anciennement cultivées. Chez les anciens Hébreux, et vers les commencements de l'empire romain, les navets et les raves constituaient déjà une ressource importante pour la nourriture du bétail en Asie Mineure et dans la partie occidentale de l'Europe. En France, le navet est surtout cultivé sur le Plateau central et dans ses environs, sur la côte occidentale de l'Océan, et en Lorraine. Sa culture est très répandue en Alsace, dans le Palatinat, la Belgique, la Hollande. Mais c'est surtout en Angleterre que, sous le nom de turnep, il jouit de la plus grande vogue. Dans tous ces pays, il est très estimé pour la nourriture des moutons et des bêtes bovines. En Alsace et dans le Palatinat, on le considère comme une très bonne et une très saine nourriture pour les chevaux auxquels on le donne pendant l'hiver en mélange avec de la paille hachée. Les feuilles de navets sont elles-mêmes très recherchées par tous les bestiaux.

Variétés.

Les variétés de navets sont très nombreuses, et nous nous contenterons d'en signaler quelques-unes des plus estimées :

Le *navet long d'Alsace* (fig. 127) est longuement ovoïde. La racine est blanche dans sa partie enterrée, tandis que le collet qui sort bien de terre est vert clair. La longueur totale de ce navet est de trois à quatre fois son diamètre maximum. Il est demi-hâtif. On peut encore le semer après la récolte des premières céréales, et, en trois mois, il peut atteindre un poids moyen de 500 grammes.

Le *navet rose du Palatinat* (fig. 128) est très voisin du précédent. Il s'en distingue parce qu'il a le collet franchement violacé. On le cultive non seulement dans la vallée du Rhin,

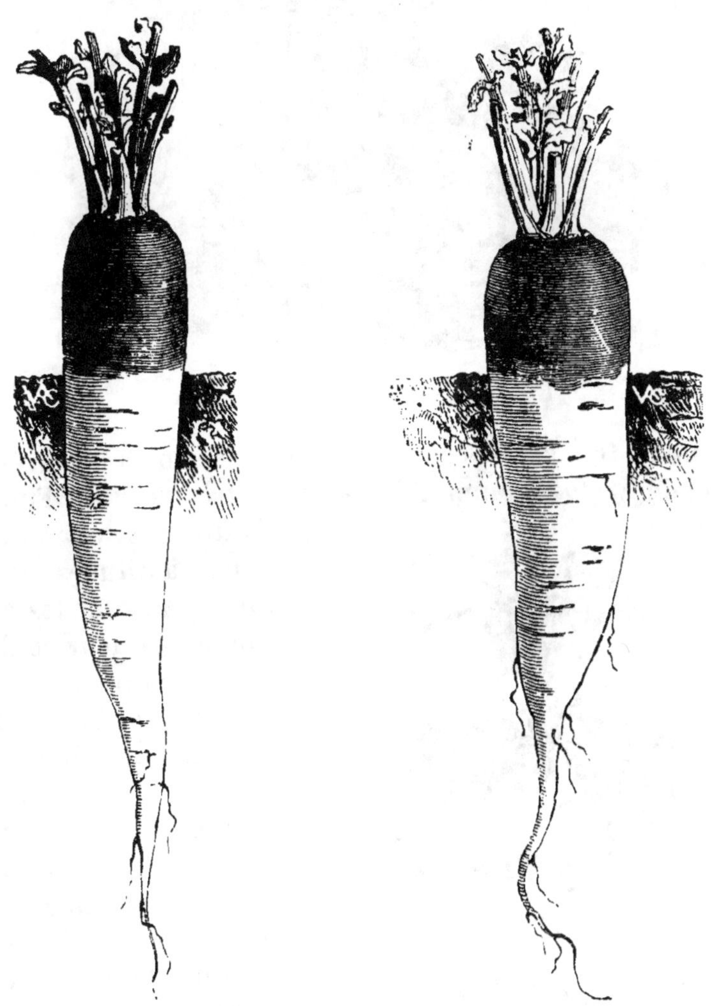

Fig. 127. — Navet long d'Alsace.   Fig. 128. — Navet rose du Palatinat.

dont il est originaire, comme le précédent, mais encore en Angleterre, sous le nom de *Red Tankard Turnep*; mais il y est en général beaucoup plus court que sur le continent.

Les variétés de navets aplatis ou arrondis, appelées aussi *raves*, sont les plus nombreuses. Elles sont plus recherchées en Angleterre, parce que leur consommation sur place, par le bétail, est plus facile et beaucoup plus complète. Les racines

Fig. 129. — Turnep de Norfolk.

deviennent très grosses et les rendements sont très élevés. La variété de *Norfolk* comprend trois races très voisines l'une de

Fig. 130. — Rave d'Auvergne.

l'autre par leur taille et leurs aptitudes culturales, mais faciles à distinguer par leur couleur, à savoir : le turnep blanc, le turnep à collet vert et le turnep à collet rouge (fig. 129). Ce sont des plantes très vigoureuses, à feuillage très développé. Elles ne commencent à former leurs racines charnues que tard mais celles-ci atteignent, après quatre à cinq mois de végétation, un poids de 2 à 3 kilogrammes.

Le *navet jaune d'Aberdeen* ou navet jaune d'Écosse, se distingue du turnep de Norfolk à collet vert, en ce que la partie de la racine enterrée est entièrement jaune, et que toute la chair est franchement jaune, au lieu d'être blanche. Ce navet devient moins gros, mais il est plus rustique et résiste mieux au froid. On estime qu'il est doué d'une plus grande valeur nutritive ; sa chair est du reste plus ferme et moins aqueuse.

En Belgique, on cultive avec avantage le *navet ovoïde de Flandre à collet vert*.

Enfin, dans le centre de la France, on cultive surtout la *rave d'Auvergne à collet rouge* (fig. 130), qui réussit surtout bien dans les terrains calcaires. La racine, très grosse, est d'un blanc violacé, le collet violet et la chair blanche. C'est une variété très précoce.

Composition. — Valeur alimentaire.

Dans les pays de culture du navet, on fait consommer par le bétail les feuilles aussi bien que les racines. Nous donnons ci-dessous la composition immédiate des unes et des autres, d'après les analyses publiées par M. Denaiffe, ingénieur-agronome :

	EAU.	PROTÉINE.	GRAISSE.	HYDRATES DE CARBONE.	CELLULOSE.	CENDRES.
1º Racines.						
N. d'Alsace............	92,45	1,53	0,14	3,61	1,35	0,92
N. du Palatinat......	91,65	1,35	0,15	4,64	0,97	1,24
N. d'Auvergne........	91,05	1,63	0,17	3,65	1,69	1,80
N. de Norfolk rose ...	91,98	1,50	0,15	3,45	1,41	1,61
N. du Limousin......	91,62	1,96	0,16	3,45	1.38	1,42
Moyennes........	91,75	1,59	0,16	3,76	1,36	1,40
2º Feuilles.						
Navets d'Auvergne et du Limousin........	91,40	2,10	0,24	3,12	1,08	1,98
T. collet rose et collet vert	91,30	1,99	0,20	2,57	1,20	2,43
Moyennes........	91,35	2,04	0,22	2,99	1,14	2,21

On voit que le navet, comme ses feuilles, constituent des aliments très riches en eau. On y trouve autant de matière sèche, que dans la majorité des betteraves fourragères cultivées selon les anciennes méthodes, mais beaucoup moins que dans celles qu'on obtient d'une culture rationnelle. Toutefois, il faut remarquer que la racine de navet est sensiblement plus riche en matière azotée brute et aussi en albuminoïdes que celle de la betterave; on peut, en effet, estimer d'après Lehmann, à 0,5 ou 0,6 p. 100 dans les racines comme dans les feuilles, le taux des amides : il y a donc en moyenne dans le navet, 1 p. 100 d'albuminoïdes, et dans les feuilles, 1,5 p. 100. Cela explique la grande valeur de cette plante fourragère.

« Le navet est une excellente nourriture d'engraissement pour les moutons et les bêtes bovines. On en fait un grand usage dans le Limousin et dans le Périgord, pour l'engraissement des bœufs. Il convient aussi aux vaches laitières, à la condition de ne pas en faire leur régime exclusif, car il pourrait alors communiquer un goût spécial au lait et au beurre. En Alsace et dans le Palatinat il est estimé pour la nourriture des chevaux. Voici comment l'apprécie dans ce but, John Stewart, dans son *Économie de l'écurie* : «Les navets sont généralement employés à la nourriture des chevaux de ferme et de gros trait, et il y a peu de temps que l'on a commencé à en faire usage dans les écuries des messageries, où ils ont détrôné les carottes. Les navets de Suède (rutabagas) sont ceux que l'on préfère ; les blancs communs et les jaunes ne valent pas grand'chose. D'après Thäer, 50 kilogrammes de navets de Suède sont égaux comme nutrition à 11 kilogrammes de foin. Pour des chevaux de trait, marchant au pas, les navets peuvent tenir lieu d'avoine ; pour les chevaux de vitesse, ils épargnent plutôt le foin que l'avoine. Les navets bouillis exhalent une odeur agréable, ce qui semble donner au cheval du goût pour cet aliment. Cette racine engraisse rapidement les chevaux et leur donne un pelage doux, brillant, en même temps que la peau s'en trouve assouplie.

« Les navets sont parfois donnés crus aux chevaux, et, dans ce cas, ils sont lavés et coupés en tranches, mais généralement c'est cuits qu'on les leur distribue, et alors ils sont ou bouillis ou cuits à la vapeur. Mangés crus, ils peuvent provoquer une indigestion, et en même temps les chevaux ne les aiment pas autant. On ne les distribue guère plus d'une fois par jour aux chevaux, et de préférence le soir après le travail. On pourrait les donner plus souvent, mais on aurait à craindre que les chevaux ne s'en dégoûtassent ; et si on veut les leur donner pendant plusieurs semaines consécutives, il ne faut pas leur en donner plus d'une ou deux fois par jour ; dans ce dernier cas, la quantité doit être restreinte. Le cheval dont la ration est limitée en mangera volontiers en tout temps, mais nourri de cette manière, il ne doit point être assujetti à un travail pénible. De la paille ou du foin et des navets engraisseront vite un cheval oisif, et même lui permettront de faire un travail lent ; toutefois, pour un travail complet, le cheval aurait besoin d'une trop grande quantité de cette nourriture pour se conserver en bonne condition tout en faisant son travail ; et s'il lui fallait opérer un travail de vitesse, il lui faudrait manger beaucoup plus qu'il n'en pourrait porter. Ordinairement, comme je l'ai dit, on ne leur donne des navets qu'une fois par jour, et on leur fait une masch, composée de paille de fléau, de graine de foin et d'un peu de grain, ordinairement des féveroles, qui sont cuites ensemble avec le reste. Il faut toujours que les navets soient lavés, qu'ils bouillent longtemps, et, s'ils sont gros, il faut avoir soin de les couper. »

Climat.

Le navet prospère surtout sous un ciel brumeux et dans une atmosphère humide. Sa végétation dans les variétés tardives, se prolongeant pendant l'hiver, il convient de réserver celles-ci pour les pays à hivers doux comme l'ouest de la France et les îles britanniques. Il reste en végétation tant que la température moyenne atteint 9° centigrades, et demande, d'après Haberland, de 1 400° à 1 600° de chaleur moyenne pour atteindre son développement. Il convient donc de le semer assez tôt pour que l'on puisse compter sur cette quantité de chaleur avant les fortes gelées. Mais dans notre climat, il ne faut pas le semer avant le mois de juillet, car on risquerait beaucoup

de le voir monter à graine. Cette nécessité de semer tard,
permet d'avoir tout le temps pour donner au sol une préparation complète et soignée ; elle autorise, en outre, sa culture
en récolte dérobée sur les premières céréales moissonnées. Il
en résulte que le navet peut rendre de très grands services
comme culture accessoire dans la plupart des régions, surtout
lorsque, par suite de la sécheresse printanière, les betteraves
et les carottes ont mal levé, ou que les prairies naturelles ou
artificielles ont peu fourni de rendement en première coupe.
Le navet, dans ces conditions, vient assurer l'approvisionnement d'hiver du bétail.

Sol.

Si le navet végète vigoureusement dans une atmosphère
humide, il redoute les sols où sévit un excès d'humidité. Il
réussit surtout bien dans les sols légers, limoneux, frais sans
excès, bien pourvus de terreau et légèrement calcaires. En
Angleterre, les terres calcaires sableuses donnent les meilleurs
résultats. Il prospère aussi sur défrichement. Dans les terres
dépourvues de carbonate de chaux, l'emploi de la chaux ou
de la marne contribue beaucoup à la réussite de sa culture.

Girardin et Du Breuil ont obtenu dans la culture des navets
sur différents sols, les rendements suivants :

NATURE DU SOL.	RACINES.	FEUILLES.	TOTAL.
	kil.	kil.	kil.
Calcaire..................	159,12	69,92	228,94
Sable humifère...............	124,89	72,40	197,29
Argileux....................	106,52	43,29	149,81
Sable d'alluvion.............	82,44	61,17	143,61

Ces résultats confirment les indications données plus haut.

Exigences en éléments fertilisants.

Le navet est une plante à végétation rapide, qui, en quelques
mois, doit tirer du sol ou des engrais, une quantité élevée de

principes nutritifs, quantité que nous allons chercher à estimer. En culture principale, on peut espérer, dans de bonnes conditions, un rendement en racines de 450 quintaux de navets fourragers, avec 180 quintaux de feuilles.

On trouve dans 1 000 kilogrammes de navets ou de feuilles, les quantités suivantes de principes fertilisants en moyenne :

	Racines.	Feuilles.
Azote	2,54	3,26
Acide phosphorique	1,44	1,00
Potasse	6,35	6,52
Chaux	1,33	5,63
Acide sulfurique	1,30	2,07

Il en résulte que la récolte considérée absorbe au minimum, puisque nous ne pouvons tenir compte des radicelles :

	RACINES.	FEUILLES.	TOTAL.
	kil.	kil.	kil.
Azote	114	59	173
Acide phosphorique	65	18	83
Potasse	285	117	302
Chaux	60	101	161
Acide sulfurique	58	37	95

Le navet, pour donner une belle récolte, doit donc trouver un sol très bien pourvu de potasse, d'acide phosphorique et de chaux assimilables. Ses grandes exigences en acide sulfurique nous font présumer que l'emploi des superphosphates doit être doublement avantageux, comme source à la fois de phosphate et de sulfate de chaux.

Des expériences de culture, faites à Rothamsted, en 1846, 1847, 1848, par Lawes et Gilbert, ont fourni les résultats suivants :

	RACINES.	FEUILLES.	TOTAL.
	quint.	quint.	quint.
Sans engrais................	30	21	51
Superphosphate, sulfates de potasse, soude et magnésie.......	202	69	271
Superphosphate seul	221	74	295
Superphosphate et sulfate de potasse....................	200	63	263
Azote ammoniacal (54 kil.).......	34	25	59
Azote ammoniacal et 2000 kil. de tourteau de navette (152 kil. d'azote).....................	138	99	237
Tourteau seul...................	164	79	243
Superphosphate et azote ammoniacal......................	248	110	359
Superphosphate, azote ammoniacal et tourteaux..............	252	154	406
Superphosphate et tourteau......	273	119	392
Superphosphate, sulfate de potasse et sels ammoniacaux..........	246	110	356
Superphosphate, sels ammoniacaux et tourteaux avec sels de potasse	260	158	418
Superphosphate, sels de potasse et tourteaux	272	117	389

Dans une autre série d'expériences, dans le même terrain, l'emploi du fumier seul à la dose de 30 000 kilogrammes par hectare a donné comme moyenne de quatre années, un rendement de 305 quintaux de racines par hectare.

Nous faisons ressortir dans le tableau suivant les excédents de récolte produits par les diverses fumures :

	RACINES.	FEUILLES.	TOTAL.
	quint.	quint.	quint.
Superphosphates, sulfates de potasse, soude et magnésie	172	48	220
Superphosphate seul...	191	53	244
Superphosphate et sulfate de potasse	170	42	212
Azote ammoniacal (52 kil.)	4	4	8
Azote ammoniacal et tourteau ...	108	78	186
Tourteau seul	134	58	182
Superphosphate, azote ammoniacal (52 kil.)	218	89	308
Superphosphate, azote ammoniacal et tourteau	222	133	355
Superphosphate et tourteau	243	98	341
Superphosphate, sulfate de potasse et sels ammoniacaux	216	89	305
Superphosphate, sulfate de potasse, sels ammoniacaux et tourteaux	230	137	367
Superphosphate, sels de potasse et tourteaux	242	96	338

Enfin l'excédent dû au fumier seul serait pour les racines de 275 quintaux par hectare.

Les agronomes anglais ont reconnu qu'il n'était pas possible avec les engrais chimiques seuls de continuer sur le même sol la culture avantageuse des navets. Les rendements vont sans cesse en diminuant. C'est que cette plante a besoin, pour la formation rapide de sa racine, de trouver dans le sol une bonne provision de matières organiques, sous une forme convenable à l'assimilation. L'emploi de hautes doses de fumier s'impose donc ici, et si l'on ne peut y recourir en proportion suffisante, il faut le remplacer par des tourteaux de graines oléagineuses : colza ou navette par exemple.

Dans le sol de Rothamsted, les sels de potasse n'ont pas donné d'effet, bien que la plante soit très avide de cette substance fertilisante. On doit attribuer ce fait à la richesse du sol en cet élément, richesse qui est démontrée par l'absorption considérable de potasse que peut faire la plante quand on lui donne un excès d'azote et d'acide phosphorique. Il n'en est pas de même des superphosphates : employés seuls, ils donnent des excédents très élevés. Avec les sels ammoniacaux et les tourteaux, ils donnent encore un surcroît de récolte un peu plus considérable. Ils ont une action remarquable sur le départ de la végétation, action que nous avons déjà signalée pour la betterave et la carotte, et en favorisant dès le début la formation d'un abondant chevelu superficiel, ils donnent à la plante le moyen de tirer un meilleur parti des ressources du sol en éléments fertilisants divers. Les navets fumés au superphosphate sont plus robustes dans leur prime jeunesse et résistent mieux aux attaques de l'altise. Ils sont aussi d'une maturité plus précoce.

Les sels ammoniacaux ou les engrais azotés, en général, ont une influence beaucoup moindre sur le rendement des turneps. Ils ont pour effet très marqué de retarder leur maturité. Il est préférable de fournir l'azote sous forme de tourteaux de graines oléagineuses non comestibles. Avec la fumure organique on récolte, il est vrai, un peu moins de feuilles, mais sensiblement plus de racines qu'avec le sulfate d'ammoniaque.

La fumure convenable dans un sol de composition moyenne devra donc être constituée, d'après ce qui précède, de 30 tonnes métriques de fumier de ferme bien décomposé, additionné de 400 kilogrammes de superphosphate à 14 p. 100 d'acide phosphorique soluble dans le citrate. On portera la dose de ce dernier engrais à 600 kilogrammes dans les sols pauvres. Si l'on ne pouvait fournir autant de fumier, on y suppléerait par 1 000 ou 2 000 kilogrammes de tourteaux de crucifères (Voy. *Engrais*).

Action des engrais sur le rendement en matière nutritive.

Les engrais ont de l'influence non seulement sur le rendement brut, mais encore sur le produit en substances nutritives, dans les feuilles et dans les racines. D'abord, la proportion relative de ces deux parties de la plante est nettement influencée : avec l'engrais minéral seul, on récolte 32,9 p. 100 de feuilles par rapport au poids des racines ; avec l'engrais minéral et les sels ammoniacaux, la proportion passe à 43,4

p. 100 ; lorsqu'on ajoute à ce dernier mélange fertilisant 2 000 kilogrammes de tourteaux (122 kilogrammes d'azote total), la proportion des feuilles atteint 60 p. 100 ; enfin, elle retombe à 41,8 p. 100 avec l'engrais minéral et le tourteau. Donc les engrais azotés très assimilables favorisent beaucoup la production foliacée, tandis que le superphosphate a plus d'action sur la formation de la racine.

D'un autre côté, en même temps que la dose d'azote s'élève, la proportion de matière sèche diminue dans les racines et les feuilles, tandis que la quantité de matière azotée est un peu plus grande. En calculant les quantités produites par hectare, on arrive au tableau suivant :

	RACINES.	FEUILLES.	TOTAL.
	kil.	kil.	ffil.
1° Engrais minéral.			
Matière sèche	1 772	965	2 737
— azotée	175	223	398
2° Engrais minéral et 52 kil. d'azote.			
Matière sèche	2 025	1 444	2 469
— azotée	336	336	672
3° Engrais minéral et 100 kil. d'azote.			
Matière sèche	2 199	1 452	3 651
— azotée	245	336	581
4° Engrais minéral et 152 kil. d'azote.			
Matière sèche	1 983	1 908	3 891
— azotée	301	441	742

Si l'on égale 100 la production en matière sèche ou en matière azotée correspondant à l'engrais minéral, on obtient pour les doses croissantes d'azote dans l'engrais, les nombres proportionnels suivants :

	Matière sèche.	Matière azotée.
Engrais minéral seul	100	100
52 kil. d'azote	90	168
100 —	133	146
152 —	142	186

nombres qui montrent que l'influence de la fumure azotée
est très nette sur la production de la matière azotée brute,
et que la dépression de la matière sèche n'est comblée que
par l'emploi d'une quantité assez élevée d'engrais azotés, par
suite de l'accroissement notable dans ce dernier cas de la production des feuilles.

Navets en culture principale.

Préparation du sol. — La terre doit être parfaitement
ameublie. Aussi donne-t-on deux, trois et même quatre
labours, suivis de hersages et de roulages, suivant l'état du
terrain. Le premier labour se fait avant l'hiver, et après un
déchaumage.

Il est indispensable que le sol soit ameubli très profondément, soit par un labour de défoncement, soit plus simplement
en employant la charrue ordinaire suivie d'une charrue sous-
sol, qui remue le fond de la raie sans la ramener à la surface.
Plus le sol a été ameubli profondément, et complètement,
plus la récolte est assurée, parce que le terrain absorbe plus
d'eau à l'époque des pluies, et en retient davantage pour les
périodes de sécheresse. Les expériences suivantes le
démontrent :

	Wilson. quintaux.	Mac Lean. quintaux.
Sol labouré à 22 centimètres....	206	200
— 42 —	278	240
Excédent en faveur du défoncement.	62	40

Le défoncement accroît aussi beaucoup l'action des superphosphates sur le rendement, suivant les expériences de Lawes
et Gilbert.

Semis. — L'époque du semis varie suivant les régions. En
Angleterre, on sème les turneps en juin et au plus tard dans
la première quinzaine de juillet. En France, la végétation des
navets est plus rapide car le climat est moins brumeux et le
sol plus sec. On sème donc seulement du 15 juillet au 15 août.
Si l'on semait plus tôt, les navets monteraient à graine.

Toutefois, sur nos côtes de l'ouest, où le climat est humide et brumeux comme en Angleterre, on sème à la même époque ; dans le Midi on attend les premières pluies de la fin de l'été. En Belgique et en Allemagne, on sème à la fin de juin et dans les premiers jours de juillet.

Les semailles doivent suivre immédiatement le dernier labour, afin que la levée soit prompte. On sème rarement à la volée à raison de 4 kilogrammes de graines par hectare. Il vaut mieux semer en lignes au semoir ; on espace alors les rangs de 40 à 50 centimètres, et l'on emploie de 3 à 4 kilogrammes de graines au maximum. Dans tous les cas la semence doit être très peu profondément enterrée, soit entre 15 et 20 millimètres.

Entretien. — Quand les navets commencent à végéter, on les roule avec un rouleau léger articulé. Ce roulage accélère la végétation. On fait un premier binage quand les plantes ont 3 ou 4 feuilles au plus. On l'exécute à la main sur la ligne et à la houe à cheval entre les lignes. Quinze jours ou trois semaines après, les mauvaises herbes ayant reparu, on donne un deuxième binage comme le premier. La bonne exécution de ces façons a une influence considérable sur le rendement.

En même temps qu'on fait le second binage, et même quelquefois le premier, on enlève les plantes superflues. On espace les pieds restant à 20 ou 25 centimètres suivant la variété. Trop rapprochés les uns des autres, les navets s'allongent, et ne donnent que des racines peu développées. D'autre part, les navets trop espacés deviennent trop gros et sont peu nutritifs. Enfin on donne un léger buttage au butteur vingt jours après le second binage.

Insectes nuisibles et maladies. — Le navet pendant sa première jeunesse est exposé aux attaques des limaces, de la larve de la piéride du chou et surtout à celle de l'altise (*Altica oleracea*) tiquet, ou puce de terre. On combat les premières par un roulage énergique, exécuté avant le lever du soleil. Contre les altises, la lutte est plus difficile. En Angleterre on a recours à des troupeaux de canards et de dindons qui mangent ces insectes ; on dit aussi que le semis de quelques grains de sarrasin avec les navets les éloigne ; d'un autre côté, l'on peut employer la cendre neuve ou le plâtre que l'on répand sur les jeunes plantes tous les matins de façon à les en saupoudrer. Mais le meilleur moyen de limiter leurs ravages, est de ne semer les navets que dans un sol parfaitement préparé et fortement fumé, surtout au superphosphate, de manière que le premier développement soit très rapide.

Le navet, comme toutes les espèces de choux, est sujet à la maladie appelée « hernie », maladie qui est due au développement d'un champignon parasite, le *Plasmodiophora brassicae*. Quand on s'aperçoit de la présence de cette maladie, il faut arracher et brûler tous les plants atteints, et ne pas refaire de navets dans le même champ avant trois ou quatre ans au moins.

Culture dérobée.

Après la moisson on donne un labour et l'on herse énergiquement ; on ramasse les racines des mauvaises herbes et on les brûle sur place. On répand le fumier avec le superphosphate et on donne un second labour pour enterrer le tout. On sème sur ce labour à la volée ou de préférence en lignes, immédiatement si le sol est assez frais pour assurer une rapide levée. Sinon on attend l'annonce de la première pluie. Si le sol se couvre de mauvaises herbes, dans les champs semés à la volée, on donne deux hersages croisés quand les navets ont six feuilles, pour les détruire ; puis on éclaircit à la main. Dans les semis en lignes on opère comme nous l'avons dit plus haut à propos de la culture principale.

Récolte.

On peut commencer à faire consommer en octobre les navets semés en juin, car ils sont arrivés à leur développement complet. Les semis de juillet ne doivent être récoltés qu'en novembre.

En Angleterre, on les fait consommer sur place par les bestiaux, car le climat est doux et les gelées ne sont pas à craindre. On commence par faire manger les feuilles ; ensuite on arrache les racines sur une étendue suffisante pour assurer la nourriture de la journée et on les livre aux animaux.

Mais dans notre climat, il faut récolter les racines et les emmagasiner, pour les faire consommer suivant les besoins, pendant le commencement de l'hiver. L'arrachage se fait très facilement à la charrue. Les racines sont décolletées et l'on fait manger les feuilles sur place par les moutons, ou bien on les rentre pour les vaches. Il faut éviter que les animaux, qui en sont avides, en mangent plus que de raison, car elles peuvent produire la météorisation.

Les racines sont rentrées dans des celliers ou des magasins où on les garde à l'abri de la gelée; ou bien on les met en petits silos, larges au plus de un mètre à la base, et hauts de 60 centimètres. On les couvre de terre et on laisse la partie supérieure ouverte tant que les fortes gelées ne sont pas à craindre.

Rendement.

En culture principale, on récolte de 30 à 50 tonnes métriques de racines à l'hectare. En culture dérobée, on obtient de 15 à 25 tonnes seulement. Le rendement baisse beaucoup si la saison est sèche.

CHOU-NAVET (*Brassica campestris napobrassica*) (fig. 131).

Le chou-navet est aussi connu sous le nom de *rutabaga* ou de *navet de Suède*. Ses feuilles lisses et blanchâtres permettent de le différencier aisément du navet, dont le feuillage est vert clair. Il est supérieur au navet comme valeur nutritive.

Climat.

Le rutabaga préfère un climat humide et un ciel brumeux. Sa culture est très étendue en Angleterre, dans les Pays-Bas, et dans certaines parties de l'Allemagne. En France, on le cultive surtout dans la région de l'ouest, où il donne de très beaux rendements. Il supporte sans souffrir les froids de nos hivers, ce qui permet d'économiser les frais de magasinage. Il végète encore pendant l'automne et même en hiver, à une température un peu supérieure à 0°.

Sol.

C'est la véritable racine fourragère des terres fortes et compactes ; mais on peut le cultiver aussi dans tous les sols de qualité moyenne et meubles, pourvu qu'ils soient

Fig. 131. — Rutabaga.

frais. Il réussit très bien sur les défrichements, dans les terres de lande encore chargées de matières organiques plus ou moins acides, où la betterave ne fournirait qu'un faible rendement.

Girardin et Du Breuil ont cultivé comparativement le rutabaga dans divers sols et ont obtenu les résultats saivants :

TERRAINS.	RACINES.	FEUILLES.	TOTAL.
	kil.	kil.	kil.
Sol argileux.........	44,26	16.04	60,30
Sol calcaire..........	43,69	17,00	60,39
Sable humifère	41,41	17,78	59,19
Sable d'alluvion......	40,98	26,40	67,38

L'aptitude de sols à produire le rutabaga semble en raison directe de leur faculté à retenir à l'eau.

Variétés.

Les variétés sont nombreuses. Elles se différencient par la forme, le développement plus ou moins hors de terre, la couleur. Il faut citer le *chou-navet de Laponie* à racine allongée, blanche, à collet vert, à chair blanche, qui supporte les plus grands froids : le *rutabaga à collet vert* ou *navet de Suède*, à racine enterrée aux deux tiers, grosse, arrondie, à collet teinté de vert, et dont la chair est jaune ; il grossit plus vite que le premier et lui est préféré pour cette raison ; en Angleterre et dans l'Ardenne belge, on apprécie beaucoup la variété *Champion* et la variété *Shirwing* à collet rouge.

Composition. — Valeur alimentaire.

Nous donnons ci-dessous la composition immédiate des racines et des feuilles :

	Racines.	Feuilles.
Eau...	88,2	88,5
Matières azotée..............	1,9	2,4
Graisse brute................	0.2	0,3
Hydrates de carbone	6,5	5,4
Cellulose....................	2,0	1,6
Cendres	1,2	1,8

Cette racine est surtout employée pour l'engraissement des bêtes bovines et des moutons. Elle est favorable à la production du lait. Enfin les chevaux la consomment bien et avec profit. Les feuilles constituent un fourrage aussi bien accepté et aussi bon que les racines.

Exigences. — Fumure.

En bonne culture, le rutabaga peut donner 40 à 45 000 kilogrammes de racines et 3 à 10 000 kilogrammes de feuilles. On trouve dans ces diverses parties pour 1 000 kilogrammes de matière à l'état naturel :

	Racines. kil.	Feuilles. kil.
Azote	3,04	3,84
Acide phosphorique	1,80	1,53
Potasse	6,15	6,12
Chaux	1,50	3,04

Il en résulte qu'une récolte de 45 tonnes de racines et de 5 tonnes de feuilles absorbe pendant sa végétation :

	RACINES. kil.	FEUILLES. kil.	TOTAL. kil.
Azote	137	19	156
Acide phosphorique	81	7,6	88,6
Potasse	276	30	306
Chaux	67	15	82

C'est donc une plante qui demande une forte fumure.

Nous rapportons ci-après les résultats obtenus à Rothamsted, dans la culture du navet de Suède, avec des engrais variés, pendant quatre années consécutives, de 1849 à 1852 :

FUMURES	RACINES.	FEUILLES.	TOTAL.
	quintaux.	quintaux.	quintaux.
Rendements par hectare.			
1. Sans engrais depuis 1846.....	57,74	7,56	65,30
2. Engrais minéral (1)...........	197,09	12,55	209,64
3. Superphosphate seul.........	187,04	13,81	200,85
4. Superphos. et sulfate de potasse	170,72	11,29	182,01
5. Sels ammoniacaux (244 kil.)...	96,66	7,63	104,19
6. Sels ammoniacaux et tourteau (2240 kil.).................	175,75	21,34	197,09
7. Tourteau seul................	193,32	16,32	209,64
8. Engrais minéral et sels ammoniacaux.....................	237,26	13,81	251,07
9. Engrais minéral, sels ammoniacaux, tourteaux..........	327,65	22,60	350,25
10. Engrais minéral, tourteau	310,08	18.83	328,91
11. Superphos., sels ammoniacaux.	218,43	16,82	235,25
12. Superphosphate, sels ammoniacaux, tourteau...........	281,20	26,35	307,75
13. Superphosphate, tourteau.....	263,62	21,31	284,96
14. Superphosphate, sulfate de potasse, sels ammoniacaux....	218,43	12,55	230,98
15. Superphos., sulfate de potasse, sels ammoniacaux, tourteau.	311,33	21,34	332,72
16. Superphosphate, sulfate de potasse et tourteau............	293,76	17,57	311,33
Excédents de récolte.			
2. Engrais minéral..............	139,35	4,99	144,34
3. Superphosphate...	129,30	6,25	135,55
4. Superphosphate, potasse......	112,98	3,73	116,71
5. Sels ammoniacaux...	38,92	—0,03	38,89
6. Sels ammoniacaux, tourteau.	118,01	13,78	131,79
7. Tourteau......	135,58	8,76	144,34
8. Engrais minéral et sels ammoniacaux.......	179,52	6,25	185,77
9. Engrais minéral, sels ammoniacaux, tourteau	269,91	15,03	284,94
10. Engrais minéral, tourteau ...	252,34	11.27	263,61
11. Superphos., sels ammoniacaux.	160,39	9,26	169,95
12. Superphos., sels ammoniacaux, tourteau...	223,46	18.79	242,25
13. Superphos., tourteau	205,88	13,75	219,63
14. Superphos., sels ammoniacaux, sulfate de potasse..........	160,69	4,99	165,68
15. Superphos., sels ammoniacaux, sulfate de potasse, tourteau.	253,59	13,78	267,37
16. Superphos., sulfate de potasse, tourteau	236,02	10,01	246,03

(1) L'engrais minéral est un mélange de superphosphate, de sels de potasse, de soude et de magnésie.

Dans le sol considéré, les engrais ont produit un effet très remarquable sur le rendement des rutabagas. Dans le cas le plus favorable, en fournissant au sol à la fois tous les principes fertilisants, on a obtenu un excédent total (racines et feuilles), de 285 quintaux en nombre rond, soit 449 p. 100 du produit sans engrais.

Comme pour les navets, dans ce terrain, la potasse ne semble pas avoir eu d'action sur le rendement. On s'en rend compte en comparant les essais n°s 3 et 4, et les essais n°s 8 et 14.

Il n'en est pas de même des engrais azotés? Employés seuls, ou additionnés de superphosphates et de sels de potasse, ils accroissent très nettement le rendement. L'excédent dû à l'engrais azoté seul est de 39 quintaux avec le sulfate d'ammoniaque, et de 144 quintaux avec le tourteau seul, mais dans ce dernier cas on peut dire que l'apport en acide phosphorique du tourteau n'est pas négligeable. Dans les essais avec engrais minéral et sels ammoniacaux, il y a une différence en faveur de ces derniers de $41^{qx},13$. En comparant l'engrais minéral seul à l'engrais minéral additionné de tourteau, la différence qu'on doit attribuer entièrement à l'azote, car l'apport relatif d'acide phosphorique du tourteau est faible, est de 119 quintaux. Enfin, l'engrais minéral seul et additionné de sels ammoniacaux et de tourteau donne une différence de plus de 140 quintaux.

Le superphosphate seul, ou additionné de sels ammoniacaux, donne une différence de $34^{qx},4$ en faveur de l'azote; l'addition de tourteau seul donne un surcroît de 84 quintaux, et celle de tourteau et de sels ammoniacaux, un surcroît de 106 quintaux. L'excédent moyen produit par l'azote est de 88 quintaux ou de 135 p. 100.

L'acide phosphorique est l'élément fertilisant dont l'effet est le plus marqué. Seul, il donne 135 quintaux d'excédent. La différence entre l'essai 5 (sels ammoniacaux seuls) et l'essai 11 (sels ammoniacaux et superphosphates) est de 131 quintaux en faveur du superphosphate. L'action de cet engrais a augmenté en conséquence le produit de 203 p. 100 en nombre rond.

L'action des engrais est aussi manifeste sur la composition de la plante et de ses parties. La proportion de feuilles récoltées est ici beaucoup plus faible que pour les navets. Elle atteint son maximum de 7,85 p. 100, avec l'engrais minéral additionné de 156 kilogrammes d'azote organique et ammoniacal. Le minimum est de 6,18 avec l'engrais minéral additionné de 46 kilogrammes d'azote ammoniacal. La dose d'azote s'élevant, la proportion des feuilles s'élève un peu, mais d'une manière moins considérable que pour les navets. Le tableau suivant fait ressortir l'action des engrais azotés sur la production en matière sèche et en matière azotée par hectare :

	RACINES.	FEUILLES.	TOTAL.
1º Engrais minéral seul.			
Matière sèche........	2 105	172	2 277
— azotée........	184	42	226
2º Engrais minéral et 46 kil. d'azote.			
Matière sèche........	2 516	185	2 701
— azotée........	266	49	315
3º Engrais minéral et 110 kil. d'azote.			
Matière sèche........	3 103	251	3 354
— azotée........	357	62	419
4º Engrais minéral et 156 kil. d'azote.			
Matière sèche........	3 183	302	3 485
— azotée........	427	77	504

Avec une fumure azotée abondante on a plus que doublé la quantité de matière azotée produite par hectare.

La fumure convenable dans un sol de fertilité moyenne devra être formée de 30 à 40 tonnes métriques de fumier de ferme bien décomposé, additionné de 400 à 500 kilogrammes de superphosphate à 15 p. 100 d'acide phosphorique soluble dans le citrate. Si le fumier ne pouvait être employé à dose suffisante, on y suppléerait par des tourteaux de graines oléagineuses dans la proportion approximative de 100 kilogrammes de tourteau par tonne de fumier manquant. Nous ne saurions conseiller de n'employer que des engrais de commerce minéraux, car, comme le navet, la matière organique des engrais joue un rôle évident dans la production, puisque la culture continue avec engrais minéral et sels d'ammoniaque ou nitrate, ne peut pas maintenir les rendements du début.

Culture.

Le chou-navet peut se cultiver de deux manières soit par semis sur place, soit par semis en pépinière et repiquage des plants obtenus.

Le semis sur place ne convient que dans les climats doux et humides et en terres très favorables. Partout ailleurs, il ne donne que de mauvais résultats ; aussi est-il rarement pratiqué, et ne nous occuperons-nous ici que du procédé par transplantation.

Comme les autres plantes sarclées, le chou-navet est toujours placé en tête de la rotation. Il exige un sol profondément ameubli, des binages et une forte fumure. On préparera le sol comme nous l'avons indiqué pour les navets en récolte principale.

La pépinière destinée à l'élevage des plants sera choisie dans le terrain le plus riche et le plus frais de l'exploitation. La surface doit être d'environ le dixième de celle à planter. Le sol est défoncé et sous-solé avant l'hiver, on y enterre 400 kilogrammes de fumier par are avec 6 à 7 kilogrammes de superphosphate et 2 kilogrammes de chlorure de potassium. Au printemps, on l'ameublit aussi bien que possible par des façons suffisantes, puis on y trace des planches de un mètre de large environ, séparées par de petits sentiers pour faciliter les soins à donner aux plants.

La semaille se fait aussitôt que possible, dès que les froids sont passés, vers le commencement de mars, par exemple. On sème en lignes à 30 centimètres d'écartement, en enterrant la graine à 15 ou 20 millimètres seulement. On ne fait pas le semis de toutes les planches à la même époque, mais de quinzaine en quinzaine jusqu'à la fin d'avril ou le commencement de mai. On facilitera ainsi les travaux d'entretien en les divisant, et on multiplie les chances de succès. Il faut environ de 60 à 100 grammes de graine par are.

Dès la levée, on commence les binages et pour éloigner l'altise, on saupoudre le matin, à la rosée, les jeunes plantes de cendres non lessivées. On répète cette opération plusieurs fois, jusqu'à ce que les plantes aient six feuilles. On éclaircit de manière à laisser les choux-navets à 10 centimètres sur la ligne. On peut avantageusement repiquer dans la pépinière les plants excédents. Le double repiquage favorise la formation de la racine charnue.

La plantation en plein champ se fait lorsque les rutabagas ont atteint la grosseur du petit doigt. Plus tôt ils reprendraient mal. Comme les semis en pépinière sont successifs, le repiquage se fait du 15 mai à la fin de juillet, par un temps humide et présageant la pluie. On trace les lignes au rayonneur à 50 centimètres les unes des autres, et on plante les rutabagas au plantoir à 40 centimètres les uns des autres, après avoir préalablement raccourci le pivot, pour que son extrémité ne se recourbe pas dans le trou. Si le temps n'est pas assez humide, il convient de donner un ou deux arrosages aux plants pour assurer la reprise.

Dès que celle-ci est manifeste, on donne un premier binage à la houe à cheval entre les lignes ; trois semaines après on donne le deuxième binage, et le troisième au bout du même temps. On complète chaque fois le travail de la machine en binant à la main les intervalles des plants sur les lignes. Enfin, avant que les feuilles ne recouvrent le sol, on butte légèrement en passant le buttoir. Cette dernière opération donne des racines moins ligneuses.

Les rutabagas peuvent rester en terre, en général, jusqu'au mois de février ; ils continuent à grossir pendant l'hiver et se conservent bien. Toutefois, dans les pays où l'on peut craindre des gelées de plus de 11° au-dessous de zéro, on fait bien de les récolter avant les premiers grands froids. On les arrache à la charrue, on coupe les feuilles, pour les faire manger aux bestiaux de suite, et on conserve les racines en cellier ou en petits silos. On peut aussi ne récolter en décembre que les premiers repiquages, qui sont les plus avancés, et risquer le reste en terre.

Le rendement peut atteindre de 50 à 55 tonnes métriques à l'hectare. Les feuilles peuvent donner de 6 à 15000 kilogrammes. On ne peut pas compter sur le feuillage des plants récoltés en février.

CHOU-RAVE ou COLRAVE (*Brassica oleracea caulorapa*)
(fig. 132).

Le chou-rave ne doit pas être confondu avec le chou-navet. Il présente immédiatement au-dessus de terre une tige renflée

Fig. 132. — Chou-rave.

en boule et remplie de moelle, dont la surface lisse est d'un vert clair, et sur laquelle sont insérées des feuilles, qui, en tombant, y laissent des cicatrices apparentes. Cette plante résiste bien à la sécheresse et aux froids rigoureux. On la cultive beaucoup en Écosse pour la nourriture des animaux de la ferme. Sa culture est la même que celle du rutabaga.

Comme valeur alimentaire il est peu inférieur à ce dernier et se rapproche du navet. On trouve dans la racine et les feuilles :

	Racines.	Feuilles.
Eau..........................	91,1	87,6
Matières azotées..............	1,6	3.0
Graisse brute................	0,4	0,5
Hydrates de carbone..........	4,4	5,2
Cellulose brute..............	1,5	1.7
Cendres......................	1.0	2,0

1 000 kilogrammes de racines ou de feuilles enlèvent au sol :

	kil.	kil.
Azote........................	2,6	4,8
Acide phosphorique...........	2,7	2,0
Potasse......................	4,3	7,8
Chaux........................	1,4	3,4

CHOUX-FOURRAGERS (*Brassica oleracea*).

Le chou est cultivé comme fourrage dans le nord de l'Europe, l'Allemagne, la Hollande, l'Angleterre, le nord et l'ouest de la France. Il fournit une nourriture verte excellente. Il est précieux, car il produit du fourrage vert depuis l'automne jusqu'au commencement du printemps, époque où cette espèce de nourriture est rare. En outre le chou est essentiellement une plante sarclée, exigeant de nombreuses façons d'entretien ; il présente par conséquent l'avantage d'être une excellente préparation pour les récoltes suivantes sous le rapport du nettoyage du sol.

Variétés.

On cultive comme plantes fourragères deux groupes de choux : 1° les choux feuillus, 2° les choux pommés.

Les premiers sont de beaucoup les plus importants et les meilleurs pour la grande culture. Ils ont pour type le *chou*

cavalier (fig. 133) ou grand chou à vache, dont la tige s'élève à
1^m,20 et 2 mètres. Sans aucune ramification, il produit des

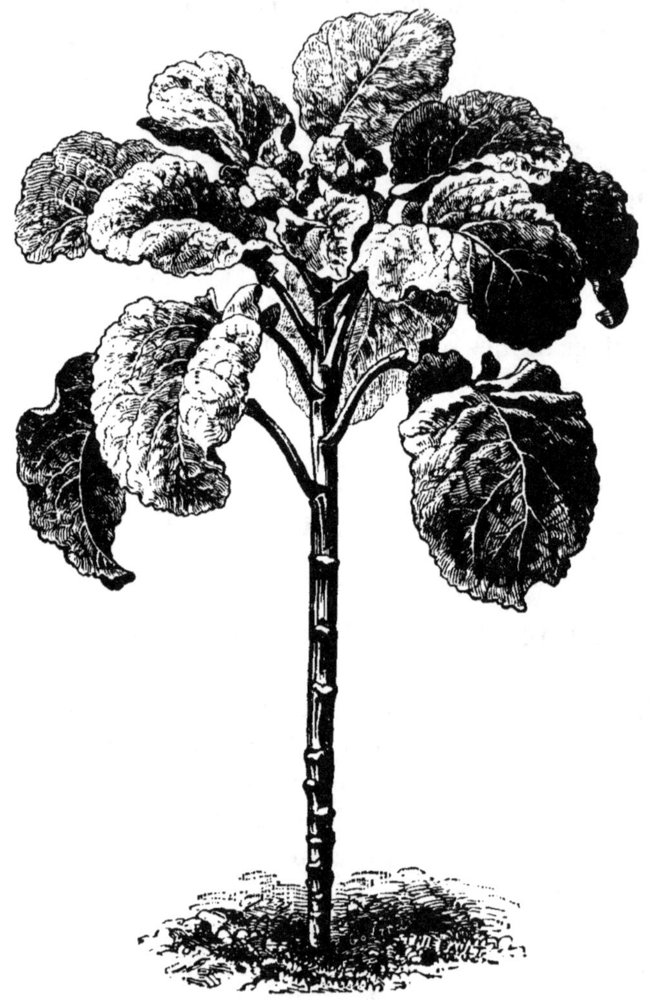

Fig. 133. — Chou cavalier.

feuilles grandes et nombreuses en même temps que très nutritives. Il est très peu sensible au froid.

Le chou-branchu du Poitou (fig. 134) développe de nombreuses
ramifications buissonnantes. Il est très productif, mais plus
sensible au froid que le précédent.

Le chou moellier blanc ou de Chollet (fig. 136) a une tige de

1^m,50 de hauteur, grosse et renflée vers le milieu par une

Fig. 134. — Chou branchu du Poitou.

Fig. 135. — Chou quintal.

moelle abondante dont le bétail est avide. Mais il est sensible à la gelée. Il en existe une variété rouge.

Le chou frisé vert du Nord a une tige de 1^m,30 garnie de
feuilles ondulées. Il est un peu moins productif, mais il sup-

Fig. 136. — Chou moellier.

porte les hivers les plus rudes. La variété frisée rouge est
encore plus rustique.

Parmi les choux pommés, on ne cultive guère pour le bétail
que le *chou quintal* (fig. 135) ou chou d'Allemagne, et le *chou
rouge gros.*

Composition. — Valeur alimentaire.

Les choux ont, d'après M. Denaiffe, la composition suivante :

VARIÉTÉS	EAU.	MATIÈRE AZOTÉE.	GRAISSE.	HYDRATES DE CARBONE.	CELLULOSE.	CENDRES.
1º *Choux feuillus.*						
C. branchu du Poitou......	88,4	2,5	0,4	4,6	2,2	1,9
C. cavalier.................	86,3	2,3	0,4	5,6	3,6	1,8
C. moellier blanc	89,65	1,6	0,4	4,5	2,2	1,7
C. moellier rouge..........	87,30	1,9	0,4	6,0	2,7	1,7
2º *Choux pommés.*						
C. quintal	92,6	1,0	0,1	4,1	1,5	0,7
C. rouge gros..............	92,50	1,0	0,1	4,4	1,0	1,0

Les choux feuillus sont sensiblement plus nourrissants que les choux pommés à poids égal. Les uns et les autres constituent des aliments très aqueux qui ne conviennent qu'aux bêtes bovines et aux porcs. Ils sont très estimés pour l'engraissement, car ils sont doués d'une très grande digestibilité. Ils conviennent aussi aux vaches laitières, à la condition de n'être distribués qu'en moyenne quantité. Les feuilles étant relâchantes, on ne doit pas en constituer la nourriture exclusive des animaux, mais les donner dans une ration comprenant des fourrages secs.

Exigences. — Fumure.

Dans 1 000 kilogrammes de choux on trouve les quantités suivantes de principes fertilisants :

	Choux pommés.	Choux feuillus.
	kil.	kil.
Azote	2.00	3.32
Acide phosphorique	1.22	1,40
Potasse	3.00	5.07
Chaux......................	1,50	3.68

En bonne culture les choux donnant un produit de 50 tonnes enlèvent donc au sol environ les poids suivants de matières fertilisantes :

	Choux	
	pommés.	feuillus.
	kil.	kil.
Azote.	100	165
Acide phosphorique.	61	70
Potasse.	150	253
Chaux.	75	184

Le chou est surtout exigeant en potasse et en azote. Une forte fumure de fumier de ferme bien décomposé lui sera très profitable. La dose de 40 tonnes à l'hectare n'est pas trop forte; il faut y ajouter toujours un peu de superphosphate (400 kil.), surtout dans les terres pauvres en acide phosphorique, car cet engrais hâte beaucoup la végétation, dans le cas même où il n'augmente pas la quantité produite. Si l'on ne pouvait employer autant de fumier, il conviendrait de semer 200 kilogrammes de nitrate, d'aller à 600 kilogrammes de superphosphate et d'ajouter 150 kilogrammes de chlorure de potassium. Le nitrate serait distribué aussitôt la reprise des plants.

Climat.

Le chou aime un climat humide et un ciel brumeux. Il redoute les hivers trop rigoureux et les étés trop chauds; d'où il suit que la région occidentale de la France lui est surtout favorable ; c'est là aussi qu'il est le plus cultivé.

Sol.

Les terres argileuses, profondes et riches, douces et fraîches sans excès d'humidité sont les meilleures pour sa culture. Elle réussit bien sur les défrichements de prairies basses, les dessèchements de marais et d'étangs. Elle donne encore des produits passables dans les argiles compactes et humides pourvu que la chaleur n'y manque pas; autrement les choux pourriraient. Ils ne viennent bien en terres légères que sous un climat humide et brumeux.

Culture.

La préparation du sol est la même que pour les rutabagas. On fait aussi les semis en pépinière, et il est avantageux de repiquer une fois les plants dans la pépinière avant de les mettre en place définitivement. Le repiquage en plein champ se fait au plantoir ou à la charrue. Pour les variétés les plus vigoureuses, et pour les sols les plus fertiles, on plante à un mètre de distance. Dans les cas ordinaires, on espace les plants de 70 centimètres en quinconce.

Dans l'ouest, on commence à enlever les feuilles inférieures dès le mois d'octobre ; on cueille chaque jour successivement dans toutes les parties du champ les feuilles nécessaires à la consommation. On continue tout l'hiver sans autre interruption que pendant les gelées. En mars, on coupe les tiges au niveau du sol, on les coupe en quatre et on les donne au bétail.

On récolte les choux pommés le plus tard possible avant les gelées. Toutefois, on doit récolter plus tôt les choux qui éclatent. Dans l'ouest, on commence en octobre, pour terminer à la fin de novembre. La conservation des choux pommés pour l'hiver est assez difficile. Il faut les préserver du froid et surtout de la pourriture. A cet effet, on ouvre une fosse en terre bien assainie, on y place les choux l'un à côté de l'autre, tête en bas, racine en l'air, et on recouvre de paille. Quant il gèle on augmente l'épaisseur de la couverture.

Les choux feuillus peuvent rendre de 40 à 60 mille kilogrammes, et les choux pommés de 40 à 45 tonnes.

TOPINAMBOUR (*Helianthus tuberosus*).

Originaire du Mexique, le topinambour est cultivé en Europe depuis le commencement du xviie siècle ; mais sa culture est restée confinée chez nous en Alsace et en Sologne.

Il donne des produits abondants même dans les sols médiocres ; il peut se perpétuer pendant plusieurs années sur le même terrain et ne nécessite que peu de frais. Il n'est sujet à aucune maladie et n'est pas attaqué par les insectes.

Le tubercule est employé à la nourriture des vaches et des chevaux, ainsi que des moutons. On les arrache au fur et à mesure des besoins de la consommation, car ils se ramollissent rapidement à l'air, et ils sont d'autant plus appréciés du bétail qu'ils sont plus récemment arrachés.

Les tiges et les feuilles forment un excellent fourrage. On les fait consommer vertes ou sèches, mais quand on les coupe en vert, la production en tubercules est diminuée. Aussi vaut-il mieux attendre que les tubercules aient acquis tout leur développement pour les couper et les faire sécher. Enfin les tiges de topinambour forment un bon combustible.

Composition.

Les tubercules de topinambour récoltés à la maturité présentent, d'après MM. Müntz et Girard, la composition immédiate suivante :

Matières azotées............................	2,46
— grasses..........................	0,20
Inuline..	2,47
Sucres..	8,56
Cellulose saccharifiable (Pentosanes).......	0,83
— brute........................	0,85
Substances non azotées diverses..........	1,23
Matières minérales.........................	1,50
Eau..	81,90

Il est par conséquent plus nutritif que la carotte et que la betterave fourragère, car sa digestibilité est très élevée; on lui a trouvé en effet les coefficients suivants :

Matière sèche....................	90,38 p. 100.
— azotée....................	80,60 —
Sucre inuline....................	100,00 —
Graisse........................	54,62 —
Matières azotées diverses..........	69,90 —
Pentosanes....................	84,20 —
Cellulose brute....................	90,40 —

Les mêmes auteurs nous donnent aussi la composition

immédiate des fanes, comprenant les feuilles et les tiges, et celle des feuilles seules, à différentes époques de l'année. Nous rapportons leurs résultats dans le tableau suivant :

	JUILLET.	SEPTEMBRE.	OCTOBRE.
1° Composition des fanes.			
Matière azotée..	3,57	3,81	2,54
Matières grasses...	0,25	0,36	0,38
— saccharifiables.......	1,83	2,11	1,99
Cellulose brute.............	2,00	2,23	3,63
Matières non azotées diverses..	5,89	6,01	5,47
Cendres	3,06	3,31	2,89
Eau............	83,40	82,07	83,00
2° Feuilles seules.			
Matières azotées.............	3,83	4,99	3,08
— grasses.............	0,54	0,37	0,38
— saccharifiables.......	1,90	1,54	1,39
Cellulose brute.............	1,68	1,62	1,39
Matières azotées diverses......	8,21	6,47	6,25
Cendres...	4,64	3,57	3,31
Eau.....	79,60	81,44	84,20

Les fanes sont supérieures aux tubercules en ce qui concerne la richesse en matière azotée, mais elles sont plus ligneuses et plus pauvres en substances saccharifiables. A mesure qu'elles vieillissent, elles se lignifient davantage et deviennent plus pauvres en substances vraiment nutritives. D'autre part, la valeur alimentaire des fanes est diminuée par ce fait que plus elles sont âgées, moins les animaux en tirent bon parti. Celles provenant de la récolte de juillet sont entièrement consommées, parce qu'alors les tiges sont tendres. La coupe de septembre laisse un déchet non mangé qui dépasse 33 p. 100 ; et pour celle d'octobre, la perte est de 50 p. 100. Toutes les feuilles sont bien consommées, mais la partie grosse des tiges reste dans le râtelier.

La proportion des feuilles pour cent de fanes varie avec l'âge d'une manière très sensible. Elle est de 60 p. 100 en juillet, et de 45 p. 100 en septembre. D'après Boussingault, 100 kilogrammes de tubercules correspondent à 96 kilogrammes de fanes.

Les tubercules de topinambours sout très appréciés par tous les animaux. Boussingault estime que 280 kilogrammes de tubercules remplacent 100 kilogrammes de foin. Toutefois il ne faut pas les faire consommer en quantité exagérée à l'état cru, car ils peuvent produire la météorisation chez les ruminants, et la fourbure chez les chevaux. Parfois ils produisent une sorte d'ivresse qu'on s'explique par la forte proportion de sucre fermentescible qu'ils renferment. Lorsqu'ils sont soumis à la cuisson, ces petits inconvénients disparaissent complètement; ils conviennent alors très bien à l'engraissement du porc.

Un des inconvénients du topinambour dans l'alimentation des animaux, c'est qu'à cause des anfractuosités des tubercules, il est difficile à bien nettoyer de terre, surtout dans les sols compacts et quand la récolte est faite par un temps humide. Il faut toujours les soumettre à un lavage énergique qui n'est pas toujours suffisant, avant de les passer au coupe-racines, dont les lames sont d'autant plus vite émoussées que le nettoyage est moins parfait.

Climat.

Le topinambour est très peu exigeant sous le rapport du climat. Il s'accommode de celui des diverses régions de la France. Ses tubercules supportent sous terre un degré de froid auquel ne résistent pas nos autres plantes tuberculeuses ; mais l'excès d'humidité le fait périr. Il résiste à une sécheresse intense.

Sol.

Cette plante s'accommode de toutes les terres, sauf des sols marécageux, depuis les terrains argilo-calcaires et les terres franches, jusqu'aux sols sablonneux arides ou graveleux, et aux calcaires purs.

Girardin a fait des essais de culture dans des sols divers et a

obtenu les résultats suivants, comme rendement de huit tubercules pesant au moment de la plantation chacun 60 grammes :

	kil.
Sable d'alluvion.....................	20.868
Sol tourbeux très sec................	26,768
Argile sableuse......................	22,568
Terre calcaire.......................	18,908

Ce sont les sols secs et légers qui sont les plus convenables.

Exigences. — Fumure.

D'après les recherches qu'a poursuivies pendant douze ans
M. Le Chartier, directeur de la station agronomique de
Rennes, une récolte de topinambours donnant par hectare
30 000 kilogrammes de tubercules puise dans le sol pour se
constituer, tiges et feuilles comprises :

Azote........................	135 kilogrammes.
Acide phosphorique..........	60 —
Potasse......................	280 —

Comme la pomme de terre et la betterave, le topinambour
est donc très avide de potasse. Il consomme un peu plus d'azote
qu'une belle récolte de blé, et sensiblement moins d'acide
phosphorique.

Dans le sol du champ d'expériences de la station agronomique de Rennes, dont notre savant et regretté collègue a
bien voulu nous remettre un échantillon, on a trouvé :

	D'après Le Chartier.	D'après Garola.
Azote total par kilogramme...	1,9	»
Acide phosphorique total	1,0	»
— assimilable.	»	0,032
Potasse attaquable...........	3,4	»
— assimilable	»	0,069

« Cette terre n'est pas calcaire et a une réaction acide.
Quoique riche en azote, elle a peu d'aptitude à nitrifier. Elle
serait bien pourvue de potasse et d'acide phosphorique, si ces
derniers éléments ne s'y trouvaient en très faible quantité

sous forme assimilable. La culture a donné les résultats moyens suivants :

	Tubercules par hectare quintaux.
Sans engrais (moyenne de quatre années)...	146
Chlorure de potassium seul (quatre années).	278
Chlorure de potassium et superphosphate (quatre années)........................	292
Excédent dû à la potasse............	132
— dû au superphosphate..........	14
— p. 100 de la récolte sans engrais :	
1° Potasse............... 90,4 p. 100.	
2° Acide phosphorique..... 9,5 —	

« L'effet de l'engrais potassique seul est remarquable, et celui de l'acide phosphorique est sensible, quoique beaucoup plus faible.

« D'une série subséquente d'essais, qui ont duré trois ans, nous déduirons l'effet de l'azote :

	Tubercules par hectare quintaux.
Sans engrais...........................	101
Superphosphate et chlorure de potassium..	226
— chlorure et nitrate........	337

« L'excédent dû à l'engrais complet étant de 236 quintaux et celui dû à l'engrais sans azote de 125 quintaux, l'effet de la fumure azotée est marqué par un surcroît de tubercules de 111 quintaux, soit 100 p. 100 du produit du sol sans engrais.

« La plante qui nous intéresse est donc très sensible aux engrais potassiques et azotés, et moins aux engrais phosphatés. Dans une terre de composition moyenne, renfermant $0^{gr},2$ d'acide phosphorique et $0^{gr},3$ de potasse assimilables, il conviendrait de donner 200 kilogrammes de superphosphate et 200 kilogrammes de chlorure de potassium. Le sol renfermant une dose de 1 gramme d'azote par kilogramme, et étant calcaire, on donnerait en outre 400 kilogrammes de nitrate de soude en deux fois. Dans les terres pauvres en acide phosphorique et en potasse assimilables, on forcerait les doses de superphosphate et de chlorure de potassium jusqu'à 400 kilogrammes. » (Engrais par l'auteur.)

Variétés.

Il y a deux variétés de topinambours : la variété la plus commune a les tubercules roses (fig. 137), et l'autre des tubercules blancs ou jaunes (fig. 138). La première est plus rustique mais un peu moins productive que la seconde ; elle est par

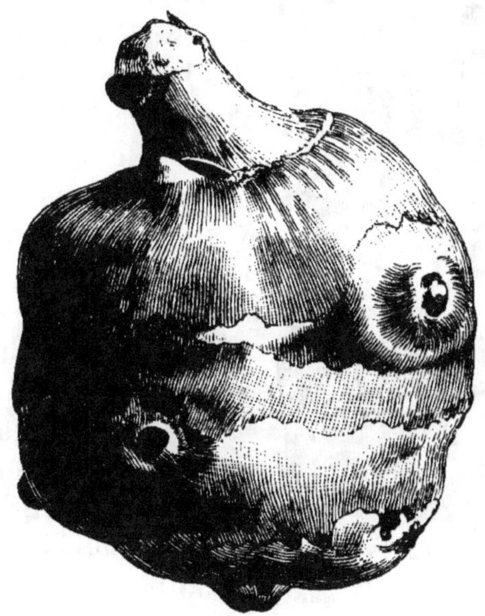

Fig. 137. — Topinambour rose.

contre un peu plus riche en matière azotée. Les tubercules blancs ont une forme plus régulière et sont plus précoces que les roses. Des essais d'amélioration de la variété blanche ont été faits ces dernières années et ont permis d'obtenir une sous-variété à tubercules lisses, qui mérite d'être étudiée et fixée par une sélection attentive.

Culture.

On prépare le sol comme pour la pomme de terre.

On fait la plantation à la bêche, après avoir tracé les lignes au rayonneur, ou de préférence à la charrue, aussitôt que le temps le permet. Comme le topinambour ne craint pas la gelée, on peut aussi planter pendant l'hiver, dans les sols où l'on n'a pas à redouter l'humidité. Cela diminue d'autant les travaux toujours pressés du printemps. Il faut avoir fini la plantation pour le mois d'avril si l'on ne veut que la végétation ne souffre.

On plante toujours des tubercules entiers, les morceaux sont sujets à la pourriture et laissent des lacunes dans les lignes. Les gros tubercules se développent plus vite que les petits et donnent des produits plus élevés. Lorsque les plants sont ramollis ou ridés, il convient de les humecter d'eau pendant vingt-quatre heures avant de les confier au sol.

On fait la plantation en lignes espacées de 60 centimètres ; les tubercules sont enfouis à 8 ou 10 centimètres de profondeur, et on les espace sur la ligne de 40 ou 60 centimètres. Dans les terres légères on les rapproche davantage. Le volume du plant nécessaire par hectare est de 15 à 20 hectolitres, pesant de 75 à 80 kilogrammes.

Dès la levée des topinambours, on donne un vigoureux hersage, et ensuite on fait un ou deux binages pour assurer la destruction des mauvaises herbes et le maintien du sol à l'état meuble. Quand les tiges ont 30 centimètres de haut, on fait un léger buttage en passant le butteur entre les lignes.

Lorsqu'on laisse le topinambour pendant plusieurs années sur le même sol, qui se repeuple par les tubercules laissés à l'arrachage, l'alignement de la plantation disparaît et les

Fig. 138. — Topinambour blanc.

façons d'entretien doivent dans la suite être faites à la main. Mais comme le champ devient très touffu, on se contente d'éclaircir les endroits où les tiges sont trop serrées. Un champ de topinambours peut donner d'assez bons produits pendant six à huit ans, à la condition de le fumer tous les ans. Toutefois il est préférable, au point de vue de l'abondance du rendement, de faire entrer cette plante dans l'assolement et par conséquent de replanter tous les ans.

Récolte.

Les tiges destinées à servir de fourrage se récoltent d'ordinaire vers la fin de septembre, au plus tôt, ou dans la première quinzaine d'octobre. Plus tôt, cela nuirait à la formation des tubercules ; plus tard, on ne pourrait les faire sécher convenablement à cause de l'humidité de la saison. On les coupe à 30 centimètres au-dessus du sol ; on lie les tiges en bottes peu serrées, qu'on dresse en dizeau circulaire et qu'on couvre d'un chapeau en paille. On a l'habitude d'arracher les tubercules suivant le besoin depuis le mois d'octobre, jusqu'au mois d'avril.

Pour débarrasser le terrain des derniers tubercules, on peut y cultiver une pomme de terre, ou bien y semer des vesces, du maïs fourrage, ou une plante fourragère à plusieurs coupes ; on peut encore y faire des semis successifs de sarrasin à enfouir en vert.

Le rendemement le plus élevé est obtenu par l'arrachage après l'hiver, car les tubercules continuent à grossir dans le sol en utilisant les éléments des tiges.

Dans les périodes de disette fourragère, on peut faire une récolte de tiges en juillet et obtenir de 15 000 à 25 000 kilogrammes de fourrage vert. Si cette récolte n'est pas faite trop tardivement le rendement en tubercules n'en est pas trop affecté.

Pour terminer ce qui a trait à cette plante fourragère, nous croyons utile de reproduire ici une note de M. le docteur Cathelineau, propriétaire en Maine-et-Loire, au sujet de sa récolte et de sa conservation.

« On a fait, dit-il, divers reproches à la culture des topinambours :

1° C'est une plante salissante.

2° Elle se conserve mal après l'arrachage.

I. Au premier reproche, on peut répondre que tout dépend de l'époque de l'arrachage. Profitant de ce que le topinambour ne gèle pas, on a l'habitude de le laisser en terre et de le récolter au fur et à mesure des besoins de l'étable.

Cette pratique est défectueuse :

1° Parce que, par les temps de gelée, on ne peut pratiquer l'arrachage, et si l'on n'a pas de reserves, c'est la disette.

2° Les tubercules, au bout d'un certain temps, ne sont plus reliés entre eux par les rameaux souterrains qui les fixent à la tige ; si la terre est détrempée et le terrain d'une nature un peu argileuse, il en échappe beaucoup à celui qui les récolte, d'où envahissement du champ l'année suivante par les pousses des tubercules oubliés.

Or la meilleure époque de l'arrachage dans cette portion du Maine-et-Loire, est du 1er au 15 novembre, c'est-à-dire immédiatement après les premières gelées blanches, lorsque les feuilles noircissent et que la végétation est de ce fait arrêtée.

Un ouvrier coupe les tiges à 30 centimètres du sol environ, un autre arrache en tirant sur cette tige, les tubercules qui sont encore reliés entre eux et forment une masse compacte avec la terre. Il reste ainsi peu ou point de tubercules. Ils sont laissés en cet état.

La masse des tubercules enveloppée de terre est chargée dans un tombereau et portée à la ferme.

II. On reproche encore aux topinambours d'être d'une conservation difficile, de se ramollir et de se couvrir de moisissures.

Le ait est vrai, mais il est facile d'y remédier.

Les tubercules déchargés à la ferme sont entassés dans des silos construits au niveau du terrain, mais dont le fond, profond de 30 à 50 centimètres environ, est garni de fagots placés côte à côte.

Sur cette couche de fagots, on entasse sur une épaisseur de 30 centimètres environ les tubercules encore enveloppés de la terre du champ où ils ont été arrachés, on les recouvre d'une couche de terre de quelques centimètres d'épaisseur prise autour du silo, de nouveau une couche de tubercules, puis de la terre et ainsi de suite.

On le recouvre de terre sur les côtés ; de distance en distance, des cheminées faites de petits fagots de bois ou de sarments de vigne, en contact avec les fagots qui garnissent le fond du silo assurent l'aération.

Dans ces conditions, les tubercules ne se rident pas, ne moisissent pas. Ces faits reposent sur une expérience de quatre ans.

Pour la plantation des tubercules, il est préférable de laisser en terre jusqu'en mars les topinambours et de ne les arracher qu'au fur et à mesure de la plantation, la levée est plus rapide.

Pour mettre en pratique le procédé recommandé par M. Cathelineau, on augmente beaucoup les transports, par suite de la terre qu'on laisse intentionnellement adhérente aux tubercules, et c'est là une aggravation de dépenses. Mais il n'est pas nécessaire de faire ce transport, puisqu'on peu très bien, comme on le fait en Allemagne pour les betteraves, établir les silos sur les champs mêmes où se fait la récolte.

RAMILLES ET FEUILLES

Les agriculteurs romains avaient recours à l'emploi des feuilles d'arbres comme fourrage pour l'alimentation de leur bétail, et cet usage s'est conservé en Italie. Olivier de Serres préconise cette nourriture, « laquelle le bétail aime autant que l'avoine ». Chez nous l'usage de récolter des feuillards s'est conservé dans plusieurs régions, où les ressources fourragères sont rares. Partout, dans les années de disette fourragère, l'emploi des feuilles et des ramilles peut fournir des ressources importantes pour assurer l'entretien des animaux.

Occupons-nous d'abord des *ramilles*, petites branches ou fagots :

Il y a longtemps que Henneberg et Sthomann ont démontré que les ruminants digèrent de 30 à 50 p. 100 du ligneux, même de la sciure de bois de sapin ou de la pâte à papier de bois. Mais ces aliments sont par trop pauvres pour qu'ils aient pu entrer dans la pratique, et les animaux, d'autre part, ne les trouvent généralement pas de leur goût. Cela n'a rien qui puisse surprendre. Mais dans les plantes ligneuses comme dans les plantes herbacées les jeunes branchages de la production annuelle sont beaucoup plus riches en éléments nutritifs que les parties plus vieilles.

C'est ainsi que, dans la sciure de bois provenant des scieries mécaniques, et par conséquent originaire d'arbres ayant leur entier développement, on a trouvé :

	Eau.	Matière azotée.
Pin des Vosges............	38 p. 100.	1,1 p. 100.
Châtaignier du Mont-Dore.	50 —	1,16 —
Peuplier	50 —	2,18 —

Les ramilles fraîches des forêts de hêtres contiennent aussi 50 p. 100 d'eau, et elles présentent la composition suivante, d'après Ramann :

Eau.......	50,0 p. 100.
Matière azotée........	3,3 —
Substances grasses et résines......	0,7 —
Amidon et analogues.............	28,3 —
Cellulose brute............. ...	14,6 —
Cendres.........................	3,1 —

Indépendamment de son état ligneux moins avancé, la ramille de hêtre, prise à la chute des feuilles, est donc bien mieux pourvue de matières nutritives que le bois du tronc, et elle peut se comparer au ray-grass d'Italie sans trop de désavantage. La seule difficulté que présente le problème de l'utilisation des ramilles dans la nourriture du bétail réside dans leur nature physique même. Le Dr Ramann, d'Eberswalde, a proposé de faire subir aux ramilles la préparation suivante : Après avoir réduit en très petits fragments les fagots, dont les brins ne doivent pas avoir plus de 1 à 2 centimètres de diamètre au maximum, on y ajoute environ 1 p. 100 de malt de brasserie ; puis, après avoir mélangé le tout, on arrose avec des vinasses chaudes, ou de l'eau chaude. Le tas est ensuite abandonné à lui-même. Bientôt, la fermentation s'y développe, sous l'influence de la diastase de l'orge germé. Cette fermentation est plus ou moins rapide, selon la température extérieure. En général, elle dure de un à quatre jours. Sous son influence, l'amidon est transformé en sucre, le bois s'amollit et le tout constitue un fourrage que les animaux digèrent parfaitement. On ne retrouve, en effet, que très peu de fragments de bois dans les excréments.

Le procédé de Ramann a été mis en pratique tout d'abord par M. Jena, agriculteur à Coethen. Ce dernier en a obtenu de très bons résultats. Il a fait consommer le fourrage de Ramann, du 10 février au 10 mai, à 110 bêtes à cornes, 17 chevaux, et quelques moutons. On distribuait à chaque espèce les quantités suivantes en substitution à de la paille hachée :

	kil.
Moutons	0,5
Bœufs	7,5
Chevaux	3,0

Sur des bœufs, on expérimenta la même ration, dans laquelle la ramille était remplacée par de la paille hachée. Les animaux nourris à la ramille présentèrent, au bout de trois mois, un léger excédent de 19 kilogrammes en tout. La ramille a donc pu être substituée à la paille, poids pour poids, sans que l'alimentation des bœufs s'en soit ressentie.

D'un autre côté, M. de Salisch a expérimenté aussi le fourrage Ramann dans sa propriété de Militsch. Il mit en expérience deux lots de bêtes bovines, constitués par des vaches et des veaux, de tous points comparables entre eux, et les soumit au même régime alimentaire, du 25 mars au 2 mai, avec cette différence que les 10 kilogrammes de paille que recevait le premier lot avec ses betteraves et ses tourteaux, étaient remplacés, pour le dernier, par 10 kilogrammes de ramilles traitées à la manière de M. Ramann. Les animaux de chaque lot furent pesés individuellement au commencement et à la fin de l'expérience. Les vaches nourries à la paille virent leur poids s'élever par tête de 21,9 kilogrammes, tandis que les vaches nourries aux ramilles augmentaient de 25,4 kilogrammes. Les veaux de quinze mois donnèrent avec la paille 14,8 kilogrammes de croît, et seulement 10,6 kilogrammes avec la ramille.

D'un autre côté, M. de Salisch a reconnu par le mesurage direct, que la substitution de la paille aux branchettes avait produit, sur les animaux soumis à ce régime, une diminution dans le produit en lait.

Ramann, qui a contrôlé les résultats précédents à l'Académie de Popelsdorf, près Bonn, a reconnu théoriquement que, plus les rameaux sont finement moulus, mieux leurs principes nutritifs sont utilisés par le bétail. Mais d'autre part, si la ramille est moins finement pulvérisée, la mastication est plus énergique, et l'insalivation meilleure. Il y a donc meilleure digestion. C'est pourquoi il n'est pas nécessaire d'arriver à une division extrême. Il suffit que le fagot atteigne un état comparable à de la paille hachée. Ramann affirme que les animaux acceptent très bien le fourrage de fagot non fermenté, et que la fermentation ne l'améliore pas sensiblement.

Enfin dans le régime des vaches laitières, on a pu, sans nuire à l'entretien des bêtes ni à la production, remplacer 39 p. 100 de la matière sèche de la ration, par une même proportion de substance sèche de fagot, en maintenant la composition immédiate constante.

Il est donc indiscutable que la ramille constitue un aliment sérieux pour le bétail, en temps de disette fourragère.

Le prix de revient de 100 kilogrammes de ramilles, toutes préparées, a varié de 1 fr. 50 à 1 fr. 90. La mouture à façon, au moulin à tan, se paye 2 francs, et ne revient qu'à 1 fr. 40, quand on est propriétaire d'un tel moulin. Le prix maximum de la ramille prête à être mangée par le bétail ne dépasse donc pas 3 fr. 90, et il peut tomber à 2 fr. 90 et même moins.

Or d'après les expériences de Ramann, 100 kilogrammes de ramilles ont le même effet nutritif que 35 kilogrammes de foin, de sorte que la valeur réelle du fourrage de

Ramann peut être estimée comme il suit, suivant le cours du foin :

Prix du quintal de foin.	Valeur du quintal de ramille.
7 francs.	2 fr. 45
8 —	2 fr. 80
9 —	3 fr. 50
10 —	3 fr. 75
11 —	3 fr. 85
12 —	4 fr. 00

On voit qu'il n'y a avantage à employer la ramille que lorsque le fourrage est cher, et c'est bien le cas des années de disette. Chaque fois donc que dans ces circonstances les cultivateurs seront en situation de pouvoir récolter des ramilles, ils ne devront pas hésiter à employer la méthode de Ramann. Les arbres forestiers ainsi taillés n'en souffrent pas sensiblement dans leur production, si la taille est faite avec mesure et à plusieurs années d'intervalle.

Mais ce qui vaut mieux que le bois, c'est la feuille, qui va nous occuper maintenant. Toutes les feuilles d'arbres ne sont pas aptes à servir de fourrage. Les unes sont absolument refusées par les animaux, comme c'est le cas pour les feuilles de châtaignier ; les autres sont vénéneuses. La consommation de ces dernières peut produire des accidents souvent mortels.

Pendant l'hiver, les feuilles de l'If (*Taxus baccata*) sont d'une vénénosité extraordinaire. Il suffit, pour amener la mort, qu'un cheval du poids moyen de 500 kilogrammes en consomme un kilogramme. 500 grammes de ces feuilles tueraient une vache du même poids ; 50 grammes donneraient la mort à un mouton ; 36 grammes feraient mourir un porc de 120 kilogrammes.

Les bêtes à laine sont empoisonnées par les feuilles de Fusain d'Europe (*Evonimus Europaeus*), appelé aussi Bois-carré, Bonnet de prêtre.

L'Ailante, ou Vernis du Japon (*Ailanthus glandulosa*), a aussi des feuilles et une écorce vénéneuses. La mauvaise odeur qu'il répand, en éloigne généralement les animaux.

Les lauriers rose et cerise sont très vénéneux, à cause de l'essence d'amandes amères que contient leur feuillage. La consommation de celui-ci amène rapidement la mort. Il en est de même du Sumac (*Rhus toxicodendron*). Les feuilles contiennent un suc résineux blanchâtre, vésicant. La dessiccation n'en détruit pas complètement la toxicité.

Le Cytise faux ébénier (*Cytisus laburnum*), dont les fleurs réunies en longues grappes jaunes semblent une pluie d'or, est également vénéneux. C'est d'autant plus regrettable, que son feuillage est abondant et serait très facile à récolter.

Le Daphné, Bois-joli (*Daphne mozereum*), le Laurier des bois (*D. Lanceola*), etc., ont des propriétés vénéneuses très marquées que la dessiccation ne leur fait pas perdre.

Les feuilles de noyer doivent aussi être laissées de côté, car on a remarqué que les vaches qui en mangent perdent rapidement leur lait.

Les feuilles de chêne et la plupart des jeunes pousses, *au printemps*, sont à éviter pour le bétail, auquel elles communiquent le *mal de brou*.

Ces restrictions posées, pour éviter les accidents, voyons quelle est la composition des principales feuilles d'arbres comestibles. Le tableau que nous donnons ci-après est dû à M. A.-C. Girard, professeur à l'Institut national agronomique :

	EAU.	CENDRES.	GRAISSE.	PROTÉINE.	HYDRATE DE CARBONE.	CELLULOSE.
Robinier faux acacia..	75,6	1,8	0,5	6,6	13,0	3,5
Aune noir............	62,0	1,9	2,1	8,5	21,0	4,5
Bouleau..............	51,2	4,1	2,6	2,3	31,6	7,2
Charme...............	53,0	2,7	1,6	4,6	29,9	8,2
Chêne	64,0	2,0	1,2	5,6	20,8	6,3
Érable...............	68,2	4,1	2,0	5,5	15,4	4,8
Frêne................	55,0	3,9	1,2	5,2	30,1	4,6
Marronnier d'Inde....	71,8	2,5	0,7	4,7	15,4	4,8
Noisetier............	64,0	2,7	1,3	5,6	22,2	4,1
Orme.................	62,6	4,6	1,2	6,7	21,2	3,7
Sorbier	42,2	5,3	3,0	4,9	37,4	7,3
Tilleul............ .	67,0	4,26	1,1	6,0	16,6	5,0
Vigne................	68,8	3,54	2,0	4,2	18,9	2,6
Aiguilles de pin......	59,0	1,35	2,9	3,0	21,5	12,4

Si l'on considère les feuilles en bloc, à l'état où on les récolte en septembre, on reconnaît qu'elles constituent un fourrage vert de haute valeur. Il suffit pour s'en convaincre de mettre en regard de la composition moyenne des feuilles, celle de la luzerne verte :

	Luzerne verte.	Feuilles vertes.
Eau	74,0	62,4
Cendres	2,0	3,6
Graisse	0,8	1,7
Matières azotées	4,5	5,4
Hydrates de carbone	9,2	21,8
Cellulose	9,5	5,1

Ce sont les feuilles d'aune, d'acacia, d'orme, de tilleul, de chêne et d'érable, qui se distinguent par leur plus grande richesse en matières azotées.

Si nous supposons la feuille réduite à l'état de foin, par dessiccation à l'ombre, nous obtenons par le calcul, pour une composition moyenne, les nombres suivants, que nous mettons en regard de ceux relatifs au foin de pré de qualité moyenne :

	Foin de feuilles.	Foin de pré.
Eau	15,0	15,0
Cendres	8,3	6,6
Graisse	3,9	3,0
Matières azotées	12,4	8,5
Hydrates de carbone	50,1	38,3
Cellulose	11,7	29,3

Ainsi, à l'état vert comme à l'état sec, la feuillée moyenne constitue un fourrage de très bonne composition pour les animaux qui nous intéressent. En vert elle vaut la luzerne. En sec elle est supérieure au foin de pré, que l'on considère justement comme l'aliment type des herbivores de nos fermes.

Mais cette feuillée, qui se présente si bien au point de vue chimique, répond-elle, d'une manière aussi parfaite, aux exigences physiologiques des animaux? Ce n'est pas ce que l'on mange qui nourrit, mais ce que l'on digère. Les éléments chimiques des feuilles d'arbres sont-ils digestibles? et, le sont-ils dans une proportion telle que les comparaisons précédemment établies restent debout? C'est ce que nous allons rechercher avec M. A.-C. Girard, qui a fait à ce sujet plusieurs belles expériences sur le mouton. Le tableau suivant résume les résultats obtenus avec trois espèces de feuilles vertes et avec la luzerne verte, terme de comparaison :

Coefficients de digestibilité des feuilles vertes.

	GRAISSE.	PRO-TÉINE.	HYDRATES DE CARBONE.	CELLU-LOSE.
Feuilles d'acacia..........	68.2	91,8	91,4	81,5
— de marronnier ...	26,8	77,2	78,8	49,9
— d'ormeau	22,9	73,0	81,6	57,3
Moyennes	39,3	80,7	83,9	62,9
Luzerne verte.............	9,5	86,3	82,3	59,6

On voit qu'au point de vue de la digestibilité, les feuilles vertes ne le cèdent en rien à la luzerne et aux autres fourrages verts.

Dans deux autres expériences, M. A.-C. Girard a déterminé la digestibilité des feuilles d'ormeau sèches comparativement avec le foin de luzerne ; il a obtenu les résultats consignés ci-dessous :

	GRAISSE.	PRO-TÉINE.	HYDRATE DE CARBONE.	CELLU-LOSE.
Feuilles d'ormeau........	36,3	66,8	65,5	54,5
Foin de luzerne..........	0.0	71.4	55,6	35,6

Ainsi, à l'état de foin sec, comme à l'état frais, la feuillée constitue un fourrage aussi digestible que la luzerne.

D'après les données qui précèdent, on peut établir la teneur des feuilles fraîches ou sèches en substances réellement alibiles :

1° Feuilles vertes (60 à 65 p. 100 d'eau).

	Albumine.	Hydrate de carbone.
Acacia	6,0	15,3
Aune (1)	6,8	22,0
Bouleau	1,9	33,2
Charme	3,7	32,0
Chêne	4,5	22,3
Érable	4,5	48,0
Frêne	4,3	29,5
Marronnier d'Inde	3,8	15,1
Noisetier	4,6	22,3
Orme	4,9	20,0
Sorbier	4,0	37,1
Tilleul	4,8	17,5
Vigne	3,4	49,0
Aiguilles de pin	2,4	30,3

2° Feuilles en foin (12 à 15 p. 100 d'eau).

	Albumine.	Hydrate de carbone.
Orme	10,3	38,7
Peuplier	9,0	40,5
Marronnier d'Inde	9,8	41,0
Érable	10,8	37,0
Platane	6,6	40,9
Saule	13,4	37,3
Acacia	17,2	34,8
Chêne	9,2	42,0
Noisetier	9,3	42,0
Frêne	6,6	44,0
Bouleau	4,0	45,5
Sorbier	5,0	44,0
Charme	5,8	44,0
Aune noir	13,4	39,0
Tilleul	10,7	36,0
Aiguilles de pin	4,3	45,0
Vigne	8,0	41,0

(1) Les feuilles d'aune ne sont acceptées du bétail qu'à l'état sec, à cause d'une sorte d'enduit glutineux qui les recouvre.

Ces données établies, il ne nous reste plus qu'à envisager les différents cas qui peuvent se présenter dans la pratique.

D'abord, en ce qui concerne les bêtes laitières, il est reconnu que l'emploi des feuilles d'acacia, d'ormeau et de marronnier, n'a aucune mauvaise influence sur la production, ni sur la composition du lait. Nous pouvons donc, sans crainte, baser le régime des vaches à lait ou des chèvres sur la consommation de la feuillée.

Pour qu'une vache de 500 kilogrammes dé poids vif soit suffisamment nourrie, il faut qu'elle reçoive par jour 1250 grammes de matières azotées digestibles, et 12 kilogrammes d'hydrates de carbone. On trouvera cette quantité d'éléments nutritifs dans 25 kilogrammes de feuilles moyennes fraîches additionnées de paille à volonté. Pour l'hiver on pourrait donner, suivant la richesse des feuilles, de 6 à 10 kilogrammes de feuilles sèches avec 20 kilogrammes de pommes de terre cuites.

Pour l'entretien des bœufs, on donnera par tête de 500 kilogrammes environ, 6 kilogrammes de feuilles sèches, avec de la paille à volonté. Si les bœufs sont soumis à un travail modéré, on distribuera par tête environ 12 kilogrammes de feuilles sèches, 20 kilogrammes de pommes de terre cuites, avec 1 kilogramme de tourteau de colza.

Pour des moutons du poids vif de 40 kilogrammes environ, on pourra donner 3 kilogrammes de feuillards frais, ou 1,5 kilogramme de feuillée sèche.

Les chevaux eux-mêmes ne refuseront pas la feuillée. On la substitue poids pour poids aux foins.

La conclusion de tout cela, c'est que les arbres en général et les forêts en particulier nous offrent des ressources énormes en fourrages, qu'il faut que nous apprenions à utiliser. La ramille annuelle nous fournit un succédané de la paille; la feuillée sèche peut remplacer le foin.

FIN.

TABLE ALPHABÉTIQUE DES MATIÈRES

TABLE DES MATIÈRES

PRAIRIES ARTIFICIELLES

FOURRAGES ANNUELS

RÉCOLTE DES FOURRAGES

PLANTES SARCLÉES FOURRAGÈRES

FIN DE LA TABLE DES MATIÈRES.

9782-03. — Corbeil. Imp. Éd. Crété.